高等学校计算机基础教育教材

单片机开发与应用技术

余军 梁蓓 编著

清华大学出版社
北京

内 容 简 介

本书以单片机的经典产品 51 单片机为蓝本,系统而又全面地介绍了单片机的基本原理、单片机的典型外围接口和程序设计技术及其仿真。在介绍汇编和 C 语言程序设计的基础上,全面介绍了单片机主流开发软件 Keil μVision 及 EDA 仿真工具 Proteus。为方便读者在学习过程中自行动手进行有关实验,书中给出的实例大多数都可直接仿真运行,并一一对仿真调试过程中的要点做了解释。此外,为拓展知识面,便于学习比较,书中还对价格低廉、适于作为个人单片机实验和仿真使用的 SST89 系列单片机做了补充介绍。

本书结构合理、内容翔实、条理清楚、文字叙述通俗易懂,并辅以大量的图片和实例。

本书主要作为本(专)科相关课程的教材,也可作为本(专)科学生的实习、实训的指导教材,同时还适用于高职高专教育,并可作为网络、通信、信息、电子等涉电专业的工程技术人员的参考书籍。

图书在版编目(CIP)数据

单片机开发与应用技术/余军等编著. —北京:清华大学出版社,2012.10 (2023.1重印)
高等学校计算机基础教育规划教材
ISBN 978-7-302-29242-5

Ⅰ. ①单… Ⅱ. ①余… Ⅲ. ①单片微型计算机—高等学校—教材 Ⅳ. ①TP368.1

中国版本图书馆 CIP 数据核字(2012)第 150822 号

责任编辑:袁勤勇　李玮琪
封面设计:常雪影
责任校对:时翠兰
责任印制:丛怀宇

出版发行:清华大学出版社
　　　网　　　址:http://www.tup.com.cn,http://www.wqbook.com
　　　地　　　址:北京清华大学学研大厦 A 座　　　　邮　　编:100084
　　　社 总 机:010-83470000　　　　　　　　　　　邮　　购:010-62786544
　　　投稿与读者服务:010-62776969,c-service@tup.tsinghua.edu.cn
　　　质 量 反 馈:010-62772015,zhiliang@tup.tsinghua.edu.cn
　　　课 件 下 载:http://www.tup.com.cn,010-62795954
印 装 者:三河市龙大印装有限公司
经　　　销:全国新华书店
开　　　本:185mm×260mm　　　印　张:22.75　　　字　数:526 千字
版　　　次:2012 年 10 月第 1 版　　　　　　　　印　次:2023 年 1 月第 8 次印刷
定　　　价:59.00元

产品编号:040846-03

前言

单片机(国际上称之为微控制器 MCU)的应用领域非常广泛,各种通信数码产品、家用电器、测量测控设备、仪器仪表、工业控制装备和汽车电子中都有其身影,它与人们的日常生活密不可分。基于单片机的嵌入式系统是现今比较热门的研究课题之一。在单片机家族中,51 单片机是业界公认的经典机型,同时也是国内本、专科教学中介绍最多的单片机入门机种。尽管国际上其他新型 8 位、16 位、32 位甚至双核单片机机型层出不穷,但对于想从事单片机及嵌入式应用领域的广大初学者和大学本、专科生来说,51 单片机是最佳的入门选择。51 系列单片机是世界范围内生产厂家最多、型号最全、应用最广泛的 8 位机种。而不断涌现的新型 51 单片机在性能上已经比之前有了很大的提高和改进,其功能更加完善,售价却更加低廉。

本书的编写主要立足于大学本(专)科单片机课程的教学和实习、实训指导,注重单片机教学过程中的完整性和实用性,旨在读者通过该书能对单片机及其程序设计和相关工具软件的使用以及仿真有一个全面而又系统的认识和了解。本书将理论与实际应用相结合,寓知识性和趣味性为一体,具有如下一些特点。

(1)知识全面。对单片机学习过程中涉及的基本原理、编程语言、程序设计、典型接口、主流开发软件、EDA 仿真工具以及仿真方法等进行系统的介绍。

(2)操作性强。强调理论联系实际,书中的大多数实例都可仿真甚至实现,并对关键调试做了解释,以帮助读者在学习过程中自行动手实践,从而提高对单片机学习的兴趣,激发学习的欲望。

(3)注重实用性。对单片机主流开发软件 Keil μVision 和开发语言 C51 进行了实用介绍,弱化了实际使用不多的单片机汇编语言。书中大多数实例均用 C 语言书写,并配以详细的注释。此外还对单片机 EDA 仿真工具 Proteus 的基本使用进行了介绍,使读者在没有单片机硬件实验平台和实验仪器的条件下,也能通过计算机仿真技术对书中的实例和自行设计的电路进行软硬件仿真调试,从而减少学习的成本投入。

(4)结构合理、条理清楚、图文并茂、通俗易懂、循序渐进,符合学习和教学规律,更便于读者自学。

(5)为方便学习、实验和教学,还拟提供多媒体课件及书中大部分实例代码和仿真电路原理图。以方便读者动手、降低学习门槛、减轻教师负担。

由于作者水平有限,书中不妥之处和错误在所难免,欢迎广大读者批评指正。

作 者

2012 年 4 月

目录

第1章

单片机概述

51 单片机是业界公认的经典机型,同时也是国内本科教学中介绍最多的单片机入门机种。尽管国际上新型 8 位、16 位、32 位甚至双核单片机机型层出不穷,但对于想从事单片机及嵌入式领域的广大初学者和大学本科生来说,51 单片机是最佳的入门选择。与单纯的计算机程序设计语言不同,学习单片机需要具备一定的硬件电路及接口方面的基础知识。学习时不仅要熟悉其内部逻辑结构和资源,掌握其指令系统和程序设计语言,了解典型的外围电路扩展和应用,还要能熟练使用各种开发软件和工具。这些对于初学者来说都是不小的挑战,但却也是其魅力之所在。

本章主要介绍有关单片机的一些基础知识,有一定基础的读者可以跳过第 1 节,直接从第 2 节开始学习。为拓宽视野,本章第 4 节扩展介绍了 SST89 系列增强型 51 单片机的主要特性,其中专业术语较多,对此感到困惑的读者,可先继续后续章节的学习,待有一定基础后,再回过头来了解,并不会影响学习的连贯性。

本章主要内容如下。

(1) 计算机系统中的常用进制数及相互转换,常见的数值和非数值编码;

(2) 单片机的概念、发展现状、特点和应用;

(3) 单片机应用开发的一般步骤和工具;

(4) 51 单片机代表性产品简介;

(5) SST89 系列增强型 51 单片机简介。

1.1 数 制 基 础

1.1.1 计算机中的常用数制

1. 数制

计算机是处理信息的机器,信息处理的前提是信息的表示,在日常生活中人们使用各种各样的文字符号去表示各种信息,但它们在计算机系统中却行不通。因为作为机器,计算机无法像人类大脑那样去学习理解这些抽象符号。为了解决这个最根本的问题,最初的计算机设计者想到了自然界中数符最少的二进制数,他们将计算机系统内部各种类型的信息,诸如数值、文字、声音、图形图像等全都采用二进制数的形式编码表示。即使是在使用计算机的过程中,按一下键盘,移动一下鼠标,每一个动作到计算机那里最后也全都变成了由 0 和 1 组成的二进制数形式。

之所以采用二进制数,其根本原因是自然界中只有二进制数的数符最少,任意二进制数都是由 0 和 1 两个基本数符组成的,因此易于用两种对立的物理状态去表示这两个基本数符。例如,开关的开与合、晶体管的导通与截止、电平的高与低、电流的强与弱、电容器的充电与放电效应、磁场的 N 与 S 极性等一切具有两种对立且稳定的物理状态都可用 0 和 1 来表示。相对来说十进制数的物理实现就很麻烦,特别是使用电子元器件的方式去实现,不仅困难,而且不可靠。因为这个原因,加之二进制数的基本运算法则较简单,所以它被最初的计算机设计者所采用,而作为计算机家族成员的单片机也不例外。因此学习单片机,需先了解有关数制的基础知识。

所谓数制就是人类日常生活中计数时表示数值的方法,它规定其中要用到的符号和规则。大多数时候,人们都采用十进制计数方式。而对于任何一个十进制数来说,都可以用如下的"按权展开"公式对其展开表示。

$$N = d_{n-1}b^{n-1} + d_{n-2}b^{n-2} + \cdots + d_0 b^0 + d_{-1}b^{-1} + \cdots + d_{-m}b^{-m} = \sum_{i=-m}^{n-1} d_i b^i$$

式中:b——基数,对于十进制来说为 10;

$\qquad$ N——任意十进制数,由 n 位整数和 m 位小数组成;

$\qquad$ d_i——对应 i 位上的数符,十进制数数符范围是 $0 \sim 9$;

$\qquad$ b^i——对应 i 位上的位权,十进制数位权的形式为 10^i;

$\qquad$ n——整数位数;

$\qquad$ m——小数位数。

如十进制数 12 345.678,可展开表示为

$$12\,345.678 = 1 \times 10^4 + 2 \times 10^3 + 3 \times 10^2 + 4 \times 10^1 + 5 \times 10^0$$
$$+ 6 \times 10^{-1} + 7 \times 10^{-2} + 8 \times 10^{-3}$$

按权展开式表明,任意十进制数均可表示为其每位数字乘以相应位权的累加和。学习数制,须先了解数符、基数和位权这三个基本概念。

(1) 数符:数制中表示基本数值大小的不同数字符号。如十进制有 10 个数符 $0 \sim 9$。

(2) 基数:数制所使用数符的个数。如二进制的基数为 2,十进制的基数为 10。

(3) 位权:数制中某一位上的 1 所表示数值的大小,即权重。位权是一个乘方值,乘方的底数为进位计数制的基数,而指数由各位数字在数中的位置决定。如十进制个位的位权是 10^0,十位的位权是 10^1,百位的位权是 10^2、……,从小数点右边开始,位权则依次是 10^{-1}、10^{-2}、10^{-3}、……。

可归纳十进制数的基本特点如下。

(1) 任意十进制数均由 $0 \sim 9$ 十个数符组成;

(2) 基数为 10;

(3) 位权形式为 10^i,表示对应 i 位数的权值;

(4) 依据"逢基数进位"的原则进行计数,对于十进制数来说就是"逢十进一"。

2. 二进制及其他进制数

除十进制数外,任何其他进制数也都可以使用按权展开公式展开表示,计算机系统中常用的二进制数也不例外。但对于二进制数来说,其基本特点如下。

(1) 任何二进制数均由 0、1 两个数符组成;

(2) 基数为 2;

(3) 位权形式为 2^i;

(4) 进位原则是"逢二进一"。

如二进制数 11001.101B,可展开表示为

$$11001.101B=1\times2^4+1\times2^3+0\times2^2+0\times2^1+1\times2^0+1\times2^{-1}+0\times2^{-2}+1\times2^{-3}$$

也可简化表示为

$$11001.101B=2^4+2^3+2^0+2^{-1}+2^{-3}$$

这里的后缀字母 B 表示该数为二进制数。通常二进制数在表示一个实际数时位数较多,不易识别和书写,容易弄错,所以程序里又经常把它转换为其他进制数的形式进行书写。表 1-1 归纳了计算机程序中常用的几种进制数的基本特点和其后缀。

表 1-1 常用进制数的基本特点

计数制	基数	数 码	进位原则	后 缀
二进制	2	0、1	逢二进一	B 或 b
八进制	8	0、1、2、3、4、5、6、7	逢八进一	O 或 o、Q 或 q
十进制	10	0、1、2、3、4、5、6、7、8、9	逢十进一	D 或 d 或无后缀
十六进制	16	0、1、2、3、4、5、6、7、8、9、A、B、C、D、E、F	逢十六进一	H 或 h

对于八进制数和十六进制数来说,一样可以使用按权展开公式对其展开表示。

如八进制数 351.17Q,可展开表示为

$$351.17Q=3\times8^2+5\times8^1+1\times8^0+1\times8^{-1}+7\times8^{-2}$$

如十六进制数 3FA0.BH,可展开表示为

$$3FA0.BH=3\times16^3+15\times16^2+10\times16^1+0\times16^0+11\times16^{-1}$$

3. 二进制数的基本运算法则

在进行十进制数运算时,经常使用十进制数的基本运算法则,如九九乘法表。既然计算机中的数据全都用二进制表示,其运算也只能按二进制数的基本运算法则进行。下面给出了常见的二进制算术与逻辑运算基本法则。

1) 二进制加法

$$0+0=0 \quad 0+1=1 \quad 1+0=1 \quad 1+1=10$$

2) 二进制减法

$$0-0=0 \quad 0-1=-1 \quad 1-0=1 \quad 1-1=0$$

3) 二进制乘法

$$0\times0=0 \quad 0\times1=0 \quad 1\times0=0 \quad 1\times1=1$$

4）二进制除法

$$0 \div 1 = 0 \quad 1 \div 1 = 1$$

5）二进制逻辑与

$$0 \ AND \ 0 = 0 \quad 0 \ AND \ 1 = 0 \quad 1 \ AND \ 0 = 0 \quad 1 \ AND \ 1 = 1$$

6）二进制逻辑或

$$0 \ OR \ 0 = 0 \quad 0 \ OR \ 1 = 1 \quad 1 \ OR \ 0 = 1 \quad 1 \ OR \ 1 = 1$$

7）二进制逻辑异或

$$0 \ XOR \ 0 = 0 \quad 0 \ XOR \ 1 = 1 \quad 1 \ XOR \ 0 = 1 \quad 1 \ XOR \ 1 = 0$$

8）二进制逻辑非

$$NOT \ 0 = 1 \quad NOT \ 1 = 0$$

【例 1-1】 分别计算二进制数 11001001B 和 00101100B 的和与差。

$$
\begin{array}{r}
11001001B \\
+ \ 00101100B \\
\hline
11110101B
\end{array}
\qquad
\begin{array}{r}
11001001B \\
- \ 00101100B \\
\hline
10011101B
\end{array}
$$

所以

11001001B+00101100B=11110101B，11001001B−00101100B=10011101B

【例 1-2】 分别计算二进制数 11001001B 和 00101100B 的与、或、异或以及 11001001B 的非结果。

$$
\begin{array}{r}
11001001B \\
AND \ 00101100B \\
\hline
00001000B
\end{array}
\quad
\begin{array}{r}
11001001B \\
OR \ 00101100B \\
\hline
11101101B
\end{array}
\quad
\begin{array}{r}
11001001B \\
XOR \ 00101100B \\
\hline
11100101B
\end{array}
\quad
\begin{array}{r}
11001001B \\
NOT \ 11001001B \\
\hline
00110110B
\end{array}
$$

所以

$$11001001B \quad AND \quad 00101100B = 00001000B$$
$$11001001B \quad OR \quad 00101100B = 11101101B$$
$$11001001B \quad XOR \quad 00101100B = 11100101B$$
$$NOT \quad 11001001B = 00110110B$$

1.1.2　数制间的转换

各进制数虽然基本特点不同,但都是自然界中表示数值大小的计数方法,相互间可以进行转换,其转换基本方法如下。

1. 非十进制数向十进制数的转换

非十进制数向十进制数转换时,直接使用按权展开公式计算得到。

如二进制数 11001.101B,用按权展开式展开计算后得到 25.625;八进制数 351.17Q 展开计算后得到 233.234 375;十六进制数 3FA0.BH 展开计算后得到 16 288.6875。

$$11001.101B = 1 \times 2^4 + 1 \times 2^3 + 0 \times 2^2 + 0 \times 2^1 + 1 \times 2^0$$
$$+ 1 \times 2^{-1} + 0 \times 2^{-2} + 1 \times 2^{-3}$$

$$= 25.625$$

$$351.17Q = 3 \times 8^2 + 5 \times 8^1 + 1 \times 8^0 + 1 \times 8^{-1} + 7 \times 8^{-2}$$

$$= 233.234\,375$$

$$3FA0.BH = 3 \times 16^3 + 15 \times 16^2 + 10 \times 16^1 + 0 \times 16^0 + 11 \times 16^{-1}$$

$$= 16\,288.6875$$

2. 十进制数向非十进制数的转换

十进制数向非十进制数转换,使用按权展开公式的逆变换,分整数和小数两部分单独进行。对于整数部分采用不断除以基数的方法,将被转换十进制数整数部分不断除以目标进制数的基数,直到商为 0,然后将每次除法运算中得到的余数逆序排列,即为该十进制整数对应的目标进制数的整数结果;对于小数部分则采用不断乘以基数的方法,将被转换十进制数小数部分乘以目标进制数的基数,接着再用上次乘积的小数部分继续乘基数,直至乘积的小数部分为 0 或计算达到要求的小数位数,然后将每次乘法运算结果的整数部分单独取出顺序排列,即为该十进制小数对应的目标进制数的小数近似结果。最后将计算得到的整数与小数部分拼接即为最终转换结果。

【例 1-3】 将十进制数 234.125 分别转换为二进制、八进制和十六进制数。

先对整数部分进行转换:

		余数				余数				余数	
2	234			8	234			16	234		
2	117	0	低位	8	29	2	低位	16	14	10(A)	低位
2	58	1		8	3	5			0	14(E)	高位
2	29	0			0	3	高位				
2	14	1									
2	7	0									
2	3	1									
2	1	1									
	0	1	高位								

所以　　　　　　　　整数部分 234＝11101010B＝352Q＝EAH

接下来再对小数部分进行转换:

	整数位		整数位		整数位
0.125×2＝0.25	0	0.125×8＝1.0	1	0.125×16＝2.0	2
0.25×2＝0.5	0				
0.5×2＝1.0	1				

所以　　　　　　　　小数部分 0.125＝0.001B＝0.1Q＝0.2H

最后将所得整数部分与小数部分拼接得

234.125＝11101010.001B＝352.1Q＝EA.2H

3. 二进制数与八、十六进制数间的转换

二进制数与八进制数及十六进制数间的相互转换非常简单,方法如下。

1）二进制数转换为八进制数

从被转换二进制数的小数点位置出发,分别向两端将其每三位一组进行分组,对于两端不足三位的部分可凑 0 补足,然后按照表 1-2 中二-八进制数间数符的对应关系直接写出。

表 1-2 二-八进制数间数符对应关系

二进制数	八进制数	十进制数	二进制数	八进制数	十进制数
000	0	0	100	4	4
001	1	1	101	5	5
010	2	2	110	6	6
011	3	3	111	7	7

如二进制数 11101010.001B＝011 101 010.001B＝352.1Q。

2）八进制数转换为二进制数

将被转换八进制数中的每位数符,按照表 1-2 中的数符对应关系直接写出,最后再去掉高低位无意义的 0。

如八进制数 352.1Q＝011 101 010.001B＝11101010.001B。

3）二进制数转换为十六进制数

从被转换二进制数的小数点位置出发,分别向两端将其每四位一组进行分组,对于两端不足四位的部分可凑 0 补足,然后按照表 1-3 中二-十六进制数间数符的对应关系直接写出。

表 1-3 二-十六进制数间数符对应关系

二进制数	十进制数	十六进制数	二进制数	十进制数	十六进制数
0000	0	0	1000	8	8
0001	1	1	1001	9	9
0010	2	2	1010	10	A
0011	3	3	1011	11	B
0100	4	4	1100	12	C
0101	5	5	1101	13	D
0110	6	6	1110	14	E
0111	7	7	1111	15	F

如二进制数 11101010.001B＝1110 1010.0010B＝EA.2H。

4）十六进制数转换为二进制数

将被转换十六进制数中的每位数符,按照表 1-3 中的数符对应关系直接写出,最后再去掉高低位无意义的 0。

如十六进制数 EA.2H＝1110 1010.0010B＝11101010.001B。

1.1.3 数值编码

在生活中,人们常常使用各种各样的编码来表示一些信息,如身份证号码、准考证号码、电话号码、邮政编码等。这些编码大都是由十进制数组成的十进制编码,被用来代表某个事物或某种信息。既然二进制是计算机唯一能识别的数制,因此计算机内部的所有信息都要以二进制的形式来编码表示。为了在计算机中表示不同类型的信息,人们研究出了许多的二进制编码方案,这些编码方案都是采用若干位二进制数的形式来编码表示数值、文字、声音、图像等各种信息。各种类型的信息只有转换成用 0 和 1 两个数符表示的二进制编码形式后,才能被计算机识别并进行处理。可以说计算机解决任何问题都建立在各种编码技术之上。

通常将计算机程序中处理的数据分为数值型和非数值型两大类,它们都是以二进制的各种编码形式来表示和存储的。对于数值型数据,按有无符号可分为无符号和有符号两类;按有无小数可分为整数和实数两类。不同类型的数据表示时采用不同的编码方式。受计算机系统中实际物理器件的限制,一个数据总是以有限位数的二进制编码形式表示,其二进制的位数被称为编码长度,简称码长。码长决定一个编码所能表示的数值范围及对存储空间的需求,它一般为 8 的整数倍。下面对单片机系统中常用的一些整型数值编码作简单介绍。

1. 无符号整数编码表示法

无符号整数是指非负整数,这类数在表示时不用表示符号位,编码中的所有二进制位均是表示数值大小的数值位,其编码的取值范围由码长决定。在码长 8 位时,数值表示范围是 $0\sim255$;码长 16 位时,数值表示范围是 $0\sim65\,535$。即码长为 n 的情况下,数值表示范围是 $0\sim2^n-1$。

如在计算机系统中十进制数 178 在码长 8 位时的编码是 10110010,在码长 16 位时的编码是 00000000 10110010。

又如在计算机系统中的无符号 8 位编码 10010001 对应的十进制数是 145,无符号 16 位编码 00001001 00010011 对应的十进制数是 2323。

2. 带符号整数编码表示法

带符号数是指具有正负符号的数,这类数在表示时编码中要设定一个二进制位来表示符号,剩余的位则表示数值大小。相比无符号数,带符号数的编码方案较多,比较常用的有原码、反码和补码三种。

1) 原码

原码编码规则规定:编码的最高位表示符号,其中 0 代表正数、1 代表负数,剩余的位代表数值的绝对值。

如十进制数 1、−1、57、−57 在码长 8 位时的原码表示分别为:

$$[1]_原 = 00000001 \quad [-1]_原 = 10000001$$

$$[57]_{\text{原}} = 00111001 \qquad [-57]_{\text{原}} = 10111001$$

在码长 16 位时的原码表示分别为:

$$[1]_{\text{原}} = 0000000000000001 \qquad [-1]_{\text{原}} = 1000000000000001$$

$$[57]_{\text{原}} = 0000000000111001 \qquad [-57]_{\text{原}} = 1000000000111001$$

原码在表示两个互为相反的数时,除符号位外,其他位都一样,因而简单直观,转换方便。依据编码规则不难总结出,当码长为 n 时,原码表示的整数范围是 $-(2^{n-1}-1) \sim (2^{n-1}-1)$。则 8 位整数原码的表示范围就是 $-127 \sim 127$,16 位整数原码的表示范围就是 $-32\,767 \sim 32\,767$。

在原码表示中要注意数值 0 的特殊性,它有两个编码形式,如码长 8 位情况下编码 00000000 和 10000000 都表示 0,因而这种编码方案有重码。

2) 反码

反码编码规则规定:编码的最高位表示符号,其中 0 代表正数、1 代表负数,正数的反码和原码相同,负数的反码是其对应原码除最高位(符号位)外的各位的反。

如十进制数 1、-1、57、-57 在码长 8 位时的反码表示分别为:

$$[1]_{\text{反}} = 00000001 \qquad [-1]_{\text{反}} = 11111110$$

$$[57]_{\text{反}} = 00111001 \qquad [-57]_{\text{反}} = 11000110$$

在码长 16 位时的反码表示分别为:

$$[1]_{\text{反}} = 0000000000000001 \qquad [-1]_{\text{反}} = 1111111111111110$$

$$[57]_{\text{反}} = 0000000000111001 \qquad [-57]_{\text{反}} = 1111111111000110$$

码长为 n 的情况下,反码和原码有一样的表示范围。同时 0 在反码中也有两个编码形式:00000000 和 11111111。反码通常被用作求补码的过渡形式。

3) 补码

补码是计算机系统中实际使用得最多的一种带符号数编码,这种编码规则规定:编码的最高位表示符号,其中 0 代表正数、1 代表负数,正数的补码和原码相同,负数的补码是其对应反码在最低位上加 1。

如十进制数 1、-1、57、-57 在码长 8 位时的补码表示分别为:

$$[1]_{\text{补}} = 00000001 \qquad [-1]_{\text{补}} = 11111111$$

$$[57]_{\text{补}} = 00111001 \qquad [-57]_{\text{补}} = 11000111$$

在码长 16 位时的补码表示分别为:

$$[1]_{\text{补}} = 0000000000000001 \qquad [-1]_{\text{补}} = 1111111111111111$$

$$[57]_{\text{补}} = 0000000000111001 \qquad [-57]_{\text{补}} = 1111111111000111$$

补码表示时,如果码长为 n 则编码表示的整数范围是 $-2^{n-1} \sim (2^{n-1}-1)$。因此 8 位整数补码的表示范围是 $-128 \sim 127$,16 位整数补码的表示范围是 $-32\,768 \sim 32\,767$。0 在补码表示中只有一种编码形式,即 00000000,因而这种编码方案无重码。

1.1.4 字符编码

除数值数据外,英文字母、符号、汉字、声音、图像等非数值数据在计算机内部也都采用各种二进制编码来表示。声音、图像的编码超出本书范畴，这里只对常用的字符编码作简单介绍。

字符在计算机中也是用二进制数形式来编码表示的，为识别和区分不同的字符，各编码方案都规定了每个字符所对应的编码。编码由固定位数的二进制数组成，每个字符只有一组二进制数与之对应。因此编码所使用的二进制数位数就决定了该字符集中的字符个数，如编码长度为 8 位的字符集最多可有 256 个符号。

1. BCD 码

在一些场合，为符合人们对十进制数的使用习惯，常用到一种用二进制数来表示十进制数的编码——BCD 码（Binary-Coded Decimal），又称为"二-十进制编码"，它用四位二进制数表示一位十进制数，用来解决二进制数表示十进制数的问题，但它只对十进制数的十个数字符号 0～9 进行编码，因此任何十进制数都可用 BCD 码编码表示。

BCD 码有多种类型，如 8421BCD 码、5421BCD 码、余 3 码等，主要差异是数字权重不同。一般较常用的是 8421BCD 码，其编码规则规定每位十进制数固定用 4 位二进制数编码表示，从左到右每位二进制数的位权依次是 8、4、2、1。

由于 4 位二进制数共有 16 种序列 0000～1111，而十进制数只有十个符号 0～9，所以在这种编码中，有 6 种二进制序列无意义。对于 8421BCD 码来说有效序列是 0000～1001，无效序列是 1010～1111。表 1-4 给出了 8421BCD 码的编码规定。

表 1-4　8421BCD 码编码表

十进制数	8421BCD 码	十进制数	8421BCD 码	十进制数	8421BCD 码
0	0000	4	0100	8	1000
1	0001	5	0101	9	1001
2	0010	6	0110		
3	0011	7	0111		

因为一般存储单元都以字节为基本单位，所以 BCD 码在存储时有两种形式：压缩BCD 码和非压缩 BCD 码。

（1）压缩 BCD 码中每位十进制数采用四位二进制数表示，因此一个字节可以表示和存储两位十进制数。

（2）非压缩 BCD 码中每位十进制数采用八位二进制数表示，其中高四位无意义（一般为 0），因此一个字节只可表示和存储一位十进制数。

如在计算机中十进制数 38 用压缩 BCD 码表示是 00111000，而用非压缩 BCD 码表示是 00000011 00001000。

2. ASCII 码

ASCII 码（American Standard Code for Information Interchange，美国标准信息交换码）是计算机系统中使用得最多的英文符号编码，程序中的文本符号都是用 ASCII 码表示的。这种编码标准码长为 7 位,可表示 128 个符号。这些符号主要包括英文大写与小写字母、数字、标点、专用字符、控制字符等。部分字符的 ASCII 码编码如表 1-5 所示。从中可看出部分字符的 ASCII 码编码规律。如字符 0 的 ASCII 码为 0110000B,十六进制形式是 30H,字符 1 的 ASCII 码比字符 0 的大 1 为 0110001B,十六进制形式是 31H,依次类推。而英文字母间也存在类似规律,且对应大小写字母间的 ASCII 码相差 20H。

表 1-5　部分字符 ASCII 码编码

字符	ASCII 码	字符	ASCII 码	字符	ASCII 码	字符	ASCII 码
空格	0100000	0	0110000	A	1000001	a	1100001
!	0100001	1	0110001	B	1000010	b	1100010
"	0100010	2	0110010	C	1000011	c	1100011
#	0100011	3	0110011	D	1000100	d	1100100

鉴于计算机中存储单元的基本单位是字节(Byte),一字节等于 8 个二进制位(bit),所以字符的 ASCII 码在存储时,最高位都是 0。在数据传输中,这个最高位可被用作奇偶校验位。后来 IBM 公司又将 ASCII 码的位数增加了一位,用 8 位二进制数表示,因此共可表示 256 个字符。这 256 个字符除前 128 个和原来的一致外,新增加的后 128 个字符的 ASCII 码最高位都是 1,主要是一些特殊符号及制表符。

和其他二进制编码一样,在程序中也可将字符的 ASCII 码改作十六进制形式,如字符 M、C、U 的 ASCII 编码二进制形式分别是:01001101、01000011、01010101,改作十六进制形式分别是:4DH、43H、55H。

1.2　单片微型计算机

1.2.1　单片机的概念

1946 年世界上第一台电子计算机在美国诞生,历经 25 年后,Intel 公司发布了世界上第一款商用微处理器 Intel 4004,如图 1-1 所示。微处理器的问世,标志着计算机进入了微型化时代。至此以微处理器为核心的微型计算机以其小型、价廉、高可靠性的特点,迅速走出神圣的殿堂,进入人们的视野,并被广为接受。Intel 4004 是一种 4 位微处理器,片内集成了约 2300 支晶体管,可进行 4 位二进制运算,它有 45 条指令,执行速度为 0.05MIPS(Million Instructions Per Second,每秒百万条指令)。不久 Intel 公司又推出了 8 位微处理器 Intel 8008 和其改进型号 Intel 8080,在此期间世界上其他半导体制造商也都推出了自己的微处理器产品,较著名的有 Zilog 公司的

图 1-1　Intel 4004

Z80、摩托罗拉公司的 Motorola 6800 等。但直到 1976 年 Intel 公司才推出了真正意义上的单片机——MCS-48 系列 8 位机。它采用单片结构,将一个 8 位 CPU(Central Processing Unit)、8 位并行输入输出接口、8 位定时/计数器、随机存取存储器 RAM(Random Access Memory)和只读存储器 ROM(Read Only Memory)等集成在一块半导体芯片上。

单片机(Single Chip Microcomputer,SCM)全称单片微型计算机,国际上统称为微控制器(Micro Controller Unit,MCU),它是在一块半导体芯片上集成了中央处理器 CPU、只读存储器 ROM、随机存取存储器 RAM、定时/计数器和多种输入输出(I/O)接口的一个完整的微型计算机。它是微型计算机发展过程中的一个重要分支,是计算机家族中的一个重要成员。其实质就是一个以芯片形态表现的微型计算机,是集成了微型计算机核心技术的智能化集成电路芯片。

作为计算机家族的一员,和传统计算机相比,单片机在实际应用中有着很大不同。最初,计算机是为满足高速数值运算的需求而产生的高速运算工具。直到 20 世纪 70 年代,计算机技术才被广泛应用于数值计算、逻辑推理以及信息处理等各领域。因此它被定位于通用,具有海量的数据存储和高速的数据处理能力,主要用于数值计算和信息处理,同时也兼顾控制的功能。而随着计算机技术的不断发展和应用领域的不断开拓,在测量控制、数据传输、通信等领域,人们对计算机技术的发展提出了与传统单纯高速计算完全不同的要求,主要表现为:直接面向控制对象、各种传感器信号、人机交互操作控制;能嵌入到具体应用系统中;能在现场连续可靠地工作;体积小、价格低、应用灵活,具有突出的控制和对外部信息的捕捉能力以及丰富的输入输出等功能。为实现上述要求,单片机便应运而生,由此也开创了计算机技术的另一个重要应用领域——嵌入式应用。在实际应用中单片机是直接面向控制对象并被嵌入到系统当中对系统进行控制,同时兼具数据处理的功能。而不像传统计算机那样以独立的形态出现,所以平时人们几乎感觉不到它的存在,但它却时刻伴随在人们左右。例如,人们每天使用的手机、微型计算机、各种家用电器、数码产品中都有它们的身影。可以说单片机是计算机家族中使用面最广、使用量最大的产品。从低端的电子玩具到高端的航空航天设备,都有其用武之地。

一个典型的单片机内部结构如图 1-2 所示。在它内部各主要部件通过总线连接为一体,其内部总线包括地址总线、数据总线和控制总线三大类。其中,地址总线的作用是在进行数据传输时提供传输对象的地址,CPU 通过它将地址输出到存储器或 I/O 接口;数据总线用作 CPU 与存储器,或 CPU 与 I/O 接口间,或存储器与外部设备间的数据传输;控制总线包括 CPU 发出的控制信号线和外部送入 CPU 的应答信号线等。单片机内部的各部件在 CPU 的控制下,有条不紊、协调一致地完成规定的操作。此结构中非易失性的只读存储器 ROM 用来存储程序,而随机存取存储器 RAM 用来存储数据,在许多单片机中这两部分存储器的地址空间是分开的。这样的存储器结构被称为哈佛结构,它与 PC 中典型的冯·诺依曼结构不同,不是将程序和数据存储在同一个地址空间中,而是分开存储,通过使用不同的指令来区别。这样 ROM 中的指令和 RAM 中的数据就可同时被访问,有利于提高指令的执行速度,同时也加强了系统的安全性和可靠性。本书介绍的MCS-51 系列单片机就属于这种结构。

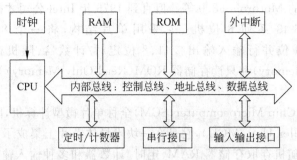

图 1-2　单片机典型内部结构图

1.2.2　单片机的主要特点

单片机是按照嵌入式应用的需求而设计的,与通用型计算机相比,它有许多显著的特点和独特之处,被广泛应用在各领域中。其具有代表性的特点如下。

(1) 高性价比。随着制造工艺的不断提高和新技术的采用,单片机的性能价格比越来越高,从功能上看一块单片机与一台微型计算机相当,可是价格却非常低廉。较常用的单片机价格一般在几元到几十元之间,而台湾一些公司生产的 PIC 单片机价格更是低得不到一元钱。随着技术的发展和市场竞争的需要,世界上生产单片机的各大公司都在不断地采用新技术来提高单片机的性能,同时又进一步降低其价格。

(2) 高集成度、高可靠性。现在的单片机,片内除了一般的 ROM、RAM、定时/计数器、串行通信接口、中断系统外,还尽可能地把各种外围功能器件集成在片内,像 ADC (Analogue to Digital Converter,模拟/数字转换器)、DAC(Digital to Analogue Converter,数字/模拟转换器)、比较器、传感器,甚至是无线射频模块等,这样的一个最小系统便能满足多数的应用需求。这不仅减少了外部扩展芯片的数量以及芯片之间的连接,而且提高了单片机的可靠性和抗干扰性,使单片机可以长时间工作于恶劣的环境下。

(3) 控制能力强。为了满足工业控制的需要,一般单片机的指令系统中都设有丰富的转移、逻辑操作和位操作等指令,其逻辑控制功能比普通的微机处理器要高。而像一些单片机内部集成的 PWM(Pulse Width Modulation,脉冲宽度调制)、D/A 转换器等模块更可以直接驱动控制电路的执行机构。此外有的单片机内部还集成有 CAN(Controller Area Network,控制器局部网)总线模块,借助该模块可将多片单片机组成一个控制网络,这在控制像汽车、智能化机械等复杂系统中十分有用。

(4) 低功耗、低电压。现在的单片机的生产工艺均以 CMOS 或 CHMOS 为主,所以其工作电压和功耗都较低。普通单片机的正常工作电压为 $3.3\sim5.5\mathrm{V}$,工作电流为几十毫安。有的新型单片机的工作电压更是只有 $1\mathrm{V}$ 左右,特别适用于电池供电的设备。现在多数单片机都设置有暂停、休眠、空闲等多种不同的节电工作模式,当系统运行时可根据实际需要采用不同的工作模式打开不同的功能模块,不同的工作模式下芯片的功耗有着显著的不同。像美国 TI(德州仪器)公司的 MSP430 系列超低功耗单片机就具有 5 种工作模式,在其待机模式下功耗电流最低只有 $0.7\mu\mathrm{A}$,而在节电模式下最低只有 $0.1\mu\mathrm{A}$,

其广告语中宣称说"一块电池可以使用至少 20 年"。2009 年美国 Microchip(微芯)公司推出了采用 nanoWatt XLP 超低功耗技术(nanoWatt XLP™ Extreme Low Power Technology)的 PIC 单片机,其休眠模式下的电流更是只有惊人的 20nA。

(5)体积小。现在单片机的封装水平已大大提高,随着贴片工艺的出现,单片机也大量采用了各种符合贴片工艺的封装方式,以大量减少体积。如美国 Microchip 公司推出的 6 引脚 PIC 单片机就特别引人注目,这些单片机采用超小体积的 SOT-23 封装,适合空间极为有限和成本极低的应用,超越了现有单片机所及的应用范畴,适用于更广阔的市场和应用中。如能轻松修复专用集成电路 ASIC(Application Specific Integrated Circuit)及印制电路板 PCB(Printed Circuit Board)设计缺陷的"电子胶"(Electronic Glue)、胶囊机器人、取代标准逻辑和定时元器件或传统机械定时器和开关等。

(6)丰富的总线接口。除传统的异步串行总线和并行总线外,现今的许多单片机大都集成了多种外部串行总线。如通用串行总线 USB(Universal Serial Bus)、内部集成电路总线 I²C(Inter-Integrated Circuit)、串行外设接口总线 SPI(Serial Peripheral Interface)、控制器局部网 CAN 等。这些串行总线的应用不仅进一步缩小了单片机自身的体积,简化了结构,也使得单片机和其他设备的连接变得更容易,避免了早期因使用并行方式所造成的诸多缺陷。新型的串行总线像 Dallas 公司的 1-Wire 一线式总线,更将单片机与其他芯片或传感器的连线减少到只有一根。

(7)配置典型、应用灵活。单片机的系统扩展和系统配置典型、规范,硬件具有广泛的通用性,容易构建不同规模的应用系统。根据应用系统层次的不同,单片机系统可作任意增减,以适应各种应用需求。早期,要实现一个较复杂功能的电路,则需要为数众多的集成电路和大量分立元件,以及一块大面积电路板。在电路的调试和制作上,会花费很多的时间和精力。而单片机的使用可以大大简化硬件电路部分,因为单片机是依靠程序来实现这些功能的,而程序则可以很方便地进行修改,尤其是一些特殊功能要靠传统硬件电路去实现可能很困难。如果应用需求有所增加,甚至发生改变时,单片机系统有时只是简单地改变一下程序代码就可以满足需求,而不需一切从头再来。

以上只是对单片机的一些特点作了简单介绍,实际远不止这些,在今后的学习和实际使用中,大家会有更多深刻体会。

1.2.3 单片机的发展现状和应用

1976 年 Intel 公司推出的 MSC-48 系列单片机以其低廉的价格、超小的体积、灵活的应用、较高的性能和可靠性迅速得到推广使用。MCS-48 奠定了单片机发展的基础,在其带领下,其他半导体和电气制造商像 Motorola、Zilog、日本的 NEC、日立等公司纷纷参与进来,陆续推出了自己的单片机产品。到 1980 年,Intel 公司在 MCS-48 的基础上推出了更高性能的 8 位单片机 MCS-51 系列。51 系列单片机无论是在存储器寻址空间、指令种类、内部接口资源上都比 48 系列更加丰富,其采用总线式的体系结构更加完善,为众多厂商所效仿。后来,Intel 公司以授权或技术置换的形式,向其他半导体厂商开放了 51 单片机的核心技术,引来世界上很多著名厂商加入到开发和改造 51 单片机的队伍中,它们以基本 51 内核为基础,经扩充、剪裁、优化改进生产出不少兼容型和增强型产品,使得 51 系列单片机的性能得到不断提升、应用范围变得更广,成为事实上的 8 位单片机工业标准。可以说,在计算机发展史上没有任何一款微处理器有像 51 单片机那样的生命力,它是单片机历史上最为经典的产品。

早期的单片机产品主要采用 PMOS、NMOS、HMOS 等集成电路制造工艺,由于工艺的缘故,这些产品在开关速度、功耗上都不是很理想,功耗一般达到几百毫瓦甚至更大。而随着越来越多的单片机应用到电池供电的便携式设备中,对单片机的功耗则提出了更高的要求。1983 年 CMOS(互补金属氧化物半导体)制造工艺出现,它是由 PMOS 管和 NMOS 管共同组成的互补型 MOS 集成电路,这种工艺的集成电路的最大特点就是功耗非常低,Intel 在采用该工艺制造的单片机产品的命名中会加入一个字母 C 表示,如 80C51、80C31 等。这与采用 HMOS 制造工艺的 8051 相比来说其功耗要低很多,如 8051 典型功耗为 630mW,而 80C51 的典型功耗只有 120mW。CMOS 集成电路虽然功耗较低,但由于其物理特征决定其工作速度不够快,后来各厂家生产的单片机产品则更多采用更为先进的 CHMOS(互补高密度金属氧化物半导体)工艺制造,其同时具备了高速、高密度、低功耗和宽电压等特点。此外为更进一步降低单片机功耗,现在的许多单片机产品都具有待机、空闲等节能措施,能将不使用的内部资源关闭以更进一步降低功耗。

除集成度低、功耗高外,早期的单片机产品还存在内部资源不丰富、封装体积大的问题。由于内部资源较少,在实际应用中用户需要扩展像存储器、A/D 转换器、D/A 转换器等许多外部器件。这不仅降低了可靠性、增加了成本,更使得系统的复杂程度加大,延长了开发周期。随着应用领域的不断拓展和深入,为适应和满足不同应用的需要,突显单片机智能化的控制能力,众多厂商又在单片机内部集成了像 ADC、DAC、PWM、看门狗定时器 WDT(Watch Dog Timer)、显示驱动、网络控制、高容量的存储器等各种模块,以及 I^2C、USB、SPI、CAN 等总线接口。在丰富了单片机产品线的同时,也使得单片机的性能更高、可靠性更强、应用更广。单片化已是现在单片机技术发展的一个主流趋势。

在微型化方面,越来越多的单片机产品采用了表面封装的集成电路形式。这种封装形式因其体积小、重量轻,受到用户的广泛欢迎。它大大减少了系统硬件的体积,更适于便携式的设备和产品,还能应用到许多特殊的应用中去。为满足不同的需求,许多厂家都对同一个系列的产品提供多种集成电路封装形式。此外减少单片机外部引脚数量也是减小体积的一个主要途径,现在的许多单片机都采用通过内部开关网络的方式来切换引脚的功能,以达到功能复用的目的。功能复用在减少了外部引脚数量的同时,内部功能却不受影响,用户通过指令可以很容易地在这些功能中进行切换。

而随着技术的不断进步,单片机的工作主频也从最初的几兆赫兹发展到上吉赫兹,指令执行速度从 0.05MIPS 提高到几百甚至上千 MIPS,工作电压则从传统的 5V 逐渐向更低迈进,有的产品甚至使用一节干电池就能正常工作。此外采用编程更为方便的 Flash 存储器作为程序存储器,并且支持 ISP、IAP、JTAG 等多种编程方式。

纵观现在的单片机,其品种繁多,应有尽有。从 8 位、16 位到 32 位,甚至双核单片机机种都层出不穷。除一些知名的大半导体和电气厂商外,世界上许多国家都在生产自己各具特色的单片机产品,它们中有些与 51 单片机兼容,有些不兼容,有的面向低端应用,有的面向中端和高端,互为补充、相互依存,为单片机的应用开拓了更广阔的空间。虽然单片机品种繁多,但51系列单片机因其低廉的价格、庞大的用户群、丰富的衍生产品,在8位机中仍占据重要地位。它对于想从事单片机及嵌入式领域应用的广大初学者和大学本科生来说是最佳的入门学习选择,也是本书介绍的主要对象。

与传统通用计算机相比,单片机的应用领域非常广泛,几乎无孔不入。这里列举几个主要方面的应用。

(1) 工业控制。工业环境一般比较恶劣、干扰信号强,对于实时性和可靠性的要求较高。单片机的控制能力、抗干扰性和工作温度范围比普通计算机产品强,最适于工控环境中使用。早期单片机就是根据工控环境的要求而设计的,大量应用在工业生产中。像以前工业控制中常用的经典PID控制器,主要通过模拟电路来搭建,不仅稳定性差,而且控制参数的整定困难。引入单片机后不仅电路得以简化,控制参数更可以根据被控对象的不同实时加以调整。此外单片机产品一般都具备各种通信网络接口,这使得基于网络的分布式控制和数据采集传输变得更易实现。还有采用单片机的控制电路可以实现诸如模糊控制、神经网络、人工智能等更高级和复杂的控制效果。这从根本上改变了控制系统传统的设计思想和设计方法。

(2) 家用电器、办公自动化。除PC及其外部设备外,家用电器像空调、冰箱、洗衣机、电视、微波炉等大量使用单片机。由于单片机体积小、价格便宜、智能化程度高,它的使用不仅简化了这些电器的控制电路、提高了可靠性、降低了成本,还使它们或多或少体现出"智能"的特性。像一些具有"学习"功能的电器,能学习记忆用户的日常使用习惯,简化了操作的同时,也使得这些电器具有了人性化的特征。此外在许多办公设备如考勤机、复印机、传真机等中也都有单片机的身影。

(3) 商业营销。一次简单的超市购物,人们就会和许多单片机接触。在商品称重时用到的电子秤、收银台收银员使用的条码阅读器、付费刷卡时用的POS机、出超市时用于防盗的防盗门,以及其他像出租车计价器、家用的安防系统等都是单片机应用的最好例子,所以在人们的日常生活中单片机几乎无处不在。

(4) 仪器仪表。单片机具有超强的控制功能、灵活的扩展性、易用性,因此也被广泛应用于仪器仪表中。结合不同类型的传感器,它可实现诸如电压、电流、功率、频率、湿度、温度、流量、压力等物理量的测量、采集、存储、处理、传输。使用单片机控制的仪器仪表其数字化、智能化、微型化程度,均比只采用模拟或数字电路的仪器仪表更高、更易用。还能实现普通仪器仪表很难实现的功能,如数字信号处理、故障自诊断、联网集控等。

(5) 通信、互联网、消费电子。计算机与互联网和人们的生活联系非常紧密,很难想象没有它们人们的生活会变成什么样。在互联网络中的许多设备,手机、MP3、数码相机、PDA等消费数码产品无一例外地都在使用单片机。

(6) 汽车、航空航天、军事。现代汽车中的动力监控系统、底盘制动系统、通信系统、防抱死ABS、全球卫星定位GPS等都离不开单片机。单片机的使用提高了汽车的安全性和舒适性,世界上一些知名公司如美国的飞思卡尔、日本瑞萨等都生产专用于汽车的单片机产品。其中飞思卡尔公司因在我国高校每年举行"全国大学生飞思卡尔智能汽车竞赛"而影响较大。这种比赛就是在组委会提供的赛车模型上,使用飞思卡尔半导体公司的

8位或16位单片机,通过自行增加传感及驱动电路,编写相应控制软件,制作一个能自主识别道路的赛车,按照规定路线行驶,以完成时间最短者为胜。赛事中的赛车模型按道路检测方式的不同,分为光电组和摄像头组分别进行比赛,后来又增加了电磁组。整个车模以单片机为核心,通过路面检测和速度检测传感器检测路面和车速信息,在单片机的控制下产生驱动舵机和电机的控制量,控制赛车自行在规定赛道上行驶。除一般的民用产品外,在其他领域像航空航天、军事武器等也都遍布单片机的身影。

1.2.4　单片机应用开发的一般步骤和工具

一个典型的单片机应用系统如图1-3所示。和其他计算机系统一样,单片机应用系统主要包含硬件和软件两大部分。硬件部分包括单片机及其外围电路,软件部分则是固化在单片机程序存储器中的程序代码和常量数据,开发也主要围绕这两部分进行。

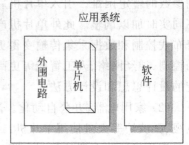

图 1-3　单片机应用系统框图

1. 单片机应用开发的一般步骤

与其他应用开发一样,在进行单片机应用开发时,首先要进行系统分析,了解需求,确定应用系统要完成的基本任务,应具备的基本功能和应到达的基本指标,摸清技术难度,明确主攻的关键技术,判定其可行性。

其次通过查阅资料和借鉴成熟系统,确定设计方案,对拟采用的单片机进行选型。由于单片机品种繁多,不同产品间性能差异较大,在选型时则需要了解各单片机的主要特性。通常会从实际需求出发,尽量选择内部资源丰富的产品,这样可以简化电路,降低成本,缩短开发调试的周期。此外还要参考价格、功耗、电源、封装体积大小、可靠性、易用性、开发工具等综合因素。

接下来要对系统的软硬件功能进行划分,并对资源进行分配。通常在基于单片机的应用系统中,一些普通功能如延时、信号处理等既可以通过软件实现,也可通过硬件来完成,具有一定的互换性。若单片机片内资源丰富,对时序和实时性的要求较高,则考虑使用硬件,否则尽可能考虑采用软件。这样可简化硬件电路、降低成本、减少硬件依赖性,更便于系统今后的移植和扩展。当然靠软件完成系统功能会占用处理器时间,增加软件的复杂性和调试难度,所以需要通盘考虑,权衡得失。资源分配是对所选单片机的内部资源进行合理安排,确定各自的用途。主要包括内部存储器、中断源、定时/计数器、串口、I/O口及其他资源等。对于内部资源不够用的情况,则需要在外部进行扩展,但成本和电路的复杂性也会相应增加。

在设计方案初步确定后,便可开始着手硬件和软件的开发了。单片机应用系统不像通用计算机应用系统那样,其硬件和软件联系紧密,依存度高,硬件结构又没有标准化的模式。所以软件开发需围绕硬件进行,而硬件开发又要兼顾软件,开发需要协调好二者间的关系,充分考虑,统一规划。这对设计者的知识和技能要求较高,需要掌握相关的软硬件知识和开发工具的使用。硬件设计时,应先画出硬件逻辑框图,确定每部分的功能,要合理充分利用单片机资源,避免不必要的外部扩展,即使要对硬件电路进行扩展,也要尽可能地选用成熟设计,此外还要考虑软件编写的难易程度。开始硬件制作之前,最好先使用 EDA(Electronic Design Automatic,电子设计自动化)工具软件对设计的硬件单元电路进行计算机仿真测试,找出其中存在的主要问题,修改完善,直至基本通过。必要时可以搭建实际电路进行测试,然后就可以利用工具软件绘制完整的电气原理图。设计软件时,需要结合具体的硬件电路和功能分配,合理划分使用单片机的存储空间,并确定程序算法,画出程序流程图,同时要善于使用标志来反映系统工作状态,以此作为程序控制的依据。软件开发的方法通常采用自顶向下的方式,按功能将软件划分为若干模块,具体实现则使用函数或子程序。编写代码时,可先从各硬件模块的初始化部分着手,在完成这部分工作后,就可以借助计算机仿真软件或仿真器对初始化代码进行仿真调试,找出其中出现的问题并加以解决。若有现成的硬件电路,还可以下载到硬件电路中去测试,这样能更真实直观地了解软件的工作情况。接下来再编写软件控制和其他部分,直至基本完成。对于开发语言建议最好选择高级语言,因为这样不仅可读性好,而且编写效率高,程序易于修改调试,而对实时性要求较高的部分可以局部采用汇编语言。

在主要软件的开发完成之后硬件制作之前,最好先借助 Proteus 这样的 EDA 工具软件直接在电路原理图基础上对整个系统的软硬件联合进行计算机仿真测试,以测试软硬件的工作是否正常、设计是否可行、功能是否达到预期目标。通过仿真找出存在的主要问题,然后返回去修改,直至基本达到预期目标。接着再制作 PCB 板,焊接元器件,制作硬件。硬件电路制作完毕后,要先对硬件电路作静态检测,即先在不上电的情况下用万用表等工具对硬件节点进行测量,确定无误后再上电检测各主要元器件的工作电压是否正常,有可能的话最好在上电前将这些元器件从插座上取下,工作电压没有问题后再插回去。

硬件部分基本没有问题后,就可以进行在线仿真调试了。在线仿真也被称为硬件仿真,与前面提到的计算机仿真最大的不同是,它不是使用计算机来仿真整个系统软硬件的工作,而是将仿真器或具有仿真功能的单片机直接插在已制作完毕的硬件目标板上,利用可控的仿真器或仿真单片机替代系统中实际的单片机来执行用户程序。它对硬件的操作是对目标板上硬件的真实操作,所以在线仿真更能真实地反映整个系统软硬件的实际工作情况。在线仿真过程中,用户程序是由仿真器或仿真单片机执行的,借助仿真器或仿真单片机与微机的通信,在微机端可以控制它的执行过程。此外在线仿真方式还支持在线汇编、反汇编、单步、断点、连续等程序调试手段,并可对单片机的内部资源如 RAM 存储器、ROM 存储器、寄存器、I/O 端口等进行访问。在线仿真技术不仅可用来对系统软件进行调试,还可对系统硬件的工作状况如时序、输入输出电平等进行测量观察。因此相比计算机仿真,它更容易找出系统真实存在的问题。但在线仿真方式对仪器设备的投入比较大,还有当采用仿真单片机进行在线仿真时,它会占用一定的单片机资源,这部分资源用户不能使用。另外在线仿真通常在实验室进行,有一定的局限性,不能真实仿真系统实际工作的环境,反映气压、温湿度、电磁等环境因素的变化和各种干扰信号对系统运行的影响。

在所有仿真和调试都完成后,就可以通过编程器将已调试好的程序编程(也称烧录或固化)到目标系统单片机的 ROM 存储器中永久存储,使其可以脱机独立运行。图 1-4 为单片机应用系统开发的一般流程和各阶段主要用到的软硬件工具。为避免过于复杂,图中未标注出仿真调试出错时的处理。在实际开发过程中当出现问题时,需要具体分析出错的原因,然后返回去修改。有时可能是硬件上的问题,有时可能是软件上的问题,有时二者都有可能。出现问题通常只要细心分析,并充分利用软件工具和硬件工具对其逐一排查,大都能发现并解决,当然经验也相当重要。下面简单介绍开发单片机应用时比较常用的一些软硬件工具。

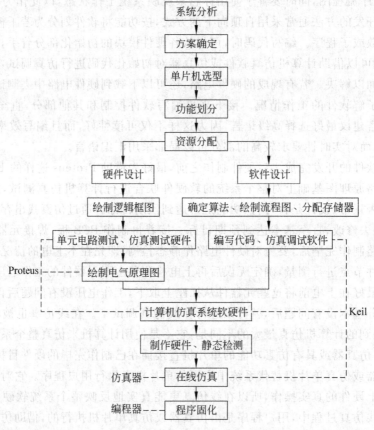

图 1-4 单片机应用系统开发流程

2. 软件工具

软件工具是学习和开发单片机过程中必不可少的,在众多的工具中,最具代表性、使用最多的开发工具莫过于美国 Keil 公司的 Keil μVision 系列集成开发环境。它是集项目管理、编辑、编译、连接、仿真、调试等功能为一体的综合开发软件平台,支持众多型号的51 单片机及其派生产品。单片机应用开发过程中 Keil μVision 是使用频率最高的软件工具,从创建项目到在线仿真都要使用该软件。图 1-5 为 Keil μVision 集成开发环境主界面,本书第 5 章将专门介绍该软件的应用。

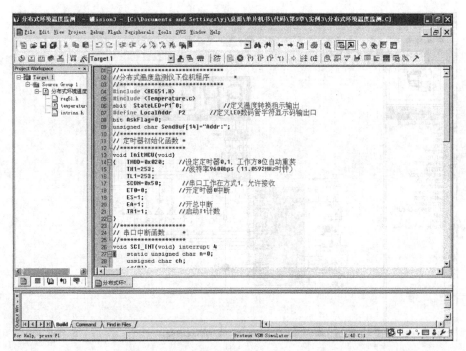

图 1-5　Keil μVision 集成开发环境主界面

　　另外一个很实用的软件工具是英国 Labcenter Electronics 公司推出的 Proteus,它是集成了电气原理图绘制、代码调试、混合模式电路仿真、PCB 板设计、自动布线为一体的 EDA 工具软件。在系统硬件开发过程中涉及的单元电路仿真、原理图绘制、PCB 板设计、系统计算机仿真几个阶段都要用到该软件,图 1-6 显示了该软件主界面。有关该软件在 51 单片机应用开发中的具体用法请参见本书第 8 章。

　　单片机应用开发过程中,Keil 常被用来开发和调试应用软件,Proteus 则用来绘制目标硬件原理图和计算机仿真调试,二者在功能上互为补充。合理使用这两个软件工具能极大地提高开发效率,缩短开发周期,起到事半功倍的效果。特别是对于初学者,学会这两个软件的使用有着非常现实的意义,因为利用它们完善的计算机仿真功能,可以不需要实际单片机及相关硬件和设备,在微机上就能搭建自己的单片机仿真实验平台,动手进行单片机实验和设计,且不用担心会造成器件的损坏,极大地降低了学习的门槛。

3. 硬件工具

　　计算机仿真技术的应用虽然在很大程度上提高了开发效率,降低了学习成本,但那毕竟是由计算机来模拟单片机及其外围电路的工作,这与实际情况相比还存在一些明显的差异和不足。因为计算机仿真不能真实反映硬件系统实际运行时的各种工作情况,特别是在一些较特殊的应用中,如实时控制、数据采集等。计算机仿真通过只能证明设计理论上可行,那并不意味着实际系统就能正常工作,这其中还受其他诸多因素影响,另外计算机不能对一些特殊的器件进行仿真,所以具有一定的局限性。而要验证设计是否真正可行,则必须搭建物理电路进行在线调试,目的就是寻找软硬件实际工作中可能会出现的一

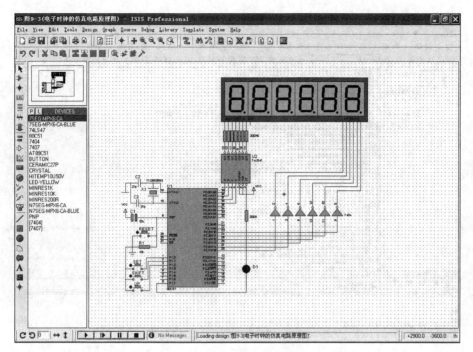

图 1-6　Proteus 软件主界面

些问题并加以解决,这当中就需要用到单片机仿真器这个硬件工具。

　　单片机仿真器实际上就是一个具有仿真功能的单片机系统,它通过仿真头插入到实际目标硬件,以取代目标硬件中的单片机来执行用户程序。它对硬件的操作是对目标板上硬件的真实操作,能真实反映系统硬件的实际工作情况,具有较高的实时性。一般的仿真器都能提供几乎全部的单片机内部资源供用户使用,同时支持程序下载和调试,具有较长的使用寿命。但专业仿真器通常价格都较高,为方便用户进行开发,一些单片机制造商推出了自身就具有仿真调试功能的单片机,可用于取代仿真器。像美国 SST 公司的 SST89 系列 51 单片机就是其中一类,其性价比非常高,尤其适合初学者。

　　仿真器是通过串行或并行的方式与上位机(一般是微机)进行通信的,它完全受控于上位机,并提供了丰富的调试手段,借助在上位机上运行的如 Keil 这样的集成开发软件可以控制和监控仿真器的整个执行过程。使用仿真器进行在线调试与计算机仿真调试有着本质上的区别,它是实际应用开发中一个必不可少的环节。图 1-7 为在线仿真的连接示意图。

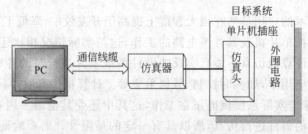

图 1-7　在线仿真连接示意图

最后当在线仿真调试通过后,就可以将用户程序代码固化到目标单片机存放程序的 ROM 存储器中,使其可以脱机独立运行。而编程器就是这样的硬件工具,它可将微机传来的程序代码固化到内部具有可编程存储器的单片机或是独立的可编程存储芯片中,使其能脱离微机的控制独立运行。现在许多厂家的单片机产品内部都采用 Flash 存储器作程序存储,对这样的单片机进行程序固化,操作更为方便。它们不需要专门的编程器就能进行程序代码的固化操作,这些单片机一般都支持 ISP 或 IAP 编程方式。

所谓 ISP(In-System Programming)是指在系统中编程,这种编程方式通过下载线将程序代码下载到单片机中后,由单片机内部的编程电路自行固化程序代码。设计时只要预留相应的引脚接口,甚至不用将单片机从系统中取下,就能实现重新编程。而 IAP(In-Application Programming)是指在应用中编程,这种编程方式一般是通过串口先将程序代码下载到单片机,然后由单片机内部的监控程序自行将程序代码固化到存储器中。编程时系统无须断电停止工作,即在应用中就能实现程序代码的擦除和改写。该编程方式可用于对系统进行远程升级或修改控制参数等较特殊的操作,在远程抄表和智能仪器仪表等应用中被广泛使用。

1.3　51 单片机代表性产品简介

1.3.1　Intel 单片机

提及单片机不得不说到 Intel,回顾微处理器发展史,Intel 公司在其中做出了杰出的贡献。世界上第一块 4 位微处理器 Intel 4004 就诞生于 Intel,之后其陆续推出的二代 8 位微处理器 Intel 8008 和更高性能的 Intel 8080 均取得非凡的业绩。到 1976 年以 Intel 8048 为代表的 MCS-48 系列 8 位单片微处理器拉开了单片机发展史的序幕,开拓了计算机产品新的应用领域。1980 年,Intel 公司在 MCS-48 的基础上推出的以 Intel 8031、Intel 8051 为代表的更高性能 8 位单片机 MCS-51 系列更是取得巨大成功,受到广泛好评,奠定了单片机发展的基础,确立了单片机的地位,形成了单片微处理器这种经典的体系结构。

尽管自 MCS-51 之后,Intel 已不再生产自己的单片机产品,而将主要精力集中在高性能台式微处理器上。但由于其开放性的策略,将 8051 内核使用权转让给世界其他著名半导体和电气制造厂商,像 Philips、Siemens、NEC、Atmel、AMD 等。而这些公司借助自身优势和专长,以 8051 为蓝本在保持兼容的基础上,依据各自的定位生成出了为数众多的 51 单片机衍生产品,极大地拓展了 51 系列单片机的应用空间。由于其低廉的价格、较高的性能、丰富的品种,使其成为事实上使用量最大的 8 位单片机机种之一,成为业界标准,被广为学习。通常 51 单片机是指其兼容型、增强型等衍生、变异、派生产品,而在这些产品中其命名并不一定会出现"51"的字样。表 1-6 列举了 Intel 具有代表性的几款 8 位单片机产品的主要特性。

表 1-6　Intel 代表性 8 位单片机主要特性

系列	型　号	片内 ROM	片内 RAM	定时/计数器	I/O 线	串口	中断源
MCS-48	8048	1KB	64B	1×8 位	27	1	2
MCS-51	8031/80C31	无	128B	2×16 位	32	1	5
	8032/80C32	无	256B	3×16 位	32	1	6
	8051/80C51	4KB	128B	2×16 位	32	1	5
	8052/80C52	8KB	256B	3×16 位	32	1	6

　　MCS-51 系列产品中有字母 C 的表示 CMOS 或 CHMOS 工艺,否则是 HMOS 工艺。依据芯片型号末位数字表示不同,该系列又分为 51/31 和 52/32 两个子系列。其中 51 子系列是基本型,而 52 子系列是加强型,具体改进如下。

　　(1) 片内 ROM 从 4KB 增加到 8KB(31 和 32 产品内部无 ROM)。

　　(2) 片内 RAM 从 128B 增加到 256B。

　　(3) 定时器/计数器从 2 个增加到 3 个。

　　(4) 中断源从 5 个增加到 6 个。

　　此外,MCS-51 系列单片机根据其内部 ROM 存储器的配置不同,又分为无 ROM 型(如 8031/80C31、8032/80C32)、掩膜 ROM 型(8051/80C51、8052/80C52)和 EPROM 型(如 8751/87C51、8752/87C52)等。这三种不同配置的单片机各有特点,适用场合不同。无 ROM 型在使用时需外部进行扩展,掩膜 ROM 型适于定型后批量生产,EPROM 型适合于研制产品样机,故此使用时要加以选择。

1.3.2　Atmel 单片机

　　起初 MCS-51 系列单片机内部存储器采用的是掩膜式 ROM 或 EPROM,前者的程序写入需由工厂完成,之后不能改写,后者用户虽可自行进行程序的擦除与写入,但过程比较麻烦,需将芯片从系统中取出,使用辅助工具才能重新擦除和写入程序,一定程度上提高了学习和使用的门槛。

　　美国的 Atmel(爱特梅尔)公司成立于 1984 年,是世界一流的半导体制造公司,其非易失性存储器 NVM(Non-Volatile Memory)技术非常引人注目。在获得 51 内核授权后,结合自身优势 Atmel 公司开发了采用 Flash 存储器作为片内程序存储器的 AT89 系列 51 单片机。该系列产品指令完全兼容 MCS-51 单片机,由于片内程序存储器采用了 Flash 存储器的缘故,因此用户在使用中不需借助复杂工具,直接用电的方式就很容易对单片机程序进行擦除和改写。其 Flash 存储器单片机的擦写寿命超过 1000 次,非常适合开发和产品试制,加之价格低廉、可靠性高,很快得到用户认可,并迅速占领市场。

　　Atmel 公司的 AT89 系列 51 单片机在国内占有率非常高,使用量很大,其产品线非常丰富,封装形式齐全。其中 AT89C51 和 AT89S51 产品不仅指令,管脚也完全兼容

MCS-51 单片机,可以直接替代。内部除基本 51 内核外,在 AT89 系列中有的产品还集成了看门狗定时器,支持 ISP 技术,工作时钟频率也达到 33MHz,工作电压范围也更宽,可工作于 2.7~6V 之间,因此更适合于低压供电的系统。另外,其 AT89C2051 单片机将 MCS-51 的 P0 口、P2 口和部分不常用的引脚裁剪掉后外部只有 20 个引脚,不仅体积更小、功耗也更低,更适合于家用电器、电子玩具等要求较低的产品。表 1-7 列举了几款 Atmel 公司的 AT89 系列 51 单片机的主要特性。

表 1-7   AT89 系列 8 位单片机主要特性

型　　号	片内 Flash ROM	片内 RAM	定时/ 计数器	I/O 线	串口	中断源	时钟
AT89C51	4KB	128B	2×16 位	32	1	6	24MHz
AT89C52	8KB	256B	3×16 位	32	1	8	24MHz
AT89S51	4KB	128B	2×16 位	32	1	6	33MHz
AT89S52	8KB	256B	3×16 位	32	1	8	33MHz
AT89C2051	2KB	128B	2×16 位	15	1	6	24MHz

Atmel 公司的 AT89SXX 产品除可使用并行方式进行程序下载外,还支持串行 ISP 方式。编程时无须编程器,通过价格低廉可以自制的串行 ISP 下载线,利用单片机的三个引脚就能进行程序下载,如图 1-8 所示。这样即使单片机被焊接在电路板上,只要留出编程使用的引脚,就可以对其内部存储器进行擦除与写入,即使是对已经编程过的单片机也可以用该方式再编程。这正是 Flash 存储器单片机的优势所在。由于 AT89CXX 产品只能使用并行方式进行程序下载,加之 AT89SXX 产品性能比之优越、内部资源更丰富,而价格又差不多,所以 AT89CXX 逐渐被 AT89SXX 所取代。

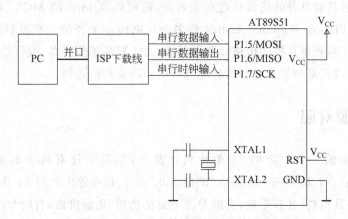

图 1-8   AT89S51 单片机 ISP 连接示意

除 AT89 系列外,Atmel 公司的单片机产品还有 AT90、AT91 等中高端系列,不过它们与 MCS-51 单片机不兼容。AT90 也称 AVR 单片机,是比较著名的单片机产品,它属于增强型精简指令集 Flash 存储器单片机,也支持 ISP 编程,其相比 MCS-51 单片机在同频率下执行速度更快,是目前运行速度最快的 8 位单片机机种之一。AT90 单片机的内部资源相当丰富,性价比非常高,适用于要求更高的场合。

1.3.3　SST 单片机

美国 SST(Silicon Storage Technology)公司,国内称为超捷公司,现已被 Microchip (微芯)公司收购,它是世界上主要的 Flash 存储器生产厂家和技术的领导者,在 Flash 存储器技术上拥有多项世界专利,产品被 IBM、Intel、NEC 等一流厂商所采用。除 Flash 存储器产品外,SST 公司的 FlashFlex51 系列单片机也非常有自己的特色。借助自身在 Flash 存储器上的技术和生产优势,FlashFlex51 系列单片机全都内部集成了拥有专利技术的 SuperFlash EEPROM 存储器。该系列产品在指令、管脚甚至开发工具上都与 MCS-51 单片机完全兼容,可以直接替代,有多种封装型号,其最小的封装尺寸仅为 6mm×6mm,厚度不足 1mm,适用于像移动电话等空间狭小的设备。最重要的是该系列所有产品均支持 ISP 和 IAP 编程方式,并且在出厂时内部固化有 BSL(下载引导)程序,使用户通过普通串口就能实现单片机程序的下载固化和上传。其内部 Flash 存储器均采用小扇区结构,每扇区 128B,擦写次数可达 10 000 次,数据保存时间长达 100 年。

FlashFlex51 系列单片机属于增强型 51 兼容单片机,内部除集成了 51/52 机型的全部资源外,还集成有如增强型异步串行接口 UART、串行设备接口 SPI、可编程计数器阵列 PCA、双数据指针 DPTR、看门狗 WDT、掉电检测 BOD(Brown Out Detection)等实用资源。一些型号片内 Flash 存储器容量高达 72KB,片内 RAM 存储器也达到 1KB,最高时钟频率可达 40MHz,工作电压则有 3V 和 5V 两种类型选择。此外,为方便用户使用 SST 公司的产品,部分型号还提供了片上在线仿真功能,并支持 Keil 等主流的集成开发工具。这些产品具有良好的仿真性能和兼容性,除可仿真 Intel 的 MCS-51 单片机外,还可仿真 Atmel、Philips、Winbond、Dallas 等多个厂家的多个产品。在提供较高性能的同时,FlashFlex51 系列单片机的价格却非常低廉,由于减少了仿真器、编程器等单片机开发工具的投入,所以它是初学者自行实验和练习的经济实用的选择。

1.3.4　资源对照

除上面介绍的三个厂家的 51 单片机产品外,世界上还有许多其他知名厂家如 Philips、Siemens、TI、Infineon、Silicon、Winbond、NEC、日立等生产与 51 兼容的单片机产品,这些产品各具特色,各有千秋,有的专注于更低功耗、更低价格;有的专注于更高性能;有的专注于更丰富的内部资源。但限于篇幅这里只能列举较具代表性和易于初学者使用的产品。对于其他 51 机种,甚至是非 51 机种的学习和使用,读者可在熟悉掌握 MCS-51 单片机的基础上,补充学习它们独特的部分,这样能较快掌握和熟悉它们,做到触类旁通、举一反三,达到事半功倍的效果。为便于横向比较,表 1-8 给出了上面三个厂家具有代表性的 51 单片机产品的资源对照。

表 1-8 80C51、AT89S51 和 SST89E516 资源对照

型号	片内 ROM	片内 RAM	定时/计数器	I/O线	串口 (URAT)	中断源	优先级	时钟	WDT	SPI	数据指针
80C51	4KB	128B	2×16位	32	1	5	2	12MHz	无	无	1
AT89S51	4KB	128B	2×16位	32	1	6	2	33MHz	有	有	2
SST89E516RD	64KB+8KB	1KB	3×16位	32	1	8	4	40MHz	有	有	2

1.4 SST89 系列单片机简介

1.4.1 SST89 系列单片机

SST89 系列 8 位单片机是 SST 公司的 FlashFlex51 家族产品,有多个型号。相比 MCS-51 单片机,除在执行速度、内部资源上具有优势外,最具特色的是其内部集成的 SuperFlash EEPROM 存储器。该系列中后缀为 RD 的子系列产品内部集成的 Flash 存储器被分为两个独立的存储块,分别称为主块 Block0 和从块 Block1,依具体型号不同容量有所区别。其 Block0 有 8KB、16KB、32KB、64KB 等几种配置,Block1 则一般为 8KB。由于片内自身集成高容量 Flash 存储器,以及高达 1KB 的 RAM 存储器,因而用户在使用这些产品时基本无须再对单片机进行存储器扩展,简化电路降低成本的同时,极大地提高了系统的稳定性和可靠性,此外保密性也得到加强。高容量存储器的设计,为使用高级语言如 C 语言进行单片机程序设计带来了很大便利。

SST89 系列单片机均支持 ISP 和 IAP 编程方式,用户无须编程器,通过串口就能进行单片机程序和数据的下载与固化,RD 子系列同时还具有片上在线仿真功能,这与其独特的两块独立 Flash 存储器设计有关。通常在 Flash 存储器编程期间,是不能对其进行访问的,意味着在对 Flash 存储器编程时单片机不能执行其中的程序。由于独特的双 Flash 存储器设计,使得 SST89 系列单片机在执行一个存储块中的应用时,可以修改另一个存储块中的程序和数据。这样就提高了系统应用的灵活性,使得在线升级系统软件以及修改控制参数成为可能。通过通信线路更可实现系统的远程访问、产品升级和修改。因而在工业仪器、金融设备、POS 机、网络通信设备、数字电视机顶盒、安防等产品中有着广阔的应用前景。

为方便用户设计开发和学习使用,SST 公司还专门为 SST89 系列单片机开发了 SoftICE(Software In Circuit Emulator)、SSTEasyIAP、BSL(Boot-Strap Loader)等软件。其中 SoftICE 和 BSL 是运行在单片机端的监控程序,SSTEasyIAP 是运行在微机端的 IAP 工具程序。监控程序 SoftICE 用于单片机的在线仿真,BSL 则用于单片机的程序下载固化。这些软件都可从 SST 公司的网站 www.sst.com 上免费下载。通常出厂时,SST89 系列单片机中就固化有 SoftICE 或 BSL 程序中的一个。

另外 SST89 单片机还有一个重要特性,就是其可以通过倍频的方式将一个标准指令

周期的 12 个时钟缩短为 6 个时钟,这样在相同外部时钟的情况下,其执行速度比标准 MCS-51 单片机快 1 倍。表 1-9 给出了 3 款 SST89 系列单片机的主要特性,命名中含字母 E 的表示工作电压为 5V,最高时钟 40MHz;含字母 V 的表示为 3V,最高时钟 33MHz。3 款 SST89 单片机的主要差别在于内部存储器容量不同。

表 1-9 部分 SST89 系列单片机主要特性

型 号	Flash 存储器		RAM	定时/计数器	PCA	串口(URAT)	中断源/优先级	BOD	WDT	SPI	数据指针	加密	
	主	从										软	硬
SST89E/V54RD	16KB	8KB	1KB	3×16 位	5ch	1	10/4	√	√	√	2	√	√
SST89E/V58RD	32KB	8KB	1KB	3×16 位	5ch	1	10/4	√	√	√	2	√	√
SST89E/V516RD	64KB	8KB	1KB	3×16 位	5ch	1	10/4	√	√	√	2	√	√

1.4.2 SST89 主要特性

在进行单片机应用系统设计时,需对单片机进行选型,要根据应用的需求选择单片机,这就要求了解单片机的主要特性,以此为选用依据。下面列出了 SST89E/V516RD、SST89E/V516RD2 的主要特性以供了解。该特性引用了 SST 公司的相关数据表。

(1) 嵌入 SuperFlash 存储器的 8 位 8051 兼容微控制器,全指令兼容、开发工具兼容、引脚到引脚的封装兼容。

(2) 1KB 内部 RAM。

(3) SST89E516RD/RD2 电源电压为 5V,时钟频率 0~40MHz;SST89V516RD/RD2 电源电压为 3V,时钟频率 0~33MHz。

(4) 内部集成两块 SuperFlash EEPROM 存储器,主块 64KB、从块 8KB,每扇区 128B,可独立加锁;在 IAP 期间,两块可同时操作,以及存储器覆盖,支持中断。

(5) 支持外扩高达 64KB 的程序存储器和数据存储器。

(6) 3 个 16mA 的高电流驱动口 P1.5、P1.6、P1.7。

(7) 3 个 16 位定时/计数器。

(8) 全双工增强型 UART 串行接口,具有帧错误检测和自动地址识别功能。

(9) 多达 10 个中断源,4 个中断优先级,其中有 4 个外中断源。

(10) 集成可编程的看门狗电路 WDT。

(11) 集成可编程的计数器阵列 PCA。

(12) 4 个 8 位 I/O 口,32 个引脚;RD2 系列还有一个 4 位口。

(13) 支持第二个 DPTR 寄存器。

(14) 禁止 ALE,低 EMI 模式。

(15) SPI 串行设备接口。

(16) 标准一个机器周期 12 个时钟,支持倍频操作实现一个机器周期 6 个时钟。

(17) 兼容 TTL 和 CMOS 逻辑电平。

(18) 支持低功耗模式。Idle 空闲模式,掉电检测模式,可通过中断唤醒。

(19) 工作温度范围:商用 0~70℃,工业级 -45~85℃。

(20) 多种封装形式:WQFN-40、PDIP-40、PLCC-44、TQFP-44。后缀 RD 的为 40 脚封装(无 P4 口,I/O 引脚 32 个,2 个外中断,8 个中断源),后缀 RD2 的为 44 脚封装(有一个 4 位的 P4 口,I/O 引脚 36 个,4 个外中断,10 个中断源)。

学习本节内容的主要目的是为扩展大家的知识面,对于初学者来说,可根据自己的情况学习了解,即使略过也不会影响后续内容学习的连贯性。

习　题

1-1　请将下列十进制数分别转换为二进制、八进制和十六进制数。

(1) 290　　　　　(2) 1876.512　　　　(3) 0.0225　　　　(4) 89201

1-2　请将下列非十进制数转换为十进制数。

(1) 11000111B　　(2) 267.23Q　　　　(3) 762.2H　　　　(4) 100.001B

1-3　请分别写出下列十进制整数所对应的原码、反码和补码,其中码长 8 位。

(1) 100　　　　　(2) -120　　　　　(3) 28　　　　　　(4) -98

1-4　什么是单片机,它有哪些主要特点?

1-5　简述单片机的发展现状。

1-6　开发单片机应用的过程中常会用到哪些软硬件工具?

1-7　ISP 和 IAP 与传统编程器相比有哪些优势?

1-8　MCS-51 单片机有哪几种代表类型,主要特性如何?

第2章

51单片机及其指令系统

　　单片机从其诞生至今已 30 多年,由最初的低档 8 位机型发展到现在的 32 位机型,与微机不同的是各种性能的单片机都有着各自不同的应用对象和应用层次,从低端到高端,在各种应用中都有它们的身影,应用空间极为广阔。纵观其应用,从实际使用量上看,8位机型仍是该家族中使用得最多的品种。在 8 位型机中又以 51 单片机应用最广,最具代表性,占据主流地位,且新型 51 单片机仍不断涌现,这更使其应用领域不断拓展。51 单片机无论是简化型、基本型、增强型还是兼容型,都是在标准 51 内核的基础上衍生、派生出来的。因此对于初学者来说,最好选择从标准 51 单片机学起。在此基础上再去学习其他,甚至是不同系列的单片机产品时,便能做到驾轻就熟、触类旁通了。

　　本章以 Intel 80C51 为代表,较详细地介绍了标准 51 单片机的内部结构、存储器组织和指令系统。为了便于学习比较,扩展知识面,又对增强型 51 单片机 SST89E516RD 作了补充介绍,对于想自己动手(DIY)实验的读者来说可以有选择地加以学习。

　　本章主要内容如下。

　　(1) 51 单片机的内部结构;

　　(2) 51 单片机的引脚和封装;

　　(3) 51 单片机的存储器组织形式;

　　(4) 51 单片机指令系统。

2.1　内　部　结　构

2.1.1　标准 51 单片机的组成和结构框图

　　通常来讲凡是内部包含 51 内核,兼容 Intel 8051 指令系统的单片机都可称为 51 单片机,因此"51 单片机"不仅仅是指一款或几款单片机产品,而是一个家族庞大的 8 位单片机产品的泛称。世界上生产 51 单片机的厂家众多,51 单片机品种丰富、命名复杂、内部资源和性能差异较大。这当中以 Intel 的 MCS-51 系列最为经典,它是其他 51 单片机的设计原型。MCS-51 系列主要包括 51 和 52 两个子系列。8051 是 Intel 首先推出的产品,系列中的所有后续品种都基于其内核,Intel 将该系列命名为"MCS-51",意为"微控制器 51 系列"。Intel 8051 最初采用的是 HMOS 工艺,后改为更为先进的 CMOS/CHMOS 工艺,命名也被改为 80C51。除工艺上的不同和性能有所改进外,二者区别其微,逻辑结构和指令完全兼容。鉴于现在的 51 单片机基本采用的是 CMOS/CHMOS 工艺生产,所以本书将以 Intel 80C51 作为标准 51 单片机的代表进行介绍。

1. 组成

Intel 80C51 单片机主要由以下几部分组成。
(1) 8 位字长微处理器,具有位处理能力;
(2) 片内集成 4KB ROM 程序存储器;
(3) 片内集成 128B RAM 数据存储器,部分单元具有位寻址能力;
(4) 64KB 的程序存储器寻址空间;
(5) 64KB 的外部数据存储器寻址空间;
(6) 两个 16 位定时/计数器;
(7) 5 个中断源,两个优先级;
(8) 32 个双向可独立寻址的 I/O 引脚;
(9) 一个可编程全双工串行口;
(10) 片内时钟振荡电路。

2. 结构框图

图 2-1 所示为 Intel 80C51 简化后的结构框图,这里将其内部划分为 3 个主要区域:中央处理与控制、存储器、内部接口模块。第一部分主要包括 CPU、内部时钟电路 OSC、时序和控制电路以及特殊功能寄存器 SFR(Special Function Register);第二部分为片内 RAM 和 ROM 共同构成的片内存储器;第三部分是单片机内部的接口模块,包含 2 个 16 位的定时/计数器(T0 和 T1)、1 个全双工异步串行接口、1 个有 2 个外中断源($\overline{INT0}$ 和 $\overline{INT1}$)的中断接口、4 个 8 位的双向并行 I/O 口(P0、P1、P2、P3)。

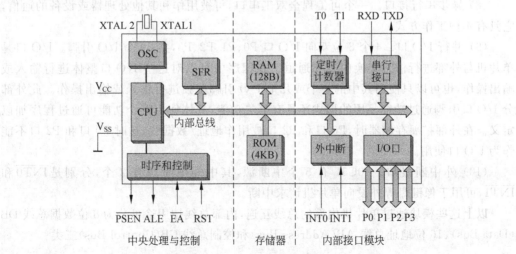

图 2-1　Intel 80C51 简化结构框图

（1）中央处理器 CPU。它是单片机的核心部分，字长 8 位，由运算器、控制器、寄存器组成，负责完成各种运算，以及管理、控制单片机中各部件，使它们能协调一致地工作。

（2）内部时钟电路 OSC。通过外接石英晶体振荡器产生单片机执行过程中所需要的定时时钟信号。时钟信号也可通过外部振荡电路产生后，由相应引脚输入到单片机中，采用外部时钟时可使单片机的时钟与其他器件同步。8051 最高时钟频率为 12MHz，80C51 则可达 24MHz。

（3）时序和控制部分。负责产生单片机访问外部存储器时所需的逻辑控制信号，以及通过外部手段对单片机进行复位操作时的内部复位信号。在片内具有可编程 EPROM 存储器的单片机中(如 87C51)，也被用来对片内 EPROM 存储器进行编程操作，但这时需要在相关引脚上接入编程脉冲和编程电源。

（4）特殊功能寄存器 SFR。是单片机内部比较特殊的一组寄存器，这些寄存器和片内 RAM 存储器处于同一编址空间，地址范围是 80H～FFH(片内 RAM 地址范围是 00H～7FH)，因此可把它们看成是高 128B 的片内 RAM 存储单元，不过这高 128B 不能用作一般的数据存储，有各自特定的用途，未被使用的单元也被保留作为今后的扩展。

（5）片内 RAM 存储器。地址空间范围为 00H～7FH，共 128B，主要用作程序执行过程中的数据临时存储以及作为堆栈空间使用，因而也称为片内数据存储器。片内 RAM 的低 32B，即 00H～1FH，被用作通用寄存器区，或称为工作寄存器区。

（6）片内 ROM 存储器。地址空间范围 0000H～0FFFH，共 4KB，用作程序代码和常量数据的永久存储，因而也称为片内程序存储器。对于 80C31 单片机来说片内无 ROM 存储器，使用时需外部扩展。而 87C51 单片机采用的是 EPROM 存储器，具有再编程能力。其他像 AT89S51 等单片机则采用 Flash 存储器作为程序存储，编程更方便，编程寿命也更长。

（7）定时/计数器，共 2 个 T0 和 T1，每个字长 16 位，最大计数值 65 536，有多种工作方式，可用作产生定时信号和对外部脉冲进行计数，在串行通信中还可用作波特率发生器。

（8）异步串行接口。一个可编程全双工串口，可被用作和其他处理器或设备的通信，它具有 4 种工作方式。

（9）并行 I/O 口。4 个 8 位双向 I/O 口 P0、P1、P2、P3，共 32 个 I/O 引脚。I/O 口是单片机与外部进行信息交换的重要通道。在程序中可以对这些 I/O 口整体进行输入或输出操作，也可以只使用其中的一个或几个 I/O 引脚单独进行输入或输出操作。此外部分 I/O 口引脚通过功能复用的形式还具有第二功能，具体使用哪个功能可通过程序加以定义。在外部扩展存储器时，P0 口和 P2 口被用作地址/数据线，这时 P0 口和 P2 口不能作为 I/O 口使用。

（10）外中断接口。80C51 有 5 个中断源，其中外中断源有 2 个，分别是 $\overline{INT0}$ 和 $\overline{INT1}$，可用于像键盘等外设向单片机请求中断。

以上这些模块通过单片机内部的总线互连，内部总线按用途可分为 8 位数据总线 DB (Data Bus)、16 位地址总线 AB(Address Bus)和控制总线 CB(Control Bus)三类。

2.1.2 中央处理器

中央处理器 CPU 是单片机最核心的部件,主要包括运算器、控制器、寄存器。

1. 运算器

运算器(Arithmetic Logic Unite,ALU)也称为算术逻辑单元,用来对二进制数据进行算术、逻辑、移位和布尔运算,运算指令的功能主要由它实现。

2. 控制器

控制器相当于 CPU 的"司令部",负责从程序存储器中读取指令,经译码后执行指令。执行指令就是按指令的功能规定在不同的时刻向其他部件发出各种控制信号,控制它们协调一致完成规定操作的过程。指令的执行顺序取决于 CPU 内部的程序计数器 PC(Program Counter),它是一个 16 位的加 1 计数器,内容为控制器将要执行的下一条指令在程序存储器中的地址。程序中的指令在存储器中是连续存放的,控制器在执行指令之前,先要从程序存储器中读取指令,预取指令的地址就存放在程序计数器 PC 中。每当控制器读取 1 字节指令代码后,PC 就会自动加 1 以指向下一个存储单元,这样在其引导下,控制器就能一条一条周而复始地不断执行预先存放在程序存储器中的程序了。程序计数器 PC 不占据 RAM 单元,物理上是独立的,用户程序不能直接读/写 PC。当出现转移、子程序调用与返回等情形时,相关操作就会通过修改 PC 的值,使其指向目标存储单元,而后当控制器再去读取指令时就会读取到存放在目标存储单元中的指令。

程序计数器 PC 在单片机复位后,被置为 0000H,所以程序存储器中该位置被用来存放单片机复位后第一条被执行的指令,0000H 这个地址就称为启动地址或复位向量。通常在该位置安排一条转移指令,使单片机复位后能转移到真正的主程序处执行。

3. 寄存器

CPU 内部有许多寄存器,用来临时存储信息。它们当中有些是隐藏的,无法访问,对这些寄存器不用过多关注,而另外一些则可访问到,且在程序尤其是汇编程序中经常会用到它们,需要掌握。

1) ACC 寄存器

ACC 寄存器(Accumulator)即累加器 A,它是一个 8 位寄存器,是 CPU 中使用频率最高、工作最繁忙的一个寄存器。许多指令如算术运算、逻辑运算等都要使用该寄存器来临时存放数据。该寄存器在汇编指令中有两种表示方法 ACC 和 A,具体区别参见后面说明。

2) B 寄存器

B 寄存器(B Register)是一个 8 位寄存器,主要与累加器 A 组合用于乘除运算,也可作普通数据存储用。无符号乘法运算时,被乘数在 A 中,乘数在 B 中,执行后的乘积在 AB 中,乘积高 8 位在 A 中,低 8 位在 B 中;无符号除法运算时,被除数在 A 中,除数在 B 中,执行后结果的商在 A 中,余数在 B 中。

3）程序状态字 PSW

程序状态字 PSW(Program Status Word)是一个 8 位的专用寄存器,主要用于存放运算结果特征。当控制器执行相关指令时,会自动根据运算结果特征设置其中某些位的值。这些位可用专用指令测试,常被用来控制程序的执行流程。程序状态字 PSW 的各位说明如下。

	D_7	D_6	D_5	D_4	D_3	D_2	D_1	D_0
PSW	CY	AC	F0	RS1	RS0	OV	F1	P

（1）CY(PSW.7),进位标志位。加法运算中当最高位有进位时被置 1,否则清 0;减法运算中,当最高位有借位时被置 1,否则清 0。此外在布尔运算中,该位被当作位累加器 C 使用。

（2）AC(PSW.6),辅助进位标志位。加法运算中当低 4 位向高 4 位有进位时被置 1,否则清 0;减法运算中,当低 4 位向高 4 位有借位时被置 1,否则清 0。该位常用于 BCD 码的运算调整。

（3）F0(PSW.5),通用标志位。供用户自定义使用,通过软件的方式置 1 或清 0。

（4）RS1(PSW.4)和 RS0(PSW.3),通用寄存器区选择位。由用户程序以软件的方式设置,其值的组合表示选择当前(默认)的通用寄存器区,具体选择关系如表 2-1 所示。由于单片机复位时,PSW 的初始值为 00H,所以这时默认选择的是通用寄存器 0 区。

表 2-1 通用寄存器区选择

RS1	RS0	通用寄存器区	地址范围	RS1	RS0	通用寄存器区	地址范围
0	0	0 区	00H~07H	1	0	2 区	10H~17H
0	1	1 区	08H~0FH	1	1	3 区	18H~1FH

（5）OV(PSW.2),溢出标志位。带符号数加减运算中,当结果超过 8 位补码表示的范围-128~127 时被置 1,否则清 0;无符号乘法运算中,当乘积超过 255(FFH),即 B 寄存器中有数值时被置 1,否则清 0;无符号除法运算中,当除数为 0 时被置 1,否则清 0。

（6）F1(PSW.1),用户自定义标志位,用途同 F0。

（7）P(PSW.0),奇偶标志位。当累加器 A 中二进制 1 的个数为奇数时被置 1,否则清 0,该位常被用作数据校验。

4）数据指针 DPTR

数据指针 DPTR(Data Pointer)是 Intel 80C51 中唯一一个 16 位专用寄存器,用于存放有关操作数据在存储器中的地址。在访问程序存储器或外部数据存储器时,通过它可以实现间接寻址。数据指针 DPTR 可被拆开成两个独立的 8 位寄存器使用,其高字节寄存器为 DPH,低字节寄存器为 DPL。

5）堆栈指针 SP

堆栈指针 SP(Stack Pointer)是一个 8 位专用寄存器,用于存放堆栈的栈顶地址,栈顶指堆栈数据的顶部。堆栈是片内 RAM 中一个比较特殊的存储区域,用来临时存放数据和调用子程序时的返回地址,还可用作子程序调用时的参数传递。关于堆栈的具体操作参见本章第四节堆栈指令的介绍。

6）通用寄存器区

通用寄存器常被用作数据的临时存放,共 32 个,每个 8 位,占用片内 RAM 地址 00H～1FH 范围内的 32 个字节存储单元。它们被分为 4 个区,每个区包含 8 个通用寄存器,分别用 R0～R7 表示,其地址映射关系参见表 2-2。用户程序运行过程中,某个时刻只能选择其中一个区域作为当前通用寄存器区,其选择由程序状态字 PSW 中的 RS1 和 RS0 两个位的取值决定。

表 2-2　通用寄存器地址映射关系

0 区		1 区		2 区		3 区	
地址	寄存器	地址	寄存器	地址	寄存器	地址	寄存器
00H	R0	08H	R0	10H	R0	18H	R0
01H	R1	09H	R1	11H	R1	19H	R1
02H	R2	0AH	R2	12H	R2	1AH	R2
03H	R3	0BH	R3	13H	R3	1BH	R3
04H	R4	0CH	R4	14H	R4	1CH	R4
05H	R5	0DH	R5	15H	R5	1DH	R5
06H	R6	0EH	R6	16H	R6	1EH	R6
07H	R7	0FH	R7	17H	R7	1FH	R7

上面介绍的寄存器,除通用寄存器区在片内 RAM 中外,其余的都在特殊功能寄存器 SFR 中。

2.1.3　SST89 系列单片机的内部结构和新增功能模块

SST 公司的 FlashFlex51 系列单片机产品性价比突出,具有仿真能力。内部集成高容量小扇区 Flash 存储器,支持 ISP 和 IAP 操作。它在指令、管脚甚至开发工具上都与标准 51/52 单片机完全兼容,可以直接替代。除标准 51/52 单片机的全部内部资源外,该系列单片机内部还增加了不少资源和实用的功能模块,它有两个 16 位的数据指针 DPTR0 和 DPTR1。下面以该系列中的 SST89E516RD 为例简单介绍其内部结构,便于比较学习。图 2-2 所示为 SST89E516RD 的结构框图。从中可看出,相比 Intel 80C51 其主要增加的内部资源和功能模块如下。

（1）中断源由 80C51 的 5 个增加到 8 个,外中断 2 个,其中 44 脚封装的有 10 个中断源,外中断 4 个。

（2）看门狗定时器 WDT,用于防止程序死锁,保障系统运行可靠。WDT 实际上是一个定时器,通过编程可以设定它的定时时间范围。用户程序正常运行时,每隔一段时间要

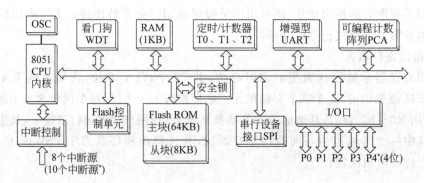

图 2-2　SST89E516RD 结构框图

对 WDT 进行复位操作,称为喂狗。使其能重新开始定时,喂狗的间隔时间要小于 WDT 的定时时间。这样只要用户程序运行正常,WDT 就不会定时到设定的时间。而当某些异常情况发生时,例如因受到静电、电磁等因素的干扰造成用户程序跑飞或陷入死循环,使用户程序不能正常运行出现死锁现象,则程序就不能在规定的时间间隔内喂狗,WDT 就会定时到设定的时间,对单片机进行复位,使单片机重新开始执行用户程序。这就是 WDT 防止程序死锁并能自动解除的基本工作原理。

（3）片内数据存储器 RAM 由 80C51 的 128B 增加到 1KB,这给用户程序提供了更为充足的数据存储空间。

（4）片内程序存储器由 80C51 的 4KB 增加到 72KB,且采用小扇区的 Flash 存储器,有安全锁加密功能,支持 ISP 和 IAP 操作。

（5）具有 3 个 16 位的定时/计数器,相比 80C51 增加了一个 T2,增加的 T2 可用作串行通信的波特率发生器。

（6）带帧错误检测和自动地址识别的增强型通用异步串行接口 UART（Universal Asynchronous Receiver Transmitter）。

（7）具有串行设备接口 SPI,支持 SPI 器件间的串行高速同步数据传输,传输频率最高可达 10MHz。

（8）具有可编程计数器阵列 PCA（Programmable Counter Array）,它是由 5 个 16 位的捕获/比较模块组成的特殊定时器,每个模块可编程实现 4 种工作模式。

（9）44 脚封装的 SST89E516RD2 增加了一个 4 位的并行 I/O 口 P4,在 P4.3 和 P4.2 引脚上以功能复用的形式增加了 2 个外中断源INT2和INT3。

2.2　外部引脚和封装

2.2.1　标准 51 单片机的封装和引脚描述

1. 标准 51 单片机的引脚封装

Intel 80C51 常见有 40 脚 PDIP 和 44 脚 PLCC 两种封装形式,其封装引脚定义如

图 2-3 所示。单片机的封装形式和引脚定义是硬件设计时必须参照的重要依据。

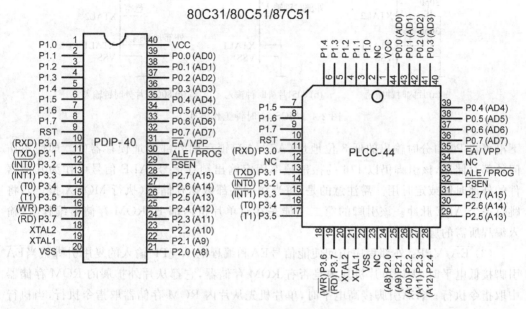

图 2-3 Intel 80C51 引脚封装

2. 引脚功能描述

Intel 80C51 的引脚按用途主要分为四类：电源、时钟、控制信号和并行 I/O 口。不同厂家产品的引脚功能会有一些差异，使用时需注意。

1) 电源

(1) VCC：工作电源，电压+5V±10%。

(2) VSS：电源参考地 GND。

应用中通常会在电源端并联一大一小两个旁路电容来滤除低频和高频噪声。

2) 时钟

(1) XTAL1：反相振荡放大器输入和内部时钟发生器输入。

(2) XTAL2：反相振荡放大器输出。

MCS-51 单片机有两种时钟工作方式：片内时钟振荡和片外时钟输入。片内时钟振荡接法如图 2-4(a)所示。片外时钟输入对于 HMOS 的 8051 和 CHMOS 的 80C51 来说有一些区别。图 2-4(b)为 8051 的片外时钟输入接法示意图，图 2-4(c)所示为 80C51 的片外时钟输入接法示意，对于其他一些 CMOS/CHMOS 单片机也参照该接法。

3) 控制信号

(1) RST：复位信号输入。当振荡器工作后，只要该引脚出现 2 个机器周期以上的高电平就会使单片机复位。

(2) ALE/$\overline{PROG}$：地址锁存使能信号 ALE 输出和编程脉冲信号 $\overline{PROG}$ 输入的复用引脚。在访问单片机外部数据存储器或程序存储器时，使用 ALE 引脚输出的锁存信号

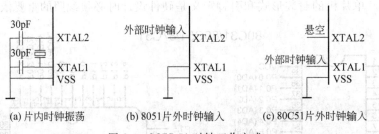

30pF —— XTAL2	外部时钟输入 —— XTAL2	悬空 —— XTAL2
30pF —— XTAL1 VSS	—— XTAL1 VSS	外部时钟输入 —— XTAL1 VSS
(a) 片内时钟振荡	(b) 8051片外时钟输入	(c) 80C51片外时钟输入

图 2-4　MCS-51 时钟工作方式

下沿可将 P0 口分时输出的低 8 位地址(A7~A0)锁存到外部地址锁存器中。即使不访问外部存储器,该引脚仍以 1/6 的振荡频率固定输出锁存信号,ALE 信号可作为其他器件的外部时钟或定时用。需注意的是,每当访问外部数据存储器(执行 MOVX 指令),将跳过一个 ALE 脉冲。该引脚的第二功能是在对单片机内部 EPROM 存储器编程时,输入编程所需的脉冲信号。

(3) $\overline{EA}$/VPP:外部程序访问使能信号 $\overline{EA}$ 和编程电压 VPP 输入的复用引脚。当 $\overline{EA}$ 引脚接低电平时,无论单片机片内是否有 ROM 存储器,它都从片外扩展的 ROM 存储器中取指令执行;当 $\overline{EA}$ 引脚接高电平时,单片机先从片内 ROM 存储器取指令执行,当执行范围超过 80C51 片内的 ROM 地址范围时,则自动转向到片外 ROM 存储器中取指令。对于内部无 ROM 的 80C31 单片机来说,该引脚接低电平。该引脚的第二功能是在对单片机内部 EPROM 存储器编程时,输入所需编程电压 VPP。

(4) $\overline{PSEN}$:片外程序存储器读选通信号输出。该引脚用作单片机读片外程序存储器时的选通信号输出,低电平有效,每个机器周期内两次有效。当访问片内程序存储器或外部数据存储器时,该引脚无效。

4) 并行 I/O 口

80C51 具有 4 个 8 位双向并行 I/O 口,共 32 个引脚,除基本的输入输出功能外,这些引脚大都有复用的第二功能,功能复用的目的是减少单片机的引脚引出数量,减小体积。在应用中可以通过程序指定要使用的功能。这些口在做 I/O 口使用时,可以整体输入或输出;也可以只使用其中的某个引脚或某些引脚单独输入或输出。除 P0 口可以驱动 8 个低功耗 TTL 门电路外,其余的 I/O 口只能驱动 4 个低功耗 TTL 门电路,使用时要加以注意,当驱动的门电路较多时,要增加驱动电路。在内部结构上 4 个 I/O 口间有一些差异。

(1) P0 口:8 位漏极开路的三态双向 I/O 口,同时复用为地址/数据线 AD7~AD0。当外部扩展了存储器时,P0 口就不能用作输入输出口,只能用作地址/数据线。地址和数据是分时复用的,即某个时刻 P0 口用来输出地址低 8 位 A7~A0,下个时刻则用来输入或输出 8 位数据 D7~D0,然后交替。配合地址锁存使能信号 ALE,可将输出的地址低 8 位锁存到外部锁存器中。

(2) P1 口:8 位带内部上拉电阻的双向 I/O 口,在 80C51 单片机中该口没有复用的第二功能,而在其他一些 51 单片机中,该口部分引脚有复用的第二功能。

(3) P2 口:8 位带内部上拉电阻的双向 I/O 口,同时复用为地址线 A15~A8。与 P0 口一样,当外部扩展了存储器时,P1 口就不能用作输入输出口,只能用作地址线,固定输出地址高 8 位。

（4）P3 口：8 位带内部上拉电阻的双向 I/O 口，该口全部引脚都有复用的第二功能。表 2-3 给出了 P3 口各引脚的复用功能解释。

表 2-3 80C51 单片机 P3 口的第二功能

引脚	第 二 功 能	引脚	第 二 功 能
P3.0	RXD：串行接收	P3.4	T0：定时/计数器 0 外部计数输入
P3.1	TXD：串行发送	P3.5	T1：定时/计数器 1 外部计数输入
P3.2	$\overline{INT0}$：外中断 0 输入	P3.6	$\overline{WR}$：片外 RAM 存储器写信号
P3.3	$\overline{INT1}$：外中断 1 输入	P3.7	$\overline{RD}$：片外 RAM 存储器读信号

2.2.2 最小系统电路

简单的单片机应用使用最小系统电路即可，只有较特殊、较复杂的应用才进行扩展。所谓最小系统电路，是指能使单片机正常工作的最简化电路，主要包括：时钟、复位和电源三部分。图 2-5 显示了 80C51 的典型最小系统电路，该电路中所需要的元件数量很少。其中电容 C_1、C_2 和石英晶体振荡器 X1 组成 80C51 的时钟部分；电阻 R_1、R_2、电容 C_3 和按键组成上电复位和按键复位部分；电容 C_4、C_5 作电源的旁路电容。电路中各个 I/O 口全都预留出来可供用户使用，但使用 P0 口时需要外接上拉电阻。最小系统中没有外部扩展存储器，直接使用 80C51 内部的 4KB ROM 和 128B RAM 存储器，所以 $\overline{EA}$ 引脚接高电平。

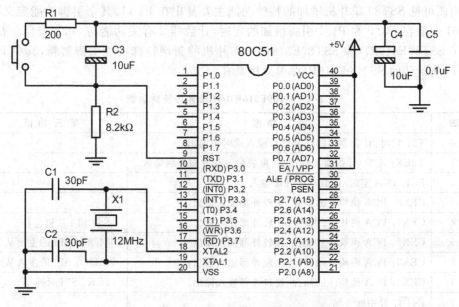

图 2-5 80C51 最小系统电路

2.2.3　SST89 系列单片机的封装和特殊功能引脚

SST89 单片机引脚与标准 80C51 完全兼容,但因其内部增加了一些资源,所以对 P1 口引脚进行了功能扩展。图 2-6 显示了其具有代表性的 40 脚 PDIP 封装的 SST89E516RD 和44 脚 PLCC 封装的 SST89E516RD2 两款单片机的引脚定义。

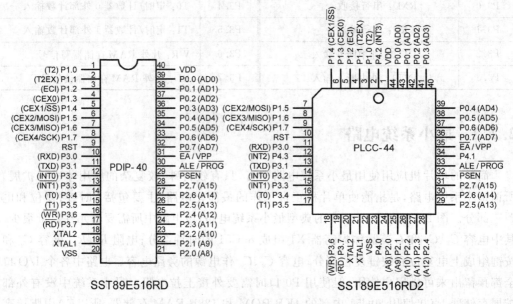

图 2-6　SST89E516RD/SST89E516RD2 单片机引脚封装

由图可见 SST89 单片机增加的特殊功能主要复用在 P1 口,其余引脚功能定义与标准 8051 全兼容,P1.0 和 P1.1 引脚增加的定时/计数器 2 有关功能与 8052 兼容。表 2-4给出了 SST89E516RD 和 SST89E516RD2 单片机的新增特殊功能引脚解释,其中 P4 口只有 44 脚封装的 SST89E516RD2 单片机具有。

表 2-4　SST89E516RD/RD2 新增特殊功能

引脚	第 二 功 能	第 三 功 能
P1.0	T2:定时/计数器 2 的外部计数输入或时钟输出	
P1.1	T2EX:定时/计数器 2 的捕获/重装触发和方向控制输入	
P1.2	ECI:PCA 定时/计数器的外部输入	
P1.3	CEX0:PCA 模块 0 的捕捉/比较外部输入输出	
P1.4	CEX1:PCA 模块 1 的捕捉/比较外部输入输出	$\overline{SS}$:SPI 从机选择
P1.5	CEX2:PCA 模块 2 的捕捉/比较外部输入输出	MOSI:SPI 的主出从入
P1.6	CEX3:PCA 模块 3 的捕捉/比较外部输入输出	MISO:SPI 的主入从出
P1.7	CEX4:PCA 模块 4 的捕捉/比较外部输入输出	SCK:SPI 时钟
P4.2	$\overline{INT3}$:外中断 3 输入	
P4.3	$\overline{INT2}$:外中断 2 输入	

2.3 存储器组织

2.3.1 标准51单片机的存储器组织形式

存储器是单片机中重要的组成部件,单片机的程序代码和数据都存放在存储器中。微机的存储资源丰富,编写微机应用程序时,通常不会考虑存储资源的分配问题。但单片机不一样,其存储资源很有限,且采用与微机不同的组织形式,所以在编写单片机程序时,需要对存储资源的使用进行规划,特别是片内 RAM 存储器,在 80C51 单片机中实际只有不到 100B 的空间可以使用。因此熟悉单片机的存储器组织形式,掌握存储空间分布情况对编写单片机程序很重要,若存储资源不够用,则需要进行扩展。

80C51 单片机采用的是将代码和数据分别存放在不同存储空间的哈佛结构,这种结构程序存储空间和数据存储空间是相互独立的,通过使用不同的指令来区别。在 80C51 单片机中存放程序的存储器采用 ROM 存储器,具有非易失的特性,被用来永久存储程序代码和表格等常量数据;存放数据的存储器采用 RAM 存储器,由于掉电后不能保存信息,所以被用来临时存储程序执行过程中要用的数据和中间结果。未特别说明的情况下,在 51 单片机中 ROM 存储器泛指程序存储器,RAM 存储器泛指数据存储器。

图 2-7 为 80C51 的存储器组织形式,从组成角度看 80C51 单片机的存储空间可分为片内 ROM、片外 ROM、片内 RAM 和片外 RAM 四个独立的物理存储空间;但从使用角度看由于片内 ROM 和片外 ROM 在同一个编址范围内,所以逻辑上将其存储空间划分为统一编址的程序存储空间、片内数据存储空间和片外数据存储空间三部分。其中统一编址的程序存储空间共 64KB,地址范围 0000H～FFFFH;片内数据存储空间共 256B,地址范围 00H～FFH;片外数据存储空间共 64KB,地址范围 0000H～FFFFH。

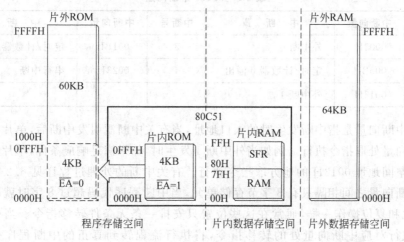

图 2-7　80C51 存储器组织形式

这里要注意区别物理存储空间和逻辑存储空间,只有当物理存储空间中的存储单元映射到逻辑存储空间上时,它才能被程序访问,因为程序中使用的是逻辑存储空间地址,而不是物理存储空间地址。如果程序访问的逻辑存储空间上没有对应的物理存储单元,那就得不到有效数据。

2.3.2 程序存储空间

80C51 的程序存储空间片内和片外统一编址。选择执行存储在片内还是片外的程序指令,取决于 80C51 的引脚 $\overline{EA}$ 接入电平。当 $\overline{EA}=1$ 时,其片内 4KB 的 ROM 被映射到程序存储空间的 0000H～0FFFH 段,这时整个程序存储空间是由片内的 4KB(0000H～0FFFH)ROM 和片外扩展的 60KB(1000H～FFFFH)ROM 共同组成。当执行 0000H～0FFFH 地址范围内的指令时,80C51 从片内 ROM 中取指令,而当执行 1000H～FFFFH 地址范围的指令时,8051 自动转向从片外 ROM 中取指令。在 $\overline{EA}=1$ 的情况下,即使片外 0000H～0FFFH 物理地址范围内扩展有 ROM,它也不会被程序计数器 PC 看见,因而访问不到。当 $\overline{EA}=0$ 时,整个程序存储空间由片外 64KB(0000H～FFFFH)ROM 单独组成,这时无论执行哪个地址范围的指令,它都从片外 ROM 中取出,片内 ROM 不能被访问。需要指出的是,构成程序存储空间的 ROM 存储器除存放指令代码外也能用来存放常量数据,但访问时需使用专门的指令来读取。

在程序存储空间中,有一些特殊地址对应的存储单元有特定的用途,像前面提到的单片机复位后的启动地址(复位向量),其占据 0000H～0002H 共 3 字节存储单元,一般在这个位置存放的是一条无条件转移指令 LJMP,单片机复位后通过执行该指令将程序流程转到指定的用户程序处。与启动地址类似,在 80C51 的程序存储空间中还有 5 个这样的特殊地址被用作中断向量,表 2-5 给出了这些中断向量的含义。

表 2-5 80C51 中断向量

中断号	中断向量	中 断 源	中断号	中断向量	中 断 源
0	0003H	外中断 0	3	001BH	定时/计数器 1 溢出
1	000BH	定时/计数器 0 溢出	4	0023H	串行中断
2	0013H	外中断 1			

所谓中断向量是指中断发生时的入口地址,当有关中断源引发中断后,单片机会从对应的中断向量处取指令执行。例如当外中断 1 发生时,如果满足响应条件,单片机就会从程序存储空间地址 0013H 的地方取指令执行。有关中断的处理过程详见 6.2 节。由于这 5 个中断向量之间相隔只有 8 字节存储单元,当中断程序代码超过 8 字时就不能完整存放,因此和复位操作一样,通常在这些位置只安排一条无条件转移指令。当中断发生后,通过执行对应中断向量处的转移指令,将执行流程转到真正的中断程序处。由于 80C51 单片机程序存储空间 0000H～002AH 地址对应的 43 个字节存储单元有特殊用途,所以编程时要加以注意,不要轻易占用这些存储单元,以免不能正常执行相关中断

程序。

2.3.3　数据存储空间

程序运行时的临时数据就存放在数据存储空间中,80C51 单片机的数据存储空间分为片内和片外两部分,它们在物理上和逻辑上都相对独立。访问这两部分独立的数据空间需使用不同的指令和寻址方式。片内数据存储空间按用途又可分为几个特定区域,如图 2-8 所示,有通用寄存器区、位寻址区、普通 RAM 数据缓冲区和特殊功能寄存器 SFR 区。其中 52 子系的 80C52 还有一个高 128B 的 RAM 数据区,图中虚线所示。

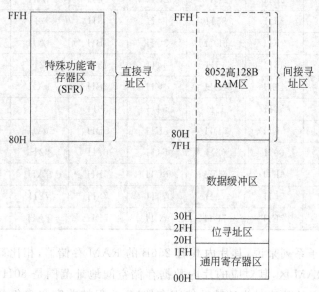

图 2-8　80C51 片内数据存储空间示意

(1) 通用寄存器区,片内数据存储空间 00H～1FH 地址范围的 32 个字节存储单元被分为 4 个通用寄存器区,每个通用寄存器区包含 8 个通用寄存器,分别用 R0～R7 表示。当前通用寄存器区的切换由 PSW 中的 RS1 和 RS0 位取值决定。

(2) 位寻址区,片内数据存储空间 20H～2FH 地址范围的 16 个字节存储单元比较特殊,它们具有位寻址能力,每个位都有一个位地址,总计 128 个位,位地址范围为 00H～7FH。这些存储单元除可用字节地址来寻址表示整个字节单元外,还可用位地址来寻址表示其中的某个位单元。位单元被用于位的存储和布尔运算,表 2-6 给出了该区域的位单元地址映射关系。

(3) 数据缓冲区,片内数据存储空间 30H～7FH 地址范围的 80 个字节为普通数据区域,用来临时存储程序中的数据,在程序中定义的变量通常就在该区域。

(4) 特殊功能寄存器区(SFR),虽然特殊功能寄存器区和片内 RAM 物理上是独立的,但其地址被映射到片内数据空间的 80H～FFH 这一段,因此逻辑上可将其看成是片内数据存储器的一部分。

表 2-6　位地址映射关系

字节地址	位 地 址							
	D7	D6	D5	D4	D3	D2	D1	D0
20H	07H	06H	05H	04H	03H	02H	01H	00H
21H	0FH	0EH	0DH	0CH	0BH	0AH	09H	08H
22H	17H	16H	15H	14H	13H	12H	11H	10H
23H	1FH	1EH	1DH	1CH	1BH	1AH	19H	18H
24H	27H	26H	25H	24H	23H	22H	21H	20H
25H	2FH	2EH	2DH	2CH	2BH	2AH	29H	28H
26H	37H	36H	35H	34H	33H	32H	31H	30H
27H	3FH	3EH	3DH	3CH	3BH	3AH	39H	38H
28H	47H	46H	45H	44H	43H	42H	41H	40H
29H	4FH	4EH	4DH	4CH	4BH	4AH	49H	48H
2AH	57H	56H	55H	54H	53H	52H	51H	50H
2BH	5FH	5EH	5DH	5CH	5BH	5AH	59H	58H
2CH	67H	66H	65H	64H	63H	62H	61H	60H
2DH	6FH	6EH	6DH	6CH	6BH	6AH	69H	68H
2EH	77H	76H	75H	74H	73H	72H	71H	70H
2FH	7FH	7EH	7DH	7CH	7BH	7AH	79H	78H

　　(5) 而对 52 子系列来说,其片内共有 256B 的 RAM 存储器,相比 51 子系列它多出一个高 128B 的 RAM 区,其对应的片内数据存储空间地址范围是 80H~FFH。由于这段地址在 80C51 中已被映射为特殊功能寄存器区,为保持兼容和避免混淆,Intel 采用了一种简单的方法在程序中加以区分:当指令采用直接寻址方式访问 80H~FFH 地址范围时,表示访问特殊功能寄存器区;而采用间接寻址方式访问此地址范围时,表示访问 80C52 的高 128B RAM 区。

　　当用户程序在使用片内数据存储器存放数据时,要特别注意堆栈区的位置。MCS-51 单片机的堆栈被设在片内数据存储器中,当单片机复位时,堆栈指针 SP 的初始值为 07H,所以实际堆栈数据是从片内数据存储器地址为 08H 的存储单元开始存放的,为避免占用通用寄存器区和位寻址区,用户程序最好在一开始就把 SP 值设在 2FH 或以上,这样堆栈就不会和这些区域重叠,操作堆栈时不会影响其中有用的数据。另外 80C52 的高 128 字节 RAM 区也可用于堆栈。

2.3.4　特殊功能寄存器 SFR

　　特殊功能寄存器 SFR 也称专用寄存器,是 80C51 单片机中比较特殊的存储单元,由于被编址到片内数据存储空间中,因而可看成是片内数据存储器的一部分,但它们每个单元有的其至每个位都有自己特殊的用途和含义,不能移作他用。在单片机内部有许多接口资源,像定时/计数器、串行口、中断控制、并行 I/O 口等,对这些资源的管理、配置、输入输出和工作状态查询依靠的就是单片机内部的特殊功能寄存器。当指令对特殊功能寄存器进行读写时,单片机内部相应的电路会自动对有关硬件进行操作。所以特殊功能寄存器可被看成是联系软件和硬件的一个桥梁,是软件操作管理硬件、硬件反馈状态信息给软件的一个中转站。

虽然 80C51 的特殊功能寄存器占据了 128 个字节的存储单元,但实际只使用了其中的 21 个,这 21 个单元在存储空间上并不连续分配,增强型的 80C52 则在 80C51 基础上增加使用了其中的 5 个,共达 26 个。其他的存储单元则被保留下来作为今后扩展功能使用。图 2-9 显示了 80C51/80C52 的特殊功能寄存器在片内数据存储空间上的地址分布,其中"-"表示保留的单元。从分布看,80C51 特殊功能寄存器使用的空间不到实际存储空间的 1/6,存储空间利用率很低,浪费大。但众多的保留空间为单片机日后的功能扩展留出了广阔的余地,像 SST 公司的 SST89E516RD 增强型 51 单片机,内部资源和功能就比标准 51 要丰富,它增加的资源和功能就大量使用了这些保留的存储空间,这样在保证兼容标准 51 单片机资源和功能的基础上,又使用户有更多的资源和功能可以使用。

地址									地址
F8H	-	-	-	-	-	-	-	-	FFH
F0H	B	-	-	-	-	-	-	-	F7H
E8H	-	-	-	-	-	-	-	-	EFH
E0H	ACC	-	-	-	-	-	-	-	E7H
D8H	-	-	-	-	-	-	-	-	DFH
D0H	PSW	-	-	-	-	-	-	-	D7H
C8H	T2CON*	-	RCAP2L*	RCAP2H*	TL2*	TH2*			CFH
C0H	-	-	-	-	-	-	-	-	C7H
B8H	IP	-	-	-	-	-	-	-	BFH
B0H	P3	-	-	-	-	-	-	-	B7H
A8H	IE	-	-	-	-	-	-	-	AFH
A0H	P2	-	-	-	-	-	-	-	A7H
98H	SCON	SBUF	-	-	-	-	-	-	9FH
90H	P1	-	-	-	-	-	-	-	97H
88H	TCON	TMOD	TL0	TL1	TH0	TH1	-	-	8FH
80H	P0	SP	DPL	DPH		-	-	PCON	87H

说明:带*表示只在80C52中具有。

图 2-9　80C51/80C52 特殊功能寄存器地址分布

80C51 的 21 个特殊功能寄存器按照用途不同可以分为 5 组。

(1) CPU 有关,包括:累加器 ACC、寄存器 B、数据指针 DPTR(由高字节的 DPH 和低字节的 DPL 组成)、程序状态字 PSW 和堆栈指针 SP。这几个寄存器除 SP 在单片机复位后的初始值为 07H 外,其余的复位后初始值都是 00H。

(2) 中断控制有关,包括:中断使能寄存器 IE 和中断优先级寄存器 IP。这两个寄存器在单片机复位后的初始值分别为 0X000000B 和 XX000000B。其中 X 表示不确定。

（3）定时/计数器有关，包括定时器/计数器控制寄存器 TCON、定时/计数器模式选择寄存器 TMOD、定时/计数器 0 低字节 TL0、定时/计数器 0 高字节 TH0、定时/计数器 1 低字节 TL1、定时/计数器 1 高字节 TH1。这些寄存器在单片机复位后的初始值都为 00H。80C51 只有两个定时/计数器 0 和 1，而 80C52 增加了一个定时/计数器 2，有关特殊功能寄存器相应增加了 5 个。

（4）串行通信有关，包括电源控制寄存器 PCON、串行控制寄存器 SCON 和串行数据缓冲寄存器 SBUF。单片机复位后 PCON 初始值为 0XXX0000B，SCON 初始值为 00H，SBUF 不确定。

（5）并行 I/O 口有关，包括 P0、P1、P2、P3 四个端口寄存器。单片机复位后它们的初始值都为 FFH。

在特殊功能寄存器中，凡是地址为 8 整数倍的存储单元如 80H、88H、90H 等都具有位寻址能力。图 2-10 给出了这些单元的字节地址、特殊功能寄存器名，以及相应的位名称和位地址（图中每一个字节地址中上一行为位名，下一行为位地址），其中"-"表示保留位或无位名称。需要注意的是，特殊功能寄存器中保留下来的字节单元或是位用户程序都不要使用，否则会产生不期望的结果。

字节地址	SFR	D7	D6	D5	D4	D3	D2	D1	D0
F0H	B	-	-	-	-	-	-	-	-
		F7H	F6H	F5H	F4H	F3H	F2H	F1H	F0H
E0H	ACC	-	-	-	-	-	-	-	-
		E7H	E6H	E5H	E4H	E3H	E2H	E1H	E0H
D0H	PSW	CY	AC	F0	RS1	RS0	OV	F1	P
		D7H	D6H	D5H	D4H	D3H	D2H	D1H	D0H
C8H	T2CON*	TF2	EXF2	RCLK	TCLK	EXEN2	TR2	C/$\overline{T2}$	CP/$\overline{RL2}$
		CFH	CEH	CDH	CCH	CBH	CAH	C9H	C8H
B8H	IP	-	-	PT2*	PS	PT1	PX1	PT0	PX0
		BFH	BEH	BDH	BCH	BBH	BAH	B9H	B8H
B0H	P3	P3.7	P3.6	P3.5	P3.4	P3.3	P3.2	P3.1	P3.0
		B7H	B6H	B5H	B4H	B3H	B2H	B1H	B0H
A8H	IE	EA	-	ET2*	ES	ET1	EX1	ET0	EX0
		AFH	AEH	ADH	ACH	ABH	AAH	A9H	A8H
A0H	P2	P2.7	P2.6	P2.5	P2.4	P2.3	P2.2	P2.1	P2.0
		A7H	A6H	A5H	A4H	A3H	A2H	A1H	A0H
98H	SCON	SM0	SM1	SM2	REN	TB8	RB8	TI	RI
		9FH	9EH	9DH	9CH	9BH	9AH	99H	98H
90H	P1	P1.7	P1.6	P1.5	P1.4	P1.3	P1.2	P1.1	P1.0
		97H	96H	95H	94H	93H	92H	91H	90H
88H	TCON	TF1	TR1	TF0	TR0	IE1	IT1	IE0	IT0
		8FH	8EH	8DH	8CH	8BH	8AH	89H	88H
80H	P0	P0.7	P0.6	P0.5	P0.4	P0.3	P0.2	P0.1	P0.0
		87H	86H	85H	84H	83H	82H	81H	80H

说明：带*表示只在80C52中具有。

图 2-10 80C51/80C52 可位寻址特殊功能寄存器分布图

2.3.5 SST89系列单片机的存储器组织形式

SST89系列单片机的内部有高达72KB的Flash存储器,已超过MCS-51单片机最大62KB的寻址空间,在保持与MCS-51单片机兼容的同时它是如何组织存储器的,下面就以SST89E516RD为代表进行介绍。

1. SST89E516RD的程序存储器组织

SST89E516RD片内程序存储器物理上分为两个独立的存储块,分别称为主块Block0和从块Block1。主块有512个扇区,每扇区128B,共64KB,物理地址范围为0000H～FFFFH;从块有64个扇区,每扇区128B,共8KB,物理地址范围为0000H～1FFFH。为保证和MCS-51单片机兼容,SST89E516RD单片机采用存储块切换的方式来改变物理存储块在逻辑空间上的映射关系,以此来选择执行不同存储块中的程序代码。图2-11显示了其程序存储器组织形式,从中可看出SST89E516RD的程序存储空间与物理存储块间有3种映射关系。

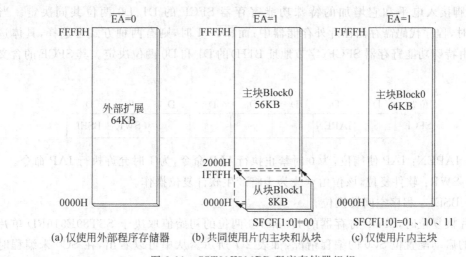

图 2-11 SST89E516RD 程序存储器组织

(1) 仅使用外部程序存储器,如图2-11(a)所示。当$\overline{EA}=0$时,全部64KB(0000H～FFFFH)程序存储空间被映射到外部,此时用户程序代码包括复位向量和中断向量都在外部程序存储器中,单片机复位后从外部程序存储器开始执行。这种方式下SST89E516RD的片内存储块被隐藏,程序计数器PC看不见,因而不能从中取指令执行,但可以使用IAP(在应用中编程)方式访问它,用它来存放应用中的表格数据或控制参数等,将其作为非易失性的数据存储器使用,就像U盘一样,且存储容量最高可达72KB。因此适合于像需要保存历史数据和参数的智能仪器仪表、数字机顶盒等应用中。

(2) 共同使用片内主块和从块,如图2-11(b)所示。当$\overline{EA}=1$,且SST89E516RD的特殊功能寄存器SFCF(SuperFlash存储器配置寄存器)中的D1和D0两位全为0时,全部 64KB 程序存储空间被映射到片内,这 64KB 程序存储空间是由单片机内部的从块和主块共同组成的。其中 0000H～1FFFH 地址的低 8KB 对应从块,2000H～FFFFH 地址的高 56KB 对应主块。用户程序代码可存放在主块和从块中,但复位向量和中断向量在从块中,单片机复位后从从块开始执行,只有当执行存放在 2000H 以上地址的代码时才转到主块。主块物理地址 0000H～1FFFH 对应的低 8KB 存储单元被隐藏,程序计数器 PC 看不见,但同样可以使用 IAP 方式操作访问,用作非易失性的数据存储器。若用户程序代码不超过 8KB 只用从块就能存放下的话,则整个 64KB 主块都能用作非易失性的数据存储器。

（3）仅使用片内主块,如图 2-11(c)所示。当 $\overline{EA}=1$,且特殊功能寄存器 SFCF 的 D1 和 D0 两位任有一个为 1 时,全部 64KB 程序存储空间被映射到片内,这 64KB 程序存储空间由单片机内部的主块独自承担。用户程序代码只能存放在主块中,复位向量和中断向量也都在主块,单片机复位后从主块开始执行。从块物理地址 0000H～1FFFH 对应的 8KB 存储单元被隐藏,程序计数器 PC 看不见,但一样可以使用 IAP 方式操作访问,用作非易失性的数据存储器。

可以看出,SST89E516RD 内部的物理存储块在程序存储空间上的映射是由单片机的 $\overline{EA}$ 引脚接入电平和它增加的特殊功能寄存器 SFCF 的 D1、D0 两位共同决定。当 $\overline{EA}=0$ 时,程序代码需存储在片外存储器中;而 $\overline{EA}=1$ 时,则有两种方式可选择,具体选择哪种由特殊功能寄存器 SFCF(字节地址 B1H)的 D1 和 D0 两位决定。其 SFCF 的含义如下。

位置	D_7	D_6	D_5	D_4	D_3	D_2	D_1	D_0
SFCF	-	IAPEN	-	-	-	-	SWR	BSEL

（1）IAPEN：IAP 使能位,为 0 时禁止执行 IAP 命令,为 1 时允许执行 IAP 命令。

（2）SWR：软件复位,该位由 0 改为 1 将产生软件复位操作。

（3）BSEL：程序空间转换位。

单片机复位时,SFCF 寄存器的 D1 和 D0 两位的初始值取决于 SST89E516RD 单片机内部的启动配置位 SC0 的编程情况,如表 2-7 所示。从中可以看出,在 SC0 未编程时(出厂默认值)单片机上电或外部复位后的存储器映射关系如图 2-11(b)中所示,这时会先从从块开始执行,当执行存放在地址 2000H 以上的代码时,则转到主块。这种情况下若对单片机进行软件复位操作(将 SFCF 寄存器的 D1 位 SWR 由 0 置 1),则存储器映射关系会改为如图 2-11(c)中所示,这时则会从主块中开始执行。

表 2-7 不同复位条件下 SFCF[1:0]的值

SC0	SFCF[1:0]的状态		
	上电或外部复位	WDT 或掉电复位	软件复位
未编程（逻辑 1）	00（默认）	X0	10
编程（逻辑 0）	01	X1	11

启动配置位 SC0 是 SST89E516RD 中的一个特殊标志位,它不能用一般指令置 1 或清 0。在该位未编程(SC0=1)时,能通过外部编程器或 IAP 方式将其编程为逻辑 0。一旦编程后就只能使用外部编程器通过对单片机进行整片擦除操作的方式把它改为未编程状态。SFCF 的 D1 和 D0 两位的取值可在单片机成功复位后以软件方式修改,但修改 D0 不会影响 SC0 位。

正是因为这种独特的程序存储器结构和支持 IAP 操作,SST89E516RD 不仅能被用来进行单片机仿真,不用外部编程器借助串口就能实现用户程序的下载与固化,还能被用来实现用户程序的在线升级。通常在对 Flash 存储器进行编程时,是不能对其进行访问的,但 SST89E516RD 将片内 Flash 存储器划分为两个独立的存储块后,就使得单片机在执行其中一个存储块中的程序时,可以对另一个存储块进行 IAP 编程。这样在具有用户程序在线升级功能的应用中,可把负责升级的程序存放在从块,而用户程序存放在主块。当单片机上电或外部复位后,会先执行从块中负责升级的程序,由它判断是否需要升级用户程序,若要升级则可通过串行或并行通信的方式获取要升级的用户程序代码,以 IAP 方式将它们编程固化到主块中。升级完成后通过执行软件复位,重新启动单片机就可运行存放在主块中的升级后的用户程序。若不需要升级,则直接执行软件复位运行存放在主块中的原有用户程序。

由于 SC0 编程后(SC0=0),存储器映射关系只能如图 2-11(c)中所示,这时无论采取哪种复位方式,单片机都只会从主块开始执行。因此在做普通实验时,建议不要去编程 SC0 位,否则就不能将 SST89E516RD 当作仿真器或自行下载固化程序使用,这时只能通过外部编程器固化用户程序。

2. SST89E516RD 的数据存储器组织

SST89E516RD 内部有 1KB 的数据存储器,为保证与 MCS-51 单片机的兼容,它将这 1KB 逻辑上分为两个块,一个块被映射到 MCS-51 单片机的片内数据存储空间,有 256B;另一个块被映射到片外数据存储空间,有 768B。256B 的块与 80C51/80C52 兼容,而 768B 块则作为片外数据存储器使用,如图 2-12 所示。对这两个块的访问,取决于所用的指令和寻址方式,如表 2-8 所示,其中×表示不能访问,√表示可以访问。有关指令和寻址方式参见下节。

表 2-8　SST89E516RD 访问不同数据存储空间的指令和寻址方式

数据存储类型	MOV 直接寻址	MOV 间接寻址	MOVX 间接寻址	数据存储类型	MOV 直接寻址	MOV 间接寻址	MOVX 间接寻址
片内低 128B RAM	√	√	×	SFR	√	×	×
片外高 128B RAM	×	√	×	片外 768B RAM	×	×	√

当数据存储器不够用进行外部扩展时,SST89E516RD 单片机内部的 768B 块与片外扩展的数据存储器间可有两种映射关系,如图 2-13 所示。这两种映射关系由 SST89E516RD 单片机增加的特殊功能寄存器 AUXR(辅助寄存器)中的 D1 位 EXTRAM 决定。当 EXTRAM=0 时,768B 块映射到片外数据存储空间的 0000H～

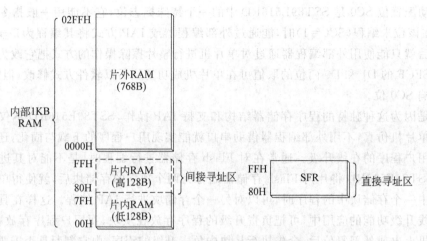

图 2-12　SST89E516RD 数据存储器组织

02FFH 地址范围,余下空间由片外扩展的数据存储器承当;当 EXTRAM＝1 时,全部片外数据存储空间由片外扩展的数据存储器承当,这时片内 768B 块被隐藏。SST89E516RD 单片机的这种数据存储器组织形式,在保证兼容的同时,又使用户的扩展需求不受制约。

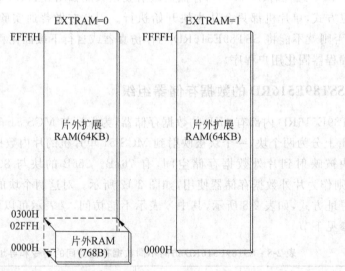

图 2-13　不同 EXTRAM 取值下的片外 RAM 映射关系

3. SST89E516RD 的特殊功能寄存器

由于 SST89E516RD 单片机相比 80C51 内部增加了不少资源和接口模块,为管理和使用这些资源,相应增加了有关的特殊功能寄存器 SFR。这些增加的 SFR 使用的是 80C51 单片机保留下来的存储单元,如图 2-14 的阴影区所示,有关增加的 SFR 含义请参见 SST89E516RD 的使用手册。对于将其当作 80C51/52 单片机使用的用户来说,可以不必理会这些增加的 SFR。

地址									地址
F8H	IPA	CH	CCAP0H	CCAP1H	CCAP2H	CCAP3H	CCAP4H	-	FFH
F0H	B	-	-	-	-	-		IP1H	F7H
E8H	IEA	CL	CCAP0L	CCAP1L	CCAP2L	CCAP3L	CCAP4L	-	EFH
E0H	ACC	-	-	-	-	-	-		E7H
D8H	CCON	CMOD	CCAPM0	CCAPM1	CCAPM2	CCAPM3	CCAPM4		DFH
D0H	PSW	-	-	-		SPCR	-	-	D7H
C8H	T2CON	T2MOD	RCAP2L	RCAP2H	TL2	TH2	-	-	CFH
C0H	WDTC	-	-	-	-	-	-		C7H
B8H	IP	SADEN	-	-	-	-	-		BFH
B0H	P3	SFCF	SFCM	SFAL	SFAH	SFDT	SFST	IPH	B7H
A8H	IE	SADDR	SPSR	-	-	-	XICON	-	AFH
A0H	P2	-	AUXR1	-	-	-	-		A7H
98H	SCON	SBUF	-	-	-	-	-		9FH
90H	P1	-	-	-	-	-	-		97H
88H	TCON	TMOD	TL0	TL1	TH0	TH1	AUXR	-	8FH
80H	P0	SP	DPL	DPH	-	WDTD	SPDR	PCON	87H

图 2-14　SST89E516RD 特殊功能寄存器分布图

2.4　指 令 系 统

2.4.1　指令格式与时序

1. 指令和指令格式

　　和其他类型的计算机一样,单片机只有通过不断执行程序中的指令才能实现相应功能,否则就只是一个空壳。所谓指令实际上就是指示计算机执行某种操作的命令,它是人和机器交流的语言,不同的指令规定计算机完成不同的操作,实现不同的功能。对于每款计算机处理器来说都有专属于自己的一整套命令集合,这被称为指令集,它由处理器生产厂家定义,用户必须遵循。MCS-51 单片机的指令集共有 111 条指令,指令兼容是所有51 单片机的共同特点,因此学习指令时不必区分具体的 51 单片机产品,这些指令在所有MCS-51 及其兼容机上都适用。

　　众所周知,计算机只能识别二进制信息,因此最初的指令采用二进制编码形式。这种用二进制编码表示的处理器指令被称为机器指令或机器码。鉴于二进制数书写麻烦,所以机器指令往往用对应的十六进制数形式表示。无论是二进制形式还是十六进制形式的机器指令,对于大家来说用其编写程序都是件很头痛的事情。为此后来出现了一种采用助记符形式表示的处理器指令,称为汇编指令,它与机器指令联系紧密。由于采用能帮助记忆的符号来表示指令,因而提高了可读性,降低了学习和使用的难度。但汇编指令不能直接被处理器识别,需通过专门的软件进行翻译,将其转换为对应的机器指令后才能被处理器识别并执行。这个翻译的过程就称为汇编,负责翻译的软件称为汇编程序或汇编器。

存放在存储器中的每条指令都需要占据一定数量的存储单元,所占存储单元大小取决于指令的编码长度,即二进制机器指令的位数。按编码长度不同,可将 MCS-51 单片机指令分为:单字节指令、双字节指令和三字节指令 3 种。

典型的 MCS-51 单片机汇编指令格如下:

[标号:]　操作码　[操作数 1,操作数 2,操作数 3]　[;注释]

(1) 标号(可选),它是存储地址的符号表示,长度不超过 31 个字符,字符可选用大小写字母、数字、"_"和"?",且要求首字符必须是字母,标号后要加":"。

(2) 操作码(必选),指令操作类型的英文助记符,用于表示执行何种指令,实现何种操作,由处理器制造者规定。

(3) 操作数(可选),指令执行过程中操作的对象或其存放地址,多个操作数间使用","分隔。不同的指令对操作数的要求不同,按照指令对操作数个数的要求,又可将 MCS-51 单片机指令分为:无操作数指令、单操作数指令、双操作数指令和三操作数指令 4 种。

(4) 注释(可选),程序中的解释说明项,用于提高程序的可读性,注释文字前面要加";",经常给程序代码添加注释是一种良好的编程习惯。

如汇编指令:

```
START:    MOV        A          ,#50H  ;A←#50H
标号      操作码    目的操作数   源操作数      注释
```

对应的机器指令是 01110100,01010000B,或 7450H,其中第一字节(74H)为操作码,第二字节(50H)为操作数。该指令占用 2 字节存储单元所以是双字节指令,同时它又有两个操作数因此又是双操作数指令。为便于区别这两个操作数,把操作数 1 称为目的操作数,即操作的目的地;操作数 2 称为源操作数,即操作的数据来源。

2. 指令时序

单片机本质上就是一个时序逻辑电路,其每个细微的动作都是在时钟信号的协调下一个节拍、一个节拍完成的。在时钟信号的协调下,当单片机执行一条指令时,需先依据程序计数器 PC 的指向从程序存储器中读取指令,然后将其分解为若干控制信号,并按照一定的时间顺序发给各个部件,以控制各部件协调一致地完成指令规定的操作,实现指令功能。这就如同我们去桌上拿杯水一样,举手投足之间的每个细小动作都要按照一定的时间先后顺序去做,无论动作快慢都需要花一定的时间,执行指令时也一样要耗费一定的机器时间。在 MCS-51 单片机中指令执行时间使用机器周期为基本单位进行衡量,下面就简单介绍一下 MCS-51 单片机时序中有关周期的几个概念。

(1) 振荡周期(P),也称拍,它是内部振荡电路(OSC)产生的振荡时钟信号(或外部输入时钟信号)的周期,是 MCS-51 单片机时序中的最小时间单位,与振荡频率互为倒数关系,即振荡周期＝$1/f_{osc}$,f_{osc} 为振荡频率。如 12MHz 的振荡频率对应的振荡周期就为

$1/12\mu s$。

（2）状态周期（S），是二分频后的振荡时钟信号的周期，它包含两个完整的振荡周期，分别称为 P1 相和 P2 相，是 CUP 完成一个基本动作的时间单位。

（3）机器周期，一个机器周期由 6 个状态周期组成，分别记作 S_1、S_2、S_3、S_4、S_5、S_6。当振荡时钟频率为 12MHz 时对应的机器周期正好 $1\mu s$。

以上三者间的时序关系如图 2-15 所示。

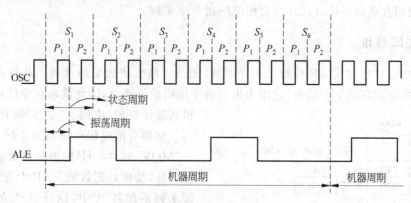

图 2-15　MCS-51 单片机的时序

（4）指令周期，它是执行一条指令所需的时间长度，以机器周期为基本单位。指令周期和具体的指令有关，在 MCS-51 单片机中，多数指令的指令周期为 1～2 个机器周期，只有乘法和除法指令需要 4 个机器周期。

使用机器周期来衡量指令执行快慢，比用时间单位更为合理，因为不同时钟频率下即使执行同样的指令，其用时也都不一样。如在 MCS-51 单片机中有 64 条单周期指令，这些指令执行时间为一个机器周期，在 12MHz 振荡时钟频率下执行一条单周期指令用时 $1\mu s$，而在 24MHz 振荡时钟频率下执行一条单周期指令用时 $0.5\mu s$。可见振荡时钟频率越高，指令执行速度越快。了解指令的执行时间，对编写高效率的程序很有帮助。尤其在一些对时序要求较严格的应用（如实时控制）中来说，掌控程序代码的执行时间非常必要。

要说明的是，传统 MCS-51 单片机一个机器周期包含 12 个振荡时钟脉冲，而新型的 51 单片机产品已能将其压缩至 6 个甚至更低。像 SST89E516RD 单片机就能通过对时钟倍频标志位的 IAP 编程，将单片机内部的机器周期时钟脉冲数压缩到 6 个，这样在相同的振荡时钟频率下，它比传统 MCS-51 单片机要快 1 倍。

2.4.2　寻址方式

操作数是指令的重要组成部分，是指令操作的对象或其存放地址的表示，MCS-51 单片机中大多数指令都需要操作数，指令中的操作数是通过不同的寻址方式来表明其出处的。所谓寻址方式就是如何寻找操作数或其存放地址的方法形式，寻址方式越丰富，编程越灵活方便。掌握各种寻址方式是正确使用指令的前提，因为不同的指令对寻址方式的具体要求不同。对初学者来说掌握指令的寻址方式可能是一个不小的难题，因为它比较抽象,容易混淆。对于存放在同一个位置的操作数来说,在指令中可以有几种不同的寻址方式表明其出处。这就像我们要传达信息给某个人一样,可以直接给他打电话,也可以请别人代为转达,或是发个邮件给他。要掌握寻址方式,首先要弄清楚指令中的操作数在单片机中有哪些位置可以存放。通过前面的介绍,不难看出 MCS-51 单片机指令中的操作数可存放的主要位置有特殊功能寄存器(包括 CPU 寄存器)、片内数据存储器(包括通用寄存器区、位寻址区)、片外数据存储器和程序存储器几处。要访问这些不同位置中的操作数,需使用合适的寻址方式并结合相应的指令来实现。

1. 立即寻址

采用立即寻址方式的操作数称为立即数,相当于高级语言里的常数。其特点是操作对象以常数形式在指令中给出,它作为机器指令编码的一部分,因此读取指令的同时也就得到操作对象,体现了"立即"的特点。

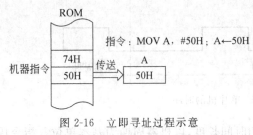

图 2-16 立即寻址过程示意

立即寻址过程示意如图 2-16 所示,指令"MOV A,♯50H"的源操作数就采用立即寻址,功能是把数值 50H(十进制数 80)传送到累加器 A 中,执行后 A 的内容为 50H。对应的机器指令是 7450H,其中的第二字节就是操作对象 50H。

由于立即数是指令编码的一部分,因而被存放在程序存储器(ROM)中,不允许被修改,不能作为目的操作数,只能作为源操作数。立即数书写时要注意在数值前加"♯"符以便和其他寻址方式相区别。在汇编指令中立即数的数值可以用二进制(加后缀 B 或 b)、八进制(加后缀 O 或 o 或 Q 或 q)、十进制(加后缀 D 或 d 或默认)、十六进制(加后缀 H 或 h)、加单引号"'"或双引号"""的字符等几种形式表示。

2. 寄存器寻址

寄存器寻址方式的特点是在指令中给出存放操作对象的寄存器名称。寄存器一般是当前通用寄存器区中的 R0～R7 这 8 个通用寄存器。对于累加器 A、数据指针寄存器 DPTR 和位累加器 C 来说也可看成该寻址方式。

寄存器寻址过程示意如图 2-17 所示,指令"MOV A,R0"的源操作数就采用寄存器寻址,功能是把当前通用寄存器区中 R0 寄存器的数据传送到累加器 A 中,执行后 A 的内容为 40H。对应机器指令是"E8H",当中含有 R0 寄存器名称的编码。

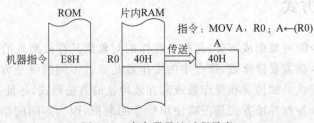

图 2-17 寄存器寻址过程示意

寄存器寻址方式的操作对象存放在寄存器中,可以被修改,能作为源操作数或目的操作数使用。

3.直接寻址

直接寻址方式的特点是在指令中直接给出存放操作对象的片内 RAM 单元地址,该地址作为机器指令编码的一部分。地址用 1 字节表示,寻址范围为 256B,可寻址整个片内 RAM 空间,不能寻址片外 RAM 空间。

直接寻址过程示意如图 2-18 所示,指令"MOV A,50H"的源操作数就采用直接寻址,功能是把片内 RAM 中地址为 50H 的存储单元中的数据传送到累加器 A,执行后 A 的内容为 87H,要注意它和立即寻址的区别。对应机器指令是"E550H",其中第二字节就是源操作数的片内 RAM 地址"50H"。

直接寻址方式的操作对象存放在片内 RAM 中,可以被修改,能作为源操作数或目的操作数使用,该寻址方式可访问片内 RAM 中的三种区域。

(1) 地址 00H~7FH 范围的低 128B 存储单元。

(2) 位寻址区,要访问的位单元的位地址用直接寻址表示。如指令"MOV C,20H"将位单元 20H(即片内 RAM 中 24H 存储单元的最低位)的值传送到位累加器 C 中。

(3) 特殊功能寄存器区,特殊功能寄存器只能使用直接寻址方式,书写时可用特殊功能寄存器的名称或其地址表示。如指令"MOV A,P0"或指令"MOV A,80H"都表示将 P0 口的数据传送到累加器 A 中。注意"A"和"ACC"的区别,虽然都表示累加器,但二者寻址方式不同,前者为寄存器寻址,后者为直接寻址(ACC 为累加器的特殊功能寄存器名),对应的机器指令编码不一样。

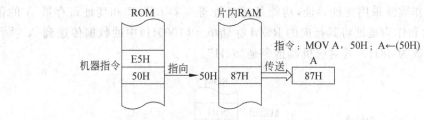

图 2-18　直接寻址过程示意

4.寄存器间接寻址

寄存器间接寻址方式的特点是在指令中间接给出存放操作对象的 RAM 单元地址,该地址存放在寄存器中。寄存器可用 R0、R1 或 DPTR。R0 和 R1 为 8 位寄存器,寻址范围 256B,可寻址整个片内 RAM 和片外 RAM 的 1 页空间(1 页为 256B);而 DPTR 是 16 位寄存器,寻址范围是 64KB,可寻址整个片外 RAM,但不能用来寻址片内 RAM。

寄存器间接寻址过程示意如图 2-19 所示,指令"MOV A,@R0"的源操作数就采用寄存器间接寻址,功能是把 R0 寄存器指向的片内 RAM 单元(40H)中的数据传送到累加器 A,执行后 A 的内容为 55H,要注意它和寄存器寻址的区别。对应机器指令是 E6H,当中含有 R0 寄存器名称的编码。

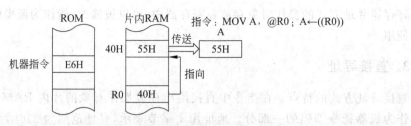

图 2-19　寄存器间接寻址过程示意

寄存器间接寻址方式的操作对象存放在 RAM 中,可以被修改,能作为源操作数或目的操作数使用。该方式可访问片内和片外 RAM,区别在于使用的指令操作码不同,访问片内用指令 MOV,访问片外用指令 MOVX。如指令"MOVX A,@R0"就是将 R0 寄存器指向的片外 RAM 单元中的数据传送到累加器 A。访问片内 RAM 时,低 128B 存储单元可以使用直接或间接寻址方式访问,而访问片内高 128B 的 RAM(80H～FFH,80C52 单片机才有)和片外 RAM 时只能用间接寻址方式。书写时被用作间接寻址的寄存器名称前要加符号@,以区别寄存器寻址。

5. 变址寻址

变址寻址也称基址寄存器加变址寄存器间接寻址方式,特点是在指令中间接给出存放操作对象的 ROM 单元地址,该地址是基址寄存器与变址寄存器的和。基址寄存器可以用 PC 或 DPTR,变址寄存器用 A。基址寄存器都是 16 位,所以寻址空间为整个程序存储器。

使用 DPTR 寄存器的变址寻址过程如图 2-20 所示,其中指令"MOVC A,@A+DPTR"的源操作数就采用变址寻址,功能是将基址寄存器 DPTR 和变址寄存器 A 的值相加,用它们的和作为地址将其指向的 ROM 存储单元(1005H)中的数据传送到 A,执行后 A 的内容被改为 38H。其对应机器指令是"93H"。

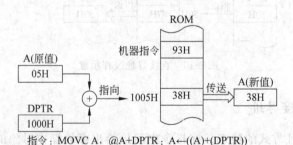

指令：MOVC A，@A+DPTR；A←((A)+(DPTR))

图 2-20　使用 DPTR 寄存器的变址寻址过程示意

使用 PC 寄存器的变址寻址过程如图 2-21 所示,其中指令使用的基址寄存器是程序计数器 PC,它与 DPTR 寄存器不同,其值不能随意修改,PC 的值为将要执行的下一条指令在 ROM 中的存放地址。假设指令"MOVC A,@A+PC"的存放地址为 0200H,该指令执行时 PC 会自动加 1 改为 0201H,所以 A 加 PC 的和为 0206H,指令执行后 A 的新值为地址 0206H 对应的 ROM 存储单元的内容即 45H。其对应机器指令是"83H"。

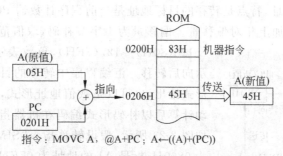

指令：MOVC A，@A+PC；A←((A)+(PC))

图 2-21　使用 PC 寄存器的变址寻址过程示意

变址寻址方式的操作对象都存放在 ROM 中，不能被修改，只能作为源操作数使用。使用这种寻址方式的指令 MOVC 称为查表指令，常被用来进行查表操作，表格就是存放在 ROM 中的常数。书写时要注意在 A 前面加"@"符号。

6. 位寻址

位寻址方式的特点是在指令中直接给出存放操作对象的位单元地址，该地址作为机器指令编码的一部分。位单元可以是片内 20～2FH 范围内的 128 个位（位地址范围 00～7FH），也可以是地址为 8 的整数倍的特殊功能寄存器中的位（位地址范围 80～FFH）。

位单元地址可以用如下几种形式表示。

(1) 直接用位地址，如指令"MOV C，20H"的源操作数就采用位寻址，它将位单元 20H 的值传送到位累加器 C，执行后 C 的值为 1，如图 2-22 所示，其对应机器指令是"A220H"，其中第二字节就是位单元的地址"20H"；指令"SETB 0AFH"将特殊功能寄存器 IE 中的 EA 位（位地址 0AFH）置 1。

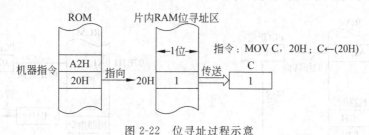

图 2-22　位寻址过程示意

(2) 用点操作符表示，如指令"MOV C，24H.0"表示将字节单元 24H 的最低位的值传送到位累加器 C 中；指令"SETB IE.7"将特殊功能寄存器 IE 中的 EA 位置 1。

(3) 特殊功能寄存器的位名称，如指令"SETB EA"将特殊功能寄存器 IE 中的 EA 位置 1。

7. 转移地址寻址

前面介绍的寻址方式都与数据类操作对象有关，转移地址寻址方式则与地址类操作对象有关，被用在转移或调用指令中，为这些指令提供转移的目标地址。这类寻址可分为以下三种方式。

(1) 相对转移寻址,特点是转移的目标地址是当前程序计数器 PC 的值(该转移指令的下一条指令地址)加上相对偏移量。偏移量为 1 字节补码,取值范围相当于十进制数 $-128(80H) \sim 127(7FH)$,负数表示向前转移,正数表示向后转移。汇编程序中转移的目标地址一般用标号形式给出,也可以是数值地址形式,偏移量由汇编器自动计算后以补码形式编码在机器指令中。该寻址过程如图 2-23 所示,假设转移指令"SJMP A1"的存放地址为 0800H,标号 A1 的地址为 07E1H,则其对应的机器指令是"80DFH",其中第二字节就是补码形式的相对偏移量"0DFH"(对应带符号数 $-21H$)。当执行该指令时 PC 连续两次加 1 为 0802H,指令执行后 PC 被修改为 07E1H(0802H$-$21H),于是接下来控制器就从 07E1H 位置取指令执行,从而达到转移到标号 A1 执行的目的。

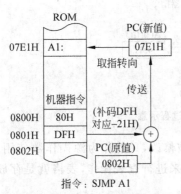

图 2-23 相对转移寻址过程示意

(2) 绝对转移寻址,特点是转移的目标地址直接编码在机器指令中,相比相对转移寻址方式它有更大的转移范围。该寻址过程如图 2-24 所示,指令"LJMP A1"的机器指令是 0207E1H,其最后两字节 07E1H 就是要转移的目标地址,指令执行后,PC 被修改为 07E1H,从而达到转移到标号 A1 执行的目的。

(3) 变址转移寻址,特点是转移的目标地址是累加器 A 和数据指针寄存器 DPTR 的和,这种寻址方式能实现转移到整个程序存储空间。该寻址过程如图 2-25 所示,指令"JMP @A+DPTR"的机器指令是"73H",假设 A 的值为 0E1H,DPTR 的值为 0700H,则指令执行后 PC 被修改为 07E1H(0E1H+0700H),从而达到转移到标号 A1 执行的目的。这种寻址方式常用来实现查表转移操作。

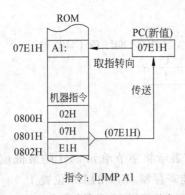

图 2-24 绝对转移寻址过程示意

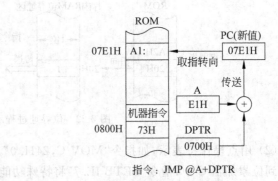

图 2-25 变址转移寻址过程示意

8. 汇编指令中的符号说明

上面介绍的寻址方式基本上都针对源操作数,实际上指令的其他操作数也有自己的寻址方式。例如指令"MOV A,@R1"中的目的操作数为寄存器寻址,源操作数为寄存器间接寻址。为表示指令对各操作数寻址方式的具体要求,在指令表中都会使用一些约定的符号来表示寻址方式或某种操作,表 2-9 给出了这些符号的含义。

表 2-9　汇编指令中的约定符号说明

符　号	含　义
Rn	当前通用寄存器区的通用寄存器,$n=0,1,\cdots,7$
@Ri	间接寻址区,Ri 为可作间接寻址的通用寄存器,$i=0,1$
direct	直接寻址区,direct 为片内 RAM 字节存储单元的 8 位地址,范围 00H~FFH
direct.n	位地址的另一种形式,表示 direct 字节单元中的第 n 位,$n=0,1,\cdots,7$
#data	8 位立即数
#data16	16 位立即数
addr16	16 位目标地址,用于 LCALL 和 LJMP 指令,可表示整个 ROM 空间的任意位置
addr11	11 位目标地址,用于 ACALL 和 AJMP 指令,可表示与当前 PC 所属相同的 2KB ROM 范围内的任意位置
rel	8 位带符号相对偏移量,用于 SJMP 和所有条件转移指令,可表示当前 PC 前 128B 至后 127B ROM 范围内的任意位置
bit	位单元的 8 位位地址,范围 00H~FFH
/bit	对 bit 表示的位取反
(X)	X 的值
((X))	X 指向存储单元的值,即用(X)作地址
∧	逻辑与
∨	逻辑或
⊕	逻辑异或
←	数据传送,箭头指向为目的方
←→	数据交换

说明:direct 代表的直接寻址区包括片内 RAM 低 128B 和 SFR,@Ri 代表的间接寻址区包括片内 RAM 低 128B 和 52 系列单片机的高 128B。

2.4.3　指令的分类

MCS-51 单片机指令系统使用了 42 个操作码助记符,这些操作码助记符配合不同寻址方式共形成 111 条汇编指令,对应 255 条机器指令,主要实现了 33 种操作功能。这 111 条指令当中有 64 条为单周期指令,执行这些指令只需一个机器周期,4 周期指令只有乘法(MUL)和除法(DIV)两条,其余为双周期指令。

从不同角度可将 51 单片机的指令划分为不同的种类,如前面提到的按机器指令编码字节长度分类、按操作数要求分类以及按执行周期分类等。但为便于学习和使用,通常会按指令的功能将其分类。按功能将 MCS-51 单片机的指令可分为如下 5 个大类。

(1) 数据传送类；

(2) 算术运算类；

(3) 逻辑运算类；

(4) 位操作类；

(5) 转移类。

2.4.4 数据传送类指令

在程序中数据传送类指令是使用比例最高的一类指令,它们的主要功能就是将数据从一个位置传送到另一个位置,以便对数据进行运算、暂存、查表、输入输出等操作。这类指令通常要求有两个操作数,第一个是目的操作数,第二个是源操作数。指令执行时将源操作数的一个备份传送到目的操作数中,而源操作数一般情况下不会被改变。这类指令执行时,只要累加器 A 被改变就会影响奇偶标志位 P,但不会影响其他标志位。

1. 片内 RAM 存储单元间的数据传送指令

这组指令有 16 条,实现片内 RAM 存储单元间(包括 SFR)的数据传送,其汇编格式和操作如表 2-10 所示。

表 2-10 片内 RAM 存储单元间的数据传送指令

特　　征	汇 编 格 式	操　　作
以累加器 A 为目的操作数	MOV A,#data	A←#data
	MOV A,direct	A←(direct)
	MOV A,Rn	A←(Rn)
	MOV A,@Ri	A←((Ri))
以通用寄存器 Rn 为目的操作数	MOV Rn,#data	Rn←#data
	MOV Rn,A	Rn←(A)
	MOV Rn,direct	Rn←(direct)
以直接寻址的片内 RAM 单元为目的操作数	MOV direct,#data	direct←#data
	MOV direct,A	direct←(A)
	MOV direct1,direct2	direct1←(direct2)
	MOV direct,Rn	direct←(Rn)
	MOV direct,@Ri	direct←((Ri))
以间接寻址的片内 RAM 单元为目的操作数	MOV @Ri,#data	(Ri)←#data
	MOV @Ri,A	(Ri)←(A)
	MOV @Ri,direct	(Ri)←(direct)
以 DPTR 为目的操作数	MOV DPTR,#data16	DPTR←#data16

1) 以累加器 A 为目的操作数

这 4 条指令的源操作数可以是立即数,或存放在通用寄存器、片内 RAM 直接寻址区或间接寻址区中的数据。指令执行时会影响奇偶标志位 P。

【例 2-1】 假设在 80C52 单片机中(A)＝00H、(B)＝34H、(R1)＝0F0H、(40H)＝83H、(0F0H)＝0AFH,则下列指令依次执行后,累加器 A 和奇偶标志位 P 的值变化如下。

```
MOV  A, #99H          ;A←#99H,(A)=99H,(P)=0
MOV  A, 40H           ;A←(40H),(A)=83H,(P)=1
MOV  A, R1            ;A←(R1),(A)=0F0H,(P)=0
MOV  A, B             ;A←(B),(A)=34H,(P)=1
MOV  A, 0F0H          ;A←(B),(A)=34H,(P)=1
MOV  A, @R1           ;A←((R1)),(A)=0AFH,(P)=0
```

这里要注意最后三条指令,由于寄存器 B 的地址为 0F0H,所以倒数第三和第二条指令结果一样。虽然 R1 也指向存储单元"0F0H",但最后两条指令结果却不同。原因是在80C52 单片机中,对片内 RAM 地址 80H~FFH 范围直接寻址时访问的是 SFR,间接寻址时访问的是高 128B RAM 区。如果是 80C51 单片机,因为没有高 128B RAM 区,所以最后一条指令错误,它访问了一个不存在的存储单元。此外像指令"MOV A,A"是错误的,但指令"MOV A,ACC"却是正确的。

2) 以通用寄存器 Rn 为目的操作数

这 3 条指令的源操作数可以是立即数,或存放在累加器 A、片内 RAM 直接寻址区中的数据。

【例 2-2】 假设(A)＝02H、(B)＝77H、(R1)＝80H、(60H)＝83H,且当前通用寄存器区为 0 区,则下列指令依次执行后,R5 通用寄存器的值变化如下。

```
MOV  R5, #55H         ;R5←#55H,(R5)=55H
MOV  R5, A            ;R5←(A),(R5)=02H
MOV  R5, B            ;R5←(B),(R5)=77H
MOV  R5, 60H          ;R5←(60H),(R5)=83H
MOV  R5, 01H          ;R5←(01H),(R5)=80H
```

这里后三条指令的源操作数都为直接寻址方式,最后一条指令相当于将 R1(地址01H)的值传送到 R5 中,但如果使用指令"MOV R5,R1"则是错误的。"R1"表示寄存器寻址(Rn)方式,而"01H"则表示直接寻址(direct)方式。

3) 以直接寻址的片内 RAM 单元为目的操作数

这 5 条指令的源操作数可以是立即数,或存放在累加器 A、通用寄存器、片内 RAM直接寻址区或间接寻址区中的数据。

【例 2-3】 假设(A)＝50H、(B)＝54H、(R1)＝60H、(60H)＝83H,则下列指令依次执行后,40H 存储单元的值变化如下。

```
MOV  40H, #40H        ;40H←#40H,(40H)=40H
MOV  40H, A           ;40H←(A),(40H)=50H
```

```
MOV  40H, R1            ;40H← (R1),(40H)=60H
MOV  40H, @R1           ;40H← ((R1)),(40H)=83H
MOV  40H, 60H           ;40H← (60H),(40H)=83H
MOV  40H, B             ;40H← (B),(40H)=54H
MOV  B, PSW             ;B← (PSW)
```

这里第一条指令是将立即数"40H"传送到地址为 40H 的存储单元中,最后三条指令为"MOV direct1,direct2"汇编格式,即从直接寻址区到直接寻址区的数据传送。

4) 以间接寻址的片内 RAM 单元为目的操作数

这 3 条指令的源操作数可以是立即数,存放在累加器 A、片内 RAM 直接寻址区中的数据。

【例 2-4】 假设(A)=23H、(B)=0ABH、(R0)=50H、(78H)=99H,则下列指令依次执行后,50H 存储单元的值变化如下。

```
MOV  @R0, #00H          ;(R0)← #00H,(50H)=00H
MOV  @R0, A             ;(R0)← (A),(50H)=23H
MOV  @R0, B             ;(R0)← (B),(50H)=0ABH
MOV  @R0, 78H           ;(R0)← (78H),(50H)=99H
```

假如当前通用寄存器区为 0 区,要将 R2 寄存器的值传送到 R0 指向的存储单元,可用指令"MOV @R0,02H"完成,不能用错误的指令"MOV @R0,R2"。

若要将 R1 指向的存储单元中的数据传送到 R0 指向的存储单元,可用如下两条指令。

```
MOV  A, @R1
MOV  @R0, A
```

5) 以 DPTR 为目的操作数

这是 MCS-51 单片机中唯一的一条 16 位数据传送指令,常用来设置数据指针寄存器 DPTR 的初始值。

【例 2-5】 将 DPTR 寄存器的初始值设为 1000H。

```
MOV  DPTR, #1000H       ;DPTR←#1000H,(DPTR)=1000H
```

综合以上例子,可以看出 MCS-51 单片机中片内 RAM 间(包括 SFR)数据的传送主要通过 MOV 指令,它的使用非常灵活,在给予编程者极大自由度的同时,也给初学者设置了不小的学习障碍,容易混淆。学习的关键在于掌握操作数的寻址方式和汇编指令格式,只要把这两部分理解清楚,其他问题就可迎刃而解,合理使用 MOV 指令能使我们编写出高效的单片机程序。

2. 累加器 A 与外部 RAM 存储单元间的数据传送指令

这组指令有 4 条,实现累加器 A 与片外 RAM 存储单元间的数据传送,其汇编格式和操作如表 2-11 所示。

表 2-11　累加器 A 与外部 RAM 存储单元间的数据指令

特　　征	汇编格式	操　　作
A 和一页片外 RAM 间的传送	MOVX A,@Ri	A←((Ri))
	MOVX @Ri,A	(Ri)←(A)
A 和整个片外 RAM 间的传送	MOVX A,@DPTR	A←((DPTR))
	MOVX @DPTR,A	(DPTR)←(A)

1) A 和一页片外 RAM 间的数据传送

这两条指令只能在 A 和一页片外 RAM 间传送数据,指令执行时 Ri 提供要访问单元的低 8 位地址(页内地址,通过 P0 口输出),高 8 位地址(页地址)由 P2 口输出。

【例 2-6】　将片外 RAM 地址 01F0H 存储单元中的数据分别传送至片外 0040H 和片内 40H RAM 存储单元中。

```
MOV  R0, #0F0H        ;设置源数据地址
MOV  R1, #40H         ;设置目的数据地址
MOV  P2, #01H         ;输出源数据所在页地址
MOVX A, @R0           ;将 R0 指向的片外 RAM 单元的值传送至 A
MOV  P2, #00H         ;输出目的数据所在页地址
MOVX @R1, A           ;再将 A 的值传送至 R1 指向的片外 RAM 单元
MOV  @R1, A           ;继续将 A 的值传送至 R1 指向的片内 RAM 单元
```

这里要注意最后两条指令,操作数都一样,但指令不同,所以传送的目的地不一样。最后一条指令也可改为"MOV 40H,A"。

2) A 和整个片外 RAM 间的数据传送

这两条指令能在 A 和整个 64KB 片外 RAM 间传送数据,指令执行时被访问存储单元的低 8 位地址(存放在 DPL 中)由 P0 口输出,高 8 位地址(存放在 DPH 中)由 P2 口输出。

【例 2-7】　将片外 RAM 地址 1000H 存储单元中的数据分别传送至 B 寄存器和片内 90H RAM 存储单元中。

```
MOV  DPTR, #1000H     ;设置源操作数地址
MOVX A, @DPTR         ;将 DPTR 指向的片外 RAM 单元的值传送至 A
MOV  B, A             ;再将 A 的值传送至 B
MOV  R1, #90H         ;设置 R1 的值为 90H
MOV  @R1, A           ;继续将 A 的值传送至 R1 指向的片内 RAM 单元
```

结合以上示例,可以看出访问片外 RAM 存储单元使用指令 MOVX,且必须使用寄存器间接寻址方式。片外 RAM 存储单元只能和累加器 A 进行数据传送,而不能和其他存储区域直接进行数据传送,包括片外 RAM 自己间的数据传送都要使用 A 作数据中转。因此应用数据存放在片内 RAM 单元中比存放在片外存取效率更高,寻址方式更多,但片内 RAM 空间很有限。

3. 从 ROM 到累加器 A 的数据传送指令

这组指令有两条,实现将 ROM 存储单元间的数据传送至累加器 A,其汇编格式和操作如表 2-12 所示。

表 2-12 从 ROM 到累加器 A 的数据传送指令

特 征	汇编格式	操 作
将 ROM 中的常量数据传送至 A	MOVC A,@A+DPTR	A←((A)+(DPTR))
	MOVC A,@A+PC	PC←(PC)+1,A←((A)+(PC))

由于 ROM 的只读特性,存放其中的数据通常为程序中的常量,常用作存放常数表格。表格是在对 ROM 编程时和程序指令代码一道固化在其中的。指令"MOVC"只能将数据从 ROM 存储单元传送至 A,因此也称为查表指令。

【例 2-8】 假设 ROM 地址 0800H 的地方按顺序连续存放了 0~9 这 10 个数的平方值 0~81(平方表),现查表求 5 的平方,将其传送至 A 中。

```
MOV  DPTR, #0800H        ;设置平方表首地址至 DPTR
MOV  A, #5               ;将数值 5 传送至 A
MOVC A, @A+ DPTR         ;查表将 5 的平方传送至 A
```

最后一条指令的执行过程是先将 A 和 DPTR 的值相加得到 0805H,再用此和作为地址将其对应的 ROM 单元中的数据传送至 A,从而得到 5 的平方 19H(25)。

查表指令的目的操作数只能是 A,而源操作数只能采用变址寻址方式,这种寻址方式中基址寄存器可以是 DPTR 或 PC,且都是 16 位,所以常数表可安排在整个 ROM 空间中的任何位置,但变址寄存器 A 只有 8 位,故此常数表不能超过 256B,且表中每个数据为 1B。若常数表超过这些限制,则只能使用其他手段实现查表操作。当该指令在使用 PC 作基址寄存器时,要注意当前 PC 的值实际上是 MOVC 指令的存放地址加 1,也即 MOVC 下一条指令的地址,所以常数表应安排在 MOVC 指令其后的 256B 范围内。

4. 交换指令

这组指令有 5 条,实现累加器 A 高低 4 位之间,或 A 与片内 RAM 间的数据交换,其汇编格式和操作如表 2-13 所示。

表 2-13 交换指令

特 征	汇编格式	操 作
字节交换	XCH A,direct	$(A) \longleftrightarrow (direct)$
	XCH A,Rn	$(A) \longleftrightarrow (Rn)$
	XCH A,@Ri	$(A) \longleftrightarrow ((Ri))$
半字节交换	XCHD A,@Ri	$(A)_{3-0} \longleftrightarrow ((Ri))_{3-0}$
	SWAP A	$(A)_{3-0} \longleftrightarrow (A)_{7-4}$

交换指令的目的操作数都是 A，源操作数可以是片内 RAM 存储器或 SFR，支持字节交换和半字节交换两种形式。立即数及 ROM 中的数据不能和 A 交换，而片外 RAM 不能直接和 A 交换，只能间接实现。

【例 2-9】 假设(A)=41H、(B)=39H、(R3)=5CH、(R1)=80H、(80H)=8DH，则下列指令依次执行后，相应寄存器或片内 RAM 存储单元的值变化如下。

```
XCH   A, B                      ;执行后 (A)=39H,(B)=41H
XCH   A, R3                     ;执行后 (A)=5CH,(R3)=39H
XCH   A, @R1                    ;执行后 (A)=8DH,(80H)=5CH
XCHD  A, @R1                    ;执行后 (A)=8CH,(80H)=5DH
SWAP  A                         ;(A)=0C8H
```

【例 2-10】 假设(A)=78H，片外 RAM 单元(20H)=56H，实现两者间的数据交换指令片段如下。

```
MOV   R0, #20H                  ;设置 20H 至 R0,(R0)=20H
MOV   R2, A                     ;A 原值暂存到 R2,(R2)=78H
MOVX  A, @R0                    ;片外 20H 存储单元的值传送至 A,(A)=56H
XCH   A, R2                     ;将 A 与 R2 交换,(A)=78H,(R2)=56H
MOVX  @R0, A                    ;将 A 传送至片外 20H 存储单元,(20H)=78H
MOV   A, R2                     ;将 R2 的值传送至 A,(A)=56H
```

5. 堆栈指令

这组指令有两条，实现对堆栈的进栈和出栈操作，其汇编格式和操作如表 2-14 所示。

表 2-14 堆栈指令

特征	汇编格式	操　作	特征	汇编格式	操　作
进栈	PUSH direct	SP←(SP)+1,(SP)←(direct)	出栈	POP direct	direct←((SP)),SP←(SP)−1

堆栈是片内 RAM 中一个比较特殊的存储区域，主要用于临时存储数据和调用子程序时的返回地址，以及传递调用参数。堆栈数据的进出只能朝一个方向进行，遵循"先进后出"的特点，其基本操作只有"进栈"和"出栈"两个。进栈时，每当向堆栈存入一字节数据，SP 会先自动加 1，接着字节数据会被存放到 SP 指向的栈顶；出栈时，再将一字节数据从栈顶取出后，SP 会自动减 1。51 单片机堆栈变化的情形和微机中不一样，要加以注意。

【例 2-11】 假设(A)=78H、(B)=7CH、(R1)=11H，当前通用寄存器区是 0 区，片内 RAM 单元(60H)=44H，则下列指令依次执行后，栈顶位置和数据变化如下。

```
MOV   SP, #2FH        ;设置栈顶(SP)=2FH
PUSH  ACC             ;将累加器的值入栈,执行后 (SP)=30H,(30H)=78H
PUSH  B               ;将 B 寄存器的值入栈,执行后 (SP)=31H,(31H)=7CH
PUSH  01H             ;将 R1 寄存器的值入栈,执行后 (SP)=32H,(32H)=11H
POP   00H             ;将当前栈顶数据出栈到 R0 寄存器,执行后 (SP)=31H,(00H)=11H
```

```
POP   ACC            ;将当前栈顶数据出栈到累加器,执行后(SP)=30H,(A)=7CH
PUSH  60H            ;将片内60H单元的值入栈,执行后(SP)=31H,(31H)=44H
```

由于单片机复位时 SP 寄存器的初始值为 07H,所以实际堆栈数据从 08H 开始存放,鉴于内存 RAM 地址 00H~1FH 为通用寄存器区,若要使用这些通用寄存器区,就需要在程序中将堆栈指针 SP 的值设到较高的地址上,且一经设置,在整个程序运行期间都不要随意改变,否则会造成难以意料的后果。当堆栈的栈顶地址超过 7FH 时,对于 80C52 等有高 128B 片内 RAM 的单片机来说进栈数据会存放在此区域,而不会存放到特殊功能寄存器 SFR 区中。对于 80C51 等没有高 128B 片内 RAM 的单片机来说入栈数据将丢失。

由于 8 位单片机的入栈和出栈操作都以字节为单位,对于 16 位寄存器 DPTR 的入栈和出栈操作可将其分成 DPH 和 DPL 两个 8 位寄存器分别进行。此外需注意,PUSH 和 POP 指令的操作数只能采用直接寻址(direct),所以指令"PUSH A"、"PUSH R1"、"POP A"、"POP R0"等都是错误的。

2.4.5 算术运算类指令

算术运算指令负责对程序中的数据进行四则运算,这类指令大都要使用累加器 A 作操作数。在执行这些指令时,单片机会根据运算结果特征自动设置程序状态字 PSW 中的标志位 CY、AC、OV、P。表 2-15 给出了 MCS-51 单片机中影响标志位的指令和其对标志位的影响,其中符号×表示影响该标志位,符号 1 表示将该标志位置 1,符号 0 表示将该标志位清 0,否则不影响。

表 2-15 影响标志位的指令

指　　令	CY	OV	AC	指　　令	CY	OV	AC
ADD	×	×	×	CLR C	0		
ADDC	×	×	×	CPL C	×		
SUBB	×	×	×	ANL C,bit	×		
MUL	0	×		ANL C,/bit	×		
DIV	0	×		ORL C,bit	×		
DA	×			ORL C,/bit	×		
RRC	×			MOVC C,bit	×		
RLC	×			CJNE	×		
SETB C	1						

1. 加法运算指令

这组指令有 13 条,实现加法运算操作,其汇编格式和操作如表 2-16 所示。

表 2-16　加法运算指令

特　　征	汇 编 格 式	操　　作
不带进位加法	ADD A,#data	A←(A)+#data
	ADD A,direct	A←(A)+(direct)
	ADD A,Rn	A←(A)+(Rn)
	ADD A,@Ri	A←(A)+((Ri))
带进位加法	ADDC A,#data	A←(A)+#data+(CY)
	ADDC A,direct	A←(A)+(direct)+(CY)
	ADDC A,Rn	A←(A)+(Rn)+(CY)
	ADDC A,@Ri	A←(A)+((Ri))+(CY)
加 1 操作	INC A	A←(A)+1
	INC DPTR	DPTR←(DPTR)+1
	INC direct	direct←(direct)+1
	INC Rn	Rn←(Rn)+1
	INC @Ri	(Ri)←((Ri))+1

1) 不带进位加法(半加)

这 4 条指令的被加数存放在累加器 A 中,加数可以是立即数,或存放在通用寄存器、片内 RAM 直接寻址区或间接寻址区中的数据,运算后的结果存放到累加器 A 中。

【例 2-12】 假设(A)=14H、(R1)=0F0H、(40H)=7FH、(0F0H)=0A0H,则下列指令依次执行后,累加器 A 和有关标志位的值变化如下。

```
ADD  A,#65H        ;执行后 (A)=79H,(CY)=0,(AC)=0,(OV)=0
ADD  A,40H         ;执行后 (A)=0F8H,(CY)=0,(AC)=1,(OV)=1
ADD  A,@R1         ;执行后 (A)=98H,(CY)=1,(AC)=0,(OV)=0
```

加法运算过程中标志位的设置条件如下。

(1) 进位标志位 CY,运算时最高位 D_7 有进位(和大于 0FFH)被置 1,否则清 0。

(2) 辅助进位标志位 AC,运算时 D_3 位向 D_4 位有进位(和的低 4 位大于 0FH)被置 1,否则清 0。

(3) 溢出标志位 OV,运算结果超过 8 位补码范围 -128~127 时被置 1,否则清 0。它的取值可表示为逻辑式:$OV=C_7 \oplus C_6$(其中 C_7 为 D_7 位的进位,C_6 为 D_6 位的进位)。如例 2-12 中第二条指令,执行前累加器 A 的值为 79H(相当于十进制数 121),片内 40H 单元的值为 7FH(相当于十进制数 127),二者相加结果为十进制数 248,大于 127,所以 OV 被置 1。

2) 带进位加法(全加)

这 4 条指令与上面 4 条的区别是加法运算时要连同进位标志位 CY 一并加入,其他则一样,它们常用于多字节加法运算中。

【例 2-13】 求两个双字节数据 2786H 与 76BFH 的和,结果存放到片内 40H 和 41H 存储单元。

```
MOV   A, #86H            ;被加数低字节送累加器 A
ADD   A, #0BFH           ;与加数低字节相加
MOV   40H, A             ;低字节和送 40H 单元,进位在 CY 中,(40H)=45H
MOV   A, #27H            ;被加数高字节送累加器 A
ADDC  A, #76H            ;与加数高字节连同 CY 中的进位一并相加
MOV   41H, A             ;高字节和送 41H 单元,(41H)=9EH
```

3) 加 1 操作

这 5 条指令只对目的操作数进行加 1 操作,除指令"INC A"会影响奇偶标志位 P 外,其余指令不影响任何标志位。如果目的操作数的值为 0FFH,则其加 1 后变为 00H,但不会影响进位标志位 CY。指令"INC DPTR"是 MCS-51 单片机中唯一的一条 16 位加法运算指令。

2. 减法运算指令

这组指令有 8 条,实现减法运算操作,其汇编格式和操作如表 2-17 所示。

表 2-17　减法运算指令

特　征	汇 编 格 式	操　作
带借位减法	SUBB A, #data	A←(A)−#data−(CY)
	SUBB A, direct	A←(A)−(direct)−(CY)
	SUBB A, Rn	A←(A)−(Rn)−(CY)
	SUBB A, @Ri	A←(A)−((Ri))−(CY)
减 1 操作	DEC A	A←(A)−1
	DEC direct	direct←(direct)−1
	DEC Ri	Ri←(Ri)−1
	DEC @Ri	(Ri)←((Ri))−1

1) 带借位减法

这 4 条指令的被减数存放在累加器 A 中,减数可以是立即数,或存放在通用寄存器、片内 RAM 直接寻址区或间接寻址区中的数据。减法运算时要连同进位标志位 CY 一并减去,运算后的结果存放到累加器 A 中。MCS-51 单片机中只有带借位减法指令,在不需要带借位减法运算时,可以使用指令"CLR C"将进位标志位 CY 清 0。

【例 2-14】 求两个双字节数据 9AC0H 与 65FFH 的差,结果存放到 R0 和 R1 寄存器中。

```
MOV   A, #0C0H           ;被减数低字节送累加器 A
CLR   C                  ;进位标志清 0
SUBB  A, #0FFH           ;与减数低字节相减
MOV   R0, A              ;低字节差送 65H 单元,借位在 CY 中,(R0)=C1H
```

```
MOV   A, #9AH              ;被减数高字节送累加器 A
SUBB  A, #65H              ;与减数高字节连同 CY 中的借位一并相减
MOV   R1, A                ;高字节差送 66H 单元,(R1)=34H
```

减法运算过程中标志位的设置条件如下。

(1) 进位标志位 CY,运算时最高位 D_7 有借位(被减数小于减数)被置 1,否则清 0。

(2) 辅助进位标志位 AC,运算时 D_3 位向 D_4 位有借位(被减数低 4 位小于减数低 4 位)被置 1,否则清 0。

(3) 溢出标志位 OV,运算结果超过 8 位补码范围 $-128 \sim 127$ 时被置 1,否则清 0。它的取值可表示为逻辑式:$OV = C_7 \oplus C_6$(其中 C_7 为 D_7 位的借位,C_6 为 D_6 位的借位)。

2) 减 1 操作

这 4 条指令只对目的操作数进行减 1 操作,除指令"DEC A"会影响奇偶标志位 P 外,其余指令不影响任何标志位。如果目的操作数的值为 00H,则其减 1 后变为 0FFH,但不会影响进位标志位 CY。

3. 乘除法运算指令

这组指令有 2 条,实现无符号数的乘除运算操作,其汇编格式和操作如表 2-18 所示。

表 2-18　乘除运算指令

特征	汇编格式	操作	特征	汇编格式	操作
无符号乘法	MUL AB	AB←(A)×(B)	无符号除法	DIV AB	AB←(A)/(B)

1) 无符号乘法

这条指令的 8 位无符号被乘数存放在累加器 A 中,8 位无符号乘数存放在寄存器 B 中,执行后 16 位无符号乘积存放在 A 和 B 中,其中 A 为乘积的低字节,B 为乘积的高字节。该指令影响进位标志位 CY 和溢出标志位 OV,当乘积大于 0FFH 时 OV 被置 1(表示 B 的值非 0),否则清 0(表示 B 的值为 0),而无论何种情况 CY 都被清 0。

【例 2-15】　求(A)=80H 与(B)=77H 的乘积。

```
MUL  AB              ;执行后 (A)=80H,(B)=3BH,(OV)=1,(CY)=0
```

2) 无符号除法

这条指令的 8 位无符号被除数存放在累加器 A 中,8 位无符号除数存放在寄存器 B 中,执行后无符号商存放在 A 中,无符号余数存放在 B 中。该指令影响进位标志位 CY 和溢出标志位 OV,如果除 0 则 OV 被置 1,否则清 0,而无论何种情况 CY 都被清 0。

【例 2-16】　求(A)=80H 与(B)=23H 的商和余数。

```
DIV  AB              ;执行后 (A)=03H,(B)=17H,(OV)=0,(CY)=0
```

4. 调整指令

调整指令只有 1 条,用于 BCD 码加法运算后的十进制调整,其汇编格式和操作如表 2-19 所示。

表 2-19　调整指令

特征	汇编格式	操作
BCD 码调整	DA A	if $((A)_{3-0}>9 \vee (AC)=1)$ then $A_{3-0} \leftarrow (A)_{3-0}+6$ if $((A)_{7-4}>9 \vee (CY)=1)$ then $A_{7-4} \leftarrow (A)_{7-4}+6$

MCS-51 单片机的调整指令只适用于压缩 BCD 加法调整运算,对于非压缩 BCD 或减法调整只有通过程序段实现。调整指令使用时应紧随加法指令之后,否则其他指令影响了 CY 或 AC 标志位会使调整结果有误。

【**例 2-17**】　求两个十进制数 2457 与 5633 的和,结果存放在片内 50H 和 51H 存储单元。

```
MOV   A, #57H        ;被加数低两位送 A,(A)=57H
ADD   A, #33H        ;与加数低两位相加,(A)=8AH
DA    A              ;对和的低两位进行调整,(A)=90H
MOV   50H, A         ;保存结果到 50H 存储单元,(50H)=90H
MOV   A, #24H        ;被加数高两位送 A,(A)=24H
ADDC  A, #56H        ;与加数高两位相加,(A)=7AH
DA    A              ;对和的高两位进行调整,(A)=80H
MOV   51H, A         ;保存结果到 51H 存储单元,(51H)=80H
```

该例中十进制数 2457 的压缩 BCD 码为"0010,0100,0101,0111",写作十六进制形式就是"2457H",十进制数 5633 的十六进制形式压缩 BCD 码为"5633H",其和的十六进制形式压缩 BCD 码为"8090H",表示十进制数 8090。

2.4.6　逻辑运算类指令

这类指令用来对程序中的数据进行与、或、异或、移位等逻辑运算,它们主要影响进位标志位 CY。

1. 与运算指令

这组指令有 6 条,实现逻辑与运算操作,其汇编格式和操作如表 2-20 所示。

表 2-20　与运算指令

特征	汇编格式	操作
与操作	ANL A, #data	$A \leftarrow (A) \wedge \#data$
	ANL A, direct	$A \leftarrow (A) \wedge (direct)$
	ANL A, Rn	$A \leftarrow (A) \wedge (Rn)$
	ANL A, @Ri	$A \leftarrow (A) \wedge ((Ri))$
	ANL direct, #data	$direct \leftarrow (direct) \wedge \#data$
	ANL direct, A	$direct \leftarrow (direct) \wedge (A)$

前 4 条指令的目的操作数存放在累加器 A 中,源操作数可以是立即数,或存放在通用寄存器、片内 RAM 直接寻址区或间接寻址区中的数据。后 2 条指令的目的操作数存放在片内 RAM 直接寻址单元中,源操作数可以是立即数或累加器 A。与运算有一个特点,就是任何数与 0 相与其值为 0,与 1 相与其值不变。因此如要将数据中的某些位清 0,可通过将其与 0 相与实现。

【例 2-18】 分别实现将累加器 A 中的 D_5 和 D_2 两位清 0,以及将片内 55H 单元中存储的小写字母"a"(ASCII 码为 61H)转化为对应的大写字母"A"(ASCII 码为 41H)。

```
ANL  A, #11011011B      ;执行后 A 中的 D₅ 和 D₂ 两位被清 0,其余位不变
ANL  55H, #11011111B    ;小写字母 ASCII 码与对应大写字母间,只有 D₅ 位不同,小写
                        ;字母的 D₅ 位为 1,而大写字母的 D₅ 位为 0,所以字母转换时
                        ;将该位从 1 改为 0,即实现小写字母转换为对应的大写字母
```

2. 或运算指令

这组指令有 6 条,实现逻辑或运算操作,其汇编格式和操作如表 2-21 所示。

表 2-21 或运算指令

特　　征	汇 编 格 式	操　　作
或操作	ORL A, #data	$A \leftarrow (A) \vee \#data$
	ORL A, direct	$A \leftarrow (A) \vee (direct)$
	ORL A, Rn	$A \leftarrow (A) \vee (Rn)$
	ORL A, @Ri	$A \leftarrow (A) \vee ((Ri))$
	ORL direct, #data	$direct \leftarrow (direct) \vee \#data$
	ORL direct, A	$direct \leftarrow (direct) \vee (A)$

或运算指令对操作数的要求同与指令一样。或运算有一个特点,就是任何数与 1 相或其值为 1,与 0 相或其值不变。因此如要将数据中的某些位置 1,可通过将其与 1 相或实现。

【例 2-19】 分别实现将累加器 A 中的 D_5 和 D_2 两位置 1,以及将片内 55H 单元中存储的大写字母转化为对应的小写字母。

```
ORL  A, #00100100B      ;执行后 A 中的 D₅ 和 D₂ 两位被置 1,其余位不变
ORL  55H, #00100000B    ;执行后大写字母 ASCII 码的 D₅ 位被置 1,被转换为对应的小写字母
```

3. 异或运算指令

这组指令有 6 条,实现逻辑异或运算操作,其汇编格式和操作如表 2-22 所示。

异或运算指令对操作数的要求同与指令一样。异或运算有一个特点,就是任何数与 1 异或其值为原值的反,与 0 异或其值不变。因此如要将数据中的某些位求反,可通过将其与 1 相异或实现。

表 2-22　异或运算指令

特　征	汇 编 格 式	操　作
异或操作	XRL A,#data	A←(A)⊕#data
	XRL A,direct	A←(A)⊕(direct)
	XRL A,Rn	A←(A)⊕(Rn)
	XRL A,@Ri	A←(A)⊕((Ri))
	XRL direct,#data	direct←(direct)⊕#data
	XRL direct,A	direct←(direct)⊕(A)

【例 2-20】　分别实现将累加器 A 中的 D_5 和 D_2 两位求反,以及将片内 55H 单元中存储的大写字母转化为对应的小写字母。

```
XRL  A, #00100100B    ;执行后 A 中的 D₅ 和 D₂ 两位被求反,其余位不变
XRL  55H, #00100000B  ;执行后大写字母 ASCII 码的 D₅ 位求反,转换为对应的小写字母
                      ;ASCII 码,若再次执行该指令小写字母又转换为对应的大写字母了
```

4. 移位指令

这组指令有 4 条,实现对累加器 A 的移位操作,其汇编格式和操作如表 2-23 所示。

表 2-23　或运算指令

特　征	汇 编 格 式	操　作
左移位操作	RL A	A_{n+1}←$(A)_n$,A_0←$(A)_7$
	RLC A	A_{n+1}←$(A)_n$,CY←$(A)_7$,A_0←(CY)
右移位操作	RR A	A_n←$(A)_{n+1}$,A_7←$(A)_0$
	RRC A	A_n←$(A)_{n+1}$,A_7←(CY),CY←$(A)_0$

这 4 条指令的目的操作数只能是累加器 A,表中的 $n=0,\cdots,6$。图 2-26 可更形象地解释移位指令的功能。

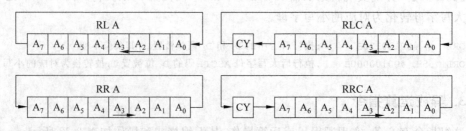

图 2-26　移位指令操作示意

如若(A)=11110000B,则指令"RL A"执行后(A)=11100001B;若(CY)=1,(A)=01110100B,则指令"RRC A"执行后(CY)=0,(A)=10111010B。

5. 累加器 A 专用指令

这组指令有两条，实现对累加器 A 的清 0 和求反操作，其汇编格式和操作如表 2-24 所示。

表 2-24　累加器 A 专用指令

特征	汇编格式	操作
累加器 A 专用	CLR A	A←00H
	CPL A	A←($\overline{A}$)

2.4.7　转移类指令

转移类指令通过修改程序寄存器 PC 的值来改变处理器预取指令的顺序，以达到改变程序执行流程的目的。该类指令分为无条件、条件、子程序调用与返回 4 组。

1. 无条件转移指令

这组指令有 4 条，它们改变程序执行流程无须任何条件，其汇编格式和操作如表 2-25 所示。

表 2-25　无条件转移指令

特　征	汇　编　格　式	操　　作
短转移	SJMP rel	PC←(PC)+2，PC←(PC)+rel
绝对转移	AJMP addr11	PC←(PC)+2，$PC_{10\sim0}$←addr11
长转移	LJMP addr16	PC←addr16
变址转移	JMP @A+DPTR	PC←(A)+(DPTR)

1）短转移

短转移也称相对转移，能实现相对当前程序计数器 PC 的值−128B 和＋127B 范围内的转移，当前 PC 的值是 SJMP 指令存放地址加 2。汇编程序中短转移指令的操作数 rel 通常以标号形式给出，具体偏移量由编译器自动计算，例如指令"SJMP A1"执行后，将转移到标号 A1 处执行。若转移的目标地址超过 1 字节补码表示的范围就不能使用该指令。

2）绝对转移

绝对转移的转移范围相对短转移要大，由于绝对转移指令执行时会修改当前程序计数器 PC 的低 11 位（$PC_{10}\sim PC_0$），所以转移范围是当前 PC 所在 2KB 块内，即紧随 AJMP 的下一条指令所在 2KB 块。MCS-51 单片机的 64KB 的程序空间可以分为 32 个 2KB 块，每个块的首地址都是 800H 的整数倍，如 0000H、0800H、1000H、1800H 等。与短转移指令一样绝对转移指令的操作数 addr11 在汇编程序中一般以标号形式给出，如"AJMP A1"。

3）长转移

长转移可以实现 64KB 程序空间范围内的任意转移，与前两条指令一样其操作数 addr16 在汇编程序中一般以标号形式给出，但也可以是数值形式的目标地址。如指令

"LJMP 0000H",表示转移到程序空间地址为0000H的位置继续执行,该指令等同于热启动单片机。

4)变址转移

变址转移的特点是转移的目标地址是累加器A和数据指针寄存器DPTR的和,因此它不像上面3条转移指令那样只能固定转移到某个位置,使用较灵活。通过修改累加器A或数据指针寄存器DPTR的值可以改变转移的目标地址,转移范围包含整个64KB的程序空间。如指令"JMP @A+DPTR"执行时,若(A)=0010H,(DPTR)=1000H,则目标地址为1010H;若累加器的值为0020H,则目标地址改为1020H。这条指令可用来实现查表散转(一种多分支转移结构)。

2. 条件转移指令

这组指令有13条,这些指令只有在条件成立时才会改变程序执行流程,但它们只能实现相对转移,转移范围同SJMP指令一样,其汇编格式和操作如表2-26所示。

表2-26 条件转移指令

特 征	汇 编 格 式	操 作
转移条件为累加器A的取值	JZ rel	PC←(PC)+2,if (A)=0 then PC←(PC)+rel
	JNZ rel	PC←(PC)+2,if (A)≠0 then PC←(PC)+rel
转移条件为标志位CY的取值	JC rel	PC←(PC)+2,if (CY)=1 then PC←(PC)+rel
	JNC rel	PC←(PC)+2,if (CY)=0 then PC←(PC)+rel
转移条件为bit位的取值	JB bit,rel	PC←(PC)+3,if (bit)=1 then PC←(PC)+rel
	JNB bit,rel	PC←(PC)+3,if (bit)=0 then PC←(PC)+rel
	JBC bit,rel	PC←(PC)+3,if (bit)=1 then PC←(PC)+rel,bit←0
比较不相等转移	CJNE A,#data,rel	PC←(PC)+3,if (A)≠#data then PC←(PC)+rel
	CJNE A,direct,rel	PC←(PC)+3,if (A)≠(direct) then PC←(PC)+rel
	CJNE Rn,#data,rel	PC←(PC)+3,if (Rn)≠#data then PC←(PC)+rel
	CJNE @Ri,#data,rel	PC←(PC)+3,if ((Ri))≠#data then PC←(PC)+rel
减1不为0转移	DJNZ Rn,rel	PC←(PC)+2,Rn←(Rn)−1,if (Rn)≠0 then PC←(PC)+rel
	DJNZ direct,rel	PC←(PC)+2,direct←(direct)−1,if (direct)≠0 then PC←(PC)+rel

1)转移条件为累加器A的取值

这两条指令的转移条件为累加器A的取值。当(A)=0时,指令JZ执行后将转移到目标地址,否则顺序执行其后面的指令,而JNZ指令转移条件与JZ指令相反。如指令"JNZ A1"表示如果(A)≠0则转移到标号A1处,否则顺序执行。

2)转移条件为标志位CY的取值

这两条指令的转移条件为进位标志位CY的取值。当(CY)=1时,指令JC执行后将转移到目标地址,否则顺序执行,而 JNC 指令的转移条件与 JC 指令相反为(CY)＝0。

3）转移条件为 bit 位的取值

这 3 条指令的转移条件为直接寻址的 bit 位的取值。当(bit)＝1 时,指令 JB 和 JBC 执行后将转移到目标地址,否则顺序执行。这两条指令的区别是,JBC 指令转移后会自动将 bit 位清 0,而 JB 指令不影响 bit 位。JNB 指令的转移条件为(bit)＝0。例如指令“JBC 20H,A1”执行时,如果位单元 20H 的值为 1 则转移到标号 A1 处执行,同时将该位单元清 0,否则顺序执行。

4）比较不相等转移

这 4 条指令都有 3 个操作数,它们的功能相似。执行时先比较前 2 个操作数是否相等,若不相等则转移,否则不转移。这 4 条指令会影响进位标志位 CY。

【例 2-21】 假设当前通用寄存器区为 2 区,比较 R6 和 R7 寄存器中的数据,若相等转移到标号 LABLE1 处,否则转移到标号 LABLE2 处。

```
MOV   A, R6            ;将 R6 寄存器的值送累加器
CJNE  A, 17H, LABLE1   ;与 R7 比较,相等则转移到 LABLE1,否则顺序执行
SJMP  LABLE2           ;转移到 LABLE2
```

5）减 1 不为 0 转移

这两条指令目的操作数为通用寄存器或片内直接寻址区的存储单元,功能是先将目的操作数减 1,若不为 0 则转移,否则顺序执行,指令不影响任何标志位。

【例 2-22】 假设 MCS-51 单片机的振荡时钟频率为 12MHz,编写一个 $500\mu s$ 的软件延时程序片段。

```
       MOV  R2, #250
DELAY: DJNZ R2, DELAY        ;重复执行 250 次后退出
```

在 12MHz 振荡时钟频率下,一个机器周期为 $1\mu s$,查指令表可知 DJNZ 指令为双周期指令,因此 DJNZ 指令执行一次的时间为 $2\mu s$,重复执行 250 次正好 $500\mu s$。

3. 子程序调用与返回指令

这组指令有 4 条,实现子程序的调用与返回操作,其汇编格式和操作如表 2-27 所示。

表 2-27　子程序调用与返回指令

特征	汇编格式	操　作
绝对调用	ACALL addr11	$PC \leftarrow (PC)+2, SP \leftarrow (SP)+1, (SP) \leftarrow (PC)_{7\sim0}, SP \leftarrow (SP)+1,$ $(SP) \leftarrow (PC)_{15\sim8}, PC_{10\sim0} \leftarrow addr11$
长调用	LCALL addr16	$PC \leftarrow (PC)+3, SP \leftarrow (SP)+1, (SP) \leftarrow (PC)_{7\sim0}, SP \leftarrow (SP)+1,$ $(SP) \leftarrow (PC)_{15\sim8}, PC \leftarrow addr16$
从子程序返回	RET	$PC_{15\sim8} \leftarrow ((SP)), SP \leftarrow (SP)-1, PC_{7\sim0} \leftarrow ((SP)),$ $SP \leftarrow (SP)-1$
从中断程序返回	RETI	$PC_{15\sim8} \leftarrow ((SP)), SP \leftarrow (SP)-1,$ $PC_{7\sim0} \leftarrow ((SP)), SP \leftarrow (SP)-1$

1）绝对调用

绝对调用指令实际上只是比绝对转移指令多了一个保存返回地址（当前程序计数器 PC 的值）到堆栈中的操作，该指令要求被调用子程序存放在当前 PC 所在 2KB 块内。

2）长调用

这条指令可以调用存放在整个 64KB 程序空间中任意位置的子程序。如指令"LCALL SUBPRO"调用名为"SUBPRO"的子程序。

3）从子程序返回

返回指令的功能是将当前栈顶前两个字节数据出栈到程序计数器 PC 中，以实现调用返回，即回到调用指令的下一条指令处继续执行。该指令需安排在被调用子程序中，是其最后执行的一条指令，无论是 ACALL 还是 LCALL 指令调用的子程序都用 RET 指令返回。为保证正常返回，在执行返回指令之前要保证栈顶前两个字节数据为返回地址。

4）从中断程序返回

该指令功能与 RET 指令类似，但只能用在中断程序中，其执行后会返回到被中断处继续执行。与 RET 指令不同的是它还会清除单片机内部的中断状态寄存器，恢复中断逻辑，开放对同级或低级中断的响应。RETI 指令不影响任何标志位，执行后不会自动将程序状态寄存器 PSW 的值恢复到中断前的状态。在该指令执行后至少要再执行一条指令，单片机才会响应新的中断请求。

4. 空操作指令

这是一条比较特别的指令，为单周期单字节指令，该指令执行时不进行任何有意义的操作，只会占用一个机器周期时间。在 12MHz 振荡时钟频率下，一条 NOP 指令执行的时间为 $1\mu s$，常用来实现软件延时或等待，其汇编格式和操作如表 2-28 所示。

表 2-28　空操作指令

特征	汇编格式	操作
空操作	NOP	PC←(PC)+1

2.4.8　位操作类指令

MCS-51 单片机片内 RAM 地址 20H～2FH 的存储单元和一些特殊功能寄存器具有位寻址能力，能以位为单位进行访问。在位操作中常会用到位累加器 C，它实际上就是进位标志位 CY。这组指令共有 12 条，它们的汇编格式和操作如表 2-29 所示。

1. 位传送

这两条指令实现位单元与位累加器 C 间的数据传送。如果 bit 表示的是某个 I/O 引脚，则这两条指令可实现对其进行输入输出操作。如指令"MOV C,P1.0"表示读 P1.0 引脚输入到 C，而指令"MOV P1.0,C"则表示将 C 输出到 P1.0 引脚。

表 2-29　位操作指令

特　征	汇编格式	操　作
位传送	MOV C,bit	CY←(bit)
	MOV bit,C	bit←(CY)
位清 0	CLR C	CY←0
	CLR bit	bit←0
位置 1	SETB C	CY←1
	SETB bit	bit←1
位取反	CPL C	CY←($\overline{CY}$)
	CPL bit	bit←($\overline{bit}$)
位与操作	ANL C,bit	CY←(CY)∧(bit)
	ANL C,/bit	CY←(CY)∧($\overline{bit}$)
位或操作	ORL C,bit	CY←(CY)∨(bit)
	ORL C,/bit	CY←(CY)∨($\overline{bit}$)

2. 位清 0

这两条指令将位累加器 C 或 bit 表示的位单元清 0。

3. 位置 1

这两条指令将位累加器 C 或 bit 表示的位单元置 1。

4. 位取反

这两条指令将位累加器 C 或 bit 表示的位单元求反。

5. 位与操作

这两条指令将位累加器 C 与 bit 表示的位单元或其反相与。

6. 位或操作

这两条指令将位累加器 C 与 bit 表示的位单元或其反相或。

【例 2-23】　编程实现对位单元 20H 和 21H 相异或,结果存放在位单元 22H 中。

因为 MCS-51 单片机没有位异或运算指令,所以要进行位异或运算只有通过其他基本逻辑运算实现。由异或运算的特点可得出逻辑式如下。

$$(22H)=(20H)\oplus(21H)=\overline{(20H)}\wedge(21H)\vee(20H)\wedge\overline{(21H)}$$

```
MOV  C, 21H              ;C← (21H)
ANL  C, /20H             ;C← (C)∧(20H)
```

```
MOV   22H, C                    ;22H←(C)
MOV   C, 20H                    ;C←(20H)
ANL   C, /21H                   ;C←(C)∧(21H)
ORL   C, 22H                    ;C←(C)∨(22H)
MOV   22H, C                    ;22H←(C)
```

习　　题

2-1　Intel 80C51 主要由哪几部分组成,各自功能如何?

2-2　Intel 80C51 内部的 CPU 寄存器有哪些,有何用途?

2-3　看门狗定时器的基本工作原理是什么?

2-4　Intel 80C51 的引脚 ALE 和PSEN有何用途? P3 口的引脚有哪些复用的第二功能?

2-5　Intel 80C51 的存储器是如何组织的? 引脚EA有何用途?

2-6　什么是中断向量,Intel 80C51 单片机中有几个,分别作何用?

2-7　什么是特殊功能寄存器,它们有什么用途?

2-8　什么是机器指令和汇编指令?

2-9　什么是振荡周期、状态周期、机器周期和指令周期?

2-10　什么是寻址方式,MCS-51 单片机的指令有几种寻址方式,各有何特点?

2-11　请用数据传送指令实现以下操作。

（1）将 R3 寄存器的值传送到 R4 寄存器中。

（2）交换 R3 和 R4 寄存器中的值。

（3）将片外 RAM 中 1010H 单元的值传送到片外 0200H 单元中。

（4）交换片外 RAM 中 1010H 单元和 0200H 单元的值。

（5）将 B 寄存器高 4 位和低 4 位交换。

2-12　假设(SP)=07H,(A)=0F0H,(DPTR)=2040H,(50)=34H,则下列指令依次执行后,堆栈栈顶位置和数据以及相关寄存器或存储单元的值如何变化。

```
PUSH   DPL
PUSH   DPH
PUSH   ACC
PUSH   50H
POP    DPL
POP    DPH
PUSH   SP
```

2-13　分析下列程序段的功能。

```
      MOV  A, 40H
      JB   P, NEXT
      ORL  A, #80H
NEXT: MOV  40H, A
```

2-14 将片内 RAM 地址为 55H 的单元中存放的 8 位无符号数转换为非压缩 BCD 形式并存放在 60H 起始的存储单元中。

2-15 求两个十进制数 67 与 25 的和，要求要以非压缩 BCD 的形式存储在 R0 和 R1 中。

2-16 将累加器 A 的高 3 位数据通过 P1 口的低 3 位输出。

2-17 假设 MCS-51 单片机的振荡时钟为 12MHz，编写一个延时约 1s 的汇编程序段。

第 3 章

单片机汇编语言程序设计

　　在开发单片机应用程序时,多数情况下都会使用高级语言,但在对时序要求较高的实时系统或是资源比较紧张的应用中,就需要使用汇编语言,至少是部分使用汇编语言。因为汇编语言直接面向硬件,几乎每一条汇编指令都有相应的机器指令与之对应,它与硬件联系的密切程度超过任何其他高级语言。用汇编语言开发的应用程序不仅执行速度快、占用资源少、对资源的利用率高,且对于程序员来说每步执行了哪些操作、做了些什么都是透明的,而高级语言无法做到这点。虽然汇编语言有许多不足,如可读性和易用性不如高级语言、对机器的依赖性高、开发效率低、调试过程复杂,但作为一个优秀的单片机程序员来说,熟悉汇编语言是一项重要的基本技能。通过对汇编语言的学习不仅能使我们编写出高质量的应用程序,还能加深理解单片机的工作原理,提高应用的设计水平。

　　本章主要介绍单片机汇编语言中常用的伪指令,和汇编语言程序设计的基本方法和常用程序结构。

　　本章主要内容如下。

　　(1) 51 单片机汇编语言及其常用伪指令;

　　(2) 基本的汇编语言程序结构设计;

　　(3) 子程序设计;

　　(4) 输入输出操作和中断程序的汇编语言设计;

　　(5) 查表与散转程序设计。

3.1　51 单片机汇编语言及其常用伪指令

3.1.1　汇编语言

　　汇编语言(Assembly Language)是一种用助记符表示操作码,用符号表示操作数及其地址,直接面向机器硬件的符号型语言。它与机器语言一样具有执行速度快、占用资源少、能直接对底层硬件进行操作等优点,这些高级语言往往无法都做到。相对于高级语言,汇编语言有许多不足,主要就是可读性和易用性不如高级语言、对机器的依赖程度高、移植性差、开发效率低、调试过程复杂。故此汇编语言往往使用在对时序要求较高的实时系统或是系统资源比较紧张的应用中。使用汇编语言编写的程序不像机器语言那样能直接被处理器识别并执行,仍需通过专门的软件进行翻译转换。这个翻译转换的过程就称为汇编,翻译转换用的软件就称为汇编程序或汇编器,其逆过程则被称为反汇编。

图 3-1 所示为 Keil μVision 集成开发环境中反汇编窗口显示的信息,它同时给出了实现同一功能的三种语言程序片段。从中可看出这三种语言程序间的明显差异,机器语言程序由二进制(窗口中显示为十六进制)的机器指令组成,汇编语言程序由使用符号表示的汇编指令组成,一条汇编指令对应一条机器指令,而高级语言程序则由语句组成。

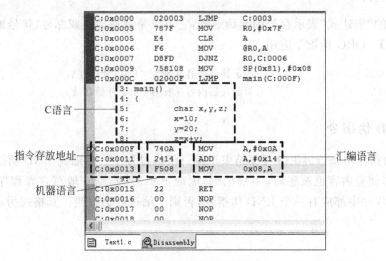

图 3-1　三种程序语言示意

和高级语言一样,在汇编源程序中也把书写在一行上的汇编指令称为汇编语句,但它只能完成一个最基本的操作,而高级语言里的语句则可完成较为复杂的操作。书写汇编源程序时一行只能写一条语句(指令),一条语句只能写在一行上,其语句格式就是上一章所介绍的汇编指令格式,且书写不区分字母大小写。编辑汇编源程序可以使用各种文本编辑软件,在 Keil μVision 中汇编源文件的扩展名可为". ASM"、". A51"、". SRC"。

3.1.2　常用汇编语言伪指令

在汇编源程序中除汇编指令外,还有一种伪指令。二者语句格式相同,但却有显著差异。汇编指令经汇编后会产生目标代码,生成对应的机器指令,它由处理器负责执行,以完成特定的操作。而伪指令不会产生目标代码,不生成机器指令。它用来对汇编过程进行某种控制,指示汇编程序如何进行汇编操作。实现诸如定义数据、分配空间、定义程序中使用的符号以及确定代码和数据存放的地址等,源程序汇编后生成的目标代码文件中不会再有伪指令的身影。此外不同的汇编程序所支持的伪指令并不完全相同,下面就Keil μVision 支持的一些比较常用的伪指令进行介绍。

1. ORG 伪指令

ORG 伪指令用来声明程序代码或数据在存储器中存放的起始地址,它写在要指定存放地址的程序代码或数据之前。一个源程序中可以有多个 ORG 伪指令,但一般要求按从小到大的顺序出现。汇编过程中遇到 ORG 伪指令时,汇编程序会将其后的程序代码或数据从该伪指令指定的地址开始连续存放,直到遇到新的 ORG 伪指令才从新地址开始。若源程序中未使用 ORG 伪指令,则默认从地址 0000H 开始。其格式为:

```
ORG   表达式
```

格式中的"表达式"表示存放的起始地址,它可以是数值地址或标号(符号地址)。

【例 3-1】 ORG 伪指令应用。

```
ORG   0100H              ;指定其后内容从地址 0100H 开始存放
ORG   LAB1               ;指定其后内容从标号 LAB1 开始存放
```

2. END 伪指令

END 伪指令用来告诉汇编程序结束汇编。汇编过程中一旦遇到 END 伪指令则结束汇编,其后即使有内容也被忽略,不被汇编,因此 END 伪指令一般写在源程序的最后一行。每个源程序中都应有一个 END 伪指令,否则汇编过程会报错。其格式为:

```
END
```

3. EQU、SET 伪指令

EQU 伪指令用来定义源程序中使用的符号,目的是提高程序可读性。源程序汇编时所有使用 EQU 伪指令定义的符号都会用其后指定的表达式替换。SET 伪指令功能与 EQU 伪指令类似,只是用 EQU 定义的符号不得重复定义,而 SET 的可以。它们的格式为:

```
符号   EQU   表达式
符号   SET   表达式
```

格式中的"符号"由程序员自行命名,但要符合规范,不得与保留字同名。"表达式"可以是数值、字符、SFR、A、R0~R7、位名等。它们定义的符号可作为操作数、地址、或其他表达式使用。

【例 3-2】 EQU 和 SET 伪指令应用。

```
LENGTH    EQU   100        ;定义符号 LENGTH 表示数值 100
CHAR      EQU   'A'        ;定义符号 CHAR 表示字符"A"
MYFLAG    EQU   PSW.5      ;定义符号 MYFLAG 表示 PSW 中的 $D_5$ 位
OUTPORT   EQU   P0         ;定义符号 OUTPORT 表示 P0 口
RESULTREG EQU   R0         ;定义符号 RESULTREG 表示 R0 寄存器
NUM       SET   10H        ;定义符号 NUM 表示数值 10H
```

```
NUM        SET   20H                        ;重新定义符号NUM表示数值20H
```

4. DB、DW 伪指令

DB 和 DW 伪指令用来在程序存储器中定义常数,即指定程序存储器单元的内容。DB 伪指令定义的数据占据一个字节,而 DW 伪指令定义的数据占据两个字节。它们的格式为:

[标号:] DB   表达式 1[,表达式 2][,……]
[标号:] DW   表达式 1[,表达式 2][,……]

格式中的"标号"要加冒号,表示起始存储地址,它为可选项。"表达式"可以是符号、字符串、数值。但用 DW 伪指令定义的字符串最多两个字符,否则将报错。

【例 3-3】 DB 和 DW 伪指令应用。

(1) 定义字符串,标号 MSG 表示起始地址,字符串结束用 00H 表示。

```
MSG:  DB   'Hello Word', 00H
```

(2) 在程序存储器中 0400H 开始的位置定义 0～10 的平方表。

```
ORG     0400H
SQUTAB: DB   0,1,4,9,16,25,36,49,64,81,100
```

(3) 定义一个字常数 NUM 值为 1234H。

```
ORG   0100H
NUM: DW  1234H                      ;其中(0100H)=12H,(0101H)=34H
```

(4) 定义一个地址表,表中数据为 5 个程序分支的 16 位入口地址(分别用标号 BRANCH1～BRANCH5 表示),要注意的是 16 位地址的高 8 位存放在低地址,低 8 位存放在高地址。

```
ADDRTAB:   DW   BRANCH1,BRANCH2,BRANCH3,BRANCH4,BRANCH5
```

5. DS 伪指令

DS 伪指令用来在存储器中预留指定字节数的存储单元。其格式为:

[标号:] DS   表达式

格式中"标号"表示预留区的起始地址,为可选项。"表达式"为数值表达式,表示从标号开始预留的存储单元字节数。

【例 3-4】 从 0200H 开始预留 100 个字节存储单元。

```
ORG   0200H
      DS  100
```

6. BIT、DATA 伪指令

这两个伪指令用来指定一个符号代表某个数据存储地址,它们的区别在于所定义的地址类型不同，BIT 伪指令定义的是位寻址区中的位单元地址，而 DATA 伪指令定义的是片内直接寻址区中的字节单元地址。它们的格式为：

```
符号  BIT   地址
符号  DATA  地址
```

格式中的"符号"表示数据存储地址。BIT 伪指令中的"地址"可以是数值、位名，加点操作表示的位地址。DATA 伪指令中的"地址"可以是数值、SFR 表示的字节地址。

【例 3-5】 BIT 和 DATA 伪指令的应用。

```
MYFLAG   BIT  PSW.5       ;定义符号 MYFLAG 代表 PSW 中的 D₅ 位
FLAG1    BIT  20H         ;定义符号 FLAG1 代表位地址为 20H 的位单元
FLAG2    BIT  20H.0       ;定义符号 FLAG2 代表 20H 单元的 D₀ 位
OUTPORT  DATA P0          ;定义符号 OUTPORT 代表 P0 口
INPORT   DATA 90H         ;定义符号 INPORT 代表直接寻址区中的 90H 单元，即 P1 口
```

上例中的符号也可以使用 EQU 伪指令定义，但使用 BIT 和 DATA 伪指令的好处是限定符号只能表示相应存储区的地址。

7. 特殊符号 $

符号"$"在汇编源程序中作为操作数使用时有特殊含义，它表示当前地址计数器的值，即当前行的地址。例如指令"SJMP $"表示转移到当前行，SJMP 指令转移的目标地址就是它自己的存放地址，所以这是一条无限循环语句；指令"MOV A，♯$"表示将它自己的地址作为立即数传送到累加器中。

3.2 顺序结构程序设计

无论多复杂的程序都是由一些基本结构组成的，主要有顺序、选择、循环、子程序 4种。单片机汇编语言程序也不例外，下面就一些例子介绍怎样使用单片机汇编语言实现这些基本程序结构。

顺序结构是一种直线结构，指令执行按书写顺序从上到下进行，没有任何程序分支。其典型程序流程如图 3-2 所示。

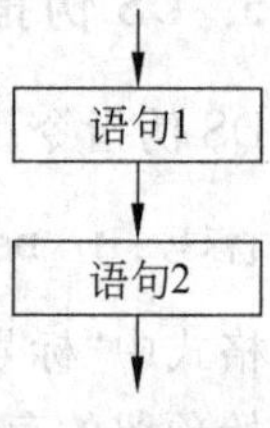

【例 3-6】 编程求存放在片内 40H 单元中的 8 位无符号二进制数的百位、十位、个位的数值，并分别存放在 R0、R1、R2 寄存区中。

图 3-2 顺序结构

分析：8 位无符号二进制数的取值范围是 00000000B ～ 11111111B，对应十进制数 0～255，利用除法先将该数除以 100，其商为百位数值，再将余数部分除以 10，其商为十位数值，余数为个位数值。

```
       ORG   0000H          ;指定从程序存储器地址 0000H 开始存放以下代码
MAIN:  MOV   A, 40H         ;A←(40H)
       MOV   B, #100        ;B←100
       DIV   AB             ;A除以 B，A 中为百位数值，B 中为十位和个位数值
```

```
        MOV   R0, A              ;R0←(A),百位数值送 R0
        MOV   A, B               ;A←(B),十位和个位数值送 A
        MOV   B, #10             ;B←10
        DIV   AB                 ;A 除以 B,A 中为十位数值,B 中为个位数值
        MOV   R1, A              ;R1←(A),十位数值送 R1
        MOV   R2, B              ;R2←(B),个位数值送 R2
    END
```

【例 3-7】 编程实现布尔运算：$Y=\overline{X1\oplus X2 \vee X3}$。

分析：51 单片机具有较强的布尔运算能力,但没有位异或运算功能,因此要把位异或运算转换为与、或、非这些基本逻辑运算实现。利用布尔运算的相关公式定理可将上述布尔表达式改写为：

$$Y=\overline{X1\wedge X2 \vee \overline{X1}\wedge \overline{X2} \vee X3}$$

```
    ;定义位变量
    Y  BIT  00H
    X1 BIT  01H
    X2 BIT  02H
    X3 BIT  03H
    ORG     0000H
    MAIN:  MOV  C, X1            ;C←(X1)
           ANL  C, X2            ;C←(C)∧(X2)
           MOV  F0, C            ;F0←(C),暂存临时结果
           MOV  C, X1
           CPL  C                ;C←(X̄1)
           ANL  C, /X2           ;C←(C)∧(X̄2)
           ORL  C, F0            ;C←(C)∨(F0)
           ORL  C, X3            ;C←(C)∨(X3)
           CPL  C                ;C←(C̄)
           MOV  Y, C             ;Y←(C)
    END
```

上例中运算临时结果的暂存使用了程序状态寄存器 PSW 中的 F0 位,这个位是用户标志位,可用作布尔运算中临时结果的存放。

3.3　选择结构程序设计

3.3.1　基本两分支结构

选择结构也称分支结构、判断结构,它通过对设定条件进行判断然后选择程序分支执行。依据分支数多少可分为两分支和多分支两种选择结构,其典型程序流程如图 3-3 所示。在汇编源程序中,选择结构主要通过各种条件转移指令实现,如 JZ/JNZ、JC/JNC、JB/JNB/JBC、CJNE 等。这些条件转移指令判定的条件分别为累加器 A 的值是否为 0、

进位标志位 CY 的取值、位单元 bit 的取值、以及操作数是否相等。对于问题中的其他判定条件如大小、奇偶等则要通过运算的方式将其成立与否反映在条件转移指令的判定条件上，而对复杂条件来说用汇编语言实现比较困难，因为它不像高级语言那样有丰富的运算符。汇编语言对条件的运算处理只能依靠处理器提供的指令，手段比较简单，过程比较烦琐，这不仅需要熟悉指令系统，还要对数据的表示形式有一定的认识。

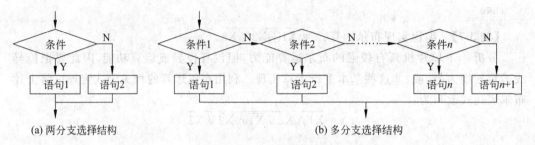

(a) 两分支选择结构　　　　　　　　　　(b) 多分支选择结构

图 3-3　选择结构

【例 3-8】　编程计算 R0 寄存器中数值的绝对值。

分析：求一个数的绝对值关键是要判断它的正负。MCS-51 单片机的程序状态字 PSW 中没有符号标志位，也没有测试数正负的指令，因此数的正负只能通过运算处理反映出来。在带符号数补码表示中最高位表示符号，因此判断数的最高位就可知该数的正负，而这可用 JNB 指令完成，此外通过与 80H 相减后有无进位也可判断数的正负。图 3-4 给出了这两种不同处理方法的程序流程。

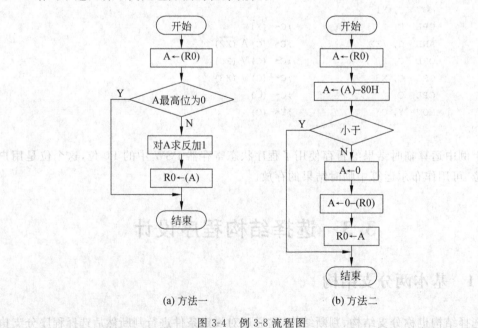

(a) 方法一　　　　　　　　　　(b) 方法二

图 3-4　例 3-8 流程图

方法一：

ORG　　　　0000H

```
MAIN:    MOV   A, R0                    ;A←(R0)
         JNB   ACC.7, NONNEG            ;非负转移
         CPL   A                        ;A求反
         INC   A                        ;A加1
         MOV   R0, A                    ;R0←(A)
NONNEG: NOP
         END
```

方法一中使用的 JNB 指令只能用来测试位单元,非位寻址单元不能使用,因此不能用 JNB 指令直接对 R0 寄存器的最高位进行判断,于是将其传送到累加器 A 中。在指令中表示累加器 A 的最高位要用"ACC.7",不能写为"A.7"。在补码编码方式中互为相反的两个数就是互补的两个数,求负数的绝对值就是求与它互补的数。

方法二:

```
ORG   0000H
MAIN:    MOV   A, R0                    ;A←(R0)
         CLR   C                        ;C←0
         SUBB  A, #80H                  ;A←(A)-80H
         JC    NONNEG                   ;非负转移
         CLR   A                        ;A←0
         CLR   C
         SUBB  A, R0                    ;A←0-(R0)
         MOV   R0, A                    ;R0←(A)
NONNEG: NOP
         END
```

【例 3-9】 编程将存放在片外 RAM 存储单元 0000H 中的 8 位二进制数转换为对应十六进制数的 ASCII 码,并存放在片外 0001H 和 0002H 单元中。

分析:8 位二进制数对应两位十六进制数,如 10001100B 对应 8CH,因此需对低 4 位和高 4 位分别处理。十六进制数符在转换为 ASCII 码时,要区分是数字还是字母,对 0~9 的数字来说只要加上 30H 即可,而对 A~F 的字母来说则要加上 37H。图 3-5 所示为该程序流程。

```
ORG   0000H
MAIN: MOV   DPTR, #0              ;初始化 DPTR
      MOVX  A, @DPTR             ;从片外 RAM 中取数
      MOV   R0, A                ;暂存到 R0
      ANL   A, #0FH              ;屏蔽高 4 位
      MOV   R1, A                ;暂存到 R1
      CLR   C                    ;清进位
      SUBB  A, #10               ;与 10 相减
      JC    L1                   ;小于表示 A 中低 4 位为 0~9 则转移到标号 L1
      MOV   A, #37H              ;将 37H 送 A
      SJMP  L2                   ;转移到标号 L2
L1:   MOV   A, #30H              ;将 30H 送 A
L2:   ADD   A, R1                ;转换为 ASCII 码
```

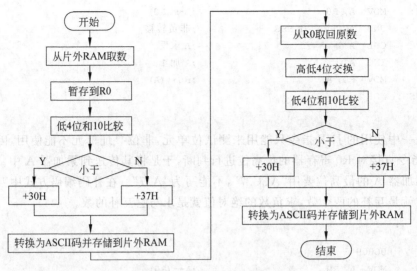

图 3-5　例 3-9 流程图

```
        INC  DPTR                ;修改 DPTR
        MOVX @DPTR, A            ;存放到片外 RAM
        MOV  A, R0               ;从 R0 取回原数据
        SWAP A                   ;高低 4 位交换
        ANL  A, #0FH             ;屏蔽低 4 位
        MOV  R1, A               ;暂存到 R1
        CLR  C                   ;清进位
        SUBB A, #10              ;与 10 相减
        JC   L3                  ;小于表示 A 中低 4 位为 0~9 则转移到标号 L3
        MOV  A, #37H             ;将 37H 送 A
        SJMP L4                  ;转移到标号 L4
   L3:  MOV  A, #30H             ;将 30H 送 A
   L4:  ADD  A, R1               ;转换为 ASCII 码
        INC  DPTR               ;修改 DPTR
        MOVX @DPTR, A            ;存放到片外 RAM
   END
```

3.3.2　多分支结构

条件转移指令只能实现基本两分支选择结构,要实现多分支结构可多次使用条件转移指令,除此之外也可以使用 JMP、RET 指令实现。

【例 3-10】　编程实现判断片内 RAM 40H 单元中存储的字符类型,若为数字字符 0~9 则将其置为 1,若为大写字母 A~Z 则将其置为 2,若为小写字母 a~z 则将其置为 3,否则将其置为 0。

分析:这是一个典型的多分支程序,被判断的字符分 4 种类型:数字、大写字母、小写字母、其他字符。判别字符类型的方法是判断其 ASCII 码值的范围,数字的范围是

30H～39H,大写字母的范围是 41H～5AH,小写字母的范围是 61H～7AH,除此之外是其他字符。判断顺序按 ASCII 码递增或递减都可以,但最好不要无序,否则程序可读性较差。图 3-6 所示为该程序流程。

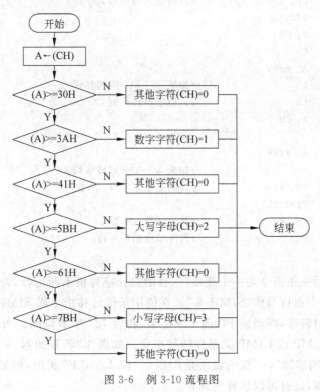

图 3-6 例 3-10 流程图

```
CH      DATA    40H             ;定义 CH 变量为片内 RAM 40H 单元,提高可读性
ORG     0000H
MAIN:   MOV     A, CH           ;将 CH 传送到 A
        CLR     C
        SUBB    A, #30H
        JNC     L1              ;如果 A>=30H 则转移到 L1
        SJMP    L6              ;其他字符转移到 L6
L1:     MOV     A, CH
        CLR     C
        SUBB    A, #3AH
        JNC     L2              ;如果 A>=3AH 则转移到 L2
        MOV     CH, #1          ;否则是数字,CH 置 1
        SJMP    FINISH
L2:     MOV     A, CH
        CLR     C
        SUBB    A, #41H
        JNC     L3              ;如果 A>=41H 则转移到 L3
        SJMP    L6              ;其他字符转移到 L6
L3:     MOV     A, CH
```

```
        CLR    C
        SUBB   A, #5BH
        JNC    L4                  ;如果 A>=5BH 则转移到 L4
        MOV    CH, #2              ;否则是大写字母, CH 置 2
        SJMP   FINISH
L4:     MOV    A, CH
        CLR    C
        SUBB   A, #61H
        JNC    L5                  ;如果 A>=61H 则转移到 L5
        SJMP   L6                  ;其他字符转移到 L6
L5:     MOV    A, CH
        CLR    C
        SUBB   A, #7BH
        JNC    L6                  ;如果 A>=7BH 则转移到 L6
        MOV    CH, #3              ;否则是小写字母, CH 置 3
        SJMP   FINISH
L6:     MOV    CH, #0              ;其他字符, CH 置 0
FINISH: SJMP   FINISH              ;程序结束循环等待
        END
```

程序中的最后一条指令是一个死循环,目的是让单片机不断运行,否则它只执行一遍程序就结束,该指令也可写作"SJMP $"。在使用条件转移指令或 SJMP 指令时要注意,它们只能实现相对转移,即当前 PC 前 128 字节,和后 127 字节范围。当转移超过此范围时,可配合使用 AJMP 或 LJMP 无条件转移指令。如操作"若累加器 A 为 0 则转移到标号 LABLE 处,否则继续",一般的做法是用指令"JZ LABLE"实现,但如果标号 LABLE 超过相对转移范围,这时可以这样实现:

```
        JNZ NEXT
        AJMP LABLE              ;或 LJMP   LANLE
NEXT: …
```

3.4 循环结构程序设计

3.4.1 单循环结构

循环结构也称重复结构,是很常用的一种程序结构,特点是不断反复执行一段功能相同的程序。使用循环结构有助于缩短程序代码,节约空间。在 MCS-51 单片机中要对循环次数进行控制,主要通过条件转移和 DJNZ 指令完成。循环次数一般情况下应该是有限的,但无限循环也常使用,特别是大多数单片机应用程序从整体上看就是一个无限循环程序,否则单片机只执行一遍程序就停止,此外像等待用户按键操作或中断时也常用到无限循环结构。程序中控制循环次数常用计数、条件、逻辑尺等方式。在编写有限循环时要注意它的结构,一般应包含如下几个部分。

- 初始化循环,这部分操作在循环开始之前完成,目的是设置循环操作对象和控制条件的初始值,为循环做准备。如在计数方式循环控制中,计数器的初值设定就属于该部分。
- 循环控制,它通过在每次循环体执行前或执行后对循环条件进行判断,以决定是否再次执行循环体。若是在循环体执行前进行判断的则称为当循环结构,执行后判断的则称为直到型循环结构,二者实质是一样的,可以相互转换。
- 循环体,它是循环结构的主体,其内容就是反复要执行的部分,是循环的目的。循环体有可能很简单只用一条指令就可完成,也有可能很复杂需要执行许多指令,这部分是循环结构中最重要也是最容易出错的。
- 修改循环条件,每次执行循环过程中需要对控制循环的条件进行修改,使之不同,这样才能在有限次循环后结束,否则会产生无限循环现象。

1. 直到型循环

直到型循环结构的特点是先执行循环体,再判断循环控制条件决定是否继续循环,若一开始就不满足控制条件,则循环体部分也会被执行一遍。其典型程序流程如图 3-7 所示。

【例 3-11】 编程将存放在片内高 128B 区地址为 80H 的连续 100 个字节数据传送到片外 0000H 开始的存储单元中。

分析:要将片内 100 个字节数据传送到片外存放,使用循环结构比之其他程序结构代码更简洁。要传送的数据字节数已知,因此可使用计数方式来控制数据传送的次数,每次传送后计数值加 1 或减 1。该程序流程如图 3-8 所示。

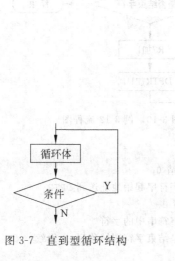

图 3-7 直到型循环结构

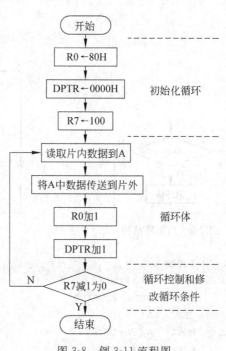

图 3-8 例 3-11 流程图

```
        ORG    0000H
MAIN:   MOV    R0, #80H              ;设置源数据块首地址到 R0
        MOV    DPTR, #0000H         ;设置目的首地址到 DPTR
        MOV    R7, #100             ;设置计数器初始值
GOON:   MOV    A, @R0               ;传送一个字节数据
        MOVX   @DPTR, A             ;修改源数据指针
        INC    R0                   ;修改源数据指针
        INC    DPTR                 ;修改目的数据指针
        DJNZ   R7, GOON             ;计数器减 1 后不为 0 则转移继续
        SJMP   $                    ;程序结束循环等待
        END
```

2. 当循环

当循环结构的特点是先判断循环条件,再决定是否执行循环体,若一开始就不满足控制条件,则不会执行循环体。其典型程序流程如图 3-9 所示。

【例 3-12】 编程统计存放在 ROM 中字符串中字符个数并存放到 R7,该字符串以标号 STRING 为起始地址,用字符 00H 表示结束,长度不超过 255。

分析:由于字符个数未知只知道结束字符,因此循环控制不能使用计数方式,只有使用条件方式。循环时先对读取字符进行判断,若非结束字符则计数器加 1 后继续,否则结束循环。该程序流程如图 3-10 所示。

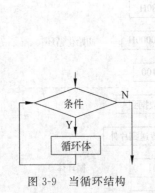

图 3-9 当循环结构

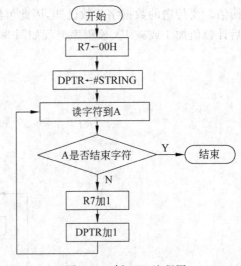

图 3-10 例 3-12 流程图

```
        ORG    0000H
MAIN:   MOV    R7, #00H             ;R7 清 0
        MOV    DPTR, #STRING        ;将字符串起始地址送到 DPTR
        CLR    A                    ;A 清 0
READ:   MOVC   A, @A+DPTR           ;读字符串中的字符
        CJNE   A, #00H, L1          ;不是结束字符则转移到 L1 继续
```

```
          SJMP    FINISH                          ;否则结束
L1:       INC     R7
          INC     DPTR
          CLR     A
          SJMP    READ
FINISH:   SJMP    $
STRING:   DB 'Hello World!', 00H                  ;在 ROM 中定义字符串
          END
```

3. 逻辑尺

在某些应用中,循环体内要做的处理不一样,也无规律,这时可使用逻辑尺方式来对处理进行选择。所谓逻辑尺实际就是一个多比特数据,利用其中位的"0"和"1"来分别代表某种操作,每次循环时根据逻辑尺中相应位的值来决定采用何种操作处理数据,其处理流程如图 3-11 所示。

【例 3-13】 编程对存放在片内地址 20H～27H 中的数据 $X_0 \sim X_7$ 和存放在地址 28H～2FH 中的数据 $Y_0 \sim Y_7$ 进行如下处理,并假设结果不会溢出。

$$X_0 = X_0 + Y_0, \quad X_1 = X_1 + Y_1, \quad X_2 = X_2 - Y_2, \quad X_3 = X_3 + Y_3,$$
$$X_4 = X_4 + Y_4, \quad X_5 = X_5 + Y_5, \quad X_6 = X_6 - Y_6, \quad X_7 = X_7 - Y_7$$

分析:上述有 8 次处理,但每次都不同,也没有明显规律。这里使用逻辑尺方式对每次处理进行控制,规定尺中"0"代表加操作,"1"代表减操作,于是得到逻辑尺"11000100",其中最低位对应 X_0 的操作。该程序流程如图 3-12 所示。

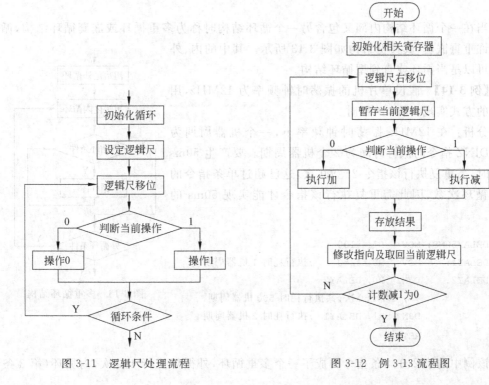

图 3-11 逻辑尺处理流程   图 3-12 例 3-13 流程图

```
       CONTRL EQU   11000100B              ;定义逻辑尺
       ORG    0000H
MAIN:  MOV    R7, #8                       ;设置循环次数到 R7
       MOV    R1, #28H                     ;设置 Y 的起始地址
       MOV    R0, #20H                     ;设置 X 的起始地址
       MOV    A, #CONTRL                   ;逻辑尺传送到 A
GOON:  RRC    A                            ;逻辑尺最低位移位到 CY
       MOV    R6, A                        ;暂存当前逻辑尺到 R6
       MOV    A, @R0                       ;取当前 X 到 A
       JC     L1                           ;判断当前操作,"0"表示加,"1"表示减
       ADD    A, @R1                       ;与对应 Y 相加
       SJMP   L2                           ;转移到标号 L2
L1:    CLR    C
       SUBB   A, @R1                       ;与对应 Y 相减
L2:    MOV    @R0, A                       ;存放操作结果
       INC    R0
       INC    R1                           ;分别修改 R0 和 R1 指向
       MOV    A, R6                        ;取回当前逻辑尺
       DJNZ   R7, GOON                     ;计数减 1 判断是否继续
       SJMP   $
       END
```

3.4.2　多重循环结构

当在一个循环结构内部又包含另一个循环结构时称为多重循环或嵌套循环结构,循环允许重重嵌套,其典型结构如图 3-13 所示。其中的内、外循环可以是当循环或直到型循环结构。

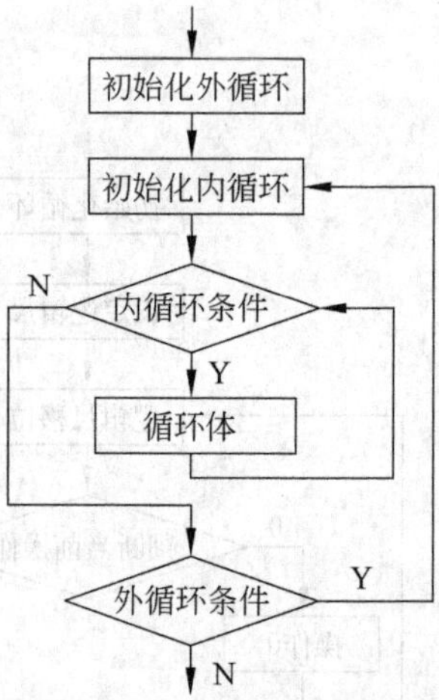

【例 3-14】　假设单片机的振荡时钟频率为 12MHz,用软件的方式实现 50ms 的延时。

分析:在 12MHz 振荡时钟频率下,一个机器周期为 $1\mu s$,DJNZ 指令的执行时间为 2 个机器周期。要产生 50ms 的延时,需重复执行该指令 25 000 次,这已超过单条指令的最大循环次数,因此需重复执行该指令才能实现 50ms 的延时。

图 3-13　多重循环结构

```
DELAY50MS: MOV   R1, #100
DELAY1:    MOV   R0, #250      ;执行耗时 1 机器周期
DELAY2:    DJNZ  R0, DELAY2
                 ;循环 250 次,共执行耗时 500 机器周期
           DJNZ  R1, DELAY1    ;执行耗时 2 机器周期
           RET
```

该例中的第 2、3、4 条指令构成了一个多重循环,外循环执行 100 次,内循环(第 3 条

指令)执行 250 次,每执行一次外循环耗时为 $1+500+2=503\mu s$,所以 100 次循环共耗时 $50\,300\mu s\approx50ms$。用软件方式要想精确实现 50ms 的延时很困难,只能用在对定时精度要求不高的场合中。

3.5 子程序设计

3.5.1 子程序的调用与返回

在程序中,常会出现一些功能类似的程序片段,其主要差异在于处理的数据对象不同。像前面的例 3-9,将一个 8 位二进制数转换为两位十六进制数,第一次转换低 4 位二进制数,第二次转换高 4 位二进制数。每次处理数据不同但操作一样,都是将 4 位二进制数转换为 1 位十六进制数。如果用子程序的方式来实现这种转换操作,则凡是要将二进制数转换为十六进制数的地方就都可以使用。

所谓子程序其实就是汇编源程序中实现特定功能的程序片段,它具有相对独立的结构,可以反复使用。它的应用不但可以简化源程序,缩短代码,提高编程效率,还能方便调试,因而是开发汇编语言程序最常用的手段之一。在程序中使用子程序一般是通过调用的方式来实现,为便于区分通常把调用子程序的一方称为调用程序或父程序,调用与被调用是相对的,因为调用方也可能会被调用。在 MCS-51 单片机中调用指令主要有 ACALL 和 LCALL 两条,它们与转移指令最大的区别是在改变程序执行流程前,会将返回地址保存到堆栈中。当调用完毕后通过执行被调用子程序中的 RET 指令,可从堆栈将返回地址恢复到程序计数器 PC,以返回调用方继续执行。因此在子程序的调用与返回过程中堆栈的作用很重要,下面举例说明。

如图 3-14 所示为子程序调用与返回时堆栈的变化情景。

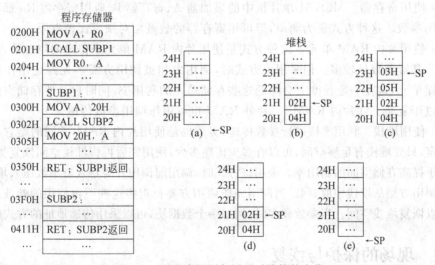

图 3-14 子程序调用与返回时堆栈的变化

（1）当执行 ROM 中 0200H 处指令时，堆栈如图 3-14(a)所示，此时(SP)＝1FH。

（2）当执行 0201H 处的指令 LCALL 调用子程序 SUBP1 时，(PC)＝0204H。执行后的堆栈如图 3-14(b)所示，这时栈顶的两个字节为调用指令保存的返回地址"0204H"，此时(SP)＝21H，程序流程转移到子程序 SUBP1 中。

（3）当执行子程序 SUBP1 中 0302H 处的指令 LCALL 调用子程序 SUBP2 时，(PC)＝0305H。执行后的堆栈如图 3-14(c)所示，这时栈顶两个字节为调用指令保存的返回地址"0305H"，此时(SP)＝23H，程序流程转移到子程序 SUB2 中。

（4）当执行子程序 SUB2 中 0411H 处的指令 RET 后，这时的堆栈如图 3-14(d)所示，此时(SP)＝21H，返回地址"0305H"被恢复到 PC 中，接下来程序流程将返回到调用方 SUBP1 的 0305H 处继续执行。

（5）当执行子程序 SUB1 中 0350H 处的指令 RET 后，这时的堆栈如图 3-14(e)所示，此时(SP)＝1FH，返回地址"0204H"被恢复到 PC 中，接下来程序流程将返回到调用方的 0204H 处继续执行。

通过上述举例分析，可见子程序调用与返回时都要使用堆栈，要保证子程序能正常返回，在其执行 RET 指令时堆栈栈顶正好是要返回的地址，否则将不能正常返回。

3.5.2　参数传递

在调用过程中，调用方和被调用方有时需要传递一些信息，这些传递的信息被称为参数。参数按进出被调用子程序的方向可分为入口参数（调用参数）和出口参数（返回值）两种。入口参数是调用时由调用方传递给被调用方的信息，出口参数则是被调用方执行完后要返回给调用方的结果。有些子程序在被调用时可能只有入口参数、有些可能只有出口参数、有些可能二者都没有，这要由子程序的功能具体决定。

在汇编源程序中，调用方与被调用方之间的参数传递可以有以下几种方式。

（1）使用寄存器。MCS-51 单片机中的累加器 A、寄存器 B、通用寄存器 R_n 都可用作传递调用参数。这种方式最为简单，但可用寄存器的数量相对来说比较有限。

（2）使用片内 RAM 单元。这种方式是使用片内 RAM 单元来传递调用参数，相对寄存器方式其资源数量较多。但采用该方式时，调用方和被调用方需事先约定用作参数传递的存储单元，这在一定程度上会降低这些存储单元的利用率，同时也会使存储空间的规划变得过于复杂。除片内 RAM 外，片外 RAM 也可用作调用参数传递。

（3）使用堆栈。利用堆栈进行参数传递，实质也是使用片内 RAM，不同的是它不需要事先指定，只要堆栈有足够空间，可以有多少传递多少，使用完后再将堆栈空间恢复如初，因此有利于提高存储空间的利用率。采用该方式时，调用前调用方需将入口参数压入堆栈，调用时被调用方则从堆栈中取参数，当调用完毕调用方要负责将这些不再使用的参数从堆栈中弹出以恢复堆栈空间。当参数较多时，例如一个数据块，可以采用传递地址的方式解决。

3.5.3　现场的保护与恢复

被调用子程序执行时，难免会使用一些处理器资源，如各个寄存器、程序状态字 PSW

等,这些被使用到的资源称为现场。如果期望被调用子程序执行前后现场数据不变,则在调用子程序前需要对现场进行保护,而调用完后再恢复。对中断程序来说保护与恢复现场尤其重要。要保护现场可使用堆栈,也可使用切换寄存器区的方式实现。

采用堆栈方式时,现场应在子程序执行前就入栈保存,执行完后再恢复。保存与恢复可以由调用方负责,也可以由被调用方自己负责。由于被调用方最清楚会用到哪些资源,所以最佳的方式是被调用方负责,这样不使用的资源就不会进行不必要的保护。采用这种方式时,子程序可以采用如下结构来定义。

```
SUBPRO: PUSH  ACC                          ;累加器入栈保存
        PUSH  PSW                          ;程序状态字入栈保存
        ...
        POP   PSW                          ;恢复程序状态字
        POP   ACC                          ;恢复累加器
        RET
```

子程序 SUBPRO 执行时,先将现场 A 和 PSW 入栈保护,当子程序执行完后返回之前,再按与入栈时相反的顺序将现场恢复,最后才执行 RET 指令返回。这样对调用方来说子程序 SUBPRO 调用前后 A 和 PSW 的值没有变化。

采用寄存器区切换的方式时,可以使用如下的结构来定义子程序。

```
SUBPRO: PUSH  PSW
        ANL   PSW, #11100111B              ;RS0 和 RS1 清 0
        ORL   PSW, #00011000B              ;修改 RS0 和 RS1,使用第 3 区
        ...
        POP   PSW
        RET
```

子程序 SUBPRO 执行时,先将 PSW 保存到堆栈,然后修改 PSW 中的 RS0 和 RS1 切换寄存器区,如上切换到第 3 区。当子程序 SUBPRO 执行完后返回之前,再恢复原 PSW 的值切换回去。

3.5.4 子程序举例

典型的单片机汇编语言子程序格式如下。

标号: 指令列
　　　...
RET

格式中的"标号"为子程序的入口地址(第一条指令存放地址),它相当于高级语言里的函数名。RET 指令是子程序执行的最后一条指令,它不一定写在最后,且一个子程序中可以有多条 RET 指令,但只要执行其中的某条 RET 指令程序流程都将返回调用方。

【例 3-15】 分别编写一个将 A 中低 4 位转换为 1 位十六进制数 ASCII 码,结果存放在 A 中的子程序,和将 A 中全部 8 位转换为 2 位十六进制数 ASCII 码,结果存放在 AB

中的子程序。

```
;入口参数:要转换的4位二进制数存放到A的低4位中
;出口参数:转换的1位十六进制数ASCII码存放到A中
BTO1H: ANL    A, #0FH
       MOV    R1, A                    ;屏蔽高4位并暂存到R1
       CLR    C                        ;清进位
       SUBB   A, #10                   ;与10相减
       JC     L1                       ;小于表示A中低4位为0~9则转移到标号L1
       MOV    A, #37H                  ;将37H送A
       SJMP   L2                       ;转移到标号L2
L1:    MOV    A, #30H                  ;将30H送A
L2:    ADD    A, R1                    ;转换为ASCII码,保存结果
       RET
;入口参数:要转换的8位二进制数存放到A中
;出口参数:转换的2位十六进制数ASCII码存放到AB中
BTO2H: MOV    B, A                     ;将A暂存到B
       ACALL  BTO1H                    ;调用BTO1H对A低4位转换
       XCH    A, B                     ;转换结果和B交换
       SWAP   A                        ;A高低4位交换
       ACALL  BTO1H                    ;再次调用BTO1H对原A高4位转换
       RET
```

子程序 BTO2H 实现 8 位二进制数转换,它两次调用 BTO1H 子程序对 A 进行转换。该子程序执行后 B 中为低位十六进制数的 ASCII 码,A 中为高位十六进制数的 ASCII 码。若要对更多位数的二进制数进行类似的转换,只要不断调用这两个子程序就行。

【例 3-16】 用堆栈传递参数的方法,编写一个比较两个 8 位带符号 X 和 Y 大小的子程序,比较结果存放在 A 中,当 X>Y 时 A 为 1,X=Y 时 A 为 0,X<Y 时 A 为-1。

分析:该例需使用堆栈传递的参数有两个 X 和 Y,入栈时需指定传递顺序,规定先入栈 Y,再入栈 X。要比较两个无符号数之间的关系可以通过将两数相减后使用进位标志位 CY 和 A 的值共同判断,但对于带符号数就不能采取这种方式,这里可根据表 3-1 给出的测试条件进行关系判断,其中的符号"SF"表示结果的符号位(最高位)。

表 3-1 数的关系比较测试条件

无符号数	条　件	带符号数	条　件
X>Y	$(CY)=0 \land (A)\ne0$	X>Y	$(SF)\oplus(OV)=0 \land (A)\ne0$
X>=Y	$(CY)=0 \lor (A)=0$	X>=Y	$(SF)\oplus(OV)=0 \lor (A)=0$
X<Y	$(CY)=1$	X<Y	$(SF)\oplus(OV)=1 \land (A)\ne0$
X<=Y	$(CY)=1 \lor (A)=0$	X<=Y	$(SF)\oplus(OV)=1 \lor (A)=0$

```
SF      BIT   ACC.7                    ;定义符号位SF表示A的最高位
JUDGE:  MOV   R0, SP                   ;当前栈顶位置保存到R0
```

```
              DEC   R0
              DEC   R0                          ;修改 R0 指向堆栈中的 X 值
              MOV   A, @R0                       ;取 X 值到 A
              DEC   R0                           ;修改 R0 指向堆栈中的 Y 值
              CLR   C
              SUBB  A, @R0                       ;X-Y
              JNZ   NOEQU                        ;比较 X 和 Y,不相等则转移
              RET                                ;相等返回
NOEQU:        MOV   C, OV                        ;溢出标志位送到 C
              ANL   C, /SF
              MOV   F0, C
              MOV   C, SF
              ANL   C, /OV
              ORL   C, F0                        ;计算测试条件 (CF) = (SF) ⊕ (OV)
              JC    LESS                         ;(CF)=1 表示小于则转移
              MOV   A, #1                        ;否则大于
              RET
LESS:         MOV   A, #-1
              RET
```

主程序调用该子程序的方法如下。

```
PUSH    Y                                  ;比较的第二个数入栈
PUSH    X                                  ;比较的第一个数入栈
ACALL   JUDGE                              ;调用子程序 JUDGE
DEC     SP
DEC     SP                                 ;修改栈顶
```

利用堆栈传递参数,在子程序返回后要对栈顶进行修改,将已使用的参数出栈。否则每调用一次子程序,堆栈中就会留下一些无用的数据,最终有可能会将堆栈耗尽。

3.5.5 汇编中断程序

中断是计算机系统中常用的一种技术,具有实时性强的特点,中断发生时处理器会自动调用相关中断程序为提出请求的中断源服务。中断程序实际上也是一个子程序,但与一般子程序不同,它不能用指令 ACALL/LCALL 调用,而是由处理器依据提出请求的中断源编号从特定位置处调用,这个特定位置就是在程序存储器中的中断向量。

中断的发生具有随机性,一旦中断源有请求,处理器就会对中断的响应条件进行判断。若满足条件处理器则会自动将当前 PC 的值入栈保存,然后将提出请求的中断源所对应的中断向量送到 PC,以实现中断转移。因为 MCS-51 单片机的 5 个中断向量之间相隔只有 8 个字节,不能存放较长的中断程序,所以一般只在中断向量处安排一条无条件转移指令,通过它将执行流程转到真正的中断程序处。具体做法如下。

```
ORG         0000H                           ;复位向量
```

```
          LJMP    MAIN                       ;复位后转移到主程序 MAIN
ORG       0003H                              ;0号中断向量
          LJMP    INT0PROC                   ;0号中断发生时转移到 0 号中断程序
ORG       000BH                              ;1号中断向量
          LJMP    INT1PROC                   ;1号中断发生时转移到 1 号中断程序
ORG       0013H                              ;2号中断向量
          LJMP    INT2PROC                   ;2号中断发生时转移到 2 号中断程序
ORG       001BH                              ;3号中断向量
          LJMP    INT3PROC                   ;3号中断发生时转移到 3 号中断程序
ORG       0023H                              ;4号中断向量
          RETI                               ;未使用的中断源可直接安排一条中断返回指令
;主程序可从 0030H 开始存放
ORG       0030H
MAIN:     …
;0号中断程序
INT0PROC: PUSH    ACC
          PUSH    PSW                        ;保护现场
          …
          POP     PSW
          POP     ACC                        ;恢复现场
          RETI                               ;中断返回
;1号中断程序
INT1PROC: RETI                               ;预留的中断程序可只安排一条中断返回指令
          …
```

编写中断程序时,需特别注意对现场的保护和恢复,因为中断发生具有随机性,只要条件允许任何时刻都有可能发生,若不进行有关保护和恢复操作则会造成被中断的程序执行异常。中断程序中要保护的现场除累加器 A、程序状态字 PSW 外,其他用到的如通用寄存器等都要保护,在中断程序返回前再将它们逐一恢复。

3.6　查表及散转程序设计

3.6.1　查表程序

用汇编语言实现复杂计算比较困难,很多时候都是采用查表的方式来求解。所谓查表就是事先按公式将结果计算好并按一定顺序存放在存储器中,求解时根据变量直接从表中查出结果。这种方法程序结构清晰、代码短小、执行速度快,但表格数据需在编程时事先计算好。因此适用于复杂计算或是编码转换、索引、翻译等无法计算的应用当中。查表用的表格一般存放在 ROM 存储器中,要读取 ROM 存储器中的表格数据可以使用 MCS-51 单片机的 MOVC 指令完成。

【例 3-17】　将例 3-15 中的 BTO1H 子程序改写为使用查表方式实现。

```
BT01H: ANL   A, #0FH                          ;屏蔽 A 中高 4 位
       INC   A
       MOVC  A, @A+PC                          ;执行查表
       RET
       DB    '0','1','2','3','4','5','6','7','8','9','A','B','C','D','E','F'
```

程序中的最后一行就是用伪指令 DB 定义的 0～F 十六个数的 ASCII 字符表。在执行查表指令 MOVC 时,程序计数器 PC 实际指向 RET 指令,由于 RET 指令长度为 1 字节,所以查表前要先对 A 加 1。由该例可见查表方式在进行编码转换操作时比计算方式更简洁。该例中的查表指令也可改用"MOVC A,@A+DPTR"。

```
BT01H: ANL   A, #0FH
       MOV   DPTR, #TABLE                      ;初始化 DPTR 指向 TABLE
       MOVC  A, @A+DPTR                         ;执行查表
       RET
TABLE: DB    '0','1','2','3','4','5','6','7','8','9','A','B','C','D','E','F'
```

这里标号"TABLE"就代表表格首地址。

【例 3-18】 编程对给定的 x 求函数 $f(x) = x^3 - 5x^2 + 7x - 20$ 的值,其中 $x = 0, 1, 2, \cdots, 19$。

分析:求解函数值可利用函数公式计算得到,但用汇编语言计算过程烦琐,用查表方式则很简单,但需事先将所有函数值计算好,并按顺序存放在表中。程序如下。

```
;入口参数:x 的值存放到 A 中
;出口参数:函数值存放到 AB 中,其中 B 为高字节,A 为低字节
FUNC:  RL    A                                 ;将 A 左移 1 位,相当于将 A 乘 2
       MOV   B, A                              ;偏移地址暂存到 B
       MOV   DPTR, #VALUE                       ;初始化表格首地址
       MOVC  A, @A+DPTR                         ;查函数值高字节
       XCH   A, B                              ;A 和 B 交换,函数值高字节存到 B
       INC   A                                 ;加 1 查函数值下一字节
       MOVC  A, @A+DPTR                         ;查函数值低字节
       RET
VALUE: DW    -20,-17,-18,-17,-8,15,58,127,228,367
       DW    550,783,1072,1423,1842,2335,2908,3567,4318,5167
```

由于函数值超过一字节,所以表格中的函数值需用 DW 伪指令定义,其中值的高字节存放在低地址,低字节存放在高地址,查表要分两次进行,每个函数值存放在相对于表格首地址 $2x$ 起始的连续 2 字节单元中。

3.6.2 散转程序

散转程序也是一种多分支程序,它通过查表的方式实现多分支转移。在转移条件比较有规律的情况下,用散转方式比用条件转移指令方式程序要清晰简单得多。实现散转

程序主要使用 MCS-51 单片机的 JMP 或 RET 指令。

【例 3-19】 键盘功能程序。

分析：在一些应用中提供有键盘供用户选择系统功能，像手机就是一个很好的例子。键盘功能程序实质就是一种多分支结构程序，它通过用户按键输入，然后选择执行相应的子程序或程序段来实现指定的按键功能。这里假设用户的按键输入有 8 种值，分别对应数字 1~8，且已保存到累加器 A 中，按键对应的功能程序入口地址分别为标号 FUN1~FUN8。则在汇编源程序中可以采用如下一些方法实现键盘功能程序。

方法一：转移指令表，这种表中存放的是转移指令。

```
KEYFUN:   MOV    DPTR, #FUNLIST
          DEC    A
          RL     A                              ;将 A 减 1 乘 2
          JMP    @A+DPTR                         ;转移到按键对应的 AJMP 指令
RETURN:   RET                                    ;返回
          ;以下是转移指令表
FUNLIST:  AJMP   FUN1                            ;转移到对应功能程序
          AJMP   FUN2
          AJMP   FUN3
          AJMP   FUN4
          AJMP   FUN5
          AJMP   FUN6
          AJMP   FUN7
          AJMP   FUN8
          ;以下是功能程序定义结构
FUN1:     ···
          LJMP   RETURN                          ;功能程序执行完后转移到 RETURN
FUN2:     ···
          LJMP   RETURN
          ···
```

程序中对 A 进行减 1 乘 2 的操作是因为转移指令表中的 AJMP 指令长度为 2 字节，若换做 3 字节长度的 LJMP 指令则可有更大的转移范围，但对 A 要进行减 1 乘 3 的操作，这样才能得到按键所对应的转移指令相对转移指令表 FUNLIST 的偏移量。指令"JMP @A+DPTR"的功能是将 A 和 DPTR 相加，其和送到 PC，执行后程序流程将转移到指令表中的 A+DPTR 处执行对应的 AJMP 指令，再转移到相应的按键功能程序中。该例的执行流程如图 3-15 所示。

方法二：转移地址表，这种表中存放的是目标转移地址。

```
KEYFUN:   MOV    DPTR, #ADDRLIST
          DEC    A
          RL     A                              ;将 A 减 1 乘 2
          MOV    B, A                            ;暂存到 B
          MOVC   A, @A+DPTR                      ;查目标转移地址高字节
```

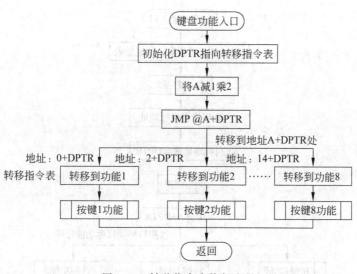

图 3-15　转移指令表执行流程

```
         MOV   R0, A              ;目标地址高字节暂存 R0
         MOV   A, B               ;取回原值
         INC   A                  ;A 加 1
         MOVC  A, @A+DPTR         ;查目标转移地址低字节
         MOV   DPL, A             ;目标地址低字节送到 DPL
         MOV   DPH, R0            ;目标地址高字节送到 DPH
         CLR   A                  ;A 清 0
         JMP   @A+DPTR            ;直接转移到目标功能程序
RETURN:  RET                      ;返回
;以下是转移地址表
ADDRLIST: DW    FUN1,FUN2,FUN3,FUN4,FUN5,FUN6,FUN7,FUN8
```

　　该例中功能程序 FUN1～FUN8 的定义结构同方法一,转移地址表 ADDALIST 中按顺序存放功能程序的入口地址。执行时先通过 MOVC 指令查出按键对应的目标功能程序入口地址,将其送到 DPTR 中,然后通过指令"JMP ＠A＋DPTR"直接转移到相应的按键功能程序中去。该例的执行流程如图 3-16 所示。

　　方法三:用 RET 指令,这种方法与转移地址表类似,只是转移到功能程序时使用RET 指令。

```
KEYFUN:  MOV   DPTR, #ADDALIST
         DEC   A
         RL    A                  ;将 A 减 1 乘 2
         MOV   B, A               ;暂存到 B
         MOVC  A, @A+DPTR         ;查目标转移地址高字节
         XCH   A, B               ;交换 A 和 B
         INC   A                  ;A 加 1
         MOVC  A, @A+DPTR         ;查目标转移地址低字节
```

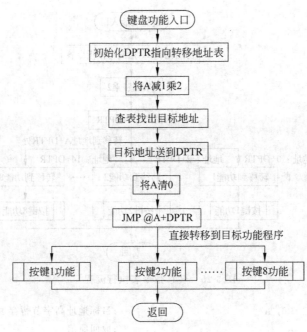

图 3-16 转移地址表执行流程

```
        PUSH   ACC                    ;目标转移地址低字节入栈
        PUSH   B                      ;目标转移地址高字节入栈
        RET                           ;利用 RET 指令将栈顶目标地址送到 PC 中
RETURN: RET                           ;返回
;以下是转移地址表
ADDALIST: DW    FUN1,FUN2,FUN3,FUN4,FUN5,FUN6,FUN7,FUN8
```

该方法与方法二类似,也是要先查出目标地址,然后将其入栈。但要注意入栈先后顺序,先是目标地址低字节,再是高字节,它要和 ACALL/LCALL 指令保存返回地址时的顺序一致。标号 RETURN 前的 RET 指令执行后会将堆栈栈顶的目标地址送到 PC 中,从而将执行流程转移到相应的按键功能程序。

习　题

3-1　有 3 个双字节数据 x、y 和 z 分别存放在片内 RAM 的 20H、22H、24H 起始的存储单元中,编程求 $x-y+z$ 的值,结果存放到 26H 起始的存储单元中。

3-2　编程实现逻辑表达式:$P1.4 = \overline{P1.0} \wedge P1.1 \vee \overline{P1.2} \oplus \overline{P1.3}$。

3-3　比较两个存放在 R6 和 R7 寄存器中的带符号数大小,将其中最大的一个存放到 R5 寄存器中。

3-4　编程将存放在 R0、R1、R2 寄存器中的 3 个无符号数按从小到大的顺序排列。

3-5　编程求存放在片外 RAM 地址 0200H 开始的 100 个 8 位无符号数的和,结果保存到

R0 和 R1 寄存器中。

3-6 定义一个子程序求存放在 R6 和 R7 寄存器中的两位非压缩 BCD 十进制数的和,结果存放在 R5 寄存器中,若有进位则进位保存在 CY 中。

3-7 定义一个子程序将 A 中的数字字符 0~9 转换为对应的数字。

3-8 利用查表方式计算函数 $f(x)=10x^2-5x+1$ 的值,其中 $x=0,1,\cdots,10$。

3-9 利用查表方式将 A 中的 1 位十进制数转换为 7 段共阳型 LED 数码管对应的字符显示码,其字符显示编码如表 3-2 所示。

表 3-2 习题 3-9 表

显示字符	显示编码	显示字符	显示编码	显示字符	显示编码
0	C0H	4	99H	8	80H
1	F9H	5	92H	9	90H
2	A4H	6	82H		
3	B0H	7	F8H		

第 4 章

单片机 C 语言程序设计

随着高级语言的引入,单片机程序开发已不再是一件非常麻烦和低效的事,相比汇编语言,高级语言的表示更符合人们的习惯,可读性强,易于学习使用。用高级语言编写的程序对硬件的依赖程度相对较低,便于移植,编程时程序员可把主要精力集中在程序算法上,无须过多关注底层硬件细节,很大程度上提高了编程的效率。在开发单片机应用程序的高级语言中,C 语言具有其他语言不可比拟的优势,它具有丰富的运算符和数据类型,表达能力强,生成的目标代码质量高,移植性好,能实现以前用汇编语言才能实现的大多数操作,且支持开发工具众多,因而有着广泛的用户基础。

本章简要地介绍了 51 单片机 C 语言 C51 的主要语法知识及简单程序设计,对于学过微机 C 语言的读者来说可以采取扩展学习的方式,把重点放在 C51 语言与标准 C 语言的差异上,着重掌握 C51 的特别之处,这样可以提高学习的效率。

本章主要内容如下。

(1) 单片机 C51 语言概述;

(2) C51 的数据类型和存储类型;

(3) 运算符与表达式;

(4) 基本程序流程;

(5) 函数的定义与使用;

(6) 组合数据类型;

(7) 预处理。

4.1　51 单片机 C 语言 C51 概述

4.1.1　C51 的特点

C 语言是一种应用非常广泛的通用型程序设计语言,被成功移植到各种类型的计算机系统上。它不仅具有高级语言良好的可读性和移植性特征,同时也能像汇编语言那样可直接对底层硬件进行访问操作。用 C 语言编写的程序目标代码质量非常高,很接近汇编语言的水平,在大多数应用中可以使用 C 语言来替代汇编语言进行程序设计。用 C 语言编写的程序结构化和模块化特征明显,极大地提高了代码的复用率和可维护性,实际应用中更可很方便地将一个工程中的代码移植到另一个工程中去,从而加快项目开发的进程,为产品迅速占领竞争日益激烈的市场赢得先机。

早期的单片机由于运行速度不够快,内部资源较少,不适于用像 C 等高级语言进行程序开发,而只能使用汇编语言。但随着单片机技术的不断发展,其性能得到显著提高,这时 C 语言在单片机程序开发中也有了用武之地,被广泛应用到各种单片机系统中,并得到世界上众多厂商的支持,成为事实上的单片机主流开发语言。除 51 单片机外,其他流行的单片机如 AVR、PIC、HCS12、MSP430、ARM 等也都支持使用 C 语言进行程序开发。C51 实际上是 Keil 公司针对 51 单片机开发的 C 语言编译器,为区别通常将该编译器所支持的 51 单片机 C 语言称为 C51。

与汇编语言相比 C51 具有许多显著特点。

(1) 语法结构与标准 C 基本一致,语言简洁、紧凑、使用灵活、书写自由。

(2) 继承了标准 C 中丰富的运算符和大量函数,表达能力强,符合人们的习惯。

(3) 对标准 C 的数据类型和存储类型进行了扩展改进,更适于单片机。

(4) 无须熟悉指令系统和处理器构造,也能进行单片机程序开发,程序中寄存器和存储空间的使用由编译器自行管理,减低了编程的复杂程度。

(5) 模块化程度高,移植能力强,对硬件的依赖度低,容易实现跨平台软件移植。

(6) 像汇编语言一样能直接对硬件进行操作,目标代码质量高。

(7) 比汇编语言可读性和可维护性好,编写调试效率高。

需说明的是,虽然 C51 比之汇编语言有更多的优势,但它并不能完全替代汇编语言,在一些特殊场合中仍需使用汇编语言,至少是部分使用。用 C51 编写的程序同样需要编译软件的编译才能转换为执行代码,支持 C51 的开发软件非常多,其中以 Keil μVision 最为流行,其具体使用将在下章进行介绍。

4.1.2　与标准 C 的主要差异

由于单片机的内部资源不像通用型计算机哪样丰富,针对 51 单片机的特点,C51 对标准 C 作了一些改进和扩展,为此增加了一些关键字,主要体现在以下几个方面。

(1) 数据类型。C51 除支持标准 C 的大多数数据类型外,还增加了几个具有单片机特色的数据类型,有位类型(bit)、特殊功能寄存器类型(sfr 和 sfr16)、可位寻址类型(sbit)。

(2) 存储类型。标准 C 是为通用型计算机制定的,它的数据主要存放在计算机的 RAM 存储器中。而单片机的存储器划分则要复杂一些,有程序存储区、片外数据存储区、页寻址区、片内直接寻址区、片内间接寻址区、位寻址区等。针对单片机的存储器划分,C51 专门增加了几个关键字用于指定数据的存储区,分别是 code、xdata、pdata、data、idata、bdata。

(3) 存储模式。C51 支持 3 种存储模式: 小模式(small)、紧凑模式(compact)、大模式(large),不同存储模式的区别在于默认时程序中的数据存放在哪种类型的存储区中。

（4）指针。C51 指针主要分为两类，通用指针和存储器指针。通用指针的声明和使用与标准 C 相同，可用来指向存放在任何存储区中的数据；存储器指针定义时需要声明其指向的存储区，被用来指向存放在特定存储区中的数据。存储器指针的指向范围不如通用指针广，但它的执行效率比通用指针高。

（5）中断函数。C51 中可以定义中断函数，定义时需使用关键字"interrupt"声明，并指定中断号。编译时 C51 会依据中断号自动设置中断向量，同时生成保护与恢复现场、中断返回等相关操作。此外 C51 可支持最多 32 个中断源。

（6）可重入函数。可重入的意思是一个函数同一时间内可被几个进程调用。标准 C 函数通过堆栈传递参数，内部变量存放在堆栈中，所以可以重入。而 C51 函数采用通用寄存器传递参数，内部变量保存在片内 RAM 中，函数重入时会破坏上次调用的数据，因此一般 C51 函数是不能重入的。为解决这个问题，C51 增加了关键字"reentrant"来声明函数为可重入，编译时它会为可重入函数建立一个模拟的重入堆栈空间，利用这个模拟堆栈来传递参数和存放内部变量。但可重入函数执行效率较低，一般只在需要时使用。

（7）绝对地址访问。在单片机程序中有时需要访问指定地址的存储单元，C51 提供了一些预定义的宏和关键字"_at_"来实现这些操作。其中关键字"_at_"是在定义变量时就指定其存放地址。

4.2　数　据　类　型

4.2.1　常量与变量

程序中的数据按其是否能被改变分为常量和变量两类。常量是指程序运行中其值不会改变的数据，相当于常数。C51 中的常量可以用数值或符号形式表示。用符号表示时需用预处理命令"#define"事先定义。如"#define PI 3.14"就定义了一个名为 PI 的符号常量，它代表数值 3.14。

变量是指程序运行中其值可以改变的数据，程序运行时每个变量都会分配一定数量的存储单元用于存储数据。每个变量都有一个变量名，用来代表该变量对应的存储单元，变量名的命名规则与汇编语言类似，由不超过 32 个字符的字母、数字、下划线"_"组成，不能用数字开头和使用保留关键字，并且区分大小写。与标准 C 一样，变量需先定义后使用，定义时可以一次定义多个相同类型的变量，其间用逗号","分隔，在定义变量时允许指定它们的初值。

变量定义基本格式：

数据类型　变量名；

在 C51 程序中无论常量还是变量它们都会属于某种确定的数据类型，数据类型决定了数据的组织形式、取值范围、存储空间大小，以及允许的操作。C51 中的数据类型可分为基本类型和组合类型两大类。基本类型除包含了标准 C 中的字符型、整型、实型、枚举类型外,针对 51 单片机的特点又增加了位、特殊功能寄存器、可位寻址几种。而组合类型则与标准 C 一样主要有数组、结构体、共用体 3 种。表 4-1 给出了 C51 支持的全部基本数据类型。

表 4-1　C51 基本数据类型

数据类型	位长	字节	取 值 范 围
char　带符号字符型	8	1	$-128\sim+127$
unsigned char　无符号字符型	8	1	$0\sim255$
enum　枚举类型	8/16	1 或 2	$-128\sim+127$ 或 $-32\,768\sim+32\,767$
short　带符号短整型	16	2	$-32\,768\sim+32\,767$
unsigned short　无符号短整型	16	2	$0\sim65\,535$
int　带符号整型	16	2	$-32\,768\sim+32\,767$
unsigned　无符号整型	16	2	$0\sim65\,535$
long　带符号长整型	32	4	$-2\,147\,483\,648\sim+2\,147\,483\,647$
unsigned long　无符号长整型	32	4	$0\sim4\,294\,967\,295$
float　实型	32	4	$\pm1.175\,494\text{E}-38\sim\pm3.402\,823\text{E}+38$
double　实型	32	4	$\pm1.175\,494\text{E}-38\sim\pm3.402\,823\text{E}+38$
bit　位类型	1		0 或 1
sbit　可位寻址类型	1		0 或 1
sfr　8 位特殊功能寄存器类型	8	1	$0\sim255$
sfr16　16 位特殊功能寄存器类型	16	2	$0\sim65\,535$

4.2.2　字符型

每个字符型数据占用 1 字节存储单元,可存储表示任意一个 ASCII 字符,或编码长度为 1 字节的整数。字符型数据分为带符号字符和无符号字符两种类型,区别在于表示整数时取值范围不同,以及进行数据扩展或运算时处理不一样。

带符号字符型变量定义格式:

char　变量名;

无符号字符型变量定义格式:

unsigned char　变量名;

程序中表示字符型常量时需用单引号"''"将其括起来,如'A'、'd'、'2'、'+'。对于不可显示的控制和特殊字符,则使用 ASCII 码或转义字符的形式表示,如表 4-2 所示。

表 4-2 C51 转义字符

转义字符	含 义	ASCII 码	转义字符	含 义	ASCII 码
\n	换行	10	\\	字符"\"	92
\r	回车	13	\'	字符"'"	39
\t	跳格	9	\"	字符"""	34
\b	退格	8	\ddd	八进制数 ddd 对应的字符	
\a	响铃	7	\xhh	十六进制数 hh 对应的字符	
\f	换页	12			

转义字符要求以"\"开头,后跟一个符号或数字,表示一些特殊的 ASCII 字符。

程序中的字符串常量在表示时需用双引号""""括起来,如"1234"、"Hello World"。与标准 C 一样字符串在存放时使用字符\0'作为结束标记。

4.2.3 整型

整型数据分为带符号短整型、无符号短整型、带符号基本整型、无符号基本整型、带符号长整型、无符号长整型 6 种类型。在 C51 中基本整型与短整型数据都占用 2 字节存储单元,长整型占用 4 字节存储单元。存储时带符号整型数采用补码编码方式。

带符号短整型变量定义格式:

short 变量名;

无符号短整型变量定义格式:

unsigned short 变量名;

带符号基本整型变量定义格式:

int 变量名;

无符号基本整型变量定义格式:

unsigned 变量名;

带符号长整型变量定义格式:

long 变量名;

无符号长整型变量定义格式:

unsigned long 变量名;

需注意的是,C51 整型数据存放的顺序与标准 C 相反,它是数据高字节存放在低地址单元、数据低字节存放在高地址单元。例如"int x=0x1234;"中定义的变量 x,其数据高字节 0x12 存储在低地址单元,而数据低字节 0x34 存储在高地址单元。

整型常量在 C51 中可以使用八进制、十进制、十六进制 3 种进制数表示,书写时八进制数以 0 开头、十六进制数以 0x 或 0X 开头。另外加后缀字母"L"或"l"的表示长整型常量。

4.2.4 实型

C51 中的实型数据实际上就一种,无论使用关键字 float 还是 double 定义的实型变量都占用 4 字节存储单元,实型数据的有效位数为 7 位,采用浮点数编码表示。

实型变量定义格式 1:

float 变量名;

实型变量定义格式 2:

double 变量名;

实型常量可以使用十进制小数或指数形式表示,如−1.233、0.22E−2、3.14e0 等。指数形式表示时,字母 e 或 E 表示以 10 为底的指数,书写时要求字母 e 或 E 前后都必须有数字,且其后必须是整数,如 e10、2.0e、3.21E−2.1 都是错误的表示。由于编码的原因,实型数有时不能精确地表示原数值,只能近似表示。一般情况下在单片机程序中应尽量避免使用实型数,因为其运算比较耗时,会造成程序执行效率低。

4.2.5 位类型

针对 51 单片机的特点,C51 增加了位数据类型。该类型变量只占用 1 比特存储单元,被安排在 51 单片机的位寻址区中,所以程序中最多可定义 128 个位变量,位变量的取值可以是 0 或 1,当对一个位变量赋予非 0 数据时,它的值都是 1。位变量常用于布尔运算或作为程序中的标志使用。此外在 C51 中位类型不能用来定义数组和指针。

位类型变量定义格式:

bit 变量名;

如定义一个位变量 myflag,可写作:

```
bit myflag;
```

4.2.6 特殊功能寄存器类型

在程序中要访问 51 单片机的特殊功能寄存器时,可以使用 C51 增加的关键字 sfr、sfr16、sbit 来定义相关变量。用这些关键字定义的变量,C51 编译器是在特殊功能寄存器区为其分配存储单元,这样就可像操作普通变量一样对其进行操作。需注意的是,这些关键字只能用在函数外定义,所以它们定义的都是全局变量。

1. 8 位特殊功能寄存器类型

定义格式:

sfr 变量名=8 位 SFR 地址;

关键字 sfr 用来定义 8 位字长的特殊功能寄存器变量。格式中的"变量名"用来代表指定地址的特殊功能寄存器,命名规则与其他数据类型相同,它可和单片机的特殊功能寄存器名字一样,也可以不一样,但不得重复。"8 位 SFR 地址"必须用数值常数表示,不能为表达式,对 51 单片机来说其取值范围应是 0x80~0xff。

例如:

```
sfr  P0=0x80;          //定义 SFR 变量 P0,代表地址为 80H 的 P0 口
sfr  INPORT=0x90;      //定义 SFR 变量 INPORT,代表地址为 90H 的 P1 口
```

经上述定义后,编译时编译器就会为变量 P0 和 INPORT 在特殊功能寄存器区中分配指定的存储单元,这样程序中对这两个变量的操作实际上是对相应的特殊功能寄存器进行。

例如语句:

```
P0=0xf0;               //表示将数据 0xf0 通过 P0 口输出
x=INPORT;              //表示从 P1 口输入数据
```

2. 16 位特殊功能寄存器类型

定义格式:

sfr16 变量名=16 位 SFR 地址;

一些增强型 51 单片机中增加有 16 位字长的特殊功能寄存器,这些 16 位特殊功能寄存器实际上是由两个地址连续的 8 位特殊功能寄存器组成的,且按低字节在低地址,高字节在高地址的顺序安排。如 80C52 单片机中的定时/计数器 2 就有两个这样的特殊功能寄存器,一个是 16 位的计数器 T2,它由 8 位的 TL2(T2 的低字节,地址 CCH)和 8 位的 TH2(T2 的高字节,地址 CDH)组成;另一个是 16 位的捕获寄存器 RCAP2,它由 8 位的 RCAP2L(RCAP2 的低字节,地址 CAH)和 8 位的 RCAP2H(RCAP2 的高字节,地址 CBH)组成。关键字 sfr16 就用来定义这种 16 位字长的特殊功能寄存器变量。格式中的"16 位 SFR 地址"必须是用数值常数表示的低字节地址。

例如:

```
sfr16 T2=0xcc;         //定义 16 位 SFR 变量 T2,代表地址 CCH 和 CBH 两个单元
sfr16 RCAP2=0xca;      //定义 16 位 SFR 变量 RCAP2,代表地址 CAH 和 CBH 两个单元
```

对于 80C51 单片机中的定时/计数器 T0 和 T1 不能用它定义,因为 TL0 和 TH0、TL1 和 TH1 地址不连续。

3. 可位寻址类型

定义格式 1:

sbit 变量名=SFR 名^位置;

定义格式 2:

sbit 变量名=SFR 地址^位置;

定义格式 3:

sbit 变量名=位地址;

关键字 sbit 用来定义可位寻址的特殊功能寄存器中的位变量。在 51 单片机中只有地址为 8 的整数倍的特殊功能寄存器可位寻址,所以格式中的"SFR 名"是已用 sfr 或 sfr16 关键字定义的可位寻址的特殊功能寄存器名字;"SFR 地址"是可位寻址的特殊功能寄存器地址;"位地址"是可位寻址的特殊功能寄存器中的位单元地址,位地址取值范围 0x80～0xff。

【例 4-1】 位寻址变量的定义和使用。

```
sfr   P0=0x80;          //定义 SFR 变量 P0,地址为 80H(P0 口)
sbit  P0_0=P0^0;        //定义位变量 P0_0,代表 P0 的最低位 P0.0
sbit  P0_7=P0^7;        //定义位变量 P0_7,代表 P0 的最高位 P0.7
sbit  P1_7=0x90^1;      //定义位变量 P1_7,代表地址 90H(P1 口)的 D₁ 位 (P1.1)
sbit  F0=0xd5;          //定义位变量 F0,代表位地址 D5H 的位单元 (PSW 中的 D₅ 位)
sbit  EAI=0xaf;         //定义位变量 EAI,代表位地址 AFH 的位单元 (IE 中的 D₇ 位)
F0=1;                   //将位变量 F0 置 1
EAI=0;                  //将位变量 EAI 清 0
```

bit 和 sbit 的主要区别是,前者定义的位变量在片内 RAM 位寻址区中(位地址范围 00H～7FH),定义时不指定位变量的位地址;后者定义的位变量主要在可位寻址的特殊功能寄存器中(位地址范围 80H～FFH),定义时需指定位变量的位地址。

4.2.7 const 和 volatile 修饰符

1. const 修饰符

在 C51 中有两个比较有用的修饰符 const 和 volatile,常用在单片机程序中对定义的变量进行修饰。

使用格式:

修饰符 数据类型 变量名;

const 修饰符用来声明定义的变量为常变量,也就是"只读"变量。

如定义:

```
const  int  counter=100;
```

这样在 C51 编译器编译整型变量 counter 时会把它设定为只读,所以程序中的语句就不能对其修改,企图修改 counter 变量是错误的,如语句"counter=200;"在编译时会被报错。利用 const 修饰符可在程序中定义常变量或常数表格,定义时需对它们指定初值。

2. volatile 修饰符

volatile 修饰符用来声明定义的变量为易变量,这种变量可在程序流程之外被改变。例如存放在片外 RAM 中的数据,虽然程序中并没有语句对它进行显示修改,但却有可能通过外部硬件改变它。如 DMA(直接存储器存取)方式就是通过外部硬件手段存取片外 RAM,还有像把外置的 A/D 转换器当成片外 RAM 访问时也一样。

例如定义:

```
volatile  unsigned  int  xdata  ADCdata  _at_  0x200;
```

C51 编译器在编译无符号整型变量 ADCdata 时,会将其设定为易变量,这样就不会对其进行优化处理。定义中的关键字"xdata"表示它是一个存放在外部 RAM 中的数据,关键字"_at_"表示它的地址为 0200H。

单片机外扩设备中的寄存器在程序中定义时最好用关键字"volatile"声明,这样编译器就不会对操作它们的语句进行优化,以保证能正常访问它们。

4.3　存储类型与存储模式

4.3.1　存储类型

1. 存储区

51 单片机的存储器组织比 PC 复杂,PC 的程序和数据都存放在内存中,而单片机的程序和数据则可存放在几个逻辑上甚至是物理上独立的存储空间中。一般情况下使用 C51 编程时可不用关心程序和数据的具体存放位置,但在一些特别的应用中必须指定数据的存放位置。像前面提到的采用 DMA 方式对片外 RAM 进行存取时,就需要指定存取缓冲区在片外 RAM 中,有时还要指定它的起始地址。这在 C51 程序中可通过指定变量的存储类型来实现。

按 51 单片机存储空间的读写特性可将存储区分为两类。一类是只读的程序存储区,即 ROM 区,该区域片内片外统一编址。程序存储区主要用来存放程序代码,但也可用来存放数据,存放在其中的数据具有"只读"特性,不能被修改。另一类是可读写的数据存储区,即 RAM 区,该区域片内片外独立编址。片内 RAM 区又分为 3 个统一编址的区域,分别是直接寻址区、位寻址区和间接寻址区。片外 RAM 区与片内 RAM 区独立编址,有自己的编址空间。存放在片内 RAM 中的数据比存放在片外的访问更高效,但其空间有限,最多 256 字节,而片外可达 64K 字节。

2. 存储类型

存储类型是指编译时指定数据存储区类型,以将它们安排在指定的存储区中,它可通过显式或隐式的方式来声明。C51 语言提供了几个关键字用于显示声明变量的存储类型,这几个关键字及其含义如表 4-3 所示。

表 4-3 C51 存储类型关键字及其含义

存储类型关键字	含 义
code	64KB 的程序存储区,用 MOVC A,@A+DPTR 指令访问
data	128B 的片内直接寻址区,访问指令最多也最快
idata	256B 的片内间接寻址区,80C51 实际只有 128B
bdata	16B(128 位)的片内位寻址区,支持字节和位形式的混合访问
xdata	64KB 的片外数据存储区,用 MOVX @A+DPTR 指令访问
pdata	256B 的分页片外数据存储区,用 MOVX @A+Ri 指令访问

使用格式:

数据类型 存储类型 变量名;

【例 4-2】 指定变量的存储类型。

```
char data ch1;                //定义存放在 data 区的字符变量 ch1
unsigned int xdata ADC;       //定义存放在 xdata 区的无符号整型变量 ADC
float pdata x,y,z;            //定义存放在 pdata 区的实型变量 x,y,z
int idata m,n;                //定义存放在 idata 区的整型变量 m,n
char bdata flags;            //定义存放在 bdata 区的字符变量 flags
int code counter=100;         //定义存放在 code 区的只读变量 counter
```

当用关键字"code"定义存放在程序存储区中的变量时,最好同时指定变量的初值,因为程序区的 ROM 不能改写,所以只有常变量或常数表格才存放在该区。访问用关键字"pdata"定义的存放在分页片外数据存储区中的变量时,要先通过 P2 口输出地址的高 8 位,即页地址。例如语句"P2=0x00;"执行后再访问 x、y、z 时访问的就是 0 页中的变量。

4.3.2 存储模式

利用存储类型关键字可以在定义变量时显示声明它们的存储区,若定义变量时未使用存储类型关键字显示声明,则编译器按存储模式的规定隐式确定。C51 支持 3 种存储模式,如表 4-4 所示。

要设置编译时的存储模式可通过两种方法,一种是在集成开发软件 Keil μVision 的 Options 菜单中设置,另一种是在 C51 源程序开头使用编译控制命令"#pragma"。

表 4-4　C51 存储模式

模式	解　　释
small	小模式,默认时所有变量都存放在片内数据存储器中,与 data 定义一样,这种模式访问效率最高,但堆栈和通用寄存器都在片内数据存储器中,因此空间有限,数据不多时可采用此模式
compact	紧凑模式,默认时所有变量都存放在片外数据存储器的一页中,与 pdata 定义一样,可以有最多 256B 的存储空间,该模式不如 small 模式有效,但优于 large 模式
large	大模式,默认时所有变量都存放在片外数据存储器中,与 xdata 定义一样,可以最多有 64KB 的存储空间,这种模式的访问效率最低

用法:

```
#pragma small              //设定编译时的存储模式为小模式
#pragma compact            //设定编译时的存储模式为紧凑模式
#pragma large              //设定编译时的存储模式为大模式
```

4.3.3　绝对地址访问和变量定位

1. 绝对地址访问

单片机程序的一个特点就是有时需要访问指定地址的存储单元,C51 提供了一些预定义的宏来实现这种操作。这些能进行绝对地址访问的预定义宏被定义在头文件"absacc.h"中,使用时需用包含命令"#include"将其包含进源程序才能使用。C51 中能用的预定义宏如表 4-5 所示。

表 4-5　C51 中绝对地址访问预定义宏

字节访问宏	访问存储区	字访问宏	访问存储区
CBYTE	程序存储区	CWORD	程序存储区
DBTYE	片内直接寻址数据区	DWORD	片内直接寻址数据区
PBYTE	分页片外数据存储区	PWORD	分页片外数据存储区
XBYTE	片外数据存储区	XWORD	片外数据存储区

绝对地址访问格式:

宏名 [绝对地址]

格式中的"宏名"必须大写,"[]"不可少,"绝对地址"是要访问的存储区地址,它必须在有效地址范围内。

【例 4-3】　绝对地址访问操作。

```
#include <absacc.h>          //程序开头使用包含命令包含头文件"absacc.h"
DBYTE[0x40]=100;             //将数值 100 赋予片内 RAM 中的 40H 字节单元
i=CWORD[0x200]+100;         //将 ROM 区中的 0200H 字单元数据与 100 相加后赋予变量 i
```

```
XWORD[0x0000]=i;                    //将变量 i 的值赋予片外 RAM 区的 0000H 字单元
```

2. 绝对变量定位

除可以使用预定义宏进行绝对地址访问外,C51 还提供了关键字"_at_"用来在定义变量时直接指定它的存放地址,但只有全局变量可以绝对定位。

绝对变量定位格式:

数据类型　变量名　_at_　绝对地址常数;

格式中"绝对地址常数"是要定位的存储区地址,必须在有效地址范围内。变量的存储区由存储类型关键字或存储模式决定。

【例 4-4】 绝对变量定位。

```
int i _at_ 0x70;                    //定义整型变量 i,存放地址 70H,存储类型由存储模式决定
char idata ch _at_ 0x90;            //定义字符变量 ch,存放在 idata 区地址为 90H 的单元中
volatile unsigned long xdata num _at_ 0x0100;
                            /*定义无符号长整型变量 num,存放在 xdata 区起始地址为 0100H 的连
                            续 4 字节单元中,该变量为易变量 */
```

对存放在 xdata 区的变量进行绝对定位时,要用关键字"volatile"声明,以确保 C51 编译器不会对其优化处理。

绝对变量定位有如下使用限制。

(1) 绝对定位的变量不能指定初值;

(2) 函数和函数内部变量不能绝对定位;

(3) 位类型变量不能绝对定位。

通过上面的介绍可看出,C51 中定义变量时除必须指定变量的数据类型外,还有一些可选关键字用来对变量进一步声明。这些是针对 51 单片机的特点,C51 对标准 C 做的最大改进。一般无特殊要求时,只声明变量的数据类型即可,其他按默认方式处理。若要进一步声明变量的属性,则需对单片机的存储结构有较深入的了解,错误使用会使程序无法编译通过,或造成数据冲突程序不能正常运行。而使用得当不仅可编写出高效的程序,还能解决一些特殊的应用需求。

4.4　运算符与表达式

在 C 程序中运算符用来对数据进行加工处理,C 语言有极其丰富的运算,所以它的数据处理能力很强。按 C 运算符对操作数(运算量)个数的要求,可把它们分为一元运算符、二元运算符、三元运算符三类。学习 C 运算符关键是要掌握它们的功能、结合方向、运算优先级、对操作数的要求、运算结果类型。只有掌握好运算符才能熟练使用运算符对数据进行处理,编写出正确的 C 程序。

C51 支持标准 C 的全部运算符,下面就对 51 单片机中较常用的 C 运算符做简单介

绍,完整的C运算符使用读者可参见相关C语言书籍。

4.4.1　表达式

C语言中表达式是指由运算符和操作数组成的式子,执行运算后每个表达式都有一个确定的值,该值称为表达式值,表达式值的数据类型就代表该表达式的类型。按表达式中使用的主要运算符可把表达式分为:赋值表达式、算术表达式、关系表达式、逻辑表达式、条件表达式、逗号表达式、强制类型转换表达式等。

由于组成表达式的操作数可以是常量、变量、函数、表达式,所以实际的C表达式有可能比较复杂。分析表达式的执行结果要按运算符的优先级顺序进行,如同"先乘除后加减"的道理一样。

4.4.2　赋值与复合赋值运算符

1. 赋值运算符

赋值运算符"="是C程序中比较常用的一个符。

语法格式:

变量=表达式

功能:将赋值号右边"表达式"的值赋予左边的"变量"。

特点如下。

(1) 赋值运算符是二元运算符,需两个操作数。

(2) "表达式"可以是任何合法C表达式。

(3) 运算结合方向为"自右至左"。

(4) 赋值运算的优先级只比逗号运算","高,处于倒数第2级。

(5) 赋值运算符"="左边必须是变量或指针表达式。

(6) 赋值表达式的值为执行后赋值运算符"="左边变量的值。

运算结合方向是指在优先级一样的情况下,按什么顺序执行,分"自左至右"和"自右至左"两种。像加减乘除这些运算符的结合方向都是"自左至右",也就是在优先级一样时,按从左到右的顺序执行。

在C51语言中赋值运算符有一个特别的用途,当某个特殊功能寄存器SFR或其位出现在"="右边时,表示"读"该SFR寄存器或其位的值;当出现在左边时,表示"写"该SFR寄存器或其位的值。

例如表达式"x=P0"表示读P0口的数据到变量x,表达式"P1=x"表示写x的值到P1口,表达式"EA=1"表示将EA位置1。当然这里的"P0"、"P1"、"EA"需事先用sfr、sbit关键字定义好。

2. 复合赋值运算符

复合赋值运算符简称复合运算符,共有 10 个,它们是:加复合"＋="、减复合"－="、乘复合"＊="、除复合"/="、求余复合"％="、位与复合"&="、位或复合"|="、位异或复合"^="、左移复合"＜＜="、右移复合"＞＞="。

语法格式:

变量　复合赋值运算符　表达式

功能:将"变量"与"表达式"的值进行指定的运算后,再将结果赋予左边的变量。即相当于表达式"变量＝变量 指定运算 表达式"的功能。

特点如下。

(1) 复合赋值运算符都是二元运算符。

(2) "表达式"可以是任何合法 C 表达式。

(3) 运算结合方向为"自右至左"。

(4) 复合赋值运算的优先级与赋值运算一样。

(5) 复合赋值运算符左边必须是变量或指针表达式。

(6) 复合赋值表达式的值为执行后左边变量的值。

例如:

```
x+=y;        //将 x 与 y 相加后再赋予 x,相当于表达式"x=x+y"的功能。若 x 的值为
             //10,y 的值为 5,执行后 x 的值为 15,y 不变
m%=5;        //将 m 变量除以 5 的余数赋予 m,相当于表达式"m=m%5"的功能。若 m 的值
             //为 24,执行后 m 的值为 4
n<<=2;       //将 n 变量左移 2 位后赋予 n,相当于表达式"n=n<<2"的功能
P1+=1;       //先从 51 单片机的 P1 口读输入数据,将其加 1 后又通过 P1 口输出,相当于
             //表达式"P1=P1+1"的功能
```

4.4.3　算术运算符

算术运算符共有 7 个,它们是:加"＋"、减"－"、乘"＊"、除"/"、求余"％"、自增"＋＋"、自减"－－"。

语法格式:

表达式 1　算术运算符　表达式 2
＋＋变量　或　变量＋＋
－－变量　或　变量－－

功能:前 5 个算术运算符是将"表达式 1"的值和"表达式 2"的值进行指定的算术运算;自增和自减运算符是将操作数的值加 1 或减 1。

特点如下。

(1) 除自增和自减运算符是一元运算符外,其余算术运算符都是二元运算符。

（2）"表达式"可以是任何合法 C 表达式。

（3）前 5 个算术运算的结合方向为"自左至右"，后两个的结合方向为"自右至左"。

（4）自增和自减运算的优先级最高，其次是乘、除和求余，加和减最低。

（5）自增和自减运算的操作数必须是整型、字符型或枚举类型的变量或指针表达式，操作数可以书写在自增和自减运算符的右边或左边，但有区别。

C 语言中规定，除运算符"/"的两个操作数如果都为整型则其结果也为整型。如表达式"5/2"的值为 2，表达式"−5/2"的值为−2。求余运算符"％"要求两个操作数必须都为整型或字符型，如表达式"5％3"的值为 2，表达式"5.3％2"则是错误的。

对于自增和自减运算符来说，当操作数书写在运算符右边时表示先对操作数加 1 或减 1，再用加 1 或减 1 后的操作数值作为自增或自减表达式的值。当操作数书写在运算符的左边时表示先用操作数的值作为自增或自减表达式的值，再对对操作数加 1 或减 1。

例如：假设变量 n 的值为 10，则表达式"x＝n＋＋"的功能是先将 n 的值赋予 x，n 再加一，因此表达式执行后 x 的值为 10，n 的值为 11。而表达式"x＝＋＋n"的功能是先将 n 加一，再将 n 加一后的值赋予 x，因此表达式执行后 x 和 n 的值都为 11。

4.4.4 关系运算符

关系运算符共有 6 个，它们是：大于"＞"、大于等于"＞＝"、小于"＜"、小于等于"＜＝"、等于"＝＝"、不等于"！＝"。

语法格式：

表达式 1 关系运算符 表达式 2

功能：将"表达式 1"的值和"表达式 2"的值进行指定的关系比较。

特点如下。

（1）关系运算符都是二元运算符。

（2）"表达式"可以是任何合法 C 表达式。

（3）运算结合方向为"自左至右"。

（4）关系运算的优先级低于算术运算。

（5）关系运算的结果只有两种情况，关系成立时关系表达式的值为数值 1（真），否则关系表达式的值为数值 0（假）。

例如：若 x 的值为 20，y 的值为 15，则表达式"x＞y"的值为 1，表达式"x＝＝y"的值为 0，表达式"x−5＝＝y"的值为 1。

4.4.5 逻辑运算符

逻辑运算符共有 3 个，它们是：逻辑与"＆＆"、逻辑或"‖"、逻辑非"！"。

语法格式：

表达式 1 ＆＆ 表达式 2

表达式 1 ‖ 表达式 2
!表达式

功能：逻辑与和逻辑或运算是将"表达式 1"的值和"表达式 2"的值进行逻辑与或逻辑或运算；逻辑非运算是将"表达式"的值进行逻辑非运算。

特点如下。

(1) 逻辑非运算为一元运算符，其余的两个为二元运算符。

(2) "表达式"可以是任何合法 C 表达式。

(3) 运算结合方向为"自左至右"。

(4) 除逻辑非外，其余的优先级都比关系运算低。

(5) 逻辑表达式的值只有两种情况：用数值 0 表示"假"，用数值 1 表示"真"。

逻辑运算也称真假运算，运算时先将操作数按真假处理，即任何非 0 数据都是"真"用数值 1 表示，为 0 的数据都是"假"用数值 0 表示。然后再按逻辑运算法则进行运算，运算结果也只有 0(假)和 1(真)两种情况，其被作为逻辑表达式的值。

例如：若 m 的值为 15，n 的值为 7，k 的值为 0，则表达式"m&&n"的值为 1(真)、表达式"m‖k"的值为 1(真)、表达式"m&&n&&k"的值为 0(假)。

4.4.6 位运算符

位运算符共有 6 个，它们是：位与"&"、位或"|"、位异或"^"、位求反"~"、左移"<<"、右移">>"。

语法格式：

表达式 1 位运算符 表达式 2
~表达式

功能：位与、位或、位异或运算是将"表达式 1"的值和"表达式 2"的值按位进行逻辑运算；左移运算是将"表达式 1"的值向左移动"表达式 2"的值指定的位数，左移时低位补 0；右移运算是将"表达式 1"的值向右移动"表达式 2"的值指定的位数，右移时正数高位补 0，负数高位补 1；位求反运算是将"表达式"的值按位求反。

特点如下。

(1) 除位求反运算是一元运算符外，其余的都是二元运算符。

(2) "表达式"可以是任何合法 C 表达式。

(3) 运算结合方向为"自左至右"。

(4) 除位求反外，其余的优先级与逻辑运算相似。

(5) 位运算也称布尔运算，它和逻辑运算虽然使用同样的法则，但它不是将操作数进行真假处理后再运算，而是直接对操作数中的位进行。

【例 4-5】 假设字符变量 a=25，b=3，试计算下列位运算表达式的值。

a&b   //a(0001,1001)和 b(0000,0011)按位与，表达式的值为 1(0000,0001)
a|b   //表达式的值为 27(0001,1011)

```
a^b              //表达式的值为 26(0001,1010)
a<<b             //表达式的值为 200(1100,1000)
a>>b             //表达式的值为 3(0000,0011)
~b               //表达式的值为 252(1111,1100)
P0=P0&0xf0       //先从 P0 口读数据,将其低 4 位清 0 后又通过 P0 口输出,也可写作"P0&=0xf0"
```

4.4.7　其他运算符

1. 逗号运算符

逗号运算","是一个比较特殊的运算,也称顺序求值运算。

语法格式:

表达式 1,表达式 2,…,表达式 n

功能:按从左到右的顺序执行各表达式,整个顺序表达式的值为最后表达式 n 的值。
逗号运算是 C 语言所有运算中优先级最低的,但不是程序中所有的逗号","都是运
算符,只有出现在表达式里的才是。

2. 括号运算符

括号运算符"()"主要用来改变运算顺序,它是优先级最高的运算。

语法格式:

(表达式)

3. 条件运算符

条件运算符"?:"是 C 语言中唯一的一个三元运算符。

语法格式:

表达式 1?表达式 2:表达式 3

功能:先执行表达式 1,若其值为"真",则执行表达式 2 并将表达式 2 的值作为整个
条件表达式的值,否则执行表达式 3 并将表达式 3 的值作为整个条件表达式的值。

4. 强制类型转换运算符

强制类型转换运算符"(类型)"主要用来对表达式进行强制类型转换,它是一个一元
运算符。

语法格式:

(类型)表达式

功能:将"表达式"的值强制转换为指定"类型"。

5. 取地址运算符

取地址运算符"&"用于计算变量的存放地址,它是一个一元运算符,这里要注意区别二元的位与运算符。

语法格式:

& 变量

功能:计算"变量"的存放地址。

6. 正负运算符

正运算符"+"和负运算符"-"都是一元运算符,这里也要注意区别二元的加减运算符。

语法格式:

+ 表达式
- 表达式

功能:求表达式的正值或负值。

7. 求字节长度运算符

求字节长度运算符"sizeof"是一个一元运算符。
语法格式:

sizeof(对象)

功能:求"对象"的存储字节长度。"对象"可以是变量、数组、结构体、共用体等数据类型,也可以是表示数据类型的关键字。

4.4.8 数据类型转换

在C程序中允许不同类型的数据进行混合运算,运算时先按一定规律对不同类型数据进行转换,在转换后再进行运算。转换规律采用向高看齐的方式,即取值范围小的向取值范围大的转换,或编码长度短的向编码长度长的转换。

混合运算时数据类型转换的基本规则如下。

(1) 无符号数据类型转换为带符号数据类型时,最高位改为符号位;带符号数据类型转换为无符号数据类型时,最高位改为数值位。

如:无符号字符型数据"200"(编码:11001000)转换为带符号字符型数据是"-56"(编码:11001000),编码一样,但最高位解释不同。

(2) 字符型转换为整型(短整型、长整型),或短整型(基本整型)转换为长整型时,若是无符号数间的转换则采取高位扩0方法(增加的高字节或高字都是0),若是带符号数间的转换则采取符号扩展方法(正数增加的高字节或高字都是0,负数增加的高字节或高字都是 1）。

如：无符号字符型数据“200”（编码：11001000）转换为无符号基本整型数据是“200”（编码：0000000011001000），增加的高字节全是 0；带符号字符型数据“－56”（编码：11001000）转换为带符号基本整型数据是“－56”（编码：1111111111001000），增加的高字节全是 1。

（3）长整型转换为短整型（基本整型）、字符型时，都是采用截去高位的方法（将高字节或高字去掉）。

例如：基本整型数据“200”（编码：0000000011001000）转换为字符型数据是“200”（编码：11001000）；基本整型数据“－1000”（编码：1111110000011000）转换为字符型数据是“24”（编码：00011000），可见在截去高字节后数据和原值会不同。

（4）整型转换为实型采用编码转换的方法（定点编码转换为浮点编码），实型转换为整型采用的截去小数再编码转换的方法。

如：基本整型数据“200”转换为实型数据是“200.0”，存储编码改变；实型数据“200.99”转换为基本整型数据是“200”，截去小数（不四舍五入）并改变存储编码。

4.5　基本程序流程

4.5.1　C51 语句

语句是组成 C51 程序的基本单位，也是执行的基本单位，一条 C51 语句编译后会生成多条指令。C51 规定每条语句书写完后，必须在末尾加分号“;”作为语句结束标志。书写时一条语句可以写在多行上，也可以一行写多条语句。由于 C51 区分大小写，所以语句中的关键字一般都用小写字母。C51 程序中的语句主要分为以下几种。

（1）表达式语句，任何合法 C51 表达式后加上“;”都是一条表达式语句，主要用于数据运算处理。

（2）流程控制语句，C51 有 9 条这样的语句，用于控制程序执行流程。它们是：if、switch、for、while、do while、break、continue、return、goto。

（3）函数调用语句，用于调用 C51 函数。

（4）空语句，一种不执行任何操作的特殊语句，这种语句只有一个结束标记“;”。

（5）复合语句，主要用于选择或循环语句内部，由大括号“{}”括起的一组 C51 语句组成，它在语法上是一个整体，可用在任何规定只能使用单语句的地方。

在 C51 程序中可以添加块注释，块注释由“/ ＊”标志开始，由“＊ /”标志结束，中间可以换行。此外 C51 还支持行注释，由“//”标志开始到行末尾的都是注释内容。

4.5.2　C51 程序典型结构

典型的单片机 C51 程序和标准 C 程序结构一样，但也有自己的特色。它主要由编译预处理区、外部声明区、主函数区以及其他函数定义区等几个部分组成,如下。

一个典型的 C51 程序示例。

```
//*****************编译预处理区*****************
#include  <reg51.h>              //包含头文件"reg51.h"
//*****************外部声明区*****************
volatile  unsigned  char xdata  x _at_  0x0000;
unsigned  char idata  x1,x2;     //定义全局变量 x、x1、x2
//*****************主函数区*****************
main()
{   //--------------------函数内部声明区--------------------
    unsigned  char  n;           //定义局部变量 n
    //--------------------- 执行区---------------------
    n=x;                         //x 的值赋予变量 n
    n&=0x0f;                     //屏蔽 n 的高 4 位
    x1=n<=9?n+0x30:n+0x37;       /* n 的低 4 位小于等于 9,则将其加 0x30 后赋予变量
                                    x1,否则将其加 0x37 后赋予变量 x1 */
    n=(x>>4)&0x0f;               //x 的高 4 位右移到低 4 位,再屏蔽高 4 位后赋予变量 n
    x2=n<=9?n+0x30:n+0x37;       /* n 的低 4 位小于等于 9,则将其加 0x30 后赋予变量
                                    x2,否则将其加 0x370 后赋予变量 x2 */
}
//*****************其他函数定义区*****************
...
```

上面的 C51 程序将片外 RAM 0000H 单元中的变量 x 转换为对应的 2 位十六进制数 ASCII 码后存放到片内间接寻址区的变量 x1 和 x2 中。该程序为典型的顺序结构,执行时按书写顺序从上到下进行。

典型 C51 程序几个主要区域的用途如下。

(1) 编译预处理区,主要包含各种编译预处理命令,如包含命令、宏定义、条件编译等。例中包含命令"#include <reg51.h>"的用途是将头文件"reg51.h"包含进源程序,这样就可以直接使用该头文件中已定义好的 MCS-51 单片机的特殊功能寄存器和其位了。该区域不是必须的,像示例并没有使用 MCS-51 单片机的特殊功能寄存器或其位,所以可以不写。

(2) 外部声明区,主要用来定义全局变量、或对函数和其他文件中定义的外部变量进行声明。该区域不是必需的,无信息需要声明时可以不写。

(3) 主函数区,用来定义主函数。每个可执行的 C51 程序都必须有一个,且只能有一个主函数。程序执行从主函数开始,直到执行完主函数的最后一条语句,程序的所有其他功能都由主函数直接或间接执行实现。在 C51 函数中,其内部主要由两个部分组成:内部声明区和执行区。内部声明区用来定义局部变量、声明其他函数或外部变量;执行区由实现函数功能的各种 C51 语句组成,这是编译时唯一能生成执行代码的区域。

(4) 其他函数定义区,用来对程序中用到的其他用户函数进行定义,这些函数的结构同主函数。如无用户函数,该区域可省略不写。

4.5.3 选择结构

1. if 语句

if 语句是最常用的实现选择型程序结构的流程控制语句。该语句主要有 3 种典型使用形式。

语法格式 1：

```
if （条件表达式）语句 1
else  语句 2
```

语法格式 2：

```
if （条件表达式） 语句 1
```

语法格式 3：

```
if （条件表达式 1） 语句 1
else  if(条件表达式 2) 语句 2
else  …
else  if(条件表达式 n) 语句 n
else  语句 n+1
```

执行流程：格式 1 是先执行"表达式"，若其值为"真"（非 0），则执行"语句 1"，否则执行"语句 2"，其中的任一"语句"执行后都会继续执行后面其他语句，格式 1 的执行流程如图 4-1 所示；格式 2 是先执行"表达式"，若其值为"真"（非 0），则执行"语句 1"，否则直接执行后面其他语句，格式 2 的执行流程如图 4-2 所示；格式 3 实际是嵌套结构的 if 语句形式，由多条 if 语句组成，实现多分支选择结构，格式 3 的执行流程如图 4-3 所示。

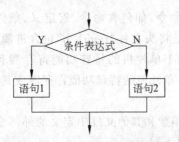

图 4-1　if 语句格式 1 执行流程

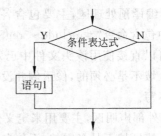

图 4-2　if 语句格式 2 执行流程

if 语句的"条件表达式"可为任何合法 C51 表达式，C51 判断条件的成立与否，是依据表达式的值进行的，只要非 0 都是"真"，为 0 则是"假"；"语句"可以是任何合法的 C51 语句，也可以是大括号"{}"括起来的复合语句。

【例 4-6】　在第 3 章介绍汇编语言程序设计时，有这样一个示例"编程实现判断片内 RAM 40H 单元中存储的字符类型，若为数字字符 0～9 则将其置为 1，若为大写字母 A～Z 则将其置为 2，若为小写字母 a～z 则将其置为 3，否则将其置为 0。"现在我们用 C51 语

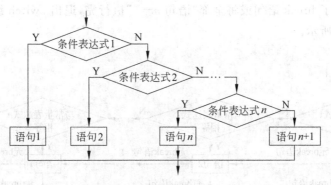

图 4-3　if 语句格式 3 执行流程

言实现它,从中可以比较一下汇编语言与高级语言的差异。

```
int data x _at_ 0x40;                        //定义片内 data 区变量 x,地址 40H
main()
{   if (x>='0'&&x<='9') x=1;                 //x 是数字字符,则 x 置 1
    else if(x>='A'&&x<='Z') x=2;             //x 是大写字母字符,则 x 置 2
    else if(x>='a'&&x<='z') x=3;             //x 是小写字母字符,则 x 置 3
    else x=0;                                //否则 x 置 0
}
```

通过将两种语言实现的同一功能程序进行比较,不难看出高级语言在编程上的优势,C51 程序明显比汇编源程序短小、可读性更好。但在用 Keil μVison 集成环境将该 C51 程序编译后,通过其 Disassembly 反汇编窗口可看到该 C51 程序生成的汇编指令代码又明显比用汇编语言编写的长,所以每种语言都有自己的特色。

2. switch 语句

switch 语句也称多分支语句或开关语句,被用来实现多分支选择型程序结构。
语法格式:

switch　(表达式)
{　case 常量表达式 1: 语句 1; break;
　　case 常量表达式 2: 语句 2; break;
　　…
　　case 常量表达式 n: 语句 n; break;
　　default: *语句n+1;*
}

格式中斜体字部分表示可选,本章其后都采用这种表示。

执行流程:先执行 switch 关键字后的"表达式",然后将其值与 case 关键字后的"常量表达式 i"比较,不相等则继续向下顺序比较,全都不相等时执行可选的 default 关键字后的"语句 $n+1$",然后退出 switch 结构;若比较相等时,则执行相应的"语句 i",执行完"语句 i"后如果后面有可选的 break 语句则退出 switch 结构,否则顺序执行下面的"语句

$i+1$",直到执行了 break 语句或将全部"语句 $n+1$"执行完,退出 switch 结构。该语句执行流程如图 4-4 所示。

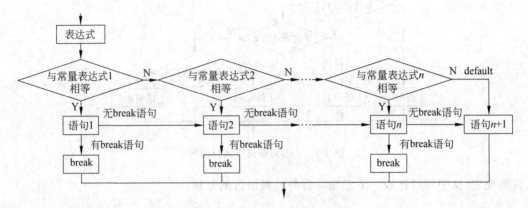

图 4-4   switch 语句执行流程

switch 语句中"表达式"的数据类型一般是字符型、整型或枚举类型;case 分支数由实际需要确定,其后的"常量表达式"中不能含有变量操作数,且不同 case 分支间的"常量表达式"不能相同;每个分支后的"语句"不是必需的,若没有则会执行下一分支的"语句";break 语句和 default 关键字可选。

【例 4-7】   键盘功能调用程序。假设有 8 个按键对应键值为 $1\sim8$,实现对应按键功能的函数分别是 fun1()~fun8()。按键后的键值已存放到变量 KeyValue 中,现分别用 if 和 switch 语句实现根据变量 KeyValue 的值调用相应函数的程序片段。

用 if 语句实现的方法:

```
if (KeyValue==1) fun1();
else if (KeyValue==2) fun2();
else if (KeyValue==3) fun3();
else if (KeyValue==4) fun4();
else if (KeyValue==5) fun5();
else if (KeyValue==6) fun6();
else if (KeyValue==7) fun7();
else if (KeyValue==8) fun8();
...
```

用 switch 语句实现的方法:

```
switch (KeyValue)
{   case 1: fun1();break;
    case 2: fun2();break;
    case 3: fun3();break;
    case 4: fun4();break;
    case 5: fun5();break;
    case 6: fun6();break;
    case 7: fun7();break;
    case 8: fun8();break;
}...
```

4.5.4   循环结构

1. while 语句

while 语句也称当循环语句,被用来实现当循环程序结构。

语法格式:

while(条件表达式)

```
{    循环体
}
```

执行流程：先执行"条件表达式"，若其值为"真"（非 0），则执行"循环体"中的语句，"循环体"执行完毕，又返回去执行"条件表达式"，如此反复。当"条件表达式"为假（0）时退出 while 语句。该语句执行流程如图 4-5 所示。

while 语句的"条件表达式"可以是任何合法 C51 表达式，也可以是常数，如"while（1）"表示永远为"真"的无限循环；"循环体"若是只有一条语句可以不加大括号。

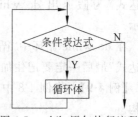

图 4-5   while 语句执行流程

【例 4-8】 将存放在片外 RAM 地址 0100H 的一个字按先低位后高位的顺序通过 51 单片机的 P1.0 引脚串行输出。

分析：一个字有 16 位，因此需循环 16 次将位数据输出，输出时需先判断要输出的位是 1 还是 0，这可通过位运算实现。

```
#include <reg51.h>                      //包含头文件"reg51.h"
sbit P1_0=P1^0;                         //定义 P1_0 表示 P1.0 引脚
volatile unsigned int xdata x _at_ 0x100;   //定义变量 x
main()
{   unsigned char i=0;                  //定义循环变量 i,初值 0
    unsigned int TestBit=1;             //定义位测试数据: 0000,0000,0000,0001B
    while (i<16)
    {   if (x&TestBit) P1_0=1;          //对应位为 1 则输出 1
        else P1_0=0;                    //否则输出 0
        i++;                            //循环变量加 1
        TestBit<<=1;                    //位测试数据左移 1 位
    }
}
```

程序中使用了"P1"这个标识符代表 MCS-51 单片机的 P1 口，这个标识符已在头文件"reg51.h"中定义好，只要将该头文件包含到程序中就可以引用。在头文件"reg51.h"中已定义好 MCS-51 单片机中所有的特殊功能寄存器，其命名均与 MCS-51 单片机相同，但名字必须大写。该头文件中未定义 P1 口的 P1.0 引脚，为此程序中使用 sbit 关键字定义了一个标识符"P1_0"代表该引脚。注意这里不能直接使用"P1.0"这个标识符，因为它不是 C51 中的合法标识符。由于 P1.0 引脚的位地址是 90H，所以程序中第 2 行也可改写作"sbit P1_0=0x90;"。

2．do while 语句

do while 语句也称直到循环语句，被用来实现直到循环程序结构。

语法格式：

do
{   循环体

```
}while(条件表达式);
```

执行流程：先执行"循环体"中的语句,然后执行"条件表达式",若其值为"真",则返回执行"循环体",如此反复。直到"条件表达式"为假退出 do while 语句。该语句执行流程如图 4-6 所示。

图 4-6　do while 语句执行流程

在 do while 循环中"循环体"必须用大括号"{ }"括起,"条件表达式"最后一定要记住加分号";"表示语句结束。

【例 4-9】　将例 4-8 中的 while 循环结构改为 do while 循环结构。

```
do
{   if (x&TestBit) P1_0=1;              //对应位为 1 则输出 1
    else P1_0=0;                        //否则输出 0
    i++;                                //循环变量加 1
    TestBit<<=1;                        //位测试数据左移 1 位
} while (i<=16);                        //注意条件表达式与上例的区别
```

3. for 语句

for 语句是用得较多的循环结构流程控制语句,它结构紧凑,可读性好。
语法格式:

```
for(表达式 1;表达式 2;表达式 3)
{   循环体
}
```

执行流程:先执行"表达式 1",再执行"表达式 2",若"表达式 2"的值为"真",则执行"循环体",然后执行"表达式 3",接着又返回去执行"表达式 2",其值为"真"则继续执行"循环体",如此反复。直到"表达式 2"为假退出 for 语句。该语句执行流程如图 4-7 所示。

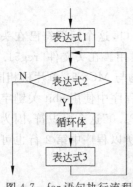

图 4-7　for 语句执行流程

for 语句的"表达式 1"只在循环前执行一次,常用作循环变量的初始化;"表达式 2"是循环条件表达式,其值为"真"执行"循环体",其值为"假"退出 for 语句;"表达式 3"实际上是"循环体"中的一部分,常用作修改循环变量。这三个表达式中间使用两个分号";"分隔,这里的";"不是语句结束标记。for 语句中的任何一个表达式都可省略,但中间的两个";"不能少,省略"表达式 2"时表示永"真"。

【例 4-10】　统计片外 RAM 地址 0000H 开始的连续 4 字节数据中二进制"1"的个数,结果存放到片外 RAM 地址 0004H 单元。

```
volatile unsigned long xdata x _at_ 0x0000;          //定义测试变量 x
volatile unsigned char xdata counter _at_ 0x0004;    //定义计数变量 counter
```

```
main()
{   unsigned char i;                                //定义循环变量 i
    unsigned long TestBit=1;                        //定义位测试变量 TestBi 并指定初值
    counter=0;                                      //计数变量初始化
    for (i=0;i<32;i++,TestBit<<=1)
        if (x&TestBit) counter++;                   //对应位为 1 则计数变量加 1
}
```

例中 for 语句的"表达式 3"是一个逗号表达式,先执行表达式"i++"循环计数器加 1,再执行表达式"TestBit<<=1"将位测试数据左移 1 位。

4.5.5 控制转移语句

1. continue 语句

continue 语句只能用于循环语句内部,表示提前结束本次循环,直接进入下次循环的条件判断。它一般写在判断语句中,即执行它是有条件的。

语法格式:

continue;

像例 4-10 中的 for 循环语句可以改写如下。

```
for (i=0;i<32;i++,TestBit<<=1)
{   if (!(x&TestBit)) continue;                     //对应位为 0 则直接进入下次循环条件判断
    counter++;                                      //否则计数变量加 1
}
```

2. break 语句

break 语句可用于 switch 语句和循环语句内部。用于 switch 语句时表示跳出该语句,而用于循环语句内部时表示提前结束当前循环(跳出循环结构),执行循环语句后面的其他语句。和 continue 语句一样一般执行它是有条件的。

语法格式:

break;

【例 4-11】 测试片外 RAM 地址 0000H 开始的连续 4 字节数据中从最低位开始的第一个二进制"0"的位置(最低位位置为 0),结果存放到片外 RAM 地址 0004H 单元。

```
volatile unsigned long xdata x _at_ 0x0000;         //定义测试变量 x
volatile unsigned char xdata location _at_ 0x0004;  //定义位置变量 location
main()
{   unsigned char i;                                //定义循环变量 i
    unsigned long TestBit=1;                        //定义位测试变量 TestBi 并指定初值
    location=0;                                     //位置变量初始化
```

```
        for (i=0;i<32;i++,TestBit<<=1)
        {    if (!(x&TestBit)) break;        //对应位为 0 则退出循环
             location ++;                     //否则位置变量加 1
        }
        if (i>=32)  location=-1;              //循环变量 i 值大于等于 32 则将位置变量置为-1
}
```

该例中最后一条 if 语句比较关键,因为 for 循环退出有两种可能:一种是测试的 4 字节数据中有"0"出现,这种情况是通过执行 break 语句退出的,这时循环变量 i<32;另一种是测试的 4 字节数据中没有"0"出现,这种情况是循环变量 i>=32 不满足循环条件退出的,为此将位置变量 location 置为-1 表示测试数据中没有"0"。

3. return 语句

return 语句用于函数中,功能是将程序执行流程返回,同时也可以将一个函数值返回给调用方。

语法格式:

return *表达式*;

其中"表达式"的值就是要返回给调用方的函数值,为可选项。无"表达式"时表示函数无返回值。return 语句不一定写在函数最后,但却是函数最后一条执行的指令。一个函数中可以出现多条 return 语句,只要执行其中一条程序流程都将返回到调用方。

4.6 函   数

4.6.1 函数与函数原型

1. 函数

函数(Function)是 C 程序中实现特定功能的程序模块,是模块化编程的重要手段之一,实质上相当于汇编语言中的子程序。函数的使用不仅可以提高程序可读性、便于调试,还能提高代码的复用率,缩短目标代码。典型的 C51 程序由各种函数构成,其中主函数是最重要的一个。与标准 C 函数一样,C51 函数也分为库函数和用户函数两大类:库函数是编译系统提供的一些通用函数,它不用用户定义就可直接使用;而用户函数则是按照一定格式由用户自行定义的,主要由用户程序使用,它一般不具备通用特性。C51 支持许多标准 C 库函数如 sin()、printf()等,但由于单片机与微机结构上的差异,所以一些库函数如 printf()和标准 C 中的有一定区别,有关 C51 库函数的详细使用可参见相关帮助手册。

典型的 C51 函数定义格式如下。

函数类型   函数名 (形式参数列表)   存储模式

{函数体}

（1）函数类型是函数返回值的数据类型，函数类型可以默认不写，这时默认按 int 类型处理。有些函数无返回值，对于这些函数来说，函数类型最好用关键字"void"声明为无返回值。

（2）函数名是函数的调用标识，每个函数都必须有个函数名，其命名规定同变量名。程序中函数名还有一个特别的含义，它代表该函数的入口地址，即函数中第一条指令的存放地址。

（3）形式参数列表是由逗号","分隔的多个形式参数所组成。形式参数简称形参，形参实际上都是变量，它们是调用函数时传递给被调用函数的入口参数的载体。对于一些无须入口参数的函数，形参列表部分可以为空，但最好用关键字"void"声明为无形参，界定形参的括号"（）"不能省略。

（4）存储模式，用于声明函数中定义的变量在未指定存储类型时的默认存储区。存储模式用关键字"small"、"compact"或"large"声明，可以省略，这时服从全局规定。

（5）函数体是函数执行的主体，主要由相关声明信息和实现函数功能的语句组成。函数体部分允许为空，这样的特殊函数称为空函数，它实际上不会完成任何有意义的功能，一般用作程序调试。函数体必须由一对大括号"｛｝"来界定，它是定义函数时不可缺少的。

【例 4-12】 编程检测 P1 口引脚是否有低电平输入，若是则返回 1，否则返回 0。

```
bit IsLow(void)
{   P1=0xff;                    //读之前先向 P1 口的锁存器写"1"
    if (P1^0xff) return 1;      //读 P1 口输入并判断是有引脚输入为低
    else   return  0;
}
```

由于该函数的返回值只有两种情况，所以将其类型定义为 bit 类型，这是 C51 扩展的数据类型。函数因直接从 P1 口读输入数据，所以调用时无须参数，形参列表用关键字"void"声明为无参。在 MCS-51 单片机中，从并行口输入数据前要先向其锁存器写"1"，拉高引脚后，才能读入正确的输入电平，这在本书第 6 章会有解释。函数中语句"return"用来返回函数值，并将流程返回到调用方。如果函数中没有 return 语句，则在执行完该函数的最后一条语句后流程也将返回到调用方。

2. 函数分类

从不同角度可将 C51 函数进行各种分类，如下所示。

（1）按类型分类可分为：void（无值）函数、位类型函数、字符型函数、整型函数、实型函数、指针型函数等。

（2）按功能分类可分为：数学函数、输入输出函数、字符函数、字符串函数等。

（3）按是否有返回值分类可分为：无返回值函数和有返回值函数两类。

（4）按是否有形参分类可分为：无参函数和有参函数两类。

3. 参数传递

1）入口参数传递

函数参数按传递的方向,可分为入口参数和出口参数两类。入口参数是调用函数时调用方传递给被调用函数的信息,它可以使用形参变量或全局变量作载体进行传递。若采用形参传递入口参数,则在定义函数时需命名并声明形参的类型。命名后形参就可以像函数内部定义的变量一样在函数中使用。函数被调用时形参的初始值由调用方对应的实际参数(实参)传来,传值后实参与形参间不再存在联系,这也可理解为实参将值赋予对应形参的过程,这个过程就是所谓的值传递。

与形参不同,实参可以是变量、常量、表达式或其他函数等。例如下面的函数 Abs() 实现求一个基本整型数 n 的绝对值并返回这个绝对值,这里定义在函数形参列表位置中的 n 就是形参变量。

```
int Abs(int n)
{return (n>=0?n:-n);}
```

调用 Abs() 函数时,实参可以是如下几种。

（1）变量。如"Abs(x)",调用时将作为实参的变量"x"的值传递给形参"n"。

（2）常量。如"Abs(-5)",调用时将作为实参的常量"-5"的值传递给形参"n"。

（3）表达式。如"Abs(-8+x)",调用时将作为实参的表达式"-8+x"的值传递给形参"n"。

（4）其他函数。如"Abs(fun(x))",调用时将作为实参的函数"fun(x)"的返回值传递给形参"n"。这种情形的执行过程是先用 x 作实参调用函数 fun(),然后再将它的返回值作为调用函数 Abs() 的实参。

除采用形参方式传递入口参数外,还可采用全局变量方式,由于对全局变量的监控管理麻烦,因而会有一些副作用,在微机应用程序中不是很提倡使用。但在单片机应用程序中却相对使用较多,利用它可以表示和存储系统的工作状况。

通常实参的数据类型要和形参一样,不一样时 C51 会将实参按形参的数据类型进行转换,如函数调用"Abs(9.22)"因实参是一个实型常量,而函数 Abs() 的形参是一个基本整型,所以调用时 C51 会将实型常量 9.22 转换为整型常量 9 后再传值给形参。另外调用时实参个数必须大于等于形参个数,多出的实参没有任何作用,但却不能少于,否则编译时会报错。当要传递的信息较多时,可以采用传递信息存放地址的方式,也就是使用指针作为形参。

2）出口参数传递

出口参数是函数被调用后带回给调用方的执行结果,可以通过函数返回值或全局变量的方式传递。返回值是函数被调用后返回给调用方的值,可以作为操作数用在各种表达式中。例如上面函数 Abs() 的返回值可以这样使用,如表达式"Abs(x)+y"表示将函数 Abs(x) 的返回值(x 的绝对值)和变量 y 相加,又如函数调用"fun(Abs(x))"表示将函数 Abs(x) 的返回值用作调用函数 fun() 的实参。返回值是通过函数中的 return 语句返回的,但只能返回一个值,当有多个执行结果要带回给调用方时,可以采用全局变量或用return语句返回结果存放地址的方式。

当return语句返回的值与函数类型不同时,C51会将返回值按函数类型进行转换。

4. 函数调用

程序中函数调用就是使用函数以实现它的功能。函数的调用与返回过程与汇编语言子程序调用实质是一样的,只是调用形式不同。函数的调用有以下几种形式。

(1) 无返回值函数。无返回值函数一般以函数调用语句的形式出现。例如下面的软件延时函数 Delay() 通过执行一个循环语句实现延时功能,该函数无返回值。它的调用形式可为"Delay();"。

```
void Delay(void)
{    int i;
     for(i=0;i<=10000;i++);
}
```

(2) 有返回值函数。有返回值函数也允许以函数调用语句的形式出现,但更多的是将其作为操作数使用在表达式中。如上面例中的 Abs() 函数可以有多种调用方式,如"Abs(x)+y"、"fun(Abs(x))"等。

(3) 嵌套调用。嵌套调用就是被调用函数执行过程中又调用其他函数。通常一个功能比较复杂的函数可以通过调用几个功能相对简单的函数来实现其功能。例如下面的函数 fun1(),当它被调用时又会调用另一个函数 fun2()。

```
void fun1(void)
{    ...
     fun2();
     ...
}
```

(4) 递归调用,递归调用是嵌套调用的一种特殊形式,它是指被调用函数执行过程中又以直接或间接的形式调用自己。和标准 C 不同,在 C51 程序中只有可重入函数可以递归。

5. 函数原型

编译器在编译程序时,需了解程序中被调用函数的有关信息,包括函数类型、函数名、形参类型和个数。如果一个函数的定义写在该函数的调用之前,可以不用对它特别进行信息声明。但如果函数的定义写在它的调用之后,则不对它进行信息声明,编译器就无法知道有关函数信息,这时编译器会用默认的 int 类型作为该函数的类型。这样处理有可能不会影响程序的执行,但有时却会冒一定的风险,例如一个定义时本为实型的函数被按整型处理后会造成计算精度的不足。所以规范的做法是要么在函数调用之前就定义好函数,要么在函数调用之前先对其进行信息声明。

对函数进行信息声明使用的就是函数原型（Function Prototype），它实际上就是定义函数时的函数头部，只是没有函数体，并且最后要加上分号";"。函数原型可写在程序中的任何位置，但一定要写在函数被调用之前，通常是集中写在程序开头的外部声明区。对于其他文件中定义的函数，只有通过函数原型声明后才能在本文件中使用。

函数原型格式：

函数类型　函数名(形参列表);

【**例 4-13**】　调用例 4-12 中的 IsLow()函数判断 P1 口引脚是否有低电平输入，若是则向 P2 口输出对应引脚的序号。序号用 BCD 码表示，其中 P1.0 对应序号为 0。若 P1口同时有两个以上的引脚输入低电平，则输出序号最小的一个，若一个都没有则 P2 口输出全为高。

```
#include <reg51.h>
bit IsLow(void);                            //用函数原型声明 IsLow()函数
main()
{   unsigned char n=0xff,TestBit=0x01;
    while(1)                                //无限循环
    {   if (!IsLow())                       //P1 口是否有低电平输入
        {n=0xff;P2=n;TestBit=0x01;continue;} //无则 P2 口输出全为高，并继续
        for (n=0;n<8;n++)                   //循环测试输入为低的引脚
        {   P1=0xff;
            if (!(P1&TestBit))              //测试对应引脚是否为低
            {P2=n;TestBit=0x01;break;}      //是则输出 BCD 码到 P2 口，跳出 for 循环
            else TestBit<<=1;               //否则左移 1 位测试变量
        }
    }
}
bit IsLow(void)
{   P1=0xff;                                //读之前先向 P1 口的锁存器写"1"
    if (P1^0xff) return 1;                  //读 P1 口输入并判断是有引脚输入为低
    else return 0;
}
```

4.6.2　程序中变量的作用域与生存期

在 C51 程序中定义变量时除必须声明变量的数据类型外，还可对其作用域和生存期进行声明。变量的作用域和生存期与变量定义时的位置和所使用的关键字有关。

1. 变量的作用域

变量的作用域是指变量的有效使用范围，分为全局变量和局部变量两类。全局变量的有效使用范围涵盖整个程序，包含程序中的其他文件模块。而局部变量则只能在定义

它的函数或复合语句中使用。C51 规定,凡定义在所有函数之外的外部变量都是全局变量,而定义在函数或复合语句中的内部变量都是局部变量。利用全局变量的"全局"特性,可以将其用作函数参数的传递或作为反映系统工作状态的标志。

【例 4-14】 前面介绍的求绝对值函数,可以改写如下。

```
int n;                          //定义全局变量 n,作用域为整个程序
void Abs(void);                 //声明 Abs()函数
main()
{   int x;                      //定义局部变量 x,作用域为 main()函数
    n=-25;                      //对全局变量 n 赋值
    Abs();                      //调用 Abs()函数求 n 的绝对值
    x=n;                        //将 n 的绝对值赋予 x
}
void Abs(void)                  //定义 Abs()函数
{   int y;                      //定义局部变量 y,作用域为 Abs()函数
    y=n;
    if (y<0) y=-y;              //如果 y<0,则将其相反数赋予 y,即求 y 的绝对值
    n=y;
}
```

示例中的 n 是定义在函数外部的外部变量,它是全局变量,可以在 main()函数和 Abs()函数中被访问。在 main()函数中先将要求绝对值的数赋予 n,再调用 Abs()函数,这样通过 n 就能将入口参数传递给被调用的 Abs()函数。Abs()函数执行时对 n 求绝对值,结果存放在 n 中。当 Abs()函数执行完毕返回 main()函数后,在 main()函数中通过 n 就可访问到 Abs()函数的执行结果。这就是利用全局变量传递参数的基本原理。

示例中定义在 main()函数中的变量 x 和定义在 Abs()函数中的变量 y,它们都是局部变量,只能在定义它们的函数中被访问,Abs()函数不能访问 x,main()函数也不能访问 y。Abs()函数也可改写如下。

```
void Abs(void)
{if (n<0) n=-n;}
```

2. 变量的生存期

变量的生存期是指变量从诞生到消亡的生存时间,分为静态存储的变量(静态变量)和动态存储的变量(动态变量)两类。静态变量从程序一开始执行就存在,占据固定的存储单元,一直到整个程序执行完毕。而动态变量则是当定义它的函数或复合语句被执行到时才存在,这时才为它分配存储单元,当函数或复合语句执行完毕,动态变量使用的存储单元被收回,动态变量也就消亡。所以它是一种"用之则建,用完即撤"的变量,这种类型的变量对存储空间的利用率比较高。C51 规定,所有定义在函数外部的变量(全局变量)都采用静态存储方式,而定义在函数内部的变量(局部变量)如果使用了关键字"static"声明则采用静态存储方式,否则都采用动态存储方式。像上面示例中的变量 n 就

是静态变量,变量 x 和 y 就是动态变量。

用关键字"static"声明的静态存储的局部变量称为静态局部变量,它有一个特性就是其值具有继承性,可用于将函数运行后的某些结果保留下来,以供下次同一函数被调用时使用。

【例 4-15】 用函数实现对从 P1 口输入的绝对值大于 100 的历史数据个数进行计数,并返回该计数值。

```
#include <reg51.h>
unsigned HistoryCouter (void)
    {   static unsigned counter=0;          //定义静态局部变量 counter,并指定初值 0
        char val;
        P1=0xff;
        val=P1;
        if (val<-100||val>100) counter++;   //绝对值大于 100,则 counter 加 1
        return counter;                     //返回计数值
    }
```

该例中 HistoryCouter ()函数内部定义的变量 counter 和 val 都是局部变量,它们只能在该函数中被访问,其他函数不能访问。但变量 counter 在定义时被用关键字"static"声明为静态存储的静态局部变量,它在整个程序运行期间始终占据存储单元不释放,其变量值具有继承性。而另一个局部变量 val 则不具备这种特性,当函数调用时会为其分配存储单元,一旦函数执行完毕,变量 val 的存储单元被收回,下次同一函数被调用时又会重新建立该变量。

例如第 1 次调用时,如果 P1 口输入数据的绝对值大于 100,则 counter 加 1 为 1,函数返回后这个计数值一直保留在变量 counter 中;第 2 次调用时,如果 P1 口输入数据的绝对值还大于 100,则 counter 在第 1 次计数的基础上加 1 为 2;第 3 次调用时,如果 P1 口输入数据的绝对值仍大于 100,则 counter 在第 2 次计数的基础上加 1 为 3,依次类推。即使函数 HistoryCouter ()未被调用,静态局部变量 counter 的值仍保留,在下次函数被调用时可继续使用。

假如把该变量定义为全局变量,它同样具有继承特性。但与全局变量相比,静态局部变量只能在定义它的函数中使用,可以防止其他函数对其进行篡改,保证了数据的安全性。而全局变量因为作用范围涵盖整个程序,所以其数据安全性就不如静态局部变量,在程序中使用全局变量时需格外谨慎。程序中定义静态局部变量时通常要指定其初值,否则编译器会将其初值默认为 0。对动态变量来说,在不指定初值的情况下,其初值是不确定的。

4.6.3　C51 中断函数

每当中断发生时单片机会调用对应的中断函数处理中断。在 C51 中定义中断函数和其他普通函数的区别是定义时需加上关键字"interrupt"声明,且函数类型和形式参数都要用关键字"void"声明。关键字"interrupt"后面跟上一个整型常数,用于表示该中断函数对应的中断号,编译时编译器会根据这个中断号自动设置相应的中断向量,以及生成保护和恢复现场的有关操作。与汇编语言相比,C51 中断函数的编写要简单得多。

C51 中断函数定义格式如下:

```
void  中断函数名(void)  interrupt  n
    {函数体}
```

格式中的整数"n"表示中断号。C51 支持最多 32 个中断源,对应中断号为 0~31。但 80C51 单片机实际只有 5 个中断源,使用了前 5 个中断号。对于其他具有更多中断源的增强型 51 单片机来说,增加的中断源则使用后续的中断号。如 80C52 有 6 个中断源,它使用了 0~5 共 6 个中断号;SST89E516RD 有 8 个中断源,它使用了 0~7 共 8 个中断号。中断函数的中断号不得重复,一个中断号只能对应一个中断函数。

【例 4-16】 利用定时中断函数实现时、分、秒计时。

说明:这里使用 51 单片机的定时/计数器 1 来实现硬件定时中断,定时频率为 3600Hz,即每隔 1/3600 秒定时/计数器 1 就会向处理器发出中断请求,处理器响应请求会调用对应的定时中断函数。因此在 1 秒钟时间内该定时中断函数会被调用 3600 次,利用这个特性,通过在定时中断函数中对被调用的次数进行计数,即可实现计时功能。

```
unsigned char Second=0;             //定义秒计数全局变量
unsigned char Minute=0;             //定义分计数全局变量
unsigned char Hour=0;               //定义时计数全局变量
void T1_INTProc(void) interrupt 3   //定时/计数器 1 的中断函数,中断号为 3
{   static unsigned T1Counter=0;    //定义中断次数计数静态局部变量
    T1Counter++;                    //定时中断次数计数
    if (T1Counter==3600)            //计数值为 3600 表示时间正好过去 1 秒,否则放弃
    {   T1Counter=0;                //清 0 计数值,下次重新计数
        Second++;                   //秒计数加 1
        if (Second==60)             //秒计数值为 60 表示时间正好过去 1 分钟
        {   Second=0;               //清 0 秒计数,下次从 0 秒开始计时
            Minute++;               //分计数加 1
            if (Minute==60)         //分计数值为 60 表示时间正好过去 1 小时
            {   Minute=0;           //清 0 分计数,下次从 0 分开始计时
                Hour++;             //时计数加 1
                if (Hour==24)       //时计数为 24 时,下次从 0 时开始计时
                    Hour=0;
            }
        }
    }
}
```

定时/计数器 1 中断的中断号是 3,在定义 T1_INTProc() 中断函数时,需用关键字"interrupt 3"声明它为 3 号中断函数。该中断函数每次执行时会先对中断次数计数,当

计数值等于 3600 时,则表示时间从第一次中断开始到现在正好过去 1 秒,接着秒计数加 1,然后清 0 中断次数计数,为下一秒做准备。分、时的处理与秒类似。变量 T1Counter 用作中断次数计数,将其声明为静态局部变量就只有 T1_INTProc() 函数能访问修改它。而秒计数、分计数、时计数三个变量被定义为全局变量,这样程序中的其他函数可从中访问到当前时间,且还能对时间进行修改。

通过例子可看出,由于中断函数的类型和形参被用关键字"void"声明,所以它不能返回函数值,也不能利用形参传递参数,因此在中断函数中要进行参数传递和返回执行结果时只能采用全局变量。

4.6.4 可重入函数

可重入的意思是一个函数同一时间内可被几个进程调用。例如一个普通函数在执行过程中,因发生了中断请求而被中断,处理器转去执行相应的中断函数。在执行中断函数过程中,其又要调用该被中断的普通函数,这种现象就是所谓的可重入。此外像函数递归也属于可重入的形式。能实现可重入的关键是函数利用堆栈来传递参数和存储函数内部的动态变量。

在标准 C 中,C 函数是通过堆栈来传递参数的,函数内部的动态变量也都存放在堆栈中,所以标准 C 函数允许重入。但 C51 与标准 C 不同,它采用通用寄存器的方式来传递参数,内部变量又都存放在片内 RAM 中,如果重入会破坏函数中的数据,因此一般情况下 C51 函数不允许重入,否则会造成不可预期的后果。

为解决函数重入的问题,C51 专门增加了关键字"reentrant"。用此关键字声明的函数,编译时会为它建立一个模拟的重入堆栈空间,函数利用这个模拟堆栈空间传递参数和存放动态变量。因要为可重入函数专门分配重入堆栈空间,对存储资源相对有限的 51 单片机来说是个不小的代价,所以可重入函数执行效率较低,通常只在需要时使用。

C51 可重入函数定义格式如下:

函数类型　函数名(形参列表)　reentrant
　　　　{函数体}

定义可重入函数时,其类型不能为位(bit)类型。

4.7　数组和指针

4.7.1　数组

1. 数组及其定义

在 C51 程序中当要对字符串、数据块等一连串的数据进行存储和处理时可以使用数组。所谓数组就是相同类型数据的有序集合,按数组的维数可分为一维数组、二维数组和多维数组。

一维数组定义格式：

数据类型　*储存类型*　数组名[元素个数];

二维数组定义格式：

数据类型　*储存类型*　数组名[元素个数 1] [元素个数 2];

（1）数据类型，是数组元素的类型。C51 规定一个数组中的所有元素必须是相同的数据类型，定义数组时数据类型不可缺少，但不能是 bit 类型。

（2）储存类型，用储存类型关键字声明数组的存储区，它为可选项。

（3）数组名，代表数组的首地址。每个数组定义时必须指定一个数组名，命名规定同变量。

（4）[元素个数]，用于表示一个数组中所有元素的个数。元素个数必须是一个整型常量表达式，不能含变量。元素个数要使用中括号"[ ]"括起，若定义时不对数组初始化，则中括号中的"元素个数"不能为空。定义二维数组时，它有两个"[元素个数]"，第一个表示"行数"，第二个表示"列数"。C51 中可以定义二维以上的多维数组，方法是在后面再增加相应的"[元素个数]"，不过多维数组较少使用。

例如：

```
int a[10];                        //定义一个整型一维数组 a,共有 10 个元素
unsigned char xdata string[20];   /*定义一个存放在片外 RAM 中的无符号字符型一维数组
                                    string,共有 20 个元素*/
float b[4][5];                    //定义一个实型二维数组 b,有 4 行 5 列共 20 个元素
```

2. 数组元素访问

数组定义后就可在程序中使用，使用数组实际上是使用其中的数组元素。数组元素可像程序中定义的变量一样被访问，能读能写。不同的是它们使用相同的名字表示（数组名），而用下标进行区别。

一维数组元素使用格式：

数组名[元素下标]

二维数组元素使用格式：

数组名[元素下标 1] [元素下标 2]

格式中的"元素下标"是要访问的数组元素在数组中的位置，它可以是任何合法 C51 整型表达式。C51 规定元素下标从 0 开始，即最前面元素的下标为 0，其后的下标为 1，依次类推，最后一个元素的下标为数组元素个数减 1。

数组元素在存储器中的存放顺序是按下标递增的顺序从低地址到高地址按序存放。对于一维数组来说，就是从数组首地址开始先存放下标为 0 的元素，其后存放下标为 1 的元素，依次类推；对于二维数组来说，就是从数组首地址开始先存放第 0 行的所有元素，其

后存放第 1 行的所有元素，依次类推。

例如：

```
a[0]=100                      //将 100 赋予数组元素 a[0]
a[i]=(a[i-1]+a[i+1])/2;       //数组元素 a[i]的值为其前后两个元素的平均值
for (i=0;i<10;i++) a[i]=0;    //用循环语句将数组 a 中的 10 个元素全部清 0
b[i][j]=b[j][i]               /＊将二维数组元素 b[j][i]的值赋予元素 b[i][j],也就是将
                                第 j 行第 i 列的元素值赋予第 i 行第 j 列的元素＊/
```

访问数组元素特别要注意下标不要"越界"，例如有定义"int a[10];"，下面的循环语句访问数组 a 将造成越界错误。

```
for (i=0;i<=10;i++) a[i]=0;
```

该 for 循环语句共循环 11 次(i=0,1,…,10)，最后一次访问的数组元素 a[10]不存在(数组 a 的最后一个元素是 a[9])。这种"越界"错误编译时是不会报错，如不小心产生越界，则有可能会改写存放在数组后面的其他变量的值，使程序执行结果异常，需特别注意。

3. 数组初始化

和变量一样，定义数组时可以对其初始化(指定元素初值)，格式为：

数据类型　*储存类型*　数组名 [元素个数] = {元素初值列表 }；

格式中的"元素初值列表"是指定给数组中对应元素的初始值，用大括号"{ }"括起。大括号中各初值间用逗号分隔，初值按书写顺序赋予对应数组元素。例如：

```
int a[10]={1,2,3,4,5,6,7,8,9,10};      //定义整型数组 a,并指定各元素初值
```

经定义后数组 a 中各元素初值如下所示。

元素	a[0]	a[1]	a[2]	a[3]	a[4]	a[5]	a[6]	a[7]	a[8]	a[9]
元素值	1	2	3	4	5	6	7	8	9	10

若是二维数组则可以采用下面两种写法之一初始化。

例如：

```
int  b[2][3]={{1,2,3},{4,5,6}};
```

或

```
int  b[2][3]={1,2,3,4,5,6};
```

经定义后数组 b 中各元素初值如下所示。

元素	b[0][0]	b[0][1]	b[0][2]	b[1][0]	b[1][1]	b[1][2]
元素值	1	2	3	4	5	6

初始化数组中的全部元素时,可以不指定数组的元素个数,这时编译器用初值个数决定数组的元素个数。例如:

```
int a[]={1,2,3,4,5,6,7,8,9,10};                    //数组 a 有 10 个元素
```

定义数组时可以对其全部元素初始化,也可以部分初始化。当初值个数少于数组元素个数时,也就是部分初始化。例如:

```
int a[10]={1,2,3,4,5};        //只对数组 a 前 5 个元素 a[0]~a[4]初始化
int a[10]={1,2,,,,4,5};       //初始化数组 a 中 4 个元素分别是:a[0]、a[1]、a[6]、a[7]
int b[2][3]={{1},{4,5}};      //初始化数组 b 中 3 个元素分别是:b[0][0]、b[1][0]、b[1][1]
int b[2][3]={1,4,5};          //初始化数组 b 中前 3 个元素分别是:b[0][0]、b[0][1]、b[0][2]
```

对于字符型数组来说,既可以用字符初始化,也可以用字符串初始化。用字符串初始化数组时,允许去掉大括号。例如:

```
char c[10]={'C','o','n','t','i','n','u','e'};       //用字符初始化数组 c
char c[10]={"Continue"};                            //用字符串初始化数组 c
```

或

```
char c[10]="Continue";                              //用字符串时可以去掉大括号
```

在用字符或字符串初始化数组时,其存储的内容有一些区别,如下所示。

元素	c[0]	c[1]	c[2]	c[3]	c[4]	c[5]	c[6]	c[7]	c[8]	c[9]
字符初始化	'C'	'o'	'n'	't'	'i'	'n'	'u'	'e'		
字符串初始化	'C'	'o'	'n'	't'	'i'	'n'	'u'	'e'	'\0'	

用字符串初始化字符数组时,C51 会自动在其后加上字符串结束标记'\0',所以上面用字符串初始化字符数组 c 的情形相当于下面用字符初始化的结果。

```
char c[10]={'C','o','n','t','i','n','u','e','\0'};
```

4. 数组修饰和定位

在 C51 中数组也可用修饰符 const 和 volatile 修饰,用 const 修饰的数组是常数组,用 volatile 修饰的数组是易变数组。例如:

```
const char Message[]="Press any key!";              //定义常数组时一般都要初始化
char code NumASCII[]={'0','1','2','3','4','5','6','7','8','9'};
                    //定义存放在程序存储区 ROM 中的数组,相当于常数组
volatile char xdata InBuff[100];
            //定义存放在片外 RAM 中的易变数组 InBuff,它的元素值可以通过外部硬件手段修改
```

数组还允许绝对定位,但对数组进行绝对定位时不能初始化。例如:

```
volatile char xdata InBuff[100] _at_ 0x100;
```

5．数组应用举例

【例 4-17】 定义函数实现将存放在片外 RAM 中从地址 0x0100 起始的连续 100 个字节数据依次与给定阈值进行比较，小于阈值的丢弃，大于等于阈值的转存到片外 RAM 地址 0x0200 起始的位置，并返回大于等于阈值的有效数据个数。

```
char GateValue=-20;                          //定义并初始化阈值变量
volatile char xdata InBuff[100] _at_ 0x100;   //定义源数据区
volatile char xdata OutBuff[100] _at_ 0x200;  //定义目的数据区
char Filter(void)
{   char i,counter=0;
    for (i=0;i<100;i++)
    if (InBuff[i]>=GateValue)
        {   OutBuff[counter]=InBuff[i];       //有效数据传送到目的数据区
            counter++;                        //计数值加 1
        }
    return counter;                           //返回计数值
}
```

4.7.2 指针

1．指针及其定义

指针是 C 语言中最有用的一种数据类型，它的使用非常灵活。借助指针可以在程序中实现诸如定义复杂数据结构、对内存进行底层访问、对不能直接访问的变量进行间接操作以及间接调用函数等一些其他常规手段难以实现的功能。指针的使用可以提高程序的执行效率、简化代码。但由于单片机程序中的数据结构不如微机中的复杂，加之单片机存储资源的限制，所以指针在单片机程序中使用不如微机中普遍。所谓指针实际就是存储单元地址的形象化称谓，指针即存储单元地址。程序中定义的指针变量，就是专门用于存放地址的变量。

指针变量的定义格式：

数据类型 ＊ 指针变量名；

和一般变量相比，定义指针变量时一个明显的标志就是在变量名前多了一个"＊"号，这个"＊"号代表后面的变量是一个指针变量。在定义多个指针变量时，每个指针变量名前都要单独加一个"＊"。格式中的"数据类型"是指针变量所指向的数据的类型，即该指针变量用于存放何种类型数据的地址，但不能是 bit 类型。

例如：

int＊p1;   //定义整型指针变量 p1,该指针变量用于存放一个整型数据的地址

```
float * p2;          //定义实型指针变量 p2,该指针变量用于存放一个实型数据的地址
unsigned long * p3;  //定义无符号长整型指针变量 p3
```

因为指针变量是存放存储单元地址的变量,所以给指针变量赋值时,也只能使用地址。例如有定义"int a;"和"float b;",则可有以下几种指针变量赋值方式。

(1) 表达式"p1＝&a",表示将整型变量 a 的地址赋予整型指针变量 p1,执行后 p1 的值就是变量 a 的地址,这时称 p1 指向 a。符号"&"作一元运算符使用时表示取地址运算,即表达式"&a"的值为变量 a 的存放地址。

(2) 表达式"p2＝&b",表示将实型变量 b 的地址赋予实型指针变量 p2,执行后 p2 指向 b。

(3) 表达式"p3＝(unsigned long *)0x20",表示使用强制类型转换的方式直接将数值 0x20 赋予无符号长整型指针变量 p3,执行后 p3 的值为 20H,也就是说 p3 指向地址为 20H 的存储单元。存储单元地址实际上是一个整数,所以可用强制类型转换的方式给指针变量赋值,让其指向绝对地址。

上面表达式执行后,指针变量与变量的指向关系可以用图 4-8 形象地表示。

图 4-8　指针变量指向示意

2. C51 指针分类

MCS-51 单片机的存储空间被划分为多个存储区,为此 C51 对标准 C 中的指针作了扩展,将指针分为两类,一类是通用指针,另一类是存储器指针。

通用指针的定义和标准 C 一样,它可以指向存放在任何存储区中的数据。在 C51 中这类指针用 3 个字节存储,第 1 字节表示所指向存储区的类型,第 2 字节为所指向存储单元地址的高字节部分,第 3 字节为所指向存储单元地址的低字节部分。通用指针可以指向任何类型的数据,而不用考虑它们存放的存储区,使用比较方便,但由于其有 3 个字节,所以执行效率不如存储器指针高。

存储器指针只能指向特定的存储区,在定义时需用存储类型关键字声明它指向的存储区类型,存储器指针的定义格式如下。

数据类型　存储类型 * 指针变量名;

格式中的"存储类型"书写在"数据类型"之后,不能写在" * "号后(否则含义改变),用于声明定义的指针变量所指向的存储区类型。例如:

```
int data * p4;      //定义指向 data 区(片内直接寻址区)的整型指针变量 p4
short idata * p5;   //定义指向 idata 区(片内间接寻址区)的短整型指针变量 p5
```

```
float xdata * p6;        //定义指向 xdata 区(片外 RAM 区)的实型指针变量 p6
char code * str;         //定义指向 code 区(ROM 区)的字符型指针变量 str
```

存储器指针依它所指向存储区的不同,其存储长度不一样。由于 data、pdata、idata、bdata 存储区的寻址空间都不超过 256B,所以指向这些存储区的存储器指针长度只有 1 字节。而 code 和 xdata 存储区的寻址空间为 64KB,所以指向这两个存储区的存储器指针长度有 2 字节。存储器指针长度比通用指针小,其执行效率比通用指针高,但没有通用指针方便灵活。

无论是通用指针变量还是存储器指针变量都和普通变量一样,在定义时可以声明它们存放的存储区(注意这里是存放而不是指向)。

声明通用指针的存放存储区格式如下。

数据类型 * *存储类型* 指针变量名;

声明存储器指针的存放存储区格式如下。

数据类型 存储类型 * *存储类型* 指针变量名;

格式中可选的"*存储类型*"用于声明存放指针变量的存储区。例如:

```
int data * pa;           //定义指向 data 区的存储器整型指针变量 pa
int data * data pb;      //定义存放在 data 区中的指向 data 区的存储器整型指针变量 pb
char * xdata s1;         //定义存放在 xdata 区中的通用字符型指针变量 s1
char xdata * idata s2;
                         //定义存放在 idata 区中的指向 xdata 区的存储器字符型指针变量 s2
```

在 C51 程序中两类指针可以相互转换,当存储器指针转换为通用指针时长度会增加为 3 字节,而通用指针转换为存储器指针时长度会减为 2 字节或 1 字节。存储器指针转换为通用指针时,除执行效率会降低外,一般不会给程序带来其他风险。但通用指针转换为存储器指针时,却有可能会给程序带来一定的风险,使用时需注意。

例如下面情况就会出现异常。

```
int xdata x _at_ 0x1234;   //定义存放在 xdata 区中的变量 x,地址 1234H
int * px1;                 //定义通用指针变量 px1
int data * px2;            //定义指向 data 区的存储器指针变量 px2
px1=&x;                    /* 将变量 x 的地址赋予通用指针变量 px1,执行后 px1 的值为 1234H,指向变
                              量 x * /
px2=px1;                   /* 将通用指针变量 px1 的值赋予存储器指针变量 px2,执行后 px2 的值为
                              34H,实际指向 data 区中的 34H 存储单元,已不再是 xdata 区中的 x * /
```

如果希望 px2 也能指向 x,只要定义是将其声明为指向 xdata 区的存储器指针即可,例如:

```
int xdata * px2;
```

一般情况下不同数据类型的指针是不能相互赋值的,例如将一个实型指针赋予一个整型指针变量,编译时会报错,除非使用强制类型转换的手段。

在 C51 中有一种比较特殊的空指针类型,例如"void * pointer;"定义的指针变量 pointer。这种指针定义时声明其类型为 void(空),表示它不指向任何具体类型的数据,而只是用来存放一个地址,但在使用时必须对其进行强制类型转换。例如要将一个整型变量 a 的地址赋予它,可以这样写"pointer＝(void *)&a"。

3. 指针运算符

当一个指针指向某个变量后,程序中访问该变量时既可以使用变量名直接对其访问,也可以使用指向它的指针间接访问。间接访问指针所指向的变量时需使用 C51 指针运算符"*",该运算符是一元运算符(乘法运算符是二元运算符),其优先级高于所有算术运算符,结合方向为自右至左。

使用格式:

* 指针

使用指针运算符的表达式称为"指针表达式",它表示指针所指向的变量(注意不是指针自己)。在程序中指针表达式可以像变量一样使用,如用作表达式的操作数,甚至可以使用在赋值运算符左边。例如:

```
int n,m,*pn;          //定义整型变量 n、m 和整型指针变量 pn
void*px;              //定义一个空类型指针 px
pn=&n;                //n 的地址赋予指针变量,执行后 pn 指向 n
*pn=200;              //200 赋予 pn 指向的变量,执行后 n 的值为 200
m=*pn*2;              //将 pn 指向变量的值乘以 2 后赋予变量 m,执行后 m 的值为 400
px=(void*)&m;         //将 m 的地址强制转换后赋予空指针变量 px
pn=(int*)px;          //将空指针变量 px 的值强制转换后赋予整型指针变量 pn,pn 也指向 m
```

4. 指针基本应用

指针是一种非常灵活的数据类型,可以用在许多地方。

1) 用指针访问数组

指针可以指向并访问数组元素。例如:

```
int a[10],i,*pa;                    //定义整型数组 a、整型变量 i、整型指针变量 pa
for(i=0,pa=a;i<10;i++,pa++)*pa=i;
```

这里 for 语句的表达式 1 为"i＝0,pa＝a",这是一个逗号表达式,其先执行表达式"i＝0"将 0 赋予 i,再执行表达式"pa＝a"将数组 a 的首地址赋予整型指针变量 pa。循环体"*pa＝i;"的作用是将 i 的值赋予 pa 指向的数组元素。循环体执行完后执行 for 语句的表达式 3"i＋＋,pa＋＋",这也是一个逗号表达式,其先执行"i＋＋"将循环变量 i 加 1,然后执行表达式"pa＋＋"将 pa 加 1 指向下一个元素。当循环全部执行完后数组 a 中各元素的值分别是 $0,1,2,\cdots,9$。

要说明的是,与 C 语言规定一样,当指针加 1 时表示指向下一数据,加 n 表示指向其后第 n 个数据;减 1 时表示指向上一数据,减 n 表示指向其前面第 n 个数据。这一规定在使用指针访问数组时特别有用。例如假设上面例子中数组 a 的首地址是 60H,表达式"pa=a"执行后 pa 的值也是 60H,当执行一次表达式"pa++"后,pa 指向 a[1],这时 pa 的值是 62H。对于整型指针变量 pa 来说,其加 1 操作实际上指针值加了 2,减 1 操作实际上指针值减了 2。

这可用公式:pointer±n×d,计算指针加减运算后值的实际变化,其中 pointer 表示某种类型指针,n 表示其加减的一个整型数,d 为指针指向数据类型的存储长度,如字符型为 1、整型和短整型为 2、长整型和实型为 4。

2) 用指针指向字符串

字符指针可以指向一个字符串。在 C51 中没有字符串变量,字符串使用字符数组存放。字符指针指向字符串与指向数组元素类似,不过也有一些特殊的地方。借助字符指针访问字符串比数组方便。例如:

```
char str[20]="microcomputer",ch;    //定义字符数组并用字符串初始化
char * pstr;                          //定义字符指针变量 pstr
pstr=str;        //字符数组首地址赋予字符指针变量 pstr,这时 pstr 指向数组中的字符串
* pstr='M';      /*将 pstr 指向字符串的首字符改为大写字母 M,执行后数组中存放的字符
                    串变为"Microcomputer"*/
* (pstr+5)='C';  /*将 pstr 指向字符串的第 5 个字符改为大写字母 C,执行后数组中存放的
                    字符串变为"MicroComputer"*/
pstr="microcontroller";
                 //将字符串常量的首地址赋予字符指针 pstr,这时 pstr 指向该字符串
ch= * (pstr+2);
                 /*将 pstr 指向字符串的第 2 个字符"c"赋予字符变量 ch,这里要注意若将语句改为
                   " * (pstr+2)=ch;"则是错误的,因为这时 pstr 指向字符串常量"microcontroller"*/
pstr="";         //将一个空串的首地址赋予 pstr
```

3) 指针与函数

指针与函数的关系体现在以下几个方面。

(1) 函数可以返回一个指针,例如函数原型"char * fun1(void);"声明的函数 fun1 就是一个返回字符型指针的函数。

(2) 指针可以作为函数形参,例如函数原型"char fun2(char * str);"声明的函数 fun2 的形参就是一个字符型指针变量。调用这样的函数对应实参也必须是相同类型的指针。

(3) 指针可以指向函数,借助指向函数的指针可以调用它所指向的函数。例如:

```
void fun(void);      //声明函数 fun
void * pf();         //定义一个函数指针变量,它可用于存放一个 void 类型函数的地址
pf=fun;              //将函数 fun 的入口地址赋予函数指针变量 pf,pf 指向该函数
pf();                //借助 pf 调用它所指向的函数 fun,也可写作"( * pf)();"
```

除上面的介绍外,实际指针还有许多类型和应用,如结构体指针、共用体指针、枚举类型指针、指针数组、数组指针、指向指针的指针等。限于篇幅这里不再展开叙述,欲了解更多有关指针的知识,可以参见相关 C 语言书籍。

【例4-18】 定义函数实现在给定字符串中搜索指定字符,并返回该字符第一次出现在字符串中的地址,若字符串中没有该字符则返回-1。

分析:函数因为要返回一个字符数据地址,所以函数类型需定义为字符指针类型。函数调用时需要的入口参数有两个,一是被搜索的字符串,二是指定搜索字符。对于字符串可以采用传递其存放地址的形式,对应形参为字符指针类型,对于字符则直接将其值传递给对应字符类型形参。在字符串中搜索字符常用的方法是从字符串的首字符开始逐一进行比较,若不是指定字符则继续比较下个,若找到则将其地址返回。判断字符串是否搜索完毕的方法是利用字符串的结束标志'\0'。

```
char * findchar(char * str,char ch)
{    for(; * str!='\0';str++)
                              /*形参 str 指向是否为字符串结束标记,不是则继续循环,是
                                则退出,每次循环后 str 加 1 指向串中下一字符 */
        if(* str==ch) return str;     //找到指定字符,返回它的地址
    return -1;                //循环退出意味着整个字符串中没有要搜索的字符,返回-1
}
```

调用该函数的实参有以下几种方式。

(1) 字符串和字符都用常量。如"findchar("MicroController",'C')"。

(2) 字符串用数组名,字符用变量。假设字符串存放在字符数组 mcu 中,字符存放在字符变量 cha 中,函数调用形式可如"findchar(mcu,cha)"。

(3) 字符串和字符都用指针。假设字符指针 pstr 已指向字符串,字符指针 pch 指向字符,函数调用形式可如"findchar(pstr, * pch)"。

实际情况还有更多组合,这里不一一穷举。

4.8 结构体、共用体和枚举

4.8.1 结构体

1. 结构体类型声明

和数组一样,结构体也是 C51 中一种常用的组合数据类型,但与数组不同的是它可将不同类型的数据封装在一起作为一个整体使用。定义结构体变量时需先对结构体类型进行声明。声明的目的是告诉编译器结构体的组成,它由程序员自行定义,结构体声明一般写在程序开头部分。其声明格式如下。

```
struct  结构体类型名
    {   数据类型  成员 1;
        数据类型  成员 2;
        ...
    };
```

其中的关键字"struct"表示结构体类型;"结构体类型名"用于代表所声明的结构体;"数据类型"用于声明成员的数据类型,但不能用 bit 类型;"成员"用于表示组成结构体的成员。结构体中的成员由实际需要确定,至少一个,所有成员需用大括号"{}"括起。

如下声明了一个表示时间的结构类型。

```
struct Time
    {   unsigned char hour;
        unsigned char minute;
        unsigned char second;
    };
```

结构体 Time 有 3 个成员,它们都是无符号字符型,分别表示时、分、秒。

如下声明了一个表示数据块的结构类型。

```
struct DataBlock
    {   char type;
        char * address;
        int length;
    };
```

结构体 DataBlock 有 3 个成员,其中字符型成员 type 表示数据块类型,字符指针型成员 address 表示数据块的首地址,整型成员 length 表示数据块的长度。

除一些特殊数据类型外,C51 允许结构体成员是任何数据类型,甚至可以是一个已声明的其他结构体类型。例如在上面声明的数据块结构体类型中增加一个表示其采集时间的成员 gettime,可将其改为如下声明方式。

```
struct TrueDataBlock
    {   char type;
        char * addr;
        int length;
        struct Time gettime;            //Time 类型需在该结构体类型之前声明好
    };
```

2. 结构体变量的定义及使用

结构体类型声明好后,就可以定义结构体变量了。只有定义了结构体变量程序中才能真正使用结构体这种数据类型。结构体变量定义格式:

struct 结构体类型名 结构体变量名;

例如:

```
struct Time t1,t2, * pt;        //定义 Time 类型的结构体变量 t1、t2,和结构体指针变量 pt
struct DataBlock db1,db2[10];   //定义 DataBlock 类型的结构体变量 db1,和结构体数组 db2
struct TrueDataBlock tdb;       //定义 TrueDataBlock 类型的结构体变量 tdb
```

在程序中定义好结构体变量后就可以用它来存储数据。数据被存放在成员所对应的存储单元中,结构体变量的成员可以像同类型变量一样在程序中使用。引用一个结构体变量成员的格式如下。

结构体变量名.成员名

其中的"."是 C51 中的成员运算符,它是二元运算符,为最高优先级。该运算符左边的操作数必须是结构体变量,右边为其成员。成员表达式也可出现在赋值运算符的左边。例如:

```
t1.hour=t1.minute=t1.second=0;        //赋值语句将结构体变量 t1 的 3 个成员全置 0
t2=t1;                                 //C51 允许同类型的结构体变量间整体赋值(对应成员间赋值)
pt=&t2;                                //将 t2 的地址赋予结构指针变量 pt,pt 指向 t2
db1.address=(char *)0x200;             //将地址 0200H 强制转换后赋予成员 address
n=db1.length=db2[2].length-1;
                                       /*将结构体数组元素 db2[2]的成员 length 的值减 1 后赋予结
                                         构体变量 db1 的成员 length 和整型变量 n*/
tdb.gettime.hour=12;                   //将 12 赋予结构体变量 tdb 的成员 gettime 的成员 hour
```

当一个结构体指针指向一个结构体变量后,可以借助这个指针访问它所指向的结构体变量的成员。例如:

```
(*pt).minute=50;
                //将 50 赋予 pt 指向的结构体变量的成员 minute,实际就是 t2 的成员 minute
```

上面的语句也可以写作"pt->minute=50;",其中"->"是 C51 中的箭头运算符,其功能是先对指针作指向运算,再作成员运算,其优先级同成员运算符"."。该运算符左边的操作数必须是一个结构体指针,右边为其所指向结构的成员。

4.8.2 共用体

1. 共用体类型声明

共用体也称联合类型,也是 C51 中的一种组合数据类型,它与结构体类型有很多相似的地方,但最大不同是结构体变量各成员是按声明顺序存放在一块连续存储空间内,各成员分别分配相应大小的存储单元。而共用体变量各成员则是共同使用一段存储空间,各成员的首地址都相同,存储空间是依据成员中最大的一个进行分配。所以当给共用体变量的某个成员赋值后,将影响其他成员的值。

定义共用体变量时也需先对共用体类型进行声明。共用体类型声明格式:

```
union 共用体类型名
    {   数据类型   成员 1;
        数据类型   成员 2;
        …
    };
```

格式中的关键字"union"表示共用体；"共用体类型名"用于代表所声明的共用体；"数据类型"用于声明成员的数据类型。共用体中的成员由实际需要确定，至少一个，所有成员需用大括号"{ }"括起。

如下声明一个可存储多种不同类型数据的共用体类型。

```
union MulType
    {   char chardata;
        int intdata;
        long longdata;
    };
```

共用体 MulType 有 3 个成员，字符型成员 chardata、整型成员 intdata、长整型成员 longdata。因其成员中 longdata 需要的存储空间最大，为 4 字节，所以该共用体类型的变量每个都是 4 字节。如果将关键字"union"改写为关键字"struct"而其他不变，结构体 MulType 每个变量的长度则为 7 字节，它与共用体间存储结构的差异如图 4-9 所示。

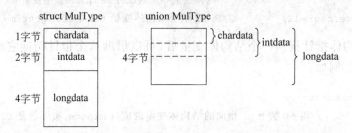

图 4-9 结构体与共用体存储结构示意

2. 共用体变量的定义及使用

共用体类型声明后就可定义变量，共用体变量定义格式：

union 共用体类型名 共用体变量名;

例如：

```
union MulType mt1,mt2,*pmt,mt[10];
        //定义 MulType 类型的共用体变量 mt1、mt2,以及共用体指针变量 pmt,共用体数组 mt
```

共用体变量定义后就可以使用其成员来存储数据，程序中访问它的成员时也使用成员运算符"."，用法及要求与结构体一样。例如：

```
mt1.chardata='A';                  //将字符 'A' 赋予变量 mt1 的成员 chardata
mt2.chardata=mt1.chardata+32;      /* 将 mt1 的成员 chardata 的值加 32 后赋予 mt2 的成员
                                      chardata,执行后 mt2 的成员 chardata 为字符 'a' */
mt1.longdata=-100;
        /* 将 -100 赋予 mt1 的成员 londdata,执行后 londdata 成员值为 -100(0xffffff9c),
           这时成员 chardata 的值为 -1(0xff),成员 intdata 的值为 -1(0xffff) */
pmt=mt;                            //将共用体数组 mt 的首地址赋予共用体指针变量 pmt
```

```
(*pmt).intdata=200;                //将 200 赋予 pmt 指向共用体变量的成员 intdata
pmt->chardata='d';                 //将字符'd'赋予 pmt 指向共用体变量的成员 chardata
```

利用共用体成员共存的特性,可实现数据的字节拆分,例如:

```
union SplitData
    {   long longdata;
        char bytedata[4];
}sddata;                           //可在声明类型的后面同时定义变量 sddata
```

该共用体变量的成员 longdata 是一个长整型数,成员 bytedata 是一个字符数组,其各元素分别对应 longdata 的各字节。如语句"sddata.longdata=0x12345678;"执行后,成员 sddata.bytedata[0]的值为 0x12、sddata.bytedata[1]的值为 0x34、sddata.bytedata[2]的值为 0x56、sddata.bytedata[3]的值为 0x78。这样通过成员 bytedata 的各元素就可任意对成员 longdata 的各字节进行访问。

4.8.3 枚举

1. 枚举类型声明

枚举类型是 C51 中的一种基本数据类型,这种数据类型的特点是其变量只能在限定的范围内取值。枚举类型也要先声明然后才能用来定义枚举变量。枚举类型声明格式:

enum 枚举类型名 {枚举常量列表};

关键字"enum"表示枚举类型;"枚举类型名"用于代表所声明的枚举类型;"枚举常量列表"必须用大括号括起,枚举常量间用逗号分隔。枚举常量与结构体、共用体的成员不同,它们不用进行数据类型声明,仅是由程序员自行定义的一个个标识符,具体含义 C51 并不关心,编译时编译器用从 0 开始的整数依次代表这些枚举常量。程序中定义的枚举变量其取值限定在这些枚举常量中,因此枚举类型可用来对枚举变量的取值进行限定以保障变量取值安全,同时还可提高程序的可读性。

如下声明了一个表示星期的枚举类型。

```
enum Weekday {Mon,Tue,Wed,Thu,Fri,Sat,Sun};
```

如下声明了一个表示外部设备工作状态的枚举类型。

```
enum DeviceState {Idle,Busy,Ready,Warning,Error};
```

2. 枚举变量的定义及使用

枚举类型声明后就可以定义变量,枚举变量定义格式:

enum 枚举类型名 枚举变量名;

例如:

```
enum Weekday wd;                          //定义 Weekday 枚举变量 wd
enum DeviceState ADCState,DACState;
                                          //定义 DeviceState 枚举变量 ADCState 和 DACState
wd=Mon;                                   //将枚举常量 Mon 赋予枚举变量 wd
ADCState=Idle;                            //将枚举常量 Idle 赋予枚举变量 ADCState
DACState=ADCState;                        //将枚举变量 ADCState 的值赋予枚举变量 DACState
if (ADCState==Error) DoWithErr();
                                          //如果枚举变量 ADCState 的值等于 Error,则调用函数 DoWithErr()
```

枚举类型数据可像整型数据一样进行运算,可用于 switch、for 等语句的表达式中,或用作函数参数等。例如语句:

```
for(wd=Mon;wd<=Sun;wd++) Work(wd);
```

循环语句的功能是从 Mon 开始循环,到 Sun 结束,共循环 7 次。每次循环时用枚举变量 wd 作为实参调用函数 Work()。

4.9 预处理命令

4.9.1 文件包含命令

预处理命令用于在程序编译时,告知编译器要预先对程序进行一些加工处理。预处理命令不是语句,因此不会生成目标代码。合理使用预处理命令可以编写出可读性好、易于维护修改和移植的程序。每个预处理命令都要以符号"♯"开头,一条预处理命令只能写在一行上,通常写在程序开头。预处理命令按功能可分为文件包含命令、宏定义命令、编译控制命令、条件编译命令等。下面先介绍文件包含命令。

文件包含命令用于将指定文件包含到命令所在文件中,使用格式如下:

#include <文件名>

或

#include "文件名"

文件包含是指将被包含文件的内容复制到包含文件中,将两个文件内容合并。在 C 程序中经常需要包含的是各种头文件,这些头文件的扩展名一般为". h",内容多是库函数、宏、全局变量的声明信息等。头文件包含进来后,用户程序在使用头文件中的内容时就无须再声明。除头文件外,其他文本文件以及用户自己定义的文件也都可以使用文件包含的方式将其包含到其他文件中。例如有一个定义了常用函数的程序文件"file1. c",现在程序文件"file2. c"要调用其中的函数,则只要在文件"file2. c"中使用包含命令"♯include <file1. c>"将文件"file1. c"包含,则文件"file2. c"就可以直接调用这些函数了。采用文件包含方式能提高程序代码的复用率和编程的效率。

4.9.2 标准51头文件"reg51.h"

在 C51 程序中经常包含定义单片机特殊功能寄存器的头文件,这些头文件依单片机型号的不同内容会有一些差异。在 Keil μVision 集成开发环境中,8051/80C51 单片机的头文件名为"reg51.h",8052/80C52 单片机的头文件名为"reg52.h",SST89E516RD 单片机的头文件名为"SST89X5XXRD2.H"。程序中若要使用单片机的特殊功能寄存器,则需包含对应的头文件,否则就自行用 sfr 或 sfr16 数据类型来定义。为方便学习了解特殊功能寄存器的定义方法,下面给出了"reg51.h"头文件中的部分内容。

```
/* BYTE Register 以下是 51 单片机所有 SFR 的定义 */
sfr  P0=0x80;
sfr  P1=0x90;
sfr  P2=0xA0;
sfr  P3=0xB0;
sfr  PSW=0xD0;
sfr  ACC=0xE0;
sfr  B=0xF0;
sfr  SP=0x81;
sfr  DPL=0x82;
sfr  DPH=0x83;
sfr  PCON=0x87;
sfr  TCON=0x88;
sfr  TMOD=0x89;
sfr  TL0=0x8A;
sfr  TL1=0x8B;
sfr  TH0=0x8C;
sfr  TH1=0x8D;
sfr  IE=0xA8;
sfr  IP=0xB8;
sfr  SCON=0x98;
sfr  SBUF=0x99;
/* BIT  Register */
/* PSW  以下是程序状态字中各个位的定义 */
sbit  CY=0xD7;
sbit  AC=0xD6;
sbit  F0=0xD5;
sbit  RS1=0xD4;
sbit  RS0=0xD3;
sbit  OV=0xD2;
sbit  P=0xD0;
```

4.9.3 宏定义命令

1. 宏

宏是一种很有用的预处理命令,它不仅使程序便于阅读和修改,还能像函数那样用作实现特定的功能。在 C51 中,宏是在程序中预先定义的一个代表某个字符串的标识符。宏的标识符称为宏名,它代表的字符串称为宏体。编译程序时,编译器会将程序中所有宏名都替换为对应的宏体。宏要先定义才能使用,定义宏使用预处理命令"#define"。定义时,按宏是否有参数分为无参宏和有参宏两类。宏定义格式如下。

无参宏:

#define 宏名 宏体

有参宏:

#define 宏名(形参) 宏体

格式中的"宏名"代表所定义的宏;"宏体"是编译时指定替换宏名的任何字符串,这个字符串不是 C51 程序中的字符串常量,一般不要加引号。若宏体较长可以换行书写,但要在换行处加上符号"\"表示续行。符号"\"不属于宏体中的内容。

2. 无参宏

无参宏可用来定义符号常量,例如"#define True 1","#define False 0"。定义后程序中就可以使用标识符"True"和"False"来表示 1 和 0 了,这比直接在程序中写 1 和 0 更便于阅读,例如下面的语句:

```
while(CY==Ture) {…}        //当 CY 的值等于"真"时执行循环体
F0=False;                  //将"假"赋予 F0
```

当这些语句被编译时,编译器会用指定的宏体替换它们,上面语句经替换后变为:

```
while(CY==1) {…}
F0=0;
```

除定义符号常量外,无参宏也能用于其他用途,例如在 C51 中没有字节类型和字类型,而是用字符型和基本整型来表示,为和某些系统表示一样,可以定义如下两个宏。

```
#define byte unsigned char
#define word unsigned int
```

经定义后程序中就可以使用 byte 和 word 作为关键字去定义字节类型和字类型。例如:

```
byte bdata1,bdata2;
word wdata1,wdata2;
```

编译时上述变量定义会替换为：

```
unsigned char bdata1,bdata2;
unsigned int wdata1,wdata2;
```

宏替换在程序编译时进行，不过并不是程序中所有和宏名相同的标识符都会被替换，如出现在字符串常量里面的内容，即使和宏名一样也不替换。例如：

```
char * pstr="byte and word";        //字符串常量中的"byte"和"word"编译时就不被替换
```

还可以用无参宏来定义某些特定操作。例如要通过单片机的P1.0引脚输出一个负脉冲以复位或应答外设，这时可定义如下的宏 ResetDevice 实现该操作。

```
sbit P1_0=P1^0;                            //先定义 P1_0 引脚
#define ResetDevice{   P1_0=1;\            //P1.0引脚先输出高电平，"\"表示续行
                       P1_0=0;\            //P1.0引脚再输出低电平
                       P1_0=1;             //P1.0引脚最后输出高电平
                   }
```

在需要通过P1.0引脚输出负脉冲的地方可以调用该宏，调用形式为：

```
ResetDevice
```

3. 有参宏

有参宏的使用比无参宏灵活，程序中原本要用函数实现的程序块可用有参宏的方式实现。例如求一个数的绝对值，可用如下宏实现。

```
#define ABS(x) (x=x>=0?x:-x)
```

当程序中要将一个变量 m 的绝对值赋予变量 n 时，可如下使用该宏。

```
n=ABS(m);                                  //将 m 的绝对值赋予 n
```

上述宏调用语句编译后被替换为：

```
n= (m=m>=0?m:-m);
```

定义有参宏时"(形参)"必须紧接着宏名，中间不能有空格。宏定义时的形参和调用时的实参不像函数那样采用"传值"的方式，而只是一种简单的字符替换。像上面求绝对值的宏的替换过程为：先用实参 m 替换宏体中的形参 x，替换后得到宏体"(m=m>=0? m:－m)"，接着再用该宏体替换语句中的宏调用"ABS(m)"。

如果把前面的通过单片机引脚输出负脉冲的宏改写为如下形式，则其使用更灵活。

```
#define ResetDevice(pin){pin=1;pin=0;pin=1;}
```

这时可像如下调用宏 ResetDevice，此时输出负脉冲的引脚不再局限于 P1.0。

```
sbit ADCRst=P1^2;
ResetDevice(P1_1)                          //通过 P1.1引脚输出负脉冲
```

```
ResetDevice(ADCRst)                    //通过 P1.2 引脚输出负脉冲
```

使用有参宏时要特别注意它的参数,宏的实参和形参只是简单字符替换,替换过程中不作语法检查,只有全部替换处理完后,程序编译时才检查语法的正确性。如果宏使用不当则会带来一些问题,例如:

如果将求绝对值的宏 ABS 改写为:

```
#define ABS(x) x=x>=0?x:-x
```

这时宏调用:n＝k＋ABS(m);(本意是将变量 k 的值和 m 的绝对值相加后赋予 n)

编译替换后为:n＝k+m＝m＞=0? m:－m;(显而易见这是一个错误的表达式,赋值号"="左边不能出现表达式"k+m")

所以稳妥的方法是将作为宏体的表达式用括号括起,有时形参也单独用括号括起,这样就不会在宏替换后改变其表达式的运算顺序。

4.9.4　编译器控制命令

很多单片机 C 语言编译器都支持一个较有用的预处理命令"♯pragma",该命令称为编译器控制命令。主要用途是编译时对编译环境进行设置,以满足一些特殊需要。设置默认情况下的编译环境,一般通过集成开发软件的相应菜单完成,使用编译器控制命令只能针对个别文件,更具灵活性和个性。使用格式如下。

#pragma　控制命令

其中的"控制命令"由实际使用的编译器决定,不同的编译器所支持的控制命令不完全一样。Keil μVision 的 C51 编译器支持几十个不同功能和用途的控制命令,如前面提到的设置存储模式的 small、compact、large 就是其中的一类。例如要将默认存储模式设置为 large 模式,则可在程序开头写上如下的编译器控制命令。

```
#pragma large
```

这样程序中定义的变量默认情况下全都存放在片外数据区中。若使用的控制命令编译器不支持,则它会忽略该命令。一般情况下,编译控制命令写在程序开头。

4.10　编写单片机程序的一些建议

在单片机上和在微机上编写应用程序有一些显著区别。编写单片机应用程序不能像编写微机应用程序那样只把注意力集中在程序算法的实现上,一般不用考虑存储资源、执行速度、底层硬件结构、工作原理、工作过程等其他方面。而对单片机开发人员来说,其知识面要求相对较高,不仅要掌握有关软件开发的知识,还要对单片机和外围器件的结构、工作原理、工作过程等有一定的认识和了解。尤其在使用 C51 等高级语言编写单片机应用程序时,更要注意单片机有别于微机的独特之处。以下从几个方面简单提一些建议以供参考。

1. 软硬件设计方面

与在硬件结构标准化的微机上开发应用程序不同,单片机应用程序一般针对的都是结构独特的硬件系统,程序的通用性和移植性不强,系统硬件结构的规划和资源的使用由设计人员自己决定。如果系统的软硬件是分开设计的,由不同人员负责,则软硬件设计人员事先一定要做好沟通,达成共识。一般的原则是能由软件实现的功能尽量选择软件完成,当软件无法实现或对实时性要求较高软件无法胜任时才考虑选择硬件。硬件电路设计时要尽可能选择那些结构简单、经典可靠,最好是在实际系统中得到验证的成熟电路。因为这样可参照的软件算法比较丰富,在缩短软件开发调试进程的同时,也保证了系统工作的稳定可靠。有条件时最好先做仿真实验验证设计,再确定最终方案。

2. 存储空间使用方面

合理规划使用单片机的存储空间,避免数据冲突。MCS-51 单片机的片内 RAM 寻址空间最多有 256B,它的通用寄存器、位寻址区、堆栈、特殊功能寄存器都在这个寻址空间中。使用单片机的片内 RAM 存放程序中的变量时,变量不宜定义过多。如果需要较多数据存储空间,则可适当在片外进行扩展,或选用像 SST89E516RD 等内部集成高容量 RAM 存储器的增强型 51 单片机。调用函数时会使用堆栈空间,因此程序中的函数嵌套调用不要层次过深,否则可能会造成堆栈溢出,使程序不能正常运行。特别是对片内 RAM 只有 128B 的 80C51 单片机来说更要注意。在可能的情况下,一些功能相对简单的程序模块最好用宏的方式去实现,因为宏不像函数那样需要使用堆栈。

为节约存储空间,可在满足需求的前提下尽量采用编码长度短的数据类型来定义变量,像 C51 中字符型数据就比基本整型数据要节约一半的存储空间。可能的情况下函数内部使用的变量尽量采用动态变量,减少对静态变量的使用。因为动态变量被安排在堆栈中,它是"用之则建,用完即撤",对存储空间的利用率较高,不像静态变量那样即使不使用,也要占据固定的存储空间。程序中的常变量、常数表在定义时最好使用存储类型关键字"code"将它们显式声明存放在程序存储区,因为单片机的 ROM 存储器一般都比 RAM 存储器容量要高。合理使用位变量也能减少程序对存储器的使用。

3. 执行效率方面

只要片内 RAM 够用,就尽量将存储模式设为小模式,这种模式中的变量都存放在片内 RAM 中,访问效率比存放在片外 RAM 中的高不少,特别是对循环控制变量等访问频率较高的变量来说,安排在片内比在片外访问要节约不少时间。若片内 RAM 不够用,可在定义变量时通过显式声明存储类型的方式把部分不常用又比较大的变量和数组安排在片外 RAM 中,即使选用紧凑模式也比选用大模式数据访问要高效。

在程序中使用指针时,要尽可能选用指向特定存储区的储存器指针,避免使用通用指针,因为前者的长度比后者低,执行效率要比后者高。51 单片机是 8 位机型,其处理 8 位数据的速度远比处理 16 位、32 位要快。因此程序中要尽量避免使用复杂数据结构,如实型、实型指针等,它们的处理效率在 51 单片机中是非常低的。数据处理时要尽量使用执行效率较高的运算如自加、自减、位运算等,这样能更进一步缩短程序的执行用时。由于宏的执行效率比函数高,因此可将程序中功能较简单而又使用较多的程序片段采用宏的方式实现。

习 题

4-1 C51 与标准 C 语言有哪些主要的区别?

4-2 用 C51 对 MCS-51 单片机的特殊功能寄存器 IE(中断使能寄存器,地址 A8H)及其各个位进行定义。该寄存器组成如下。

位地址	AFH	AEH	ADH	ACH	ABH	AAH	A9H	A8H
位名	EA	—	—	ES	ET1	EX1	ET0	EX0

4-3 按要求用 C51 定义下列变量。

(1) 一个存放在片内直接寻址区中的无符号字符型变量 ch。

(2) 一个存放在 ROM 中的字符数组 string,其内容为字符串"MCS-51"。

(3) 一个存放在片内间接寻址区中的整型变量 i,变量地址为 95H。

(4) 一个存放在片外 RAM 中的无符号整型常变量 N,其值为 10000。

(5) 一个存放在片外 RAM 中的易变量整型数组 arr,数组首地址为 0100H。

(6) 一个指向片内直接寻址区的字符型存储器指针变量 p1。

(7) 一个存放在片内间接寻址区中的整型通用指针变量 p2。

(8) 一个指向片外 RAM 并存放在片内间接寻址区中的实型存储器指针变量 p3。

(9) 一个指向分页片外 RAM 的空指针变量 p4。

(10) 两个位变量 a 和 b。

4-4 编程将 P1 口低 4 位的输入,输出到高 4 位。

4-5 编程将存放在片外 RAM 中地址 0010H 的无符号整型变量的值转换为 6 位非压缩 BCD 码,并存放到数组 BCDCode 中。

4-6 编程将存放在片外 RAM 中地址 0000H 起始的 100 个 8 位无符号数中的最大数找出。

4-7 定义一个函数比较 P0 口和 P1 口的输入是否互反,若是返回 1,否则返回 0。

4-8 假设 MCS-51 单片机的定时/计数器 0 的定时中断周期是 1/3600s,通过其中断函数实现在 P1.0 引脚上输出频率为 100Hz,占空比为 50% 的方波信号。

4-9 利用上题中的定时中断函数实现 10s 的定时,定时时间到时通过 P1.1 引脚输出一个正脉冲。

4-10 定义一个宏,实现将一个基本整型变量的高低字节互换。

第5章

集成开发环境 Keil μVision 及其使用

单片机是一门实践性很强的课程,学习单片机不能纸上谈兵,光学不练,学习的目的就是为了使用。在学习过程中初学者肯定会遇到各种各样的困惑,答疑解惑最好的良师就是动手实践。早期单片机价格比较昂贵,进行实验又需要数量较多的工具和仪器,这为初学者动手实践设置了不小障碍。随着单片机价格的不断下降和众多优秀开发工具(平台)的不断涌现,自行动手实验已变得非常容易。在 51 单片机的开发软件中以美国 Keil 公司推出的 Keil μVision 最具代表性和应用最广。它使用方便,功能完善,支持的 51 单片机型号众多,是现今 51 单片机开发的主流软件工具。该软件的试用版可从 Keil 公司网站上免费下载,除有 2KB 程序代码限制外,试用版已能满足初学者学习的需求。

本章主要介绍 51 单片机集成开发环境 Keil μVision 的基本用法。该软件不仅能对单片机程序进行编辑、编译、分析等操作,还能进行仿真调试,将单片机的工作过程形象地呈现出来,有利于帮助初学者理解单片机的工作原理。本章最后一节从实用的角度,介绍了该软件和具有仿真功能的 SST89E516RD 单片机联机进行在线仿真的基本方法。

本章主要内容如下。

(1) Keil μVision 软件简介;

(2) Kiel μVision 主要界面和菜单;

(3) 基本使用步骤;

(4) 软件仿真;

(5) SST89E516RD 在线仿真的基本用法。

5.1 Keil μVision 软件简介

在进行单片机应用开发时,开发工具的选用非常关键。选用得好能提高学习的效率,增加学习的趣味,并且能应用到今后的实践中去。而一个优秀的开发工具在提供丰富功能的同时,更要易于学习和使用。这当中美国 Keil 公司推出的 51 单片机集成开发环境 (Integrated Development Environment,IDE) Keil μVision 就是比较出类拔萃,具有代表性的一个。它集项目管理、编辑、编译、连接、仿真、调试等功能为一体,除 MCS-51 单片机外,还支持众多型号的其他增强型、衍生型 51 单片机,包括世界上几十个主要厂家的几百款主流产品,品种非常丰富。可满足从专业工程开发到初学者学习使用等各个不同层次的需求。

Keil μVision 界面友好,和典型的 C/C++ 开发界面非常相似,使用过 C/C++ 开发软件的人员可以很快上手,即使是初学者也比较容易学习和使用。在该集成开发环境中,不仅可以选用 C51 语言,还可以选用汇编语言,甚至是使用两种语言混合开发单片机程序。其编译器生成的目标代码效率非常高,且符合工程规范。为方便开发人员,Keil μVision 还提供了功能强大的调试工具和丰富的库函数,能对 51 单片机及其片上资源进行软件仿真。

在系统仿真方面,它得到许多厂家仿真工具的支持。通过和这些厂家的仿真器或 EDA 软件通信,借助它提供的在线汇编、反汇编、单步、断点、连续等程序调试手段和访问修改单片机片内资源的能力,用户可以控制应用程序的执行,从而对系统软件和目标硬件进行各种调试。在单片机应用开发的整个过程中,Keil μVision 是使用频率最高的软件工具,从建立项目到最后烧录代码都可以使用它。为简化称谓,本书后面都用 Keil 来代表该软件。

5.2　Keil 集成开发环境 IDE

5.2.1　主界面

从网上下载安装 Keil 后,即可在 Windows 中启动运行该软件。启动后会进入 Keil 的窗口主界面,如图 5-1 所示。默认情况下 Keil 启动后会自动打开上次的项目文件。

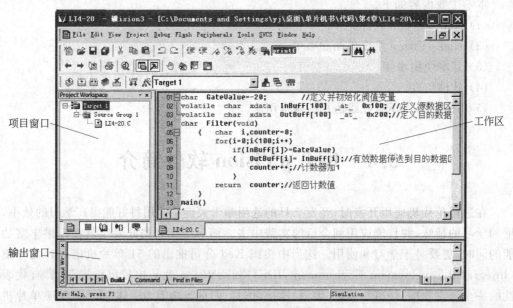

图 5-1　Keil 窗口主界面

Keil 主界面由 3 个主要部分组成,分别是:项目窗口、工作区和输出窗口。

(1) Project Workspace 项目窗口由 5 个选项卡组成,可通过下面的标签切换。它们分别用于管理项目中的文件、在调试期间查看和修改 CPU 寄存器、在线查阅开发工具和器件手册、程序中函数的快速导航、提供程序中经常使用的文本块模板。

(2) Workspace 工作区是主要的工作空间,可以同时显示多个子窗口,主要用于编辑文件、显示反汇编信息和其他调试输出。

(3) Output Window 输出窗口由 3 个选项卡组成,分别用于显示编译信息、以会话形式输入输出调试命令、显示和快速访问文件的查找结果。

5.2.2　主菜单

Keil 主界面中的主菜单共有 11 个,软件提供的绝大多数功能都可以通过菜单来操作。Keil 软件主菜单中的内容有时会根据项目配置的不同和工作模式出现一些差异,当菜单项不可用时会显示为灰色或隐藏。这些主菜单及其主要用途如下。

1. File——文件菜单

文件菜单和其他 Windows 应用程序类似,用于文件常规操作。主要有文件的新建(New)、打开(Open)、关闭(Close)、保存(Save)、另存为(Save as)、全部保存(Save all)等菜单命令,还可以管理安装协议和器件数据库,以及打印等。

2. Edit——编辑菜单

编辑菜单主要用于文件编辑过程中的相关操作。主要有撤销(Undo)、重复(Redo)、剪切(Cut)、复制(Copy)、粘贴(Paste)、查找(Find)、替换(Replace)、设置取消标签(Toggle Bookmark)等菜单命令,和打开编辑器配置对话框(Configuration)。

3. View——视图菜单

视图菜单主要用于显示和隐藏各种窗口和工具栏。主要有显示或隐藏状态条(Status Bar)、文件工具栏(File Toolbar)、编译工具栏(Build Toolbar)、调试工具栏(Debug Toolbar)、项目窗口(Project Window)、输出窗口(Output Window)、资源浏览窗口(Source Browser)、反汇编窗口(Disassembly Window)、观察和调用堆栈窗口(Watch & Call Stack Window)、存储器窗口(Memory Window)、代码报告窗口(Code Coverage Window)、性能分析窗口(Performance Analyzer Window)、逻辑分析窗口(Logic Analyzer Window)、串行窗口(Serial Window)等菜单命令,以及设置取消程序运行时周期性刷新窗口信息(Periodic Window Update)。

4. Project——项目菜单

项目菜单主要用于项目管理和配置操作。主要有项目的新建(New μVision Project)、导入(Import μVision Project)、打开(Open Project)、关闭(Close Project)等菜

单命令,以及为目标选择器件(Select Device for Target)、打开目标选项对话框(Option for Target)、创建目标(Build Target)、重建目标所有文件(Rebuild all target files)、编译当前文件(Translate)等菜单命令。

5. Debug——调试菜单

调试菜单主要用于程序调试。主要有开始或停止调试模式(Start/Stop Debug Session)、全速运行(Run)、单步执行(Step)、单步跳过(Step Over)、单步跳出当前函数(Step out of current Function)、运行到光标所在行(Run to Cursor line)、停止运行(Stop Running)、打开断点对话框(Breakpoints)、插入/取消断点(Insert/Remove Breakpoint)、使能/禁止断点(Enable/Disable Breakpoint)、禁止所有断点(Disable All Breakpoint)、取消所有断点(Kill All Breakpoints)、显示下一条指令(Show Next Statement)、设置逻辑分析窗口(Setup Logic Analyzer)、打开性能分析窗口(Performance Analyzer)、在线汇编(Inline Assembly)等菜单命令。

6. Flash——菜单

Flash 菜单主要提供单片机程序的下载(Download)、擦除(Erase)和配置 Flash 工具(Configure Flash Tools)等操作。

7. Peripherals——外围设备菜单

外围设备菜单主要用于仿真调试时打开或关闭单片机的片内资源仿真窗口。由于不同类型的 51 单片机片内资源不完全一样,因此该菜单内容会随设计选用的单片机型号不同有所变化。当所选为 MCS-51 单片机时,该菜单主要有复位 CPU(Reset CPU)、打开或关闭中断窗口(Interrupt)、并行 I/O 窗口(I/O-Ports)、串行窗口(Serial)、定时/计数器窗口(Timer)等菜单命令。

8. Tools——工具菜单

工具菜单主要用于提供第三方软件控制,要使用这些第三方软件如 PC-Lint,需要用户自行安装。

9. SVCS——软件版本控制系统菜单

该菜单主要用于配置用户软件版本控制,只有一个菜单命令 Configure Version Control。

10. Window——窗口菜单

窗口菜单和其他 Windows 应用程序类似,主要用于排列管理子窗口。

11. Help——帮助菜单

帮助菜单主要用于打开 Keil 的在线帮助以及联机帮助。

5.2.3 工具栏

工具栏提供了一种快速执行软件功能的便捷方法。它将常用菜单命令以快捷按钮的形式列出来方便使用。按用途 Keil 的工具栏分为文件工具栏、编译工具栏和调试工具栏三个。下面对常用按钮进行介绍。

1. File Toolbar——文件工具栏

文件工具栏用于与文件有关的操作和开始/停止调试模式、设置断点等,如图 5-2 所示。

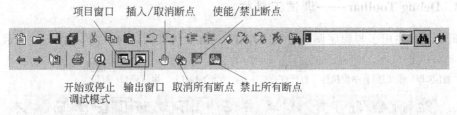

图 5-2 File Toolbar——文件工具栏

(1) Start/Stop Debug Session:开始/停止调试模式按钮,用于在 Keil 的两种工作模式间进行切换,编译模式和调试模式。编译模式主要用于程序编辑和编译,调试模式主要用于程序仿真和调试。

(2) Project Window:项目窗口按钮,用于显示或隐藏项目窗口。

(3) Output Window:输出窗口按钮,用于显示或隐藏输出窗口。

(4) Insert/Remove Breakpoint:插入/取消断点按钮,用于在当前行设置或取消断点。断点是程序中人为设置的一个标记,程序连续运行时执行到这个标记就要暂停下来,这时可以观察和修改程序运行过程中的中间结果。断点通常设置在需调试的语句处,当调试通过后可以取消断点,这样程序就能不受阻碍地连续运行。Keil 中最多可设置 10 个断点。

(5) Kill All Breakpoints:取消所有断点按钮,用于取消程序中设置的所有断点。

(6) Enable/Disable Breakpoint:使能/禁止断点按钮,用于设置当前行的断点是否起作用。

(7) Disable All Breakpoint:禁止所有断点按钮,用于禁止程序中的所有断点,使其都不起作用但不取消。

2. Build Toolbar——编译工具栏

编译工具栏用于与程序编译有关的操作,如图 5-3 所示。

(1) Translate current file:编译当前文件按钮,用于对当前文件进行编译。

(2) Build target:创建目标按钮,用于编译修改后的文件并生成应用。

(3) Rebuild all target files:重建目标所有文件按钮,用于重新编译所有文件并生成

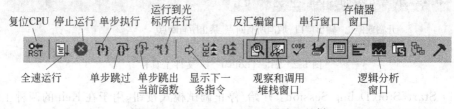

编译当前文件 创建目标　　　目标选项

Target 1

重建目标所有文件　　　　　　　　打开编辑配置对话框

图 5-3　Build Toolbar——编译工具栏

应用。

(4) Option for Target：目标选项按钮，用于打开目标选项对话框进行相关设置。

(5) Open Editor Configuration Dialog：打开编辑器配置对话框按钮，用于打开编辑器的配置对话框对编辑环境进行设置。

3. Debug Toolbar——调试工具栏

调试工具栏用于与程序调试有关的操作，只有在仿真调试时可用，如图 5-4 所示。

复位CPU 停止运行 单步执行　　　运行到光　　　　反汇编窗口 串行窗口 存储器 窗口

标所在行

全速运行　　单步跳过 单步跳出　显示下一　　观察和调用　　逻辑分析

当前函数 条指令 堆栈窗口 窗口

图 5-4　Debug Toolbar——调试工具栏

(1) Reset CPU：复位 CPU 按钮，用于调试时复位单片机，相当于给单片机一个复位信号。

(2) Run：全速运行按钮，用于全速连续运行程序，但遇到断点时程序将暂停。

(3) Halt：停止运行按钮，用于停止程序的运行，但不对单片机复位。

(4) Step into：单步执行按钮，用于控制程序每次执行一条指令或语句，当遇到函数或子程序时会进入函数或子程序内部执行。

(5) Step over：单步跳过按钮，用于控制程序每次执行一条指令或语句，当遇到函数或子程序时不会进入函数或子程序内部执行，而是将其一次执行完。

(6) Step out：单步跳出当前函数按钮，用于在函数或子程序内部执行时，一次性将函数或子程序后面的语句或指令执行完并返回。

(7) Run to Cursor line：运行到光标所在行按钮，用于从当前执行位置连续运行到光标所处的位置，但遇到断点时程序将暂停。

(8) Show current statement on program counter：显示下一条指令按钮，用于显示当前程序计数器 PC 所指向的下一条指令。

(9) Disassembly Window：反汇编窗口按钮，用于显示或隐藏反汇编窗口。反汇编窗口显示汇编或 C51 编写的程序反汇编后的内容。

(10) Watch and Call Stack Window：观察和调用堆栈窗口按钮，用于显示或隐藏观察和调用堆栈窗口。通过该窗口在程序调试时可观察变量和表达式的值，以及调用堆栈的变化情况。

(11) Serial Window ♯1：1 号串行窗口按钮，用于显示或隐藏串行窗口。该窗口是
Keil 提供的一个虚拟串行终端，主要用于调试串口通信。

(12) Memory Window：存储器窗口按钮，用于显示或隐藏存储器窗口。该窗口用于
观察和修改 51 单片机所有类型存储器的内容。

(13) Logic Analyzer Window：逻辑分析窗口按钮，用于显示或隐藏逻辑分析窗口。
该窗口用于程序调试时虚拟显示引脚的逻辑信号，被用来分析时序。

5.3 用 Keil 创建项目

5.3.1 新建项目

用 Kei 开发一个新的应用是从新建一个项目开始。项目（Project）也称工程，它
是 Keil 中一个特殊结构的文件，用于对应用中所有其他文件进行管理，包含应用中
相关文件的关系和对应用目标的配置参数。只有建立一个项目并在其中添加程序文
件后，才能进行程序的编译、连接、调试和运行等操作。项目文件的扩展名默认为
".uv2"。

在 Keil 中新建一个项目的方法是执行菜单命令 Project→New μVision Project，这时
会弹出一个 Create New Project（创建新项目）对话框，如图 5-5 所示，在"文件名"文本框
中输入项目文件的名字并选定保存位置后单击"保存"按钮；接下来会弹出另一个 Select
Device for Target（为目标选择器件）对话框，如图 5-6 所示，在这里选择目标单片机型号
（Keil 支持的单片机是按厂商分类的），比如 Intel 的 8051AH，再单击"确定"按钮；接着会
弹出一个信息提示框，如图 5-7 所示，询问是否要复制标准 8051 启动代码到项目文件夹
并加入项目中，可单击"否"按钮；最后进入 Keil 主界面，如图 5-8 所示，但其中没有任何文

图 5-5 Create New Project 对话框

件,这时还是一个空项目。

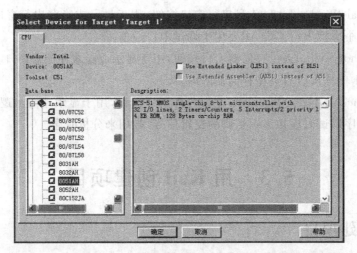

图 5-6 Select Device for Target 对话框

图 5-7 添加启动代码信息提示框

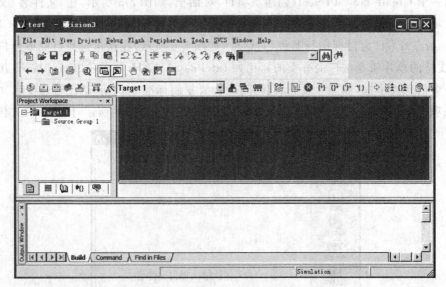

图 5-8 新建的空项目主界面

5.3.2 编写代码加入项目

创建项目后,就可以编写和添加源程序。编辑源程序可以使用其他文本编辑器,也可以使用 Keil 中的文本编辑器。打开 Keil 中文本编辑器的方法是执行菜单命令 File→New,或单击文件工具栏上的 Create a new file(新建文件)按钮,或使用快捷键 Ctrl+N。这时会在 Keil 工作区中打开一个文本编辑窗口,在其中可用 C51 语言或汇编语言编写程序,如图 5-9 所示。文件编辑完后,执行菜单命令 File→Save,或单击文件工具栏上的 Save the active document(保存活动文档)按钮,在弹出的"另存为"对话框中选择保存位置,并输入文件名和扩展名,如图 5-10 所示。对于汇编源程序扩展名可以是".asm"、

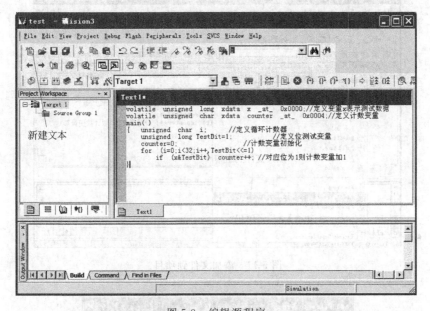

图 5-9　编辑源程序

图 5-10　保存文件

".a51"、".src"，而 C51 源程序可以是".c"和".c51"。文件被保存后 Keil 会对其进行语法着色，以便区分文件中的不同部分。

接着将编辑好的源程序文件添加到项目中。方法是右击 Project Workspace 项目窗口中的 Source Group 1 文件夹图标，在弹出的快捷菜单中选择命令 Add File to Group 加入文件到组中，如图 5-11 所示。再在弹出的 Add Files to Group 对话框中选择要加入到项目的程序文件，然后单击 Add(添加)按钮并关闭对话框，如图 5-12 所示。弹出的 Add Files to Group 对话框中默认只显示 C51 源程序，如果要加入汇编源程序，可通过"文件类型"下拉列表框进行选择。程序文件加入后就可以使用默认的项目配置对其进行编译、连接和调试运行。

图 5-11　添加文件到项目

图 5-12　选择添加文件

5.3.3 项目配置

默认的项目配置不一定能满足用户的要求,所以在程序加入项目后,通常都要对项目进行一些配置以满足个性化的要求。项目配置通过 Option for Target(目标选项)对话框完成,打开该对话框的方法是执行菜单命令 Project→Options for Target,或单击编译工具栏上的 Option for Target(目标选项)按钮。该对话框由 11 个选项卡组成,内容比较复杂,涉及整个目标项目的各种选项配置,许多选项使用其默认值即可。这里对其中较常用的一些配置内容进行简单介绍,如图 5-13 所示为目标选项对话框的 Target 选项卡,该选项卡上的配置内容主要如下。

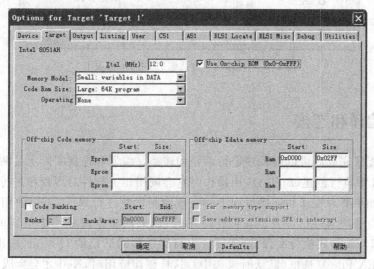

图 5-13 目标选项对话框的 Target 选项卡

(1) Xtal (MHz)文本框,用于设置目标单片机的振荡时钟频率,默认值会依所选单片机型号有所不同,该值只影响仿真运行,与实际硬件无关。

(2) Use On-chip ROM 复选框,用于选择是否使用单片机片内程序存储器。

(3) Memory Model 下拉列表框,用于设置 C51 编译时的默认存储模式,有 Small、Compact、Large 三种选择。

(4) Code Rom Size 下拉列表框,用于设置程序代码大小限制,也有 Small、Compact、Large 三种选择。区别是 Small 模式的程序代码最多 2KB;Compact 模式的程序代码最多 64KB,但单个函数最多 2KB;Large 模式的程序代码最多 64KB,函数也可最多 64KB。

(5) Off-chip Code memory 选项区域,用于设置片外程序存储器的地址范围,可以设置最多 3 段不重叠的地址范围,无外扩程序存储器时不用设置。

(6) Off-chip Xdata Memory 选项区域,用于设置片外数据储存器的地址范围,也可以设置最多 3 段不重叠的地址范围,无外扩数据存储器时不用设置。

Device(器件)选项卡主要用于选择目标单片机类型,如图 5-14 所示,在 Keil 编译模式中可以随时通过它修改单片机类型。

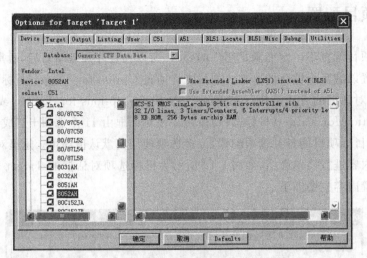

图 5-14　目标选项对话框的 Device 选项卡

5.3.4　编译和连接

在项目配置完成后可以对程序进行编译和连接。编译和连接实际上是两个不同的操作,但在 Keil 中执行创建(Build)应用操作时它会调用相关软件对源程序进行编译和连接处理。用户如果要对编译和连接过程中的一些控制参数进行修改,可以使用目标选项对话框中的相应选项卡进行设置。在创建应用时,如果期望生成最终烧录到单片机 ROM 存储器中的 HEX 格式执行文件,则需要选中目标选项对话框的 Output(输出)选项卡上的 Create HEX File 复选框(默认时未选中),这样创建应用时,Keil 才会生成 HEX 文件,如图 5-15 所示。

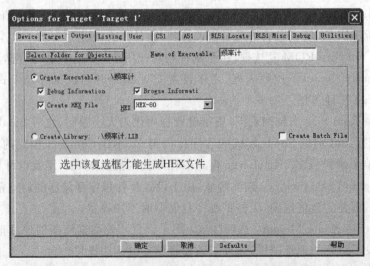

图 5-15　目标选项对话框的 Output 选项卡

执行菜单命令 Project→Build Target 或 Rebuild all target files 可实现创建应用操作,此外也可以使用编译工具栏上对应的快捷按钮。当编译和连接过程中出现错误时,Keil 会在输出窗口中显示相关错误信息,如图 5-16 所示,若没有错误则会显示相关通过信息,如图 5-17 所示。

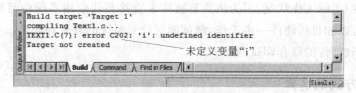

```
× Build target 'Target 1'
  compiling Text1.c...
  TEXT1.C(7): error C202: 'i': undefined identifier ─── 未定义变量"i"
  Target not created
  ◄ ◄ ► ►| Build ⟩ Command ⟩ Find in Files /                          ◄    ►
                                                              Simulat:
```

图 5-16　源程序编译有错时输出窗口显示的信息

```
× Build target 'Target 1'
  compiling Text1.c...
  linking...
  Program Size: data=13.0 xdata=5 code=118
  "test" - 0 Error(s), 0 Warning(s).
  ◄ ◄ ► ►| Build ⟩ Command ⟩ Find in Files /                          ◄    ►
                                                              Simulat:
```

图 5-17　源程序编译通过后输出窗口显示的信息

5.4　Keil 仿真调试

5.4.1　仿真方式

1. Keil 的仿真方式

无论多么优秀的程序员编写的程序都难免会出现错误,程序中的错误一般分两类性质。一类是编辑和连接过程中出现的语法和连接错误,如变量未定义、文件未找到等。这类错误在创建应用过程中编译和连接软件会检查并提示,相对比较好解决。另一类是程序中的逻辑错误,如算法不能达到预期效果,或是与硬件工作不协调、有冲突等。这类错误解决起来较麻烦一些,它需要调试人员不仅要熟悉软件还要精通硬件的调试。这种情况下除软件工具外,调试还要使用一些如万用表、示波器、逻辑分析仪等仪器。

一个优秀的开发平台应能为用户提供完善的调试手段,同时还要易于使用,尽量降低对外部调试工具的依赖。Keil 是目前在这方面做得比较好的软件之一,它提供的仿真调试不仅功能完善,且使用很方便,受到普遍欢迎,得到许多厂商的支持。

Keil 支持两种仿真调试方式,软件仿真和在线仿真。软件仿真无须实际单片机参与,它由微机来担当仿真器模拟单片机执行程序的过程,以及单片机内部资源的工作状况。由于微机的性能要远高于单片机,所以软件仿真的调试速度较快,主要用于调试程序算法和观察程序执行过程中对单片机内部有关资源的影响。一些简单或外围器件很少的应用使用软件仿真方式就能解决问题,但在面对复杂或是外围器件较多的应用时,只使用软件仿真方式不能彻底解决问题,因为单片机的外部器件 Keil 无法模拟。通常在程序编译通过后,会先用软件仿真方式对它进行早期软件调试。

在线仿真需要外部仿真器的参与,该方式中仿真器负责执行单片机程序,借助通信手段和相关协议 Keil 可对仿真器的执行过程进行控制。与软件仿真不同,在线仿真能真实反映应用系统的实际工作状况,因为仿真器被用来直接替代应用系统中目标硬件上的单片机芯片,它可以和目标硬件一道工作,调试同时针对系统的软件和硬件。所以在线仿真通常用在后期软硬件的联合调试当中。

2. 仿真方式的选择

软件仿真和在线仿真虽然本质上不同,但在程序调试手段、调试方法、调试步骤上基本都一样。在 Keil 中选择哪种仿真方式进行调试,是通过其 Option for Target(目标选项)对话框中的 Debug(调试)选项卡设置的,如图 5-18 所示。该选项卡左边选择区为软件仿真方式设置,右边的为在线仿真方式设置,仿真时二者只能选其一。该选项卡的主要设置内容主要如下。

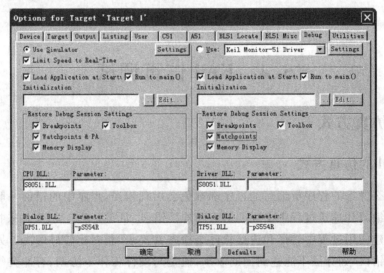

图 5-18　目标选项对话框的"Debug"选项卡

(1) Use Simulator 单选按钮,选中表示选择软件仿真方式,它与右边对应的 Use 单选按钮不能同选。

(2) Use:单选按钮,选中表示选择在线仿真方式,它与左边对应的 Use Simulator 单选按钮不能同选。其右边的下拉列表框用于选择和仿真器通信的协议驱动,较常用的是 Keil Monitor-51 Driver。

(3) Load Application at Startup 复选框,表示开始调试时是否加载 Output 选项卡中指定的应用程序,该复选框一般情况下需要选中,否则不能加载调试程序。

(4) Run to main()复选框,表示调试 C51 程序时是否直接执行到 main()函数,一般调试 C51 程序时都要选中该复选框,否则会先从一段初始化代码开始执行。

该选项卡中的其他选项可不用设置,直接使用默认值。

5.4.2　软件仿真

程序编译连接通过后,通常会先使用软件仿真方式对程序进行调试,当目标硬件制作完成后再使用在线仿真方式进行软硬件联调。选择软件仿真方式要选中 Debug(调试)选项卡上的 Use Simulator 单选按钮,关闭对话框回到主界面后,再执行菜单命令Debug→Start/Stop Debug Session,或单击文件工具栏上的对应按钮,或按组合键 Ctrl+F5 进入 Keil 的调试模式主界面,如图 5-19 所示。

图 5-19　调试模式主界面

进入调试模式后,在 Keil 的工作区中会显示被调试的 C51 或汇编源程序,此时主界面中会增加一些调试窗口用于显示调试过程中的信息,这些窗口可以随时打开或关闭。调试窗口是软件仿真调试过程中观察执行结果的主要界面,需要熟悉。

在调试模式中通过执行 Debug 菜单中的命令或单击调试工具栏上的调试按钮,可控制程序的执行。开始执行程序时,工作区最左边会出现一个黄色箭头,用于指示将要执行的当前行,借助它可以观察程序执行的流程。在程序中设置的断点会用红色矩形块标记出来,被禁止的则用白色矩形块标记。再次执行 Start/Stop Debug Session 命令可以结束调试模式返回编译模式。

5.4.3 调试窗口

Keil 提供了多个调试窗口用于仿真调试时观察和修改单片机的内部资源,这些窗口只有在调试模式中可以使用,通过 View 菜单或 Debug Toolbar 工具栏上的命令可以随时打开或关闭这些窗口。

1. 寄存器窗口

寄存器窗口出现在项目窗口中,用于在调试过程中实时显示和修改单片机寄存器的值,如图 5-20 所示。当程序中的语句或指令执行后改变了寄存器的值时,被改变的寄存器会被用蓝色光条标记出来。如果要修改寄存器的值,可以先单击选定等待 1 秒后再次单击,或是选定后按 F2 键,也可以连续 3 次单击要修改的寄存器,然后再通过键盘修改。

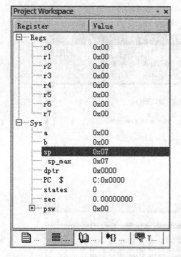

图 5-20　寄存器窗口

2. 存储器窗口

存储器窗口用于实时显示或修改单片机各种类型存储区中存储单元的值,如图 5-21 所示。存储单元值的显示一般采用十六进制,但也可以使用其他格式,改变显示格式的方法是右击存储器窗口再在弹出的快捷菜单中选择。在存储器窗口的 Address(地址)文本框中可以输入要显示的存储区类型及其起始地址。存储区类型用单个字母表示,其中"C:"表示程序存储区、"D:"表示片内直接寻址区、"I:"表示片内间接寻址区、"X:"表示片外数据存储区。例如要显示片外数据存储区 0200H 起始的存储单元,可在 Address 文本框中输入"X:0x200"并回车。

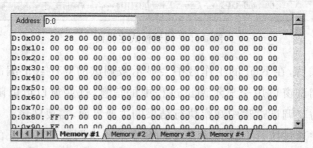

图 5-21　存储器窗口

当要修改存储单元的值时,可以用鼠标连续 3 次单击要修改的存储单元,或右击要修改的存储单元再在弹出的快捷菜单中选择 Modify Memory at 命令。窗口中的标签 Memory ♯n 用于切换显示不同的存储器页。

3. 反汇编窗口

反汇编窗口用于显示程序的反汇编信息,如图 5-22 所示,该窗口可以通过执行菜单命令 View→Disassembly Window 或 Debug 工具栏上的对应按钮打开与关闭。右击该窗口在弹出的快捷菜单中有许多实用操作,如改变显示模式、行内汇编、运行到光标处、显示对应源代码等。

```
       4: main( )
       5: {       unsigned  char  i=0;          //定义循环计数器,初值0
C:0x0003    E4      CLR      A
C:0x0004    FD      MOV      R5,A
       6:         unsigned  int  TestBit=1;      //定义测试数据: 0000,0000,0000,0001B
C:0x0005    7F01    MOV      R7,#0x01
C:0x0007    FE      MOV      R6,A
       7:         x=0x3f09;
C:0x0008    900100  MOV      DPTR,#x(0x0100)
C:0x000B    743F    MOV      A,#0x3F
C:0x000D    F0      MOVX     @DPTR,A
C:0x000E    A3      INC      DPTR
C:0x000F    7409    MOV      A,#0x09
C:0x0011    F0      MOVX     @DPTR,A
       8:         while (i<16)
C:0x0012    ED      MOV      A,R5
C:0x0013    C3      CLR      C
C:0x0014    9410    SUBB     A,#0x10
C:0x0016    501C    JNC      C:0034
```

LI4-11.C   Disassembly

图 5-22   反汇编窗口

4. 观察和调用堆栈窗口

观察和调用堆栈窗口中有 4 个标签对应 4 个显示页,用于显示和修改程序中的变量以及列出当前函数的调用嵌套关系。通过使能 View 菜单的 Periodic Window Update 选项可以在程序运行时自动更新变量的值。其中各页说明如下。

(1) Locals 标签对应的页用于显示和修改当前函数中的局部变量,如图 5-23 所示,修改的方法同在寄存器窗口中修改寄存器一样。

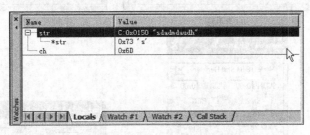

Name	Value
str	C:0x0150 "sdadmdaudh"
*str	0x73 's'
ch	0x6D

Locals / Watch #1 / Watch #2 / Call Stack

图 5-23   观察和调用堆栈窗口的 Locals 页

(2) Watch #n 标签对应的页用于添加观察变量,方法是选定添加的行后按 F2 键编辑输入要观察的变量然后回车,变量的值可以修改,方法同上。

(3) Call Stack 标签对应的页用于显示当前函数的嵌套调用关系,如图 5-24 所示。最上层的是当前正被执行的函数,Caller 表示调用方,Callee 表示被调用函数。

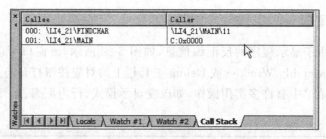

图 5-24　观察和调用堆栈窗口的 Call Stack 页

5. 外围设备窗口

外围设备窗口用于显示和修改与单片机片内设备相关特殊功能寄存器的值,80C51 单片机的外围设备窗口如图 5-25 所示,这些值可通过窗口中的对应控件进行修改。通过执行菜单 Peripherals 中的相关命令可以打开或关闭外围设备窗口。由于不同类型的 51 单片机片内资源不完全一样,因此该菜单内容会随选用的单片机型号有所变化。图中显示的为 80C51 单片机的主要片内外设。窗口中的复选框控件表示对应的特殊功能寄存器中的位,选中表示置 1,未选中表示清 0。

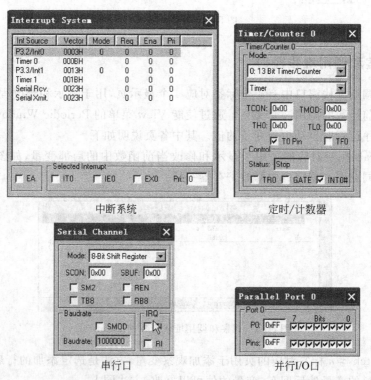

图 5-25　80C51 的外围设备窗口

6. 串行终端窗口和逻辑分析窗口

这两个窗口是 Keil 提供的虚拟设备,其中串行终端窗口虚拟一个串行终端设备,用于调试串行通信,它既可接收程序串行发送来的数据,也可向程序串行发送数据,数据可以用十六进制或 ASCII 字符的形式显示。通过执行菜单命令 View→Serial Window 可以打开或关闭串行终端窗口,如图 5-26 所示。

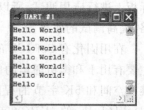

图 5-26 串行终端窗口

逻辑分析窗口用于程序调试时模拟显示引脚的逻辑信号,主要用来进行时序分析,通过执行菜单命令 View→Logic Analyzer Window 可以打开或关闭逻辑分析窗口,如图 5-27 所示。添加检测引脚是通过单击其中的 Setup 命令按钮打开相应的对话框完成的。

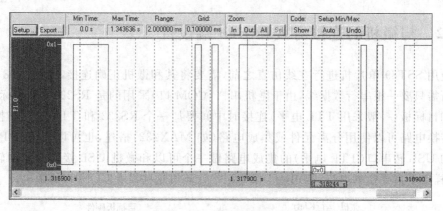

图 5-27 逻辑分析窗口

5.5 SST89 单片机的仿真与程序固化

5.5.1 SST89 单片机的 SoftICE 简介

SoftICE(Software In Circuit Emulator)是 SST 公司为方便用户开发调试提供的一个运行在单片机端的仿真监控程序,主要应用于该公司的 SST89 系列单片机上。固化有该监控程序的 SST89 单片机通过串口和运行在微机端的 Keil 软件通信,就能实现"在电路中仿真"的功能。在 Keil 集成开发环境中,通过该功能,用户不仅能将编写好的应用程序下载到单片机的程序存储器中(但不能固化),还能利用 Keil 提供的各种调试手段实时对应用程序进行调试。

SoftICE 与 Keil 具有良好的兼容性,可用来调试 C51 语言或者汇编语言编写的应用程序,支持在线汇编、反汇编、单步、断点、连续等程序调试手段,可对单片机的数据存储器、程序存储器、CPU 寄存器、特殊功能寄存器等所有片内资源进行访问。在实现了单片机仿真器大多数功能的同时，又避免了一些仿真器不能仿真增强型单片机扩展功能，以及接触不良等弊端。在应用中可做到无须取下单片机芯片，只使用串口就能对目标系统软硬件进行调试，为用户提供了一种方便有效的"在电路中开发"的方式。由于是直接在目标板上进行应用调试，所以更能真实反映出系统实际工作的情况，能让调试人员少走弯路，提高调试的效率。

在用固化有 SoftICE 的 SST89 单片机作仿真使用时它需要占用单片机的部分资源，主要有用于和微机通信的单片机串口以及用作波特率发生器的定时/计数器 2、8 字节的堆栈空间和 5K 字节的程序存储空间。这 5K 字节对于 SST89E516RD 单片机来说是 Block1(从块)的 4KB(0000H～07FFH)和 Block0(主块)的 1KB(FC00H～FFFFH)。

通常具备仿真功能的 SST89 单片机出厂时就在其 Block1 存储块中固化有 SoftICE 监控程序，假若没有，用户也可使用编程器或通过 IAP 操作自行将该监控程序编程固化到单片机中。

5.5.2　与微机的连接方式和 Keil 端设置

使用 SST89 单片机进行在线仿真之前，需要将其和微机正确连接，如图 5-28 所示，连接所需只要一根串行数据线，由于微机串口(COM 口)采用的是 RS232C 电平标准，所以在和目标板(一般采用 TTL 电平)连接时中间要加一个 RS232 和 TTL 电平转换的电路。转换电路可以使用分离元件或集成电路(如 MAX232)搭建，也可以使用像 PL2303 那样的 USB 转串口(TTL 电平)的集成电路做一个可以和微机 USB 接口通信的转换电路，这样就不需要微的串口，特别适于像笔记本计算机这些没有 COM 口的微机。

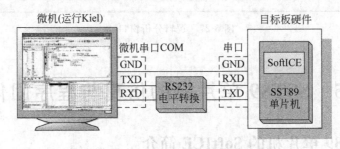

图 5-28　SST89 单片机与微机连接方式

在硬件连接好后，还需要在 Keil 软件上进行一些设置才能使用 SST89 单片机进行在线仿真。方法是打开 Keil 的 Option for Target(目标选项)对话框中的 Debug(调试)选项卡，如图 5-18 所示，然后选中右边 Use：单选按钮，再在其右边的下拉列表框中选择 Keil Monitor-51 Driver 驱动协议，接着单击右边的 Settings 命令按钮打开 Target Setup(目标设置)对话框，如图 5-29 所示。

在打开的 Target Setup 对话框中的 Port：(端口)下拉列表框中选择与微机端一致的串口(COM)号；Baudrate：(波特率)下拉列表框中选择与微机端一致的串口波特率(注：微机端使用的串口号和波特率可以通过 Windows 操作系统的"设备管理器"窗口查看)；

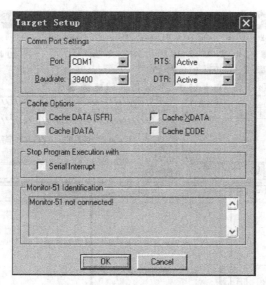

图 5-29　Target Setup 对话框

然后将 Cache Options(缓冲选择)选项区域中的复选框全清空(这些选项用于使能或禁止是否对单片机相应存储区进行缓冲,使能缓冲时能加快调试速度,但如果要想在 Keil 的存储器窗口中实时显示单片机存储器中的信息,则需禁止);Stop Program Execution with 选项区域中的 Serial Interrupt 复选框用于使能是否使用单片机的串行中断来终止程序执行,这样做虽然在仿真时可以方便地终止程序执行,但 SoftICE 会将单片机串口中断向量 0023H 处的内容修改,如果用户程序使用了这个位置的存储单元就会造成用户程序无法正常运行,所以一般不选中该复选框。

5.5.3　在线仿真

在 Keil 软件设置完成和 SST89 单片机与微机连接好之后就可以进行在线仿真了。仿真之前要先给目标板上电,然后在 Keil 的编译模式中执行菜单命令 Debug→Start/Stop Debug Session 进入调试模式,这时在主界面窗口的状态栏左边会显示一个程序下载进度条,如图 5-30 所示,当进度达到 100%时,表示程序已下载到 SST89 单片机中,这时就可以开始调试程序,除设置有所不同外在线仿真和软件仿真的调试手段都是一样的。

如果程序下载不成功,可以硬件复位单片机后再尝试,只要单片机和连接没有问题,且所有设置正确一般都能成功。要终止调试回到 Keil 的编译模式可以再次执行"Start/Stop Debug Session"命令或按"Ctrl+F5"键。

5.5.4　SST89 单片机的程序固化

1. SST89 单片机的 BSL 简介

当所有软硬件调试完毕,最后需要将调试好的应用程序固化到单片机的程序存储器

图 5-30　在线仿真主界面

ROM 中,使其能永久保存,以便单片机上电后能自动运行程序。要对 SST89 单片机进行程序固化,可以使用传统编程器,也可以通过 SST89 单片的 BSL 下载引导程序实现。BSL(Boot-Strap Loader)也是 SST 公司提供的一个运行在单片机端的监控程序,它的功能就是通过 IAP 方式将微机端传送来的单片机程序自行固化到单片机中,这样就不需要使用编程器了。要通过这种方式固化单片机程序,在微机上还需要运行一个 IAP 工具程序 SSTEasyIAP,这些程序都可从 SST 公司的网站上免费下载。

　　下载引导程序 BSL 通过串口与微机上运行的 IAP 工具程序 SSTEasyIAP 通信,可将在 Keil 中生成的单片机执行文件(HEX 格式文件)固化到 SST89 单片机中,使其永久保存。同时它还能将 SST89 单片机 ROM 中存储的数据上传到微机,或对已固化有应用程序的 SST89 单片机进行擦除、加密、改写倍频特殊位等操作。

　　由于仿真程序 SoftICE 和下载引导程序 BSL 都要存储在 SST89 单片机的 Block1 存储块(从块)中,二者又不能共存,所以在仿真和程序固化功能之间,用户只能二选其一。为方便用户,SST 公司采用了一种巧妙的手段,让用户借助 Keil 和 SSTEasyIAP 软件可自行将 Block1 存储块中的 SoftICE 或 BSL 进行相互替换。不过需注意的是,如果 SST89 单片机的 Block1 存储块中没有这两个监控程序中的任一个的话,就只能使用传统编程器进行程序固化。利用传统编程器也可将从 SST 公司下载的 SoftICE 或 BSL 程序固化到没有任何监控程序的 SST89 单片机中,使其具有仿真或程序固化的功能。

2. 将 SoftICE 转换为 BSL

　　如果 SST89 单片机的 Block1 存储块中已经存储了 SoftICE 程序,欲将其转换为实现程序固化功能的 BSL 程序时,可以借助 Keil 软件完成。用法与在线仿真时类似,首先将

SST89 单片机与微机连接好,并在 Keil 中进行正确设置,然后执行菜单命令 Debug→
Start/Stop Debug Session 进入调试模式,接着在 Output Window 输出窗口中的">"提
示符后输入命令"include 路径\Convert_to_BSLx516.txt"并回车,然后等待一会,当窗口
中出现"g"字样时表示转换完成,如图 5-31 所示。命令中的"路径"是转换文件"Convert_
to_BSLx516.txt"的存放位置。而当 SoftICE 转换为 BSL 后,单片机就不再具备在线仿
真功能了,不过转换回来后又可以。

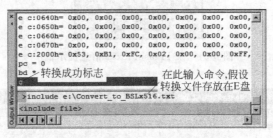

图 5-31　转换时的输出窗口信息

3. 程序固化

在对 Block1 块中已经固化有 BSL 下载引导程序的 SST89 单片机进行用户程序固化
时,也要将其与微机相连,然后给单片机上电,接着在微机上启动 IAP 工具程序
SSTEasyIAP.EXE。启动后执行其菜单命令 DetectChip/RS232→Detect Target MCU
for Firmware1.1F and RS232 Config,这时会弹出如图 5-32 所示的对话框,用于选择目标
单片机类型,选择完毕单击 OK 按钮后又会弹出如图 5-33 所示的对话框,用于设置和目
标单片机进行通信的参数,设置完毕单击 Detect MCU 按钮,最后会弹出一个信息提示框,

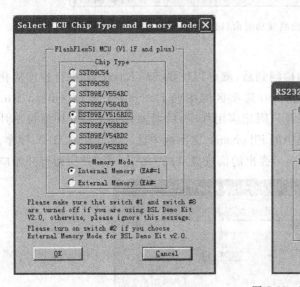

图 5-32　Select MCU Chip Type and
Memory Mode 对话框

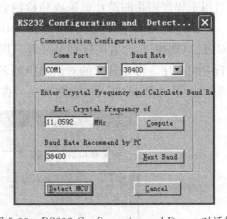

图 5-33　RS232 Configuration and Detect 对话框

如图 5-34 所示,提示用户单击"确定"按钮后立即复位单片机,这时单击"确定"按钮并复位单片机后软件就会对目标单片机进行检测。检测到目标单片机后窗口中会显示相关单片机信息,如图 5-35 所示。假如未检测到,则检查连接是否正常后再重复以上操作。

图 5-34　SSTFlashFlex51 信息提示框

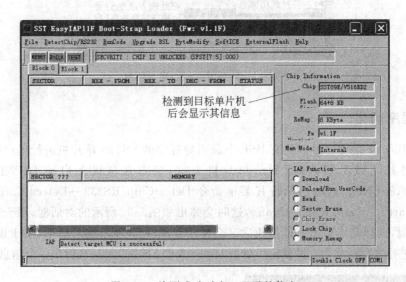

图 5-35　检测成功时窗口显示的信息

　　当用于程序固化的单片机被成功检测到后,就可以使用 SSTEasyIAP 进行程序固化操作。方法是选中其右下角 IAP Function 选项区域中的 Download 或 Download/Run UserCode 单选按钮,二者的区别是前者只固化应用程序,后者固化完毕后立即复位单片机运行应用程序。再在打开的对话框中的 File Name 文本框中输入要固化的 HEX 程序,如图 5-36 所示。单击 OK 按钮,并在随后弹出的信息提示框中单击"是"按钮即可开始应

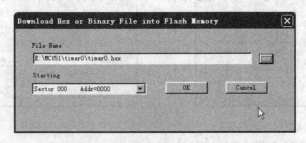

图 5-36　固化应用程序对话框

用程序固化操作。固化过程中在主窗口的状态栏上会显示固化进程,若应用程序较大则需要较长时间。应用程序固化完毕后,只要复位单片机它就会自动开始运行应用程序。对已经固化有应用程序的 SST89 单片机可以再次重新固化,据 SST 公司宣称其 SST89 单片机的编程寿命可达 10 000 次。

4. 将 BSL 转换为 SoftICE

若要恢复 SST89 单片机的仿真功能,将仿真程序 SoftICE 替换回来,方法步骤与程序固化时差不多,只是当检测到目标单片机后,执行 SSTEasyIAP 窗口中的菜单命令 SoftICE→DownLoad SoftICE 即可。

习   题

5-1 在 Keil 中如何创建一个应用?

5-2 Keil 有哪两种仿真方式,各有何特点?

5-3 在进行仿真调试时,Keil 提供了哪些调试窗口?

5-4 分别使用汇编语言和 C51 语言编写一个程序,将 80C51 单片机的 P1 口输入的信号求反后通过 P2 口输出。在 Keil 中创建该应用,并尝试对其进行调试和通过 Keil 的外围设备窗口进行仿真操作。

第6章

单片机硬件资源及其软件仿真

MCS-51 单片机片内的硬件资源不算丰富,但也能满足一般应用的需求。这些硬件资源就像单片机的感官器官和肢体一样,是单片机与外部进行信息交换的通道,若是没有这些资源,单片机执行的结果就无法输出给外部,也不能从外部接收信息。所以学习单片机只学习程序设计是不够的,还必须要熟悉其内部硬件资源的使用。

本章着重介绍了 MCS-51 单片机片内硬件资源的基本工作原理,并对其应用和软件仿真调试进行了实用介绍。

本章主要内容如下。

(1) 输入输出口及其应用;

(2) 中断系统;

(3) 定时/计数器及其应用;

(4) 串行口及其应用。

6.1 输入输出口

6.1.1 MCS-51 单片机的输入输出口

1. 输入输出的概念

输入是指将外部信息传送到单片机内部的过程,而输出则是指将单片机内部信息传送到外部的过程。具有输入和输出功能的接口被称为输入输出口(Input/Output Port),简称 I/O 口,它是单片机与外部进行信息交换的重要通道。单片机工作时从外部接收的信息以及单片机程序本身都是通过这些接口引脚输入到内部的,而执行的结果也要通过这些接口引脚输出到外部。输入和输出是两个完全相反的操作过程,既能输入又能输出的接口称为双向口,只能输入或只能输出的接口称为单向口。采用并行方式传输数据的接口称为并行口,采用串行方式一位一位传输数据的接口称为串行口。

当程序中的指令或语句对与输入输出口关联的特殊功能寄存器进行读/写操作时,单片机内部硬件电路就会自动对相应口进行输入输出操作。指令或语句中的输入输出口作为"源"使用时表示的是"输入",而作为"目的"使用时表示的则是"输出"。在 MCS-51 单片机中当程序向相应引脚写"1"时,内部电路会向外部输出"高"电平,写"0"时则输出"低"电平;当外部输入"高"电平时,程序读相应引脚得到的是数据"1",输入"低"电平时读到的则是数据"0"。要在单片机程序中进行输入输出操作则只要明白上述道理即可,重点是掌握使用它们的正确方法。

2. MCS-51 单片机的输入输出口

MCS-51 单片机有 4 个 8 位双向的并行输入输出口 P0、P1、P2 和 P3,共 32 条输入输出线(引脚),它们大都具有复用的第二功能,即输入输出之外的功能。用作输入输出时,这些口既可以整体 8 位输入输出,也可以只对某个引脚单独输入输出。在 MCS-51 单片机中,这些口的结构和使用都有一些差异。

1) P0 口

它是一个 8 位漏极开路的三态双向输入输出口,同时被复用为地址/数据线 AD7~AD0,当外部扩展了存储器时,P0 口就不能用作输入输出口,只能用作地址/数据线。P0 口中的每一位都有如图 6-1 所示的位结构。

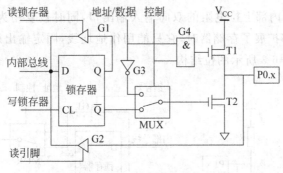

图 6-1　P0 口的位结构

当 P0 口作输入输出口使用时"控制"信号线为 0,多路开关"MUX"切换到图中所示位置和"锁存器"的 $\overline{Q}$ 端接通,此时与门 G4 输出 0 使场效应管 T1 截止(电阻无穷大,相当于开路)。输出时,程序向 P0 口的位写 1 则"锁存器"的 $\overline{Q}$ 端输出 0,场效应管 T2 截止,此时可通过外部上拉使引脚 P0.x 输出高电平;写 0 则"锁存器"的 $\overline{Q}$ 端输出 1,场效应管 T2 导通(电阻很小,相当于闭合),于是引脚 P0.x 被下拉输出低电平。输入时,程序读 P0 口的位可分两种操作情形,一种是"只读"像 MOV 指令,此时"读引脚"信号有效打开三态缓冲器 G2 直接从引脚 P0.x 读数据;另一种是"读—改—写"像 ANL 指令,此时"读锁存器"信号有效打开三态缓冲器 G1 从"锁存器"的 Q 端读数据,而不从引脚 P0.x 读,这样设计的目的是为避免因外部因素将引脚 P0.x 拉低而造成错误读。

要特别注意的是由于结构上的特点,在直接读引脚(只读)时,需先向 P0 口的相应位写 1 后再读。因为假如场效应管 T2 处于导通状态,外部输入到引脚的信号会被其拉低,这时直接去读引脚有可能会得到错误的结果。MCS-51 单片机的其他 3 个输入输出口都有这样的特性,所以它们实际上都是"准双向口"。

当 P0 口作地址/数据线使用时"控制"信号线为 1，多路开关"MUX"切换到图中所示相反的位置和非门 G3 接通，此时场效应管 T1 和 T2 组成具有较高负载能力的推拉式结构，地址/数据信号由它们负责输入输出，这时的 P0 口具有 8 个低功耗 TTL 门电路的驱动能力。

2）P1 口

它是一个 8 位带内部上拉电阻的双向输入输出口，80C51 单片机没有对该口引脚进行功能复用，但在其他增强型 51 单片机中该口部分引脚有复用的第二功能。P1 口中的每一位都有如图 6-2 所示的位结构。

由于在 80C51 单片机中该口只作为输入输出口使用，所以其结构比较简单。输出时，程序向 P1 口的位写 1 则"锁存器"的 Q 端输出 0，场效应管 T 截止，于是内部电阻 R 将引脚 P1.x 上拉为高电平输出；写 0 则"锁存器"的 $\overline{Q}$ 端输出 1，场效应管 T 导通，于是将引脚 P1.x 下拉为低电平输出。输入时，程序读 P1 口与读 P0 口的情形一样，若是直接读引脚 P1.x，得需先向相应位写 1 后再读。由于不像 P0 口那样采用推拉式结构，所以 P1 口的驱动能力较低，只能驱动 4 个低功耗 TTL 门电路。

3）P2 口

它是一个 8 位带内部上拉电阻的双向输入输出口，同时被复用为地址线 A15～A8。与 P0 口一样，当外部扩展了存储器时，它只能用作地址线，固定输出地址高 8 位。P2 口中的每一位都有如图 6-3 所示的位结构。

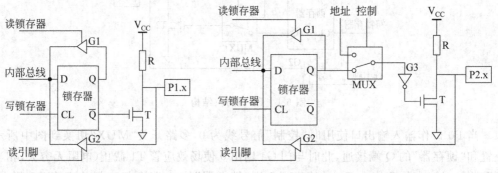

图 6-2 P1 口的位结构   图 6-3 P2 口的位结构

当 P2 口作输入输出口使用时"控制"信号线为 0，多路开关"MUX"切换到图中所示位置和"锁存器"Q 端接通。输出时，程序向 P2 口的位写 1 则"锁存器"的 Q 端输出 1，经非门 G3 变为 0 后使场效应管 T 截止，于是内部电阻 R 将引脚 P2.x 上拉为高电平输出；写 0 则"锁存器"的 Q 端输出 0，经非门 G3 变为 1 后使场效应管 T 导通，于是将引脚 P2.x 下拉为低电平输出。输入时，程序读 P2 口与读 P0 口一样，若是直接读引脚 P2.x，得需先向相应位写 1 后再读。

当 P2 口作地址线使用时"控制"信号线为 1，多路开关"MUX"切换到图中所示相反的位置和"地址"线接通，此时场效应管 T 负责输出地址信息。P2 口同样只有 4 个低功耗 TTL 门电路的驱动能力。

4）P3 口

它是一个 8 位带内部上拉电阻的双向 I/O 口,除可用作基本输入输出外,该口全部引脚都有复用的第二功能。P3 口中的每一位都有如图 6-4 所示的位结构。

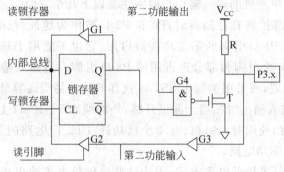

图 6-4 P3 口的位结构

当 P3 口作输入输出使用时,"第二功能输出"信号线维持 1。输出时,程序向 P3 口的位写 1 则"锁存器"的 Q 端输出 1,经与非门 G4 变为 0 后使场效应管 T 截止,于是内部电阻 R 将引脚 P3.x 上拉为高电平输出;写 0 则"锁存器"的 Q 端输出 0,经与非门 G4 变为 1 后使场效应管 T 导通,于是将引脚 P3.x 下拉为低电平输出。输入时,程序读 P3 口与读 P0 口一样,若是直接读引脚,得需先向相应位写 1 后再读。P3 口同样只有 4 个低功耗 TTL 门电路的驱动能力。

当 P3 口作第二功能使用时,单片机内部电路会使"锁存器"的 Q 端固定输出 1,这时"第二功能输出"信号线上的数据经与非门 G4 后通过场效应管 T 输出;输入时"第二功能输出"信号线维持 1,与非门 G4 输出 0 使场效应管 T 截止,同时"读引脚"信号线无效,三态缓冲器 G2 处于高阻态,外部信号则经 G3 缓冲后由"第二功能输入"信号线输入。

6.1.2 输入输出操作的程序实现

在 MCS-51 单片机中有 4 个特殊功能寄存器与 P0 口、P1 口、P2 口、P3 口同名,它们和这些输入输出口位结构中的"锁存器"相关联,在程序中对它们进行读写,实际上就是读写相应的"锁存器"。所以在程序中可直接用这些特殊功能寄存器去代表同名的输入输出口。

当程序中要向这些口输出时,只要用对应的特殊功能寄存器作操作的"目的"即可。例如汇编指令"MOV P1,A"执行后 P1 口的引脚上就会输出与累加器 A 中值对应的高低电平,这就实现了将抽象数据转换为具体物理量的过程。还有像 C51 语句"P1＝x;"的功能也一样。

当程序中要向这些口输入时,只要将它们作为操作的"源"即可。例如汇编指令"MOV A,P1"执行后外部经 P1 口引脚输入的电平就会被读到累加器 A 中,这就实现了将具体物理量转换为抽象数据的过程。像 C51 语句"x ＝ P1;"的功能也类似。

6.1.3 使用输入输出口时要注意的一些问题

在使用 MCS-51 单片机的输入输出口时需注意以下几个方面。

(1) 当单片机外部扩展有存储器时,P0 和 P2 口被作为地址/数据线使用,不能用作基本输入输出。如果 P3 口引脚的第二功能被启用,它也不能用于基本输入输出。这时可用的只有 P1 口的 8 个引脚和部分未占用的 P3 口引脚。当输入输出口不够用时可以通过其他接口芯片扩展,或采用类似于 SST89 这样的片内集成高容量存储器的单片机。

(2) P0 口用作输入输出时相当于漏极开路,外部须加 $5\sim10\mathrm{k}\Omega$ 上拉电阻。

(3) 在作输入输出使用时,各口只有 4 个低功耗 TTL 门电路的驱动负载能力,当驱动电路较多时需增加驱动电路。

(4) 驱动外设最好采用低电平方式,因为这些口的拉电流输出相比灌电流输入要小很多,一般灌电流输入可达十几毫安左右,足以驱动发光二极管,而有的单片机甚至可达几十毫安,可直接驱动继电器。

(5) MCS-51 单片机的输入输出口都是"准双向口",所以读引脚前要先向其输出 1,使其下拉的场效应管截止才能读数准确。

其他如与外部电平的兼容性、时序的协调等也是设计时需注意的。

6.1.4 用 Keil 仿真输入输出口举例

Keil 提供了仿真 51 单片机输入输出口的功能,下面通过简单例子介绍其用法。

【例 6-1】 下面的 C51 程序实现将 P1 口输入的数据从 P3 口输出。

```
#include <reg51.h>
main()
{    unsigned char n;
     while(1)                    //无限循环
{    P1=0xff;                   //读 P1 口前先向其所有引脚输出 1,使下拉的场效应管截止
     n=P1;                      //读 P1 口数据到变量 n
     P3=n;                      //将变量 n 的值输出到 P3 口
     }
}
```

启动 Keil 创建项目编辑并加入编译好该程序,然后进入软件仿真调试模式,执行菜单命令 Peripherals→I/O-Ports→Port 1 和 Port 3 打开 P1 口和 P3 口的仿真窗口 Parallel Port 1 和 Parallel Port 3,如图 6-5 所示。将它们拖放到适于观察的位置后,按 F5 键全速运行程序,接着随意单击 Parallel Port 1 窗口中的 Pins:对应的复选框,这时可观察到 Parallel Port 3 窗口中会显示出与刚才操作过的引脚复选框中一样的内容,表明 P1 口输入的数据已输出到 P3 口。程序中语句"while(1)"的作用是不断循环,这样 P1 口输入的数据就可以不断输出到 P3 口,否则程序只执行一次。

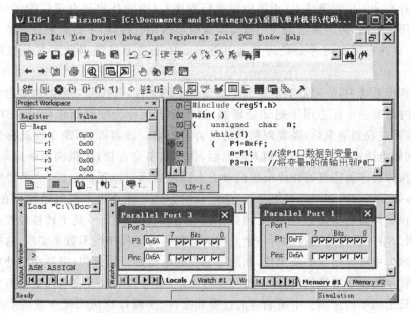

图 6-5　Keil 仿真输入输出口

Parallel Port 1 窗口中的 P1：表示 P1 口的锁存器,其右边文本框中是十六进制数据,可通过它修改锁存器的值,也可通过右边 8 个复选框修改。复选框对应的是二进制数据,选中表示 1,未选中表示 0。而 Pins：表示 P1 口的引脚。实验中可发现改变引脚上输入的数据时不会改变对应的锁存器,而输出时二者完全一致,这与实际 51 单片机的输入输出口的位结构相吻合。

上面的程序也可改用汇编语言实现,如下所示。

```
ORG   0000H
MAIN: MOV   P1, #0FFH
      MOV   A, P1
      MOV   P3, A
      SJMP  MAIN
      END
```

6.2　中　　断

6.2.1　中断简介

中断(Interrupt)是指执行程序过程中,因某种事件发生,处理器于是暂停正被执行的程序,转而去为事件服务,服务完毕后又返回原来程序中被暂停处继续执行的过程。中断这种现象在日常生活中随处可见,例如一个人在家看书(执行程序),这时电话响了(事件发生),于是他暂停看书(暂停执行程序),去接电话(服务事件),接完电话(服务完毕),又拿起书接着原来的位置继续看(返回继续执行程序)。中断技术具有很强的实时性,对处理器的利用率较高,因为中断源在不需要服务时不占用处理器,不会影响处理器对其他程序的执行,只在有需要时才要处理器为其服务。中断技术被普遍使用在各类计算机系统中。

在计算机系统中,处理器响应中断都需要一定的条件,并按照一定的步骤进行。首先事件发生时需有一个标志用于通知处理器,这个标志就称为中断请求信号,如电话铃响了;当处理器在收到请求后,需要判断当前是否可以响应该事件,判断条件就称为中断响应条件,例如电话铃响了,但若是别人的电话,你当然不会去接;如果满足响应条件,处理器暂停正执行程序前需要将暂停位置记录下来以便后面可以返回继续,这个暂停位置就称为断点,如看书时看到第几页第几行,而记录的方式对计算机来说就是保存在堆栈中,记录的过程就称为现场保护;然后处理器才转去为中断事件服务,这个转移过程就称为中断转移,而为事件服务是通过执行一个专门为它编写的子程序或函数来实现,这些子程序或函数就称为中断程序或中断函数,如放下书拿起电话接听的过程;服务完毕处理器会返回原来被暂停的程序继续执行,这个过程就称为中断返回,如接听完电话继续看书。

上面只是简单地介绍了中断响应的过程和条件,实际计算机系统中处理中断要比它复杂,还有许多技术上的细节需要考虑。不过 MCS-51 单片机的中断系统比较简单,能理解上述过程就可以了。

6.2.2 MCS-51 单片机的中断

1. 中断源和中断优先级

中断源是指提出中断请求的事件来源,在 MCS-51 单片机内部中断源都由硬件产生,属于硬中断。以 80C51 为例它共有 5 个,分别是外中断 0($\overline{\text{INT0}}$)、外中断 1($\overline{\text{INT1}}$)、定时/计数器 0 溢出中断(T0)、定时/计数器 1 溢出中断(T1)和串行中断(RXD 和 TXD)。而其他 51 单片机如 80C52 有 6 个中断源,SST89E516RD 有 8 个中断源。

中断优先级是用于表示中断事件重要程度的一个标志,每个中断源都会有一个设定的优先级。当优先级高的中断事件和优先级低的中断事件同时提出中断请求时,则优先级高的会先得到服务,此外处理器在服务优先级低的中断源时可以被优先级高的中断源所中断,这种情形就称为中断嵌套。80C51 有 2 个中断优先级,而 SST89E516RD 有 4 个中断优先级。

2. 中断系统结构及相关特殊功能寄存器

以 80C51 为例其内部中断系统结构如图 6-6 所示,从结构框图可看出,80C51 的 5 个中断源彼此独立,其中串行接收(RXD)和串行发送(TXD)共用一个串行中断。这 5 个中断源提出的中断请求可以单独允许,也可以整体全部允许。每个中断源可被设置为高优先级或低优先级。当同一优先级的中断请求同时发生时,由硬件查询电路按查询顺序(图中空心箭头所示)进行查询。硬件查询电路负责查询中断源的中断请求并发送给处理器,同时它还负责提供对应的中断向量,即中断程序的入口地址。

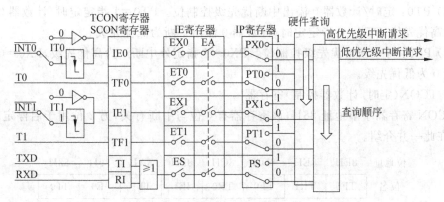

图 6-6　中断系统逻辑结构框图

在 80C51 单片机中与中断有关的特殊功能寄存器有 4 个,分别是 TCON、SCON、IE 和 IP,它们都可位寻址。

1) IE(中断使能)寄存器

IE 寄存器字节地址 A8H,用于允许或禁止中断,它可以允许/禁止所有中断,也可以单独允许/禁止某个中断。

位地址	AFH	AEH	ADH	ACH	ABH	AAH	A9H	A8H
位名	EA	—	—	ES	ET1	EX1	ET0	EX0

(1) EA:总中断使能位。EA=1 允许所有中断,EA=0 禁止所有中断。

(2) ES:串行中断使能位。ES=1 允许串行中断,ES=0 禁止串行中断。

(3) ET1:定时/计数器 1 溢出中断使能位。ET1=1 允许定时/计数器 1 溢出中断,ET1=0 禁止定时/计数器 1 溢出中断。

(4) EX1:外中断 1 使能位。EX1=1 允许外中断 1,EX1=1 禁止外中断 1。

(5) ET0:定时/计数器 0 溢出中断使能位。ET0=1 允许定时/计数器 0 溢出中断,ET0=1 禁止定时/计数器 0 溢出中断。

(6) EX0:外中断 0 使能位。EX0=1 允许外中断 0,EX0=0 禁止外中断 0。

2) IP(中断优先级控制)寄存器

IP 寄存器字节地址 B8H,用于指定每个中断源的优先级,有两级优先级。

位地址	BFH	BEH	BDH	BCH	BBH	BAH	B9H	B8H
位名	—	—	—	PS	PT1	PX1	PT0	PX0

(1) PS:串行中断优先级控制位。PS=1 指定串行中断为高优先级,PS=0 指定串行中断为低优先级。

(2) PT1:定时/计数器 1 溢出中断优先级控制位。PT1=1 指定定时/计数器 1 溢出中断为高优先级,PT1=0 指定定时/计数器 1 溢出中断为低优先级。

(3) PX1:外中断 1 优先级控制位。PX1=1 指定外中断 1 为高优先级,PX1=0 指定外中断 1 为低优先级。

（4）PT0：定时/计数器 0 溢出中断优先级控制位。PT0＝1 指定定时/计数器 0 溢出中断为高优先级，PT0＝0 指定定时/计数器 0 溢出中断为低优先级。

（5）PX0：外中断 0 优先级控制位。PX0＝1 指定外中断 0 为高优先级，PX0＝0 指定外中断 0 为低优先级。

3）TCON（定时/计数器控制）寄存器

TCON 寄存器字节地址 88H，该寄存器有 6 位与中断有关，另 2 位用于启停定时/计数器，在此一并介绍。

位地址	8FH	8EH	8DH	8CH	8BH	8AH	89H	88H
位名	TF1	TR1	TF0	TR0	IE1	IT1	IE0	IT0

（1）TF1：定时/计数器 1 溢出标志位。定时/计数器 1 溢出时硬件置 1 该位，响应中断后硬件清 0 该位。程序查询方式中，该位也可用于程序查询是否计数溢出。

（2）TR1：定时/计数器 1 运行控制位。软件置 1 该位时启动定时/计数器 1，软件清 0 该位时停止定时/计数器 1。

（3）TF0：定时/计数器 0 溢出标志位，该位含义同 TF1。

（4）TR0：定时/计数器 0 运行控制位，该位含义同 TR1。

（5）IE1：外中断 1 请求标志位。在下降沿触发方式中（IT1＝1），当检测到 $\overline{INT1}$（P3.3 引脚）有下降沿出现时则硬件置 1 该位，响应中断后硬件清 0 该位；在低电平触发方式中（IT1＝0），当检测到 $\overline{INT1}$ 为低电平时则硬件置 1 该位，当检测到 $\overline{INT1}$ 为高电平则硬件清 0 该位。采用低电平触发方式时要注意，IE1 不是在响应中断后硬件就将其清 0，为避免再次引发中断，在中断程序返回前要靠外部手段将 $\overline{INT1}$ 置为高电平，以撤销中断请求。

（6）IT1：外中断 1 触发类型控制标志位。软件置 1 该位时外中断 1 采用下降沿触发方式，在每个机器周期中处理器会采样 $\overline{INT1}$，如果相邻两次采样，前一个为高电平，后一个为低电平，则表示有下降沿出现外中断有请求，于是硬件置 IE1 为 1，并向处理器提出中断请求。软件清 0 该位时外中断 1 采用低电平触发方式，在每个机器周期中处理器会采样 $\overline{INT1}$，如果采样到低电平则认为外中断有请求，于是硬件置 IE1 为 1，并向处理器提出中断请求。

（7）IE0：外中断 0 请求标志位，该位含义同 IE1。

（8）IT0：外中断 0 触发类型控制标志位，该位含义同 IT1。

4）SCON（串行控制）寄存器

SCON 寄存器字节地址 98H，该寄存器只有最低 2 位与中断有关，其余 6 位用于串行控制，在此先介绍最低 2 位。

位地址	9FH	9EH	9DH	9CH	9BH	9AH	99H	98H
位名	SM0	SM1	SM2	REN	TB8	RB8	TI	RI

（1）RI：串行接收中断标志位。在串行方式 0 中当接收完第 8 位数据后硬件置 1 该

位,在其他方式中当接收到停止位的中间位置时硬件置 1 该位,该位只能用软件清 0。

(2) TI:串行发送中断标志位。在串行方式 0 中当发送完第 8 位数据后硬件置 1 该位,在其他方式中当开始发送停止位时硬件置 1 该位,该位只能用软件清 0。

3. 中断响应

当中断源提出中断请求时,处理器不是立即就为其服务,而是需要一定的条件和处理时间。要让处理器响应中断请求,需满足以下条件。

(1) 总中断允许(EA=1),以及相应的中断源请求被允许(ES、ET1、EX1、ET0、EX0 等被置 1)。

(2) 没有同级或高级中断被处理。

(3) 当前指令执行完毕。

(4) 若当前执行的是中断返回指令 RETI 或读写 IE 和 IP 寄存器的指令时,则需要再执行一条其他指令才可响应中断请求。

当满足上述全部条件后处理器就会响应中断请求。响应时处理器会先对一些硬件进行设置如清除某些中断标志位、屏蔽低级和同级的其他中断请求等,然后将中断返回地址(当前程序计数器 PC 的值)保存到堆栈中,接着将硬件查询电路提供的与被响应中断源对应的中断向量装入 PC 中,转去执行中断向量处存放的指令实现中断转移,执行中断程序为被响应的中断源服务。当执行到中断程序中的 RETI 指令时,处理器会将保存在堆栈中的中断返回地址恢复到 PC 中返回被中断程序继续执行。

因此从中断源提出请求到处理器执行中断程序为其服务得需一定的响应时间,这个时间至少 3 个机器周期,若是当前执行的是一个同级或高优先级的中断程序时,响应时间会更长。51 单片机允许高优先级中断去中断低优先级中断,这种情形叫中断嵌套,所以应用中可把重要的、紧迫程度高的中断源设置为高优先级,其他的为低优先级。

6.2.3 使用中断时要注意的一些问题

在使用 MCS-51 单片机的中断时需注意以下几个方面。

(1) 80C51 的中断源只有 5 个,不够用时可以外部扩展,或选用内置中断源丰富的单片机。

(2) 外中断常采用下降沿触发方式,这样比较可靠,误触发概率低,同时外部电路比较简单。若是采用电平触发方式,则要靠外部电路撤销中断请求,否则会再次引发中断。

(3) 串行发送和串行接收共用一个串行中断,区分是接收还是发送中断请求的方法是在中断程序中查询 TI 和 RI 位。

(4) 要能响应中断请求必须允许总中断和对应的中断源。

(5) MCS-51 单片机的中断请求由硬件触发,具有随机性,执行重要功能的程序段时可以暂时禁止中断。

(6) 中断程序中要清 0 那些由软件清除的中断标志位,以免再次引发中断请求。

(7) 用汇编语言编写中断程序时要保存和恢复现场,并使用 RETI 指令返回。

(8) 中断一般用于实时性要求较高,或故障处理等情形当中。

(9) 中断程序执行时间不宜过长,否则会影响其他程序的正常执行。在 C51 中中断程序要和其他程序间传递信息可采用全局变量的方式。

(10) 虽然中断的实时性高,但不等同于一提出请求就立即响应,响应至少 3 个机器周期。当外部硬件工作速度较快时如数字图像采集、高速 A/D 转换等,则只能采取其他手段。

(11) 用于外中断时,P3.2 和 P3.3 引脚不能用作输入输出。

6.2.4　用 Keil 仿真中断举例

Keil 提供了仿真 51 单片机中断功能,下面通过简单例子介绍其用法。

【例 6-2】　下面的 C51 程序实现对外中断 0 的中断次数进行计数。

```
#include <reg51.h>
unsigned char n;                        //定义用于存储中断次数的全局变量 n
void INT0_INTProc(void) interrupt 0     //外中断 0 中断函数
{   n++;                                //中断发生时 n 加 1
}
main()
{   EA=1;                               //开总中断
    EX0=1;                              //允许外中断 0
    IT0=1;                              //设置外中断 0 为下降沿触发
    n=0;
    while(1);                           //无限循环等待中断发生
}
```

启动 Keil 创建项目编辑并加入编译好该程序,然后进入软件仿真调试模式,执行菜单命令 Peripherals→I/O-Ports→Port 3 打开 P3 口的仿真窗口 Parallel Port 3,将它拖放到适于观察的位置,接着在 Watchs 监视窗口的 Watch ♯1 选项卡中添加监视变量 n,如图 6-7 所示。按 F5 键全速运行程序,并随意单击 Parallel Port 3 窗口 Pins:中 P3.2 引脚 (INT0)对应的复选框,模拟输入下降沿,这时可观察到变量 n 值的改变。变量 n 的值每加 1 需要操作两次复选框,一次选中,另一次取消选中以模拟从高电平到低电平的下降沿变化。

假如将程序中的语句"IT0=1;"改写为"IT0＝0;"将中断设置为低电平触发方式,则只要取消选中 P3.2 引脚对应的复选框,就会观察到变量 n 的值连续变化。原因是 P3.2 引脚的低电平只要存在,就会不断触发外中断 0 请求。另外在 Keil 中还可以执行菜单命令 Peripherals→Interrupt 打开 Interrupt System 仿真窗口观察外中断 0 请求时 IE0(外中断 0 请求标志位)的变化情况,在该窗口中也可以允许或禁止外中断 0 请求,或改变它的优先级。假如中断被禁止则即使 P3.2 引脚有下降沿出现,中断程序也不会被执行。程序中语句"while(1);"的作用是不断循环等待中断发生,中断发生时(INT0引脚有从高到低的下降沿跳变),外中断 0 的中断函数就会被执行,无中断发生时(无下降沿跳变出

图 6-7　Keil 仿真中断

现),该中断函数不会被执行。

　　由于中断程序是由硬件随机调用,所以调试中断程序的一般方法是在其中设置断点,这样当中断发生时中断程序的执行能被捕捉。例如,在该例的中断函数语句"n++;"前设置一个断点,连续运行程序,只要中断未发生程序就不会在断点处暂停,而中断一旦发生,程序就会在断点处暂停,这时可对中断程序进行单步等调试操作。

　　上面的程序也可改用汇编语言实现,如下所示。

```
N          DATA   60H                  ;定义中断计数变量 N 为片内 RAM 60H 单元
ORG        0000H
           LJMP   MAIN                 ;单片机复位后转移到 MAIN
ORG        0003H                       ;外中断 0 的中断向量
           LJMP   INT0_INTPROC         ;外中断 0 发生时转移到中断程序 INT0_INTPROC
MAIN:      SETB   EA                   ;开总中断
           SETB   EX0                  ;允许 INT0
           SETB   IT0                  ;设置 INT0 为下降沿触发
           SJMP   $                    ;循环等待中断发生
INT0_INTPROC:                          ;外中断 0 的中断程序
           PUSH   ACC                  ;保护累加器
           PUSH   PSW                  ;保护 PSW
           INC    N                    ;中断计数
           POP    PSW                  ;恢复 PSW
           POP    ACC                  ;恢复累加器
           RETI                        ;中断返回
           END
```

6.3 定时/计数器

6.3.1 MCS-51 单片机的定时/计数器

"定时"和"计数"的主要差异在于计数所需脉冲的来源不同。"定时"是指对固定频率的脉冲(如单片机振荡时钟信号)进行计数以期获得精确的计时时间,而"计数"则是对外部输入脉冲的个数进行计数,二者实质是一样的。80C51 单片机中有两个 16 位的定时/计数器 T0 和 T1,其结构框图如图 6-8 所示。

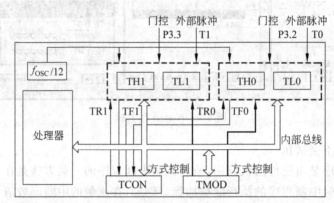

图 6-8 定时/计数器结构框图

16 位的定时/计数器 T0 由两个 8 位的加 1 计数器 TH0 和 TL0 组成,其中 TH0 为高字节,TL0 为低字节,定时/计数器 T1 则由 TH1 和 TL1 组成。它们用作定时功能时计数脉冲是 12 分频后的单片机振荡时钟信号 f_{osc},用作计数功能时计数脉冲是从 T0 引脚(P3.4)或 T1 引脚(P3.5)输入的外部信号。通过设置特殊功能寄存器 TMOD 的值,可以设定它们工作在 4 种不同方式,而特殊功能寄存器 TCON 用于对它们进行控制。TCON(定时/计数器控制)寄存器已在前面介绍,这里介绍 TMOD(定时/计数器方式控制)寄存器的含义。

TMOD 寄存器字节地址 89H,该寄存器不可位寻址,其低 4 位与定时/计数器 T0 有关,高 4 位与定时/计数器 T1 有关。

位置	D7	D6	D5	D4	D3	D2	D1	D0
TMOD	GATE	C/$\overline{T}$	M1	M0	CATE	C/$\overline{T}$	M1	M0

(1) GATE:门控位。GATE=1 时启动计数器计数除需要 TCON 寄存器中的 TR0 或 TR1 位为 1 外,还需要外部门控输入 P3.2($\overline{INT0}$)和 P3.3($\overline{INT1}$)为高电平,这种控制计数的方式称为硬件控制计数。GATE=0 时启动计数器计数只需要 TR0 或 TR1 位为 1 即可,这种控制计数的方式称为软件控制计数。

(2) C/$\overline{T}$:定时/计数功能选择位。该位为 1 时选择定时功能,为 0 时选择计数功能。

(3) M1 和 M0：工作方式选择位。它们用于选择定时/计数器的工作方式,其值组合的含义参见表 6-1。

表 6-1　定时/计数器工作方式选择

M1	M0	工作方式	特　　点
0	0	方式 0	13 位计数
0	1	方式 1	16 位计数
1	0	方式 2	8 位自动重装计数
1	1	方式 3	此时 T0 用作两个单独的 8 位计数器,而 T1 停止计数

6.3.2　定时/计数器的工作方式

80C51 单片机的定时/计数器 T0 可以工作在 4 种方式中的任一种,而 T1 只能工作在方式 0、1、2 中。

1. 方式 0

方式 0 为 13 位计数,其逻辑结构如图 6-9 所示。以定时/计数器 T0 为例,这种方式计数时使用了 TH0 的 8 位和 TL0 的 5 位,当计数值加 1 变为 0 时计数溢出停止计数,同时置位 TCON 寄存器中的 TF0 位,向处理器请求中断。

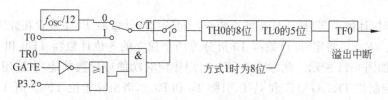

图 6-9　T0 的工作方式 0 和工作方式 1 逻辑结构

$C/\overline{T}=0$ 时,计数脉冲为 $f_{osc}/12$,实现定时功能;$C/\overline{T}=1$ 时,计数脉冲为 T0 引脚输入的信号,实现计数功能。GATE=0 时,软件置位 TR0 启动计数;GATE=1 时,软件置位 TR0 后还要 P3.2 引脚为高电平才启动计数,为低则停止计数,利用这个特点可测量 P3.2 引脚输入的正脉冲宽度。

用作定时功能时,方式 0 的定时时间为:定时时间=$(2^{13}-$计数初值$)\times 12/f_{osc}$,其中 f_{osc} 表示单片机的振荡时钟频率。假设单片机的振荡时钟为 12MHz,则最大定时时间(此时计数初值为 0)为 8192μs。若要实现 1ms 定时,则计数初值为 7192。

2. 方式 1

方式 1 为 16 位计数,其逻辑结构也如图 6-9 所示。以定时/计数器 T0 为例,这种方式计数时使用了 TH0 的 8 位和 TL0 的 8 位,它有比方式 0 更大的计数范围。用作定时功能时,方式 1 的定时时间为:定时时间=$(2^{16}-$计数初值$)\times 12/f_{osc}$。假设单片机的振荡时钟为 12MHz，则最大定时时间为 65 536μs。若要实现 1ms 定时，则计数初值为 64 536。

3. 方式 2

方式 2 为 8 位自动重装计数，其逻辑结构如图 6-10 所示。以定时/计数器 T0 为例，这种方式使用 TL0 计数，TH0 存放自动重装的初值，当 TL0 计数溢出时一方面会置位 TF0，另一方面又会将 TH0 中的值自动重新装入并开始计数，如此循环反复。用作定时功能时，方式 2 的定时时间为：定时时间＝$(2^8 -$计数初值$) \times 12/f_{osc}$。假设单片机的振荡时钟为 12MHz，则最大定时时间为 256μs。若要实现 100μs 定时，则计数初值为 156。

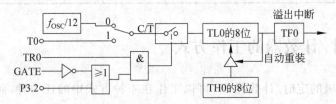

图 6-10　T0 的工作方式 2 逻辑结构

与方式 0 和方式 1 相比，虽然方式 2 的计数范围小，但其在计数溢出后能自动重装计数值并重新开始，因此常用于像波特率发生器，或生成时钟信号等这样一些对时序要求较严格的应用中。

4. 方式 3

只有定时/计数器 T0 能工作在此方式中，若将定时/计数器 T1 也设置在此工作方式则其停止计数。方式 3 将定时/计数器 T0 拆分为两个独立的 8 位计数器 TH0 和 TL0 使用，其逻辑结构如图 6-11 所示。此方式中 TL0 可用作定时功能或计数功能，它使用了定时/计数器 T0 的控制位 TR0、GATE 和 C/$\overline{T}$，引脚 T0 和 P3.2，溢出标志位 TF0。而 TH0 只能用作定时功能，它使用了定时/计数器 T1 的控制位 TR1、溢出标志位 TF1 以及中断源。

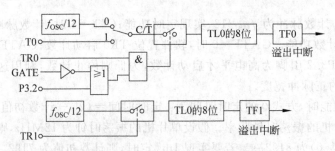

图 6-11　T0 的工作方式 3 逻辑结构

当定时/计数器 T0 工作在方式 3 中时，定时/计数器 T1 还可以工作在其他方式中，只是因其控制位 TR1、溢出标志位 TF1 和中断被占用，所以其计数溢出后不能引发中断，但可以使用它的 C/$\overline{T}$ 位选择计数源，此种情况下定时/计数器 T1 一般被用作串口的波特率发生器。

6.3.3 使用定时/计数器时要注意的一些问题

在使用 MCS-51 单片机的定时/计数器时需注意以下几个方面。

(1) 80C51 单片机的定时/计数器 T0 和 T1 采用的都是加 1 计数,当加 1 为 0 时溢出。而其他一些增强型 51 单片机不仅增加有新的定时/计数器,还能设定为加 1 或减 1 计数方式,例如 80C52 单片机的定时/计数器 T2。

(2) 串行通信中定时/计数器 T1 被用作波特率发生器,此时实际只有 T0 可用。在一些增强型 51 单片机如 80C52 中,可选用新增的定时/计数器 T2 作波特率发生器,此时 T0 和 T1 都可用。

(3) 自动重装计数是方式 2 所特有,但其计数范围过小,要想在方式 0 和方式 1 中实现自动重装计数可在其中断函数中完成,不过相比方式 2 的硬件重装,软件重装定时精度要低一些。

(4) 用于外部计数时,P3.4 和 P3.5 引脚不能用作输入输出。外部计数是对脉冲的下降沿计数,最高外部计数脉冲频率为 $f_{osc}/24$。此外当外中断不够用时,可以用 T0 或 T1 代替,方法是将它们的计数初值设置为 -1(FFFFH 或 FFH),并采用外部计数方式。

(5) 在中断方式中定时/计数的溢出标志位 TF0 和 TF1 可被硬件清 0,但在查询方式中只能由软件清 0。

6.3.4 用 Keil 仿真定时/计数器举例

Keil 提供了仿真 51 单片机定时/计数器的功能,下面通过简单例子介绍其用法。

【例 6-3】 下面的 C51 程序实现通过 P1.0 引脚输出 50% 占空比的 5kHz 方波信号。

分析:50% 占空比的 5kHz 方波一个周期内高低电平各 $100\mu s$ 宽度,要想精确定时到 $100\mu s$,可使用 T0 或 T1 具有 8 位自动重装特性的方式 2 实现。每当 $100\mu s$ 定时时间到时,在中断函数中将 P1.0 引脚上的输出求反,这样一个完整方波信号的周期就为 $200\mu s$,频率为 5kHz。假如单片机振荡时钟为 12MHz,则 $100\mu s$ 定时时间的计数初值为 156。

```
#include <REG51.H>
sbit SignalOUT=P1^0;                    //定义输出引脚
void T0_INTProc(void) interrupt 1       //T0 的中断函数
{   SignalOUT^=1;                       //每次定时时间到就将输出求反
}
main()
{   TMOD=0x02;                          //设定 T0 工作在定时方式 2,8 位自动重装
    TH0=156;                            //设置自动重装初值 156
    TL0=156;                            //设置计数初值 156
    EA=1;                               //开总中断
    ET0=1;                              //开 T0 中断
    TR0=1;                              //启动 T0 计数
```

```
    while(1);                              //无限循环等待中断发生
}
```

启动 Keil 创建项目编辑并加入编译好该程序,然后进入软件仿真调试模式中,执行菜单命令 Peripherals→Timer→Timer 0 打开 T0 的仿真窗口 Timer/Counter 0,将它拖放到适于观察的位置,如图 6-12 所示。按 F5 键全速运行程序,这时可通过 T0 的仿真窗口 Timer/Counter 0 观察到 TL0 计数值的变化。也可在 T0 的中断函数中设置断点,并打开窗口 Parallel Port 1,观察每次中断发生时 P1.0 引脚的输出变化情况。

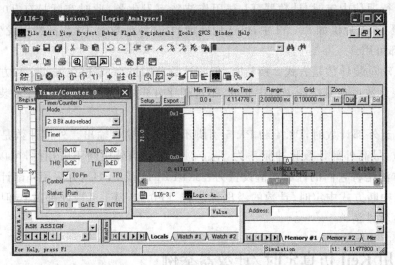

图 6-12　Keil 仿真定时/计数器

使用 Keil 提供的逻辑分析窗口可更直观地观察到 P1.0 引脚输出的波形。方法是在调试模式中执行菜单命令 View→Logic Analyzer Window 打开逻辑分析窗口。单击其中的 Setup 命令按钮打开 Setup Logic Analyzer 对话框,如图 6-13 所示。再单击按钮

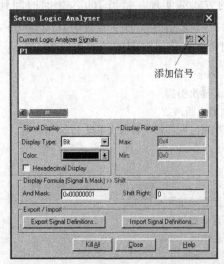

图 6-13　Setup Logic Analyzer 对话框

New(Insert)添加逻辑分析信号,然后在其下出现的添加行中输入"P1.0"并关闭该对话框。全速运行程序,这时可在逻辑分析窗口中观察并测量输出的方波波形,如图 6-14 所示。窗口中 Zoom:区中的按钮 In、Out、All 可以缩放波形。

程序是在 T0 的定时中断函数中改变 P1.0 引脚的输出电平。由于 T0 的定时时间为 $100\mu s$,且 T0 被设置为 8 位自动重装方式,所以当 T0 计数溢出后会自动重装计数值,进行下一个 $100\mu s$ 的定时,其中断函数连续两次被调用的时间间隔为 $100\mu s$,这样每隔 $100\mu s$ 引脚 P1.0 的输出电平改变一次,一个完整周期正好 $200\mu s$,即 5kHz。

上面的程序也可改用汇编语言实现,如下

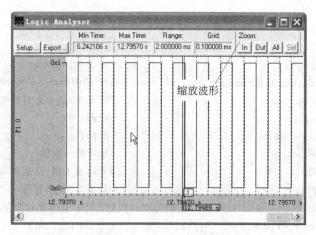

图 6-14　Logic Analyzer 逻辑分析窗口

所示。

```
SOUT        EQU P1.0                ;定义输出引脚
ORG         0000H
            LJMP  MAIN
ORG         000BH                   ;T0 的中断向量
            LJMP  T0_INTPROC        ;当 T0 溢出时转移到中断程序 T0_INTPROC
MAIN:       MOV   TMOD, #02H        ;设定 T0 工作在定时方式 2,8 位自动重装
            MOV   TH0, #156         ;设置自动重装初值 156
            MOV   TL0, #156         ;设置计数初值 156
            SETB  EA                ;开总中断
            SETB  ET0               ;开 T0 中断
            SETB  TR0               ;启动 T0 计数
            SJMP  $                 ;无限循环等待中断发生
T0_INTPROC:                         ;T0 的中断程序
            PUSH  ACC
            PUSH  PSW
            JBC   SOUT, RETURN      ;若 SOUT 为 1,清 0 转移到 RETURN
            SETB  SOUT              ;否则置 1SOUT
RETURN:     POP   PSW
            POP   ACC
            RETI
            END
```

【例 6-4】　假设单片机的振荡时钟频率为 11.0592MHz,利用 80C51 单片机的定时/计数器对输入的方波信号频率进行测量。

分析:测量频率实际上就是在单位时间内对输入的脉冲信号进行计数,这就需要使用两个定时/计数器,一个用于单位时间的定时,一个用于计数。计数用的定时器受控于产生单位时间的定时器。这里使用 T0 定时,T1 计数。如果单位时间设定为 1s,则 T1 的计数值即是以 Hz 为单位的被测方波频率。而 1s 的精确定时可通过对 T0 定时中断的次数计数实现。

```c
#include <REG51.H>
unsigned int Freq;                          //定义存放频率的全局变量 Ferq
void T0_INTProc(void)interrupt 1            //T0 的中断函数,中断时间间隔 1/3600s
{   static T0Count=0;                       //定义 T0 的中断计数变量
    T0Count++;                              //中断计数
    if(T0Count==3600)                       //时间到 1s
    {   T0Count=0;                          //则中断计数清 0
        TR1^=1;                             //开启或关闭 T1 对外部脉冲的计数
        if(!TR1)                            //如果 T1 关闭计数
        {                                   //则读取计数值,经字节拼装后保存到全局变量 Ferq 中
            Freq=(((unsigned int)TH1)<<8)|(unsigned int)TL1;
            TH1=0;                          //TH1 清 0
            TL1=0;                          //TL1 清 1
        }
    }
}
main()
{   TMOD=0x52;          //T0 工作方式 2,8 位自动重装定时;T1 工作方式 1,16 位外部计数
    TH0=0;              //T0 自动重装初值为 0(256),这在 11.0592MHz 下定时时间 1/3600s
    TL0=0;
    TH1=0;              //TH1 清 0
    TL1=0;              //TL1 清 1
    EA=1;               //开总中断
    ET0=1;              //开 T0 中断
    TR0=1;              //启动 T0 计数
    while(1);           //无限循环等待中断发生
}
```

该程序通过 T0 的中断函数每隔 1 秒开关一次 T1 对外部输入脉冲进行计数,也就是在第 1 秒时间内打开 T1 计数,第 2 秒时间内关闭并读取上 1 秒的计数结果,第 3 秒又打开 T1 计数,第 4 秒又关闭,如此反复。由于 T1 的最大计数值为 65 535,所以实际测量频率不能超过 65 535Hz。若欲测量更高的频率,可把单位定时时间改为 0.1 秒或更小,但最大测量频率不能超过单片机振荡时钟的 1/24。

6.4 串 行 口

6.4.1 串行通信简介

简单来说,通信就是指设备与设备间进行信息交换的过程,在计算机系统中按传输数据方式的不同分为并行通信和串行通信两种。并行通信是指传输时,数据多位同时传输,

像 51 单片机的并行输入输出口就采用这种方式。其主要特点是数据传输速率高,但传输连线较多,传输距离较近,常应用在传输距离比较近且对数据传输速率要求较高的场合。串行通信是指传输时,数据一位一位传输,这种方式的主要特点是传输连线少,传输距离较远,但数据传输速率不及并行方式,常应用在传输距离比较远且对数据传输速率要求不是太高的场合。串行通信方式在单片机应用中比较常用,因为单片机应用一般对数据的传输速率不像微机要求那样高,加之一些应用系统比较分散,相距较远,因而适于采用串行通信方式进行数据传输。内部包含多种不同类型的串行通信接口是现今单片机技术发展的一个主流趋势。

借助串行方式进行数据传输时,通信双方必须遵循一定的规则协议。协议约定了双方对传输数据采样的频率、传输数据的格式、传输速率、数据同步以及校验方法等各种技术细节。串行通信可分为两种基本类型,异步串行通信和同步串行通信。相比同步串行通信,异步串行通信的数据传输速率较低,但容易实现,且无须通信双方时钟精确同步,即使双方时钟有一定的偏差,也能正确进行数据传输。80C51 单片机的串行口采用的就是异步串行通信方式。

异步串行通信一般以字节或字符为单位进行数据传输,传输时的一个字节或字符被称为一帧。一帧中的每位数据占据的时间宽度都一样,其格式规定如下。

起始位	D0	D1	⋯	Dn	校验位	停止位

其中"起始位"用于表示一帧的开始,用低电平表示,它占据 1 位数据宽度;"Dn"表示传输的数据位,一般为 7 或 8 个数据位,传输时是先传输最低位,最高位在最后;"校验位"用于一帧数据的校验以保障数据的正确,较常用的是奇偶检验方式,实际传输时该位可有可无;"停止位"用于表示一帧的结束,用高电平表示,它占据 1 位、1.5 位或 2 位数据宽度。

进行异步串行通信时,通信双方除需要约定一帧数据的组成外,还需要约定通信时使用的波特率,以便双方使用比较接近的采样频率对传输线上传输的组成帧的各个位进行采样或传送。波特率是指单位时间内收发二进制数据的位数,单位为 bps(bit/s)。其倒数称为位周期,表示发送 1 位数据所需时间。例如 9600bps 表示 1 秒钟发送 9600 位,位周期为 1/9600s。若此时 1 帧数据是由 1 个起始位、8 个数据位、1 个停止位组成的,那 1 秒钟收发的数据就是 960 字节。可见异步串行通信中将波特率设置较高可获得较高的数据传输速率,但此时对通信双方的采样时钟要求相对也较高,要求频率偏差很小,否则会因误码率太高而不能进行正确传输。较低的波特率设置虽然降低了数据传输的速率,但对通信双方的时钟要求也相对降低,增加了数据传输的可靠性。在实际应用中当通信距离较远时可采样较低的波特率,而通信距离较近时可采用较高的波特率。

在串行通信中,一方只负责发送,另一方只负责接收的工作方式称为单工方式。而己方发送时对方接收,对方发送时己方接收,收发不能同时进行的工作方式称为半双工方式。若收发能同时进行的则称为全双工方式。

6.4.2 MCS-51 单片机的串行口

MCS-51 单片机有一个全双工的异步串行口,其逻辑结构可如图 6-15 所示。串行通信中,通过引脚 RXD(P3.0)串行接收的数据存放在只读的接收缓冲区中,发送时发送的数据存放在只写的发送缓冲区中,并通过引脚 TXD(P3.1)串行发送。收发使用同一个时钟源作为波特率发生器。接收缓冲区和发送缓冲区物理上相互独立,可以同时工作,它们的 SFR 地址一样,都对应 MCS-51 单片机的特殊功能寄存器 SBUF。当对 SBUF 读时访问的是接收缓冲区,而写时访问的是发送缓冲区。串行接收中断标志位 RI 和发送中断标志位 TI 共用一个串行中断源。在 80C51 单片机中与串行口有关的特殊功能寄存器有SCON 和作为波特率发生器使用的定时/计数器 T1 的有关寄存器。

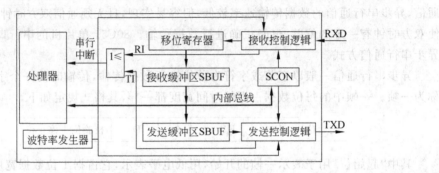

图 6-15　串行口逻辑结构框图

SCON(串行控制)寄存器字节地址 98H,可位寻址,用于控制串行通信,其含义如下。

位地址	9FH	9EH	9DH	9CH	9BH	9AH	99H	98H
位名	SM0	SM1	SM2	REN	TB8	RB8	TI	RI

(1) SM0 和 SM1:串行工作方式选择位。用于选择串行工作方式,其值组合的含义参见表 6-2。

表 6-2　串行工作方式选择

SM0	SM1	工作方式	特　　点	波　特　率
0	0	方式 0	移位寄存器方式	$f_{osc}/12$
0	1	方式 1	10 位异步收发方式	可变
1	0	方式 2	11 位异步收发方式	$f_{osc}/32$ 或 $f_{osc}/64$
1	1	方式 3	11 位异步收发方式	可变

(2) SM2:方式 2 和方式 3 中的多机通信使能位。在方式 2 和 3 中置 1 该位,如果接收的第 9 位数据是 0 时,则不会激活 RI 位。在方式 1 中若该位为 1,则只有接收到有效停止位时才会激活 RI 位。在方式 0 中,该位必须清 0。

(3) REN：允许串行接收使能位。软件置 1 该位允许串行接收,清 0 该位禁止串行接收。

(4) TB8：由软件设置的在方式 2 和方式 3 中发送的第 9 位数据。

(5) RB8：在方式 2 和方式 3 中该位是接收的第 9 位数据,在方式 1 中若 SM2=0 该位是接收到的停止位,方式 0 不使用该位。

(6) RI：串行接收中断标志位。在方式 0 中当接收完第 8 位数据后硬件置 1 该位,在其他方式中当接收到停止位的中间位置时硬件置 1 该位,该位只能用软件清 0。

(7) TI：串行发送中断标志位。在方式 0 中当发送完第 8 位数据后硬件置 1 该位,在其他方式中当开始发送停止位时硬件置 1 该位,该位只能用软件清 0。

6.4.3 串行口的工作方式

MCS-51 单片机的串行口通过 SCON 寄存器中的 SM0 和 SM1 位的组合可设定工作在四种方式中的一种。

1. 方式 0

移位寄存器方式,该方式使用 RXD 引脚串行收发数据,TXD 引脚发送移位时钟信号,移位时钟固定为 $f_{osc}/12$。方式 0 可用于通过串行口和外部的移位寄存器芯片来扩展并行 I/O 口。

1) 方式 0 发送

方式 0 发送时,当程序将发送数据写入单片机的 SBUF 寄存器,数据就开始从 RXD 引脚串行输出,发送移位时钟则从 TXD 引脚输出。当 1 字节数据发送完毕后会将 SCON 寄存器中的 TI 位置 1 请求中断,同时停止移位时钟输出。

通过外接一块串入并出的移位寄存器如 74LS164,可实现并行输出功能,如图 6-16 所示。单片机的 RXD 引脚接 74LS164 的串入引脚(A 和 B),TXD 引脚接 74LS164 的时钟输入引脚(CK),在将 1 字节发送完毕后,通过 74LS164 的对应引脚可得到并行输出的数据。

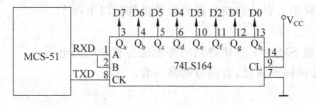

图 6-16　方式 0 发送电路

2) 方式 0 接收

方式 0 接收时,先将 SCON 寄存器的 REN 位置 1,并将 RI 位清 0,这时数据就可从 RXD 引脚串行输入,接收移位时钟则从 TXD 引脚输出。当 1 字节数据接收完毕后单片机会将数据送 SBUF 寄存器供程序读取,同时将 SCON 寄存器中的 RI 位置 1 请求中断。

通过外接一块并入串出的移位寄存器如 74LS165,可实现并行输入功能,如图 6-17

所示。74LS165 串行输出引脚(Q_h)接 MCS-51 单片机的 RXD 引脚,时钟输入引脚(CK)接单片机的 TXD 引脚,移位/加载引脚($S/\overline{L}$,为 1 时移位数据,为 0 时加载数据)可接单片机的 P1.0 引脚。开始接收数据前要先通过单片机的 P1.0 引脚输出一个负脉冲将并行输入到 74LS165 对应引脚的数据加载到其内部,这样单片机就可将这些并行输入到 74LS165 的数据输入到单片机,实现并行输入功能。

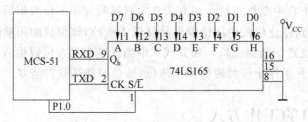

图 6-17　方式 0 接收电路

2. 方式 1

10 位异步收发方式,该方式使用 RXD 引脚串行接收数据,TXD 引脚串行发送数据,串行收发的波特率由定时/计数器 T1 的溢出率决定,溢出率定义为定时时间的倒数。如果是 80C52 等 52 单片机的话还可以使用定时/计数器 T2 作为波特率发生器。其一帧数据由 1 个起始位、8 个数据位和 1 个停止位组成。

1) 方式 1 发送

方式 1 发送时,当程序将发送数据写入 SBUF 寄存器后,数据就开始发送。发送时引脚 TXD 先输出一帧数据的起始位,然后是从低到高的 8 位数据位,最后输出停止位。当一帧数据发送完毕,会将 SCON 寄存器的 TI 位置 1 请求中断。

2) 方式 1 接收

方式 1 接收时,需要将 SCON 寄存器的 REN 位置 1,此时单片机不断对 RXD 引脚上的信号进行采样,直到采样到表示帧起始位的有效低电平时,才开始同步接收数据,当接收到停止位后完成数据接收。数据有效则送 SBUF 寄存器供程序读取,同时将 RI 位置 1 请求中断,数据无效则丢弃。判断数据有效的条件有以下两个。

(1) RI＝0;

(2) SM2＝0 或 SM2＝1 且接收到的停止位为有效的高电平。

这两个条件必须同时满足,否则数据将丢弃。

3. 方式 2

11 位异步收发方式,该方式使用 RXD 引脚串行接收数据,TXD 引脚串行发送数据,串行收发的波特率固定为 $f_{osc}/32$ 或 $f_{osc}/64$。一帧数据由 1 个起始位、8 个数据位、1 个可编程的第 9 位(发送时是 SCON 寄存器中由软件设置的 TB8 位,接收时则存放在 RB8 位中)和 1 个停止位组成。

1) 方式 2 发送

方式 2 发送时与方式 1 类似,也是程序将发送数据写入 SBUF 寄存器后数据就开始发送。只是在起始位、8 位数据输出之后还要输出 1 位可编程的第 9 位 TB8,最后才输出停止位。当一帧数据发送完毕,会将 SCON 寄存器的 TI 位置 1 请求中断。

2) 方式 2 接收

方式 2 接收时也与方式 1 类似,只是判断数据有效的条件为如下两个。

(1) RI=0;

(2) SM2=0 或 SM2=1 且接收到的第 9 位为 1。

4. 方式 3

方式 3 与方式 2 类似,但其波特率可变,对于 80C51 单片机来说就是定时/计数器 T1 的溢出率。

6.4.4　波特率设置

MCS-51 单片机的串行口工作方式中除方式 0 和方式 2 是固定波特率外,方式 1 和方式 3 在进行数据传送之前都要预先设置好通信的波特率,且通信双方必须一致。在 80C51 单片机中使用定时/计数器 T1 作波特率发生器,在 80C52 或一些其他增强型单片机中除可以使用定时/计数器 T1 外,还可以使用增加的定时/计数器 T2。这里介绍使用定时/计数器 T1 作波特率发生器的方法。

方式 0 的波特率为:$f_{osc}/12$。

方式 2 的波特率为:$f_{osc} \times 2^{SMOD}/64$。

方式 1 和方式 3 的波特率为:$f_{osc} \times 2^{SMOD}/[32 \times 12 \times (2^8 - T1$ 的计数初值)]。也可表示为:T1 的溢出率 $\times 2^{SMOD}/32$,其中:T1 的溢出率 $= f_{osc}/[12 \times (2^8 - T1$ 的计数初值)]。

公式中的"SMOD"是 51 单片特殊功能寄存器 PCON(电源控制寄存器,字节地址 87H)中的 1 个位,取值为 0 或 1,对于 80C51 单片机来说该寄存器含义如下。

位置	D7	D6	D5	D4	D3	D2	D1	D0
PCON	SMOD	—	—	—	GF1	GF0	PD	IDL

(1) SMOD:波特率倍频位,在串行口的工作方式 1、2、3 中,将该位置 1 将使波特率加倍。

(2) GF0 和 GF1:通用标志位。

(3) PD:掉电方式使能位,将该位置 1 将使单片机进入掉电模式。

(4) IDL:空闲模式使能位,将该位置 1 将使单片机进入空闲模式。

【例 6-5】　假如 51 单片机的振荡时钟频率分别为 11.0592MHz 和 12MHz,设定串行口工作在方式 1,波特率为 9600bps,分别计算定时/计数器 T1 的计数初值应设置为多少合适,以及与实际的偏差。

由方式 1 波特率计算公式 $f_{osc} \times 2^{SMOD}/[32 \times 12 \times (2^8 - T1$ 的计数初值)]可推导出

$$\text{T1 的计数初值} = 2^8 - f_{osc} \times 2^{SMOD} / (32 \times 12 \times \text{波特率})$$

当取 SMOD=0，f_{osc}=11.0592MHz，波特率=9600bps 时，代入上述公式计算得到

$$\text{T1 的计数初值} = 253(\text{FDH})$$

将 T1 的计数初值=253 代入波特率计算公式计算得到此时：实际波特率＝9600bps，所以实际偏差为 0。

当取 SMOD=0，f_{osc}=12MHz，波特率=9600 bps 时，代入上述公式计算得到

$$\text{T1 的计数初值} \approx 252.745$$

由于计数初值只能取整数，所以如果取 T1 的计数初值＝253 代入波特率计算公式计算得到此时：实际波特率≈10 416.7bps，与实际偏差为：(10 416.7－9600)/9600≈8.5%。如果取T1 的计数初值=252 去计算则偏差更大。

可见当单片机的时钟频率选择 11.0592MHz 时，相比 12MHz 虽然慢了一些，但却更适合于串行通信当中。因为当实际波特率与设定波特率的偏差过大时，串行通信过程中的误码率将增加，数据传输错误较多，可靠性降低，实际数据传输速率反而会变慢。

6.4.5 使用串行口时要注意的一些问题

在使用 MCS-51 单片机的串行口时需注意以下几个方面。

(1) MCS-51 单片机与其他异步串行通信设备(UART)通信时一般采用 3 线制，包括地(GND)、数据发送(TXD)、数据接收(RXD)，其中通信双方的 GND 直接相连，而 TXD和 RXD 对调。即已方的 TXD 接对方的 RXD，已方的 RXD 接对方的 TXD。若是单工或半双工方式则采用 2 线制即可。

(2) 通信双方的传输电平要匹配，MCS-51 单片机的数据传输采用的是 TTL 电平，与微机 RS232C 接口的 EIA 电平不一样，所以与微机通信时需加电平转换电路，如MAX232、MC1488、MC1489 等。

(3) 多机通信时，需要设置一个主机用于负责控制所有从机交换数据，主机的 TXD与所有从机的 RXD 相连，而主机的 RXD 与所有从机的 TXD 相连。

(4) 在 MCS-51 单片机中串行接收和串行发送使用同一个中断源，中断向量 0023H，通过查询 RI 位和 TI 位可识别是接收中断还是发送中断。

(5) 串行中断响应后，硬件不会自动清除 RI 和 TI 标志位，因此在串行中断程序返回前要用软件方式清 0 这两位。使用汇编语言清 0 可用指令"CLR RI"和"CLR TI"；使用C51 语言可用语句"RI=0;"和"TI=0;"。

(6) 程序中读 SBUF 寄存器时访问的是接收缓冲区，写 SBUF 寄存器时访问的是发送缓冲区。要读取串行接收的数据可用汇编指令"MOV A，SBUF"，写发送数据可用汇编指令"MOV SBUF，A"；对应的 C51 语句是"n＝SBUF;"和"SBUF＝m;"，其中变量 n存放接收数据，变量 m 存放发送数据。

(7) 使用串行口时，P3.0 和 P3.1 引脚不能用作输入输出。

6.4.6 用 Keil 仿真串行口举例

Keil 提供了仿真 51 单片机串行口的功能,下面通过简单例子介绍其用法。

1. 查询方式发送

查询方式发送是通过不断查询串行发送中断标志位 TI 来判断发送状态。数据发送前先查询 TI 位,若其为 1 则表示上个数据已发送完毕,可以发送新的数据,为 0 则表示上个数据未发送完毕于是不断查询等待。要注意的是,由于 MCS-51 单片机复位后 TI=0,所以在发送第一个数据时不用查询该位,在之后的数据发送中才需要查询。

【例 6-6】 下面的 C51 程序实现将字符串"Hello World! \n"通过串口发送给串行终端设备,串行数据发送采用查询方式。

```
#include <REG51.H>
char str[]="Hello World! \n";    //定义发送字符串
void InitSCI(void)               //初始化串口函数
{   TMOD=0x20;                    //T1 工作在方式 2,8 位自动重装
    TH1=253;                      //11.0592MHz 时钟下计数初值 253 对应波特率 9600bps
    TL1=253;
    SCON=0x40;                    //串口工作在方式 1,禁止接收
    EA=0;                         //关总中断
    TR1=1;                        //启动 T1 计数
}
main()
{   char i;
    InitSCI();                    //初始化串口
    while(1)                      //无限循环等待中断发生
    {   for(i=0;str[i]!='\0';i++) //字符串未结束则继续
        {   if(!TI) SBUF=str[i];  //当 TI=0 时,发送串中字符
            while(!TI);           //等待发送结束
            TI=0;                 //一个字符发送完毕,则将 TI 清 0
        }
    }
}
```

该程序发送字符是通过不断查询 TI 位实现的。当 TI=0 时,表示上个字符已发送完毕,可以发送下一个字符,这时通过向 SBUF 寄存器赋值启动发送,然后通过语句"while(!TI);"不断查询等待,直到 TI=1 字符发送完毕,接着清 0 TI 位,为下次发送做准备。程序连续运行时,将不断反复向串行终端窗口发送字符串"Hello World! \n"。

启动 Keil 创建项目编辑并加入编译好该程序,然后进入软件仿真调试模式中,执行菜单命令 View→Serial Window→UART ♯1 打开 Kiel 提供的串行终端窗口 UART ♯1,按 F5 键全速运行程序,这时可在串行终端窗口中看到程序输出结果,如图 6-18 所示。

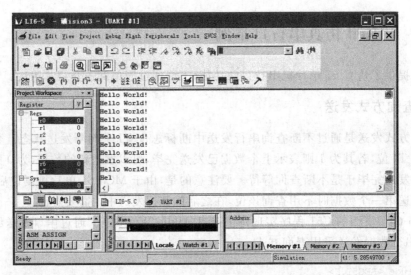

图 6-18　Keil 仿真串行发送

停止程序运行,在程序中语句"TI=0;"处设置断点,然后执行菜单命令 Peripherals→Serial 打开串行仿真窗口 Serial Channel,将它拖放到适于观察的位置,再全速运行程序,当程序在断点处暂停后可观察到串行口有关特殊功能寄存器和位的变化情况,如图 6-19 所示。

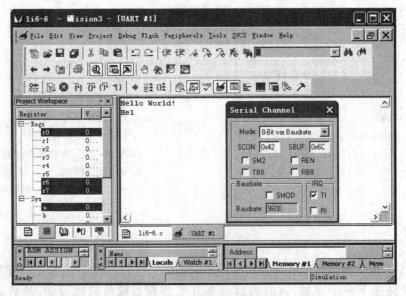

图 6-19　Keil 仿真调试串行口

2. 中断方式接收

只要串行中断允许,MCS-51 单片机接收到数据后就会引发串行中断,中断方式接收就是通过执行串行中断函数来读取接收数据。但要注意的是,由于 MCS-51 单片机的串行发送和接收共用一个串行中断,所以在中断函数中需查询串行接收中断标志位 RI,以判断是接收还是发送引发的中断,若其为 1 则接收数据,否则放弃,数据接收后一定要将 RI 位清 0,否则会引发再次中断。

【例 6-7】 下面的 C51 程序实现从串行终端设备接收字符。字符接收采用的是串行中断方式。

```
#include <REG51.H>
char ch;                              //定义 ch 临时存储接收字符
void SCI_INTProc(void) interrupt 4    //串行中断函数
{   if(RI)                            //若接收中断标志位有效
    {   RI=0;                         // RI 清 0
        TI=0;                         // TI 清 0
        ch=SBUF;                      //读接收数据到变量 ch
    }
}
void InitSCI(void)                    //初始化串口函数
{   TMOD=0x20;                        //T1 工作在方式 2,8 位自动重装
    TH1=253;                          //11.0592MHz 时钟下计数初值 253 对应波特率 9600bps
    TL1=253;
    SCON=0x50;                        //串口工作在方式 1,允许接收
    EA=1;                             //开总中断
    ET1=0;                            //关闭 T1 中断
    ES=1;                             //开串口中断
    TR1=1;                            //启动 T1 计数
}
main()
{   InitSCI();                        //初始化串口
    while(1);                         //无限循环等待中断发生
}
```

启动 Keil 创建项目编辑并加入编译好该程序,然后进入软件仿真调试模式中,执行菜单命令 View→Serial Window→UART ♯1 打开 Kiel 提供的串行终端窗口 UART ♯1,接着执行菜单命令 Peripherals→Serial 打开串行仿真窗口 Serial Channel,将它拖放到适于观察的位置,然后在程序的串口中断函数 SCI_INTProc()的语句"RI=0;"处设置断点,接下来在 Watchs 监视窗口的 Watch ♯1 选项卡中添加监视变量 ch。

上述设置完成后,按 F5 键全速运行程序。单击串行终端窗口 UART ♯1,将其选为当前窗口后,按键盘上的字符按键,这时程序会在断点处暂停下来,通过串行仿真窗口 Serial Channel 可观察到 RI 位被置位,表示串行中断发生,如图 6-20 所示。继续单步执行程序 RI 位被清 0,当执行完中断函数中的最后一条语句后,在监视窗口中可观察变量 ch 的值,其值为键盘上按下的字符 ASCII 码。

该程序采用中断方式接收串行终端设备发送来的字符,只要串行终端设备发来一个字符(在串行终端窗口中按键盘按键),则单片机接收后就会引发串行中断。其中断函数

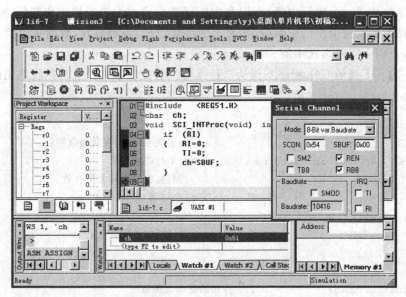

图 6-20　Keil 仿真串行接收

会先查询 RI 位,若值为 1 则从 SBUF 寄存器中读取接收字符赋予变量 ch,然后将 RI 位清 0,否则放弃。

3. 中断方式收发

在单片机任务比较繁重的应用中,可以采用中断方式收发数据。中断方式发送数据通常是先定义一个发送缓冲区,要发送的数据存放在发送缓冲区中。发送时由软件将 TI 位置 1,只要串行中断允许,单片机就会执行串行中断函数。在每次执行中断函数的过程中,先判断发送缓冲区中的数据是否已全部发送完,没有则发送当前数据,然后修改发送位置并中断返回,否则结束发送并重置发送位置。中断方式接收数据的处理过程与上例类似,若接收数据较多也可在程序中定义一个接收缓冲区专用于接收。在串行中断函数中要注意判断是串行发送还是串行接收引发的中断。

【例 6-8】　下面的 C51 程序实现从串行终端设备接收一个字符,并将其 ASCII 码回送给终端设备显示。字符收发都采用的是串行中断方式。

```
#include <REG51.H>
char ch;                                //定义 ch 临时存储接收字符
/*发送缓冲区,前两个元素用于存储字符 ASCII 码的 2 位十六进制数数符*/
char sendbuf[4]={0,0,'H','\n'};
void SCI_INTProc(void)interrupt 4        //串行中断函数
{   static char sendi=0;                 //发送位置
    if(RI)                               //若接收中断标志位有效
    {   RI=0;                            // RI 清 0
        ch=SBUF;                         //读接收字符到变量 ch
    }
```

```
    if (TI)                                    //若发送中断标志位有效
    {   TI=0;                                  //TI 清 0
        if(sendi<4) SBUF=sendbuf[sendi++];     //发送缓冲区中的字符并修改发送位置
        else sendi=0;                          //全部发送完毕重置发送位置
    }
}
void InitSCI(void)                             //初始化串口函数
{   TMOD=0x20;                                 //T1 工作在方式 2,8 位自动重装
    TH1=253;                                   //11.0592MHz 时钟下计数初值 253 对应波特率 9600bps
    TL1=253;
    SCON=0x50;                                 //串口工作在方式 1, 允许接收
    EA=1;                                      //开总中断
    ET1=0;                                     //关闭 T1 中断
    ES=1;                                      //开串口中断
    TR1=1;                                     //启动 T1 计数
}
void CtoH(void)                                //字符处理函数
{   char cht;
    cht= (ch>>4)&0x0f;                         //字符高 4 位右移到低 4 位
    sendbuf[0]=cht<=9? cht+0x30:cht+0x37;
                                               //转换字符高 4 位为 ASCII 码存放到发送缓冲区
    cht=ch&0x0f;                               //屏蔽字符低 4 位
    sendbuf[1]=cht<=9? cht+0x30:cht+0x37;
                                               //转换字符低 4 位为 ASCII 码存放到发送缓冲区
    ch=0;                                      //清除字符表示字符已处理
    TI=1;                                      //启动数据发送
}
main()
{   InitSCI();                                 //初始化串口
    while(1)                                   //无限循环等待中断发生
        if(ch!=0)CtoH();                       //若接收到数据则调用处理函数
}
```

启动 Keil 创建项目编辑并加入编译好该程序,然后进入软件仿真调试模式中,执行菜单命令 View→Serial Window→UART #1 打开 Kiel 提供的串行终端窗口 UART #1,将其选为当前窗口后全速运行程序,在串行终端窗口中按键盘上的字符按键,可观察到被按下按键的字符 ASCII 码显示在串行终端窗口中,如图 6-21 所示。

该程序采用中断方式收发数据,当在串行终端窗口中按键盘按键时,终端窗口会向单片机串口发送一个字符,单片机接收后会引发串行中断。在执行中断函数的过程中,先判断 RI 位和 TI 位的值,区别是接收还是发送引发的中断。如果是接收引发的中断,则将接收字符存放到变量 ch 中,清除 RI 位后中断返回。如果是发送引发的中断,则清除 TI 位后发送缓冲区中的数据。

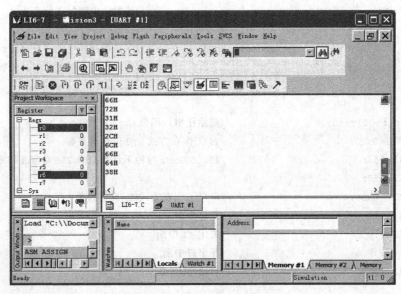

图 6-21　Keil 仿真串行收发

　　主函数执行时不断检测变量 ch 的值，只要不为 0，就表示已接收到一个新字符，于是调用 CtoH() 函数处理字符。CtoH() 函数将字符 ASCII 码转换为两个十六进制数符后存放到发送缓冲区中，然后清除变量 ch 表示处理完成，接着由软件将 TI 位置 1 启动发送，发送是连续进行的，直到整个字符串发送完毕。

习　　题

6-1　MCS-51 单片机的 4 个输入输出口各有何用途。

6-2　编程实现将 P1 口和 P2 口输入的数据相加后通过 P3 口输出。在 Keil 中对其进行仿真调试，观察 P3 口的输出。

6-3　什么是中断？中断响应的基本步骤如何？

6-4　80C51 单片机中有几个中断源，如何允许和禁止它们？

6-5　80C51 单片机的定时/计数器有几种工作方式，各有何特点？

6-6　使用汇编语言编写 MCS-51 单片机的中断程序时需注意哪些问题？

6-7　假设振荡时钟频率为 12MHz，利用 80C51 单片机的定时/计数器 1 实现通过 P1.1 引脚输出频率为 2kHz，占空比为 25% 的方波信号。并尝试用 Keil 的逻辑分析窗口对其进行观察测量。

6-8　假设振荡时钟频率为 12MHz，利用 80C51 单片机的定时/计数器 T0 对外部输入的正脉冲信号宽度进行测量。

6-9　80C51 单片机的串行口有几种工作方式，各有何特点？

6-10　分别计算一下，在振荡时钟频率为 11.0592MHz 和 12MHz 情况下，方式 1 的波特率分别为 1200、2400、4800、9600、19 200、38 400bps 时,定时/计数器 T1 的计数初值应取多少合适,它们与实际的偏差各为多少?

6-11 利用查询方式从终端接收一个字符串到缓冲区中,规定以字符'$'作为结束标志。

6-12 将上题改为中断方式接收,并在字符串接收完毕后,将串中的小写字母全部改为大写字母,然后回送给终端显示。

第 7 章

单片机典型外围接口及其程序设计

从某种意义上讲单片机就是一台完整的微型计算机,与传统微型计算机相比其结构非常紧凑,它将一台微机的主要部件都集成在一块集成电路芯片上,因此应用上更加灵活。但同时由于受芯片体积、集成度和成本等因素的限制,也决定了其内部资源不会像传统微型计算机那样丰富。在一些简单应用中,51 单片机的内部资源已能基本满足需求,但在一些复杂或是对某种接口资源要求比较特殊的应用中,51 单片机就不能满足需求,这时需要在单片机外围进行适当扩展。基于此目的,本章主要介绍了 51 单片机应用中常用的一些典型外围接口的基本扩展和程序设计方法,旨在帮助读者通过学习了解进行单片机外围设计时的一些基础知识。

本章主要内容如下。

(1) 键盘接口及程序设计;

(2) 显示接口及程序设计;

(3) 存储器扩展;

(4) 输入输出口扩展;

(5) 与模拟电路的接口;

(6) 单片机串行通信及程序设计;

(7) I²C 总线及其应用和程序设计。

7.1 键 盘 接 口

7.1.1 键盘

在微型计算机中键盘是一种标准输入设备,没有键盘就缺失了一种与计算机进行交互的重要手段。在单片机应用中键盘不一定是必需的,但在需要对单片机的运行过程进行人为控制和干预,或是在运行过程中设定、修改控制参数时,键盘则是一种比较方便有效的工具,在这些应用中通常会根据需要进行适当的按键或是键盘扩展。

键盘实际上就是由一组按键所组成的,按键数目可多可少,这由实际需要决定。依据组成键盘的按键类型,键盘可分为机械式、电容式、电阻式等。机械式键盘因其价格低、结构简单、程序易于实现被普遍采用。机械式键盘通常采用常开型按键开关组成,它通过判断按键开关的"闭"与"合"来识别是按下按键还是释放按键。无论哪种材料制造的按键开关,其在闭合或是断开时两个触点的接触与释放都不是立即就完成,而是有一个非常短暂的来回反复接触与释放的抖动过程,如图7-1所示。这个过程的持续时间因制造按键的材料和质量的不同,有的短一些(如导电胶材料制造的按键),有的长一些(如金属材料制造的按键),但一般都不超过几十毫秒。这个时间虽然短暂我们觉察不出来,但单片机不一样,几十毫秒时间足以让它执行成千上万条指令。所以在设计键盘时,这个抖动因素必须加以考虑,否则键盘不能正常使用。

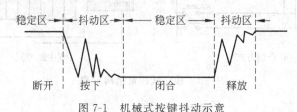

图 7-1　机械式按键抖动示意

去除按键抖动,可采用硬件或是软件的方法。硬件方法是在按键与单片机输入引脚间加一个双稳或是滤波电路;而软件方法是在识别到按键被按下或是释放后,先延时一段大于抖动过程的时间,等接触稳定后再第二次去识别按键状态,并以第二次识别到的状态为准。硬件方法无须编写专门的延时程序,不占用处理器时间,但会增加硬件的复杂性和成本。而软件方法则需在代码上付出一点代价和牺牲一些执行时间,其比硬件方法要具优势,因而使用较多。软件方式按键识别的基本流程可用图7-2表示。

依键盘与单片机接口方式的不同,可分为独立式按键和矩阵式按键两种类型,二者显著的区别是按键的组织结构不同。

7.1.2　独立式按键

独立式键盘的按键组织结构比较简单,典型结构如图7-3所示,其中图7-3(a)用于查询方式,图7-3(b)用于中断方式。独立式键盘适用于单片机接口资源比较丰富,同时按键数目又不太多的应用中。其中的按键数目可根据实际需要增减,上拉电阻 R1~R8 阻值一般在 5K~10K 范围内

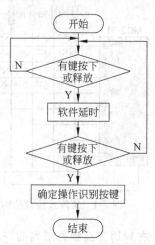

图 7-2　软件方式按键识别流程

选择。由于 MCS-51 单片机的 P1、P2、P3 口内部已有上拉电阻,所以实际可常略,但使用 P0 口则必须加上,因为 P0 口内部没有上拉电阻。

当按键闭合时,输入到单片机对应引脚的电平为低,断开时为高。因此程序中可通过读引脚输入判断按键是否被按下,及其按下的位置。程序中识别按键是否被按下可用查询或中断的方式。查询方式程序相对简单,占用资源少,但会影响处理器执行其他程序;中断方式则会占用中断资源,但响应及时、无按键被按下时不影响处理器执行其他程序。

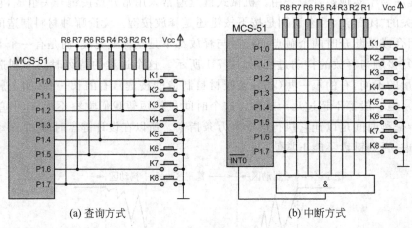

(a) 查询方式   (b) 中断方式

图 7-3 独立式按键结构示意

7.1.3 矩阵式按键

矩阵式键盘的按键组织结构稍微复杂,典型结构如图 7-4 所示,它适用于单片机的接口资源比较紧张,同时按键数目又较多的应用中。和独立式相比,矩阵式的优点是只占用较少单片机引脚的情况下即可获得更多数量的按键,但其程序实现也相对复杂。矩阵式按键识别也可采用查询或中断的方式,采用查询方式时图中的与门可以不要。在矩阵式按键中,判断被按下按键的位置常用扫描法和反转法。

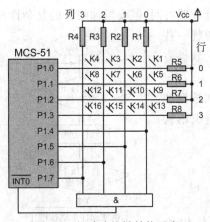

图 7-4 矩阵式按键结构示意

扫描法的原理是行(P1.0～P1.3)先全部输出置低,然后读列(P1.4～P1.7),若无按键被按下则所有列均被上拉为高,而有键按下时列中必有一根以上为低,这时延时去抖动。延时过后将第一行(P1.0)置低,其余三行置高,再去读列,若所有列均为高则表示当前行(P1.0)无键按下。然后继续将下一行(P1.1)置低,其余三行置高,再去读列,若此时有某列为低则表示当前行(P1.1)有键按下,依据当前输出为低的行的行号和读入为低的列的列号即可判断被按下按键的位置。否则重复上述操作,直到所有行都扫描完毕。

反转法的原理是行先全部输出置低,然后读列,若无按键被按下时所有列均被上拉为高,而有键按下时列中必有一根以上为低,这时延时去抖动。延时过后将列全部输出置低,然后读行,若无按键被按下时所有行均被上拉为高,而有键按下时行中必有一根以上为低,这时依据第一次读到的为低的列的列号和第二次读到的为低的行的行号即可判断按下按键的位置。

上面只是简单地介绍了扫描法和反转法识别按键的基本原理,其中并没有考虑两个以上按键被同时按下的情形,如果不允许同时按下两个以上按键,可采取一旦同一列或同一行上出现两个以上为低的情况则放弃,或是按编号顺序优先的方式来处理。

7.1.4 查询方式程序设计举例

查询方式识别按键可分为反复查询和定时查询两种。反复查询就是不断反复查询键盘直到有键按下为止,这种方式在查询过程中处理器不能做其他事,直到有键被按下。而定时查询则会占用一个定时器,它通过定时器的定时(一般几十毫秒)来实现间断查询按键是否被按下,这种方式查询代码被安排在定时器的中断函数中。

下面以反复查询方式为例介绍矩阵式键盘的识别过程,判断按下按键的位置采用的是反转法,程序以图 7-4 所示电路为基础。

【例 7-1】 用反转法查询矩阵式键盘的程序实现。

```
#include<REG51.H>
unsigned char Key;                    //定义变量 Key 存放按键编号,编号为 1～16
//定义存放在 code 区的数组 KeyPosi[],内容为编号 1～16 的按键的位置编码
unsigned char code KeyPosi[16]={0xee,0xde,0xbe,0x7e,0xed,0xdd,0xbd,0x7d,0xeb,
0xdb,0xbb,0x7b,0xe7,0xd7,0xb7,0x77};
void Delay(void)                      //软件延时函数,延时约为 10ms
{   unsigned int i;
    for (i=0;i<2000;i++);
}
bit PressKey(void)                    //按键识别函数,按下按键函数返回 1,否则返回 0
{   unsigned char row,col,colrow;
    P1=0xf0;                          //行(P1 的低 4 位)全部输出 0
    col=P1&0xf0;                      //读列(P1 的高 4 位)并赋予变量 col
    if(col==0xf0) return 0;           //无按键被按下返回 0
    Delay();                          //有按键被按下,调用函数 Delay()延时去抖动
    P1=0x0f;                          //列全部输出 0
    row=P1&0x0f;                      //读行赋予变量 row
    if(row==0x0f) return 0;           //无按键被按下返回 0
    colrow=col|row;           //将行列拼装后赋予变量 colrow,其中高 4 位为列,低 4 位为行
    for(Key=1;Key<=16;Key++)          //依据按键位置编码查表找出按键编号
        if(colrow==KeyPosi[Key-1]) return 1;    //有键被按下返回 1
}
main()
{   while(1)
    {   while(!PressKey());    //无键被按下则继续查询
        switch(Key)                   //有键被按下,则依据按键编号调用相应函数实现按键功能
        {   case 1: Fun1();break;
            case 2: Fun2();break;
```

```
                ...
            case 16: Fun16();break;
        }
    }
}
```

该程序中的按键位置编码其实就是当按下某个编号的按键后输入到 P1 口的数据。如 1 号键（0 行 0 列）位置编码 11101110（0xee）、2 号键（0 行 1 列）位置编码 11011110（0xde）、……、16 号（3 行 3 列）键位置编码 01110111（0x77）。位置编码低 4 位表示行，其中的 0 对应行号；高 4 位表示列，其中的 0 对应列号。程序执行时，main()函数中的语句"while（！PressKey()）;"的作用是反复查询是否按下按键，无键被按下则继续查询，直到有键被按下后，PressKey()函数返回 1 时才退出循环，执行后面的 switch 语句，并依据按键编号调用相应函数实现按键功能。这里 PressKey()函数采用的就是反转方式识别被按下按键的位置。如果将该按键识别函数放在定时中断函数中去执行，则属于定时查询按键方式。

7.1.5　中断方式程序设计举例

中断方式识别按键要占用单片机的中断资源，但这种方式的实时性好，响应及时。无键被按下时不会占用处理器时间，不影响处理器执行其他程序。这种方式识别按键的程序代码被安排在中断函数中。

下面以中断方式为例介绍独立式键盘的识别过程，程序以图 7-3(b)所示电路为基础，外中断使用 $\overline{INT0}$。

【例 7-2】　用中断方式识别独立式键盘的程序实现。

```
char KeyPosi;                          //定义存放按键位置编码的变量
void INT0_INTProc(void) interrupt 0    //INT0 按键中断函数
{   P1=0xff;                           //读 P1 口前先向其所有引脚输出 1
    if (P1!=0xff)                      //读 P1 口输入,并判断是否为 FFH,不是则表示有键被按下
    {   Delay();                       //调用函数 Delay()延时去抖动
        P1=0xff;
        KeyPosi=P1;                    //再次读 P1 口输入,并存放到变量 KeyPosi
        if (KeyPosi==0xff)KeyPosi=0;
                                       /* 若 KeyPosi 的值为 FFH,则表示无键被按下,将 KeyPosi
                                          的值改为表示无效按键位置编码的 0 * /
    }
    else KeyPosi =0;
}
```

该程序中按键位置编码的确定与上例相似，也是当按下某个编号的按键后输入到 P1 口的数据。如 1 号键位置编码 11111110（0xfe）、2 号键位置编码 11111101（0xfd）、……、8 号键位置编码 01111111（0x7f），位置编码中的 0 对应按键位置。INT0_INTProc()按

键中断函数只有在按键被按下时才会被调用,无键被按下时不会被调用。采用中断方式时,平时处理器可执行其他程序,只有按下按键后才会调用中断函数处理按键操作,因此可提高处理器的利用率。

7.2 显示接口

7.2.1 显示器

显示器在微型计算机中是一种标准输出设备,和键盘一样它也是常见的人机交互手段。在单片机应用中当有信息需要显示时,才会使用显示器,否则不需要。显示器依据类型的不同分为 LED 显示器、LCD 显示器、CRT 显示器等。前两种因价格低廉、功耗低、可靠性高、体积小等因素而在单片机应用中被广泛使用。

LED(Light Emitting Diode)显示器采用半导体发光二极管制造,它属于主动发光器件,具有较高亮度,可用于黑暗的环境中。而 LCD(Liquid Crystal Display)液晶显示器属于被动发光器件,需依靠外部光源才能显示信息,亮度不如 LED 显示器,不适于应用在如户外广告屏等应用中,但其功耗很低适用于采用电池供电的设备当中。LED 显示器依显示方式不同可分为字段型和点阵型两类。字段型 LED 能显示的信息内容较少,不过其接口简单、价格低,被广泛应用于仪器仪表等无须显示复杂信息的应用中。点阵型 LED 能显示的信息内容丰富,但其接口比较复杂,价格较高,一般应用在户外广告屏、数码产品等需要显示复杂信息的应用中。这里主要介绍字段型 LED 显示器与 51 单片机的接口和程序设计方法。

常见的字段型 LED 显示器也称 LED 数码管,依据显示字段数的不同可分为 7 段型、8 段型、多段型等,它们的接口方式和程序设计都比较类似。以 7 段型为例,根据其公共端(COM)接入电平的不同,可分为共阴和共阳两种类型,其内部结构和外观如图 7-5 所

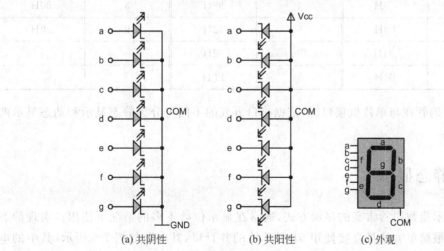

(a) 共阴性   (b) 共阳性   (c) 外观

图 7-5 共阴和共阳型 LED 数码管内部结构及外观

示,其中图 7-5(a)所示为共阴型,图 7-5(b)所示为共阳型,图 7-5(c)所示为其外观。共阴型就是将数码管中所有 LED 二极管的阴极并连起来作为公共端 COM,当数码管工作时公共端需接地,输入端输入高电平后对应二极管点亮。而共阳型就是将数码管中所有 LED 二极管的阳极并连起来作为公共端 COM,当数码管工作时公共端需接电源,输入端输入低电平后对应二极管点亮。

7 段型 LED 数码管一般有 8 个引脚,分别是 1 个公共端,7 个字段输入端,而 8 段型则多一个小数点 dp。有的数码管还可采用 BCD 码输入,这种数码管的输入端就只有 4 个,被用来显示数字"0"～"9"。在单片机应用中共阳型的数码管使用较多,原因是单片机引脚输出低电平时的灌电流(输入电流)比输出高电平时的拉电流(输出电流)要大。由于普通小功率 LED 二极管的正常工作电流只有 5～10mA,所以在其与单片机引脚连接时,中间要加一个几百欧的限流电阻。

驱动 7 段型 LED 数码管显示时,需要为其提供字符显示编码。显示编码的确定比较简单,以共阳型为例,要显示数字"1"时,只要点亮 b 和 c 两段即可,这时输入到对应引脚的电平为低,其余的为高。定义编码时要指定编码中的位与字段间的对应关系,这可根据实际连线情况确定。如下是一种比较常见的对应关系。

位置	D7	D6	D5	D4	D3	D2	D1	D0
字段	—	g	f	e	d	c	b	a

依此对应关系,不难确定出共阳型数码管的字符显示编码,其编码表如表 7-1 所示。表中的字符为比较常用的数字 0～9,此外也可以显示一些如 H、L 等比较简单的字符,这些字符的显示编码可依同样的方法确定。共阴型数码管的显示编码和共阳型的是一个互反的关系。

表 7-1 共阳型字符显示编码表

显示字符	显示编码	显示字符	显示编码	显示字符	显示编码
0	C0H	4	99H	8	80H
1	F9H	5	92H	9	90H
2	A4H	6	82H		
3	B0H	7	F8H		

LED 数码管在与单片机接口时,依据接口方式的不同可分为静态显示和动态显示两种方式。

7.2.2 静态显示

静态显示指数码管常亮的显示方式,通常在显示位数不多的情况下使用。实现静态显示接口的最简单方法是直接使用 51 单片机的并行口,其电路如图 7-6 所示,其中的电阻用于限流,阻值在 200～1K 之间。这种方法的特点是一只数码管要占用单片机的一个并行口,因此在无外部扩展并行口的情况下,最多能连接 4 只数码管。虽然显示位数不多,但其显示操作非常简单,只要将字符的显示编码通过单片机的并行口输出即可。如要显示"1",使用指令"MOV P0,#F9H"或语句"P0=0xf9;"就能实现。

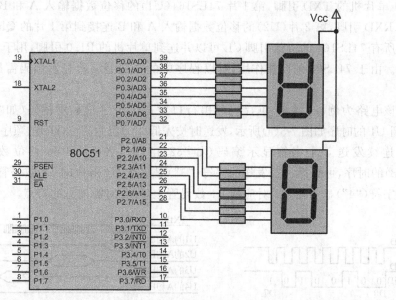

图 7-6　使用单片机并行口的静态显示接口

除直接使用单片机的并行口外,数码管静态显示的接口方法还有不少,如使用单片机串行口。第 6 章中曾经介绍利用 51 单片机的串行口工作在方式 0,通过外接串入并出的移位寄存器 74LS164 可实现扩展并行输出口。使用这种方式的静态显示接口电路如图 7-7 所示,图中的 74LS04 反相器用于缓冲驱动。这种方法的特点是所占单片机引脚较少,主要是 RXD 和 TXD 和一根控制用的输出引脚,并且可以以类似的方式串联多只数

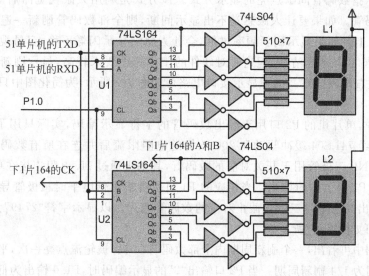

图 7-7　使用单片机串行口的静态显示接口

码管。但其缺点是硬件复杂,显示操作不如直接使用单片机并行口简单。如果单片机的串行口被占用,还可采用其他输出引脚来模拟数据串行移位输出。

为简化图中只画出了两位数码管,电路中所有 74LS164 的移位时钟输入 CK 全部并连到 51 单片机的 TXD 引脚,第 1 片 74LS164(U1)的移位数据输入 A 和 B 连接到 51 单片机的 RXD 引脚,第 2 片(U2)的移位数据输入 A 和 B 连接到第 1 片的 Qh 引脚,依次类推。而所有 74LS164 的清除引脚 CL 可以并连到单片机的 P1.0 引脚,用于对它们进行清除操作。由于 74LS04 的反相作用,所以程序中的共阳型字符显示编码需按位求反后再输出。

以该电路为例,通过 51 单片机的串行口发送 1 个字符显示编码(如"2",显示编码 A4H)到 U1 的时序如图 7-8(a)所示,发送时按先低(D0)位后高位(D7)的顺序。而图 7-8(b)所示为连续发送 4 个字符显示编码(如"3284")时,各 74LS164 移位数据输入引脚(A 和 B)的时序,可见第一个发送的字符("3")显示在 U4 对应的 L4 数码管上,最后一个发送的字符("4")显示在 U1 对应的 L1 数码管上,编程时需注意此特点。

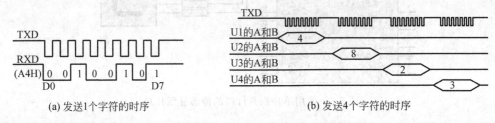

(a) 发送1个字符的时序　　　　　　　　　　(b) 发送4个字符的时序

图 7-8　使用串行口的静态显示接口的工作时序

7.2.3　动态显示

动态显示指数码管间歇点亮的显示方式。该方式是利用人眼视觉滞后的特性,快速分时点亮数码管。如果要让人眼感觉不出显示间断,则全部数码管刷新一遍的频率通常要在 20 Hz 以上。如果显示刷新频率过低,会让人感觉显示闪烁不稳,容易视觉疲劳。显示刷新频率越高,显示越清晰,但这时对硬件的工作速度要求较高,显示刷新频率一般设置在 50 Hz 左右比较适宜。动态显示接口电路可如图 7-9 所示,为简化图中只画了 4 只数码管。

该电路中,单片机的 P2 口用于输出数码管的字符显示编码,实际只用了 7 个 P2 口引脚,其输出经 74LS04 缓冲驱动和 200 欧姆的电阻限流后并连在所有数码管的同名输入引脚上。PNP 三极管用于开关对应的数码管,其基极通过 1K 电阻连接在单片机 P1 口的引脚上,受 P1 口引脚的控制。当相应的 P1 口引脚输出低电平时三极管导通对应的数码管点亮,输出高电平时三极管截止对应的数码管熄灭。以显示字符"2749"为例,该电路的工作时序可如图 7-10 所示。

由时序图中可看出,一个刷新周期内全部数码管(4 只)被轮流点亮一次,平均每只数码管的点亮时间为 1/4 刷新周期。当 P2 口输出"2"的显示编码时,P1.0 输出为低,三极管 T1

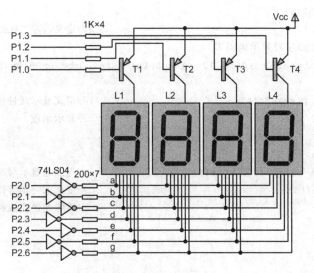

图 7-9 动态显示接口

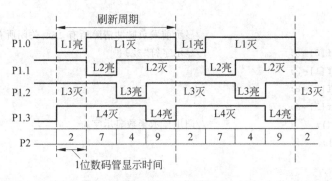

图 7-10 动态显示工作时序

导通 L1 点亮,P1 口其他引脚输出为高,其他三极管截止关断其他数码管;当 P2 口输出"7"的显示编码时,P1.1 输出为低,三极管 T2 导通 L2 点亮,P1 口其他引脚输出为高,其他三极管截止关断其他数码管;依次类推,当一个周期显示完毕,则从头开始。只要刷新周期小于 50ms,则人眼观察到的数码管好像全都在显示,这就是动态显示的基本原理。

与静态显示相比,动态显示的优势在于以较少的单片机资源占用就可显示较多位数的数码管,此外其硬件电路简单。由于显示时不是所有数码管都在点亮,其平均电源消耗较低,更环保节能。但这种方式对操作时序要求较高,需使用单片机的一个定时器来产生刷新周期。

7.2.4 静态显示程序设计举例

静态显示若采用单片机的并行口,其程序实现很简单,这里以图 7-7 所示电路为基础,介绍利用串行口进行静态显示的程序设计,假设为 4 位 LED 数码管显示。

【例 7-3】 采用单片机串行口的静态显示程序实现举例。

```
#include<REG51.H>
sbit CL= P1^0;                                          //定义清除 74LS164 的控制引脚
//定义共阳型 LED 字符显示编码表
const unsigned char CharCode[10] = {0xc0, 0xf9, 0xa4, 0xb0, 0x99, 0x92, 0x82, 0xf8, 0x80,
0x90};
unsigned char DispBuff[4];                              //定义显示缓冲区
void Display(void)                                      //显示函数
{    char i;
     for(i=3;i>=0;i--)
     {    SBUF=~CharCode[DispBuff[i]];                  //先发送显示缓冲区中最后一个字符
          while(!TI);                                   //发送未完则等待
          TI=0;                                         //清除发送完成标志
     }
}
main()
{    SCON= 0x00;                                        //串口工作在方式 0,RXD 发送移位数据,TXD 发送移位时钟
     CL=1;
     CL=0;
     CL=1;                                              //显示前发负脉冲清除所有 164,关闭所有 LED 显示
     DispBuff[0]=3;                                     //显示字符"3284"
     DispBuff[1]=2;
     DispBuff[2]=8;
     DispBuff[3]=4;
     Display();                                         //调用显示函数显示字符
     while(1);
}
```

当程序中有信息需要显示时,只要将显示信息存放到显示缓冲区 DispBuff[]中,然后调用函数 Display()即可。程序中数组 CharCode[ ]存放的是共阳型 LED 字符显示编码,显示编码通过数组查表的方式取出。由于电路中 74LS04 的反相作用,所以程序中的共阳型字符显示编码需按位求反后再发送。

7.2.5   动态显示程序设计举例

在动态显示中先要确定刷新周期,刷新周期越高,显示效果越清晰,但对硬件的要求较高,一般情况下要结合单片机任务的繁重折中选取,但不宜小于 20Hz。以图 7-9 所示电路为基础,设刷新频率为 50Hz,则一个刷新周期为 20ms,平均分配到每只数码管的显示时间为 5ms。要实现 5ms 的精确定时,可以使用 51 单片机的定时/计数器实现,而显示操作被安排在定时器的中断函数中。

【例 7-4】   动态显示程序实现举例。

```
#include<REG51.H>
const unsigned char CharCode[10] = {0xc0, 0xf9, 0xa4, 0xb0, 0x99, 0x92, 0x82, 0xf8, 0x80,
```

```
0x90};
unsigned char DispBuff[4]={2,4,7,9};            //定义显示缓冲区,显示字符"2479"
void T0_INTProc(void) interrupt 1                //T0定时中断函数
{    static char CurPosi;                         //定义当前输出位置
     P1=0xff;                                     //关闭所有显示,消隐
     TH0=0xec;
     TL0=0x78;                                    //重装计数值
     TR0=1;                                       //重启计数,为显示下一字符作准备
     P2=~ CharCode[DispBuff[CurPosi]];            //输出当前字符显示编码到P2口
     switch(CurPosi++)                            //当前输出位置加1
     {    case 0: P1=0xfe;break;                   //P1.0置低
          case 1: P1=0xfd;break;                   //P1.1置低
          case 2: P1=0xfb;break;                   //P1.2置低
          case 3: P1=0xf7;                         //P1.3置低
     }
     if(CurPosi>3) CurPosi=0;                      //当前输出位置大于3则从头开始
}
main()
{    TMOD=0x01;                                    //设定T0工作在定时方式1,16位计数
     TH0=0xec;                                     //装入计数值高字节
     TL0=0x78;                                     //装入计数值低字节
     EA=1;                                         //开总中断
     ET0=1;                                        //开T0中断
     TR0=1;                                        //启动T0计数
     while(1);                                     //无限循环等待中断发生
}
```

假如单片机的振荡时钟为12MHz,则要实现5ms的定时,定时器T0只能采用工作方式0或工作方式1才能满足要求。本例中采用了工作方式1,对应的计数初值为EC78H。由于方式1不具备自动重装特性,所以当定时时间到后,在中断函数中需再次重装计数值。中断函数中语句"P1=0xff;"的作用是在输出显示编码前,先关断所有数码管显示,再输出显示编码,这样可以使显示清晰。中断函数每隔5ms会被执行一次,每次执行会将显示缓冲区中的当前数据输出,当输出到缓冲区最后一个数据后又从头开始。当程序中有信息需要显示时,只要将显示信息存放到显示缓冲区即可。

要注意的是,采用动态显示时数码管的位数不能设置太多,否则为保证刷新周期就只有减小每只数码管在一个刷新周期内的显示时间,即减小单片机的定时时间。但定时时间过小,可能会造成上一次中断的函数未执行完,就有新的定时中断请求到来,这时新的中断请求将得不到服务而被丢弃,所以提高中断函数的执行效率非常关键。此外过小的显示时间会造成数码管显示亮度降低,虽然减小限流电阻可提高显示亮度,但工作电流的增大会影响数码管的使用寿命,甚至有可能毁坏。要解决这个问题,可采用外部硬件的方式来刷新显示以及选用高亮度的数码管。除字段型LED数码管外,像用于户外广告屏的

LED 数码点阵也都采用动态显示工作方式。

7.3 存储器扩展

7.3.1 RAM 存储器扩展

RAM 存储器被用来存放程序运行过程中产生的临时数据,因 MCS-51 单片机中的片内 RAM 存储器容量比较有限,在一些应用中需要外部扩展。外扩 RAM 存储器时,常选用接口方式比较简单的静态 RAM(Static Random Access Memory,SRAM)类型的存储器,如 Intel 的 6116、6264、62256 等,它们的差异主要是存储容量不同。下面以 6264 为例介绍在 MCS-51 单片机系统中外扩展 RAM 存储器的基本方法。

1. 6264 简介

6264 的存储容量为 8K×8(64Kbit),采用 CMOS 工艺制造,由单 5V 电源供电,额定功耗 200mW,典型存取时间 200ns,封装形式为 28 脚双列直插式。6264 的引脚按功能可分为地址、数据、控制(读、写和片选)和电源 4 大类,对于其他类型的 SRAM 存储器引脚与其基本相似,因此接口方法雷同。图 7-11 所示为 6264 的引脚定义,含义如下。

(1) A12~A0:地址输入,用于寻址 6264 内部 8KB 的存储单元。

(2) D7~D0:数据输入输出。

(3) $\overline{CE1}$ 和 CE2:片选信号输入,其中 $\overline{CE1}$ 低电平有效,CE2 高电平有效。

(4) $\overline{WR}$:读控制信号,低电平有效。

(5) $\overline{RD}$:写控制信号,低电平有效。

(6) VCC 和 GND:电源和地。

(7) NC:空脚。

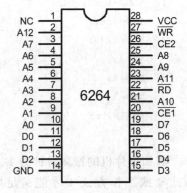

图 7-11 6264 的引脚定义

6264 的真值表如表 7-2 所示。

表 7-2 6264 的真值表

$\overline{CE1}$	CE2	$\overline{WR}$	$\overline{RD}$	工作方式	D7~D0
L	H	H	L	读	数据输出
L	H	L	×	写	数据输入
H	×	×	×	未选中	高阻
×	L	×	×	未选中	高阻
L	H	H	H	输出禁止	高阻

2. 外扩 RAM 的典型接口和访问时序

外扩像 6264 这样的 SRAM 存储器时,除占用 MCS-51 单片机的 P0 和 P2 口外,还需要一些外围辅助电路才能保证外部扩展的 RAM 存储器能被单片机正常访问。典型的 MCS-51 单片机与 RAM 接口的框图可用图 7-12 表示,图中的锁存器用于锁存 P0 口分时输出的被访问存储单元地址的低 8 位 A7~A0,而高 8 位地址 A15~A8 则由 P2 口固定输出。图中的地址译码器为可选,在简单应用中该部分可以省略,直接使用高位地址线选中要访问的存储器芯片,只有当芯片数量较多或是对存储地址有特殊要求时才会使用地址译码器。除 RAM 存储器外,像 ROM 存储器以及一些并行外部设备也常采用这种方式与 MCS-51 单片机接口,只是依外扩对象不同所使用的控制信号会有差异。

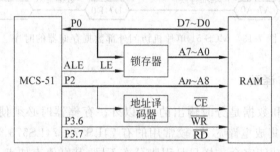

图 7-12 典型的 MCS-51 单片机与 RAM 接口框图

MCS-51 单片机与 RAM 接口连线的特点如下。

(1) 单片机的 P0 口一方面直接和 RAM 存储器的数据输入输出引脚 D7~D0 相连,作输入输出数据用,另一方面又作为锁存器的输入,为其提供分时输出的低 8 位地址 A7~A0。

(2) 单片机的 ALE(地址锁存使能)引脚与锁存器的 LE(锁存使能)引脚相连,用来对 P0 口分时输出的低 8 位地址进行地址锁存。

(3) 锁存器的输出为 RAM 存储器提供被访问存储单元的低 8 位地址,而高位地址 An~A0 则由单片机的 P2 口提供。

(4) 地址译码器的输入由 P2 口输出的部分高位地址提供,其输出用于选择要访问的 RAM 存储芯片。

(5) 单片机的 P3.7 和 P3.6 引脚用来对外部数据存储器进行读写控制。

当执行 MOVX 指令访问外部数据存储器时,MCS-51 单片机有关各引脚的工作时序如图 7-13 所示。可见 MOVX 指令的指令周期为 2 个机器周期,在其第 1 个机器周期中的第 2 个 ALE 信号下降沿时刻,P0 口输出地址低 8 位,P2 口输出地址高 8 位。此时可利用 ALE 信号的下降沿将 P0 口分时输出的低 8 位地址锁存到外部锁存器中,而 P2 口输出的高 8 位地址在单片机访问外扩 RAM 时始终有效,因而无须锁存。当第 2 机器周期开始时,$\overline{RD}$或$\overline{WR}$信号有效(低有效),P0 口切换到数据输入输出状态,这时可对选中的片外 RAM 存储芯片进行读或写操作,在 S3P2 时刻读或写操作完成。需注意的是

MOVX 指令访问外部数据存储器时,在其第 2 个机器周期里会丢失一个 ALE 信号。

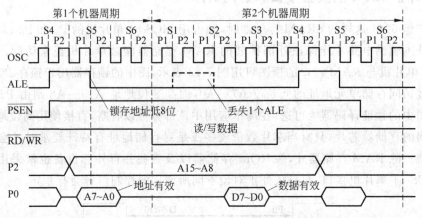

图 7-13　MCS-51 单片机访问外部数据存储器的时序

3. 地址锁存与译码

因 P0 口的地址和数据是分时输出的,所以外扩存储器时必须使用地址锁存器。锁存器通常采用现成的集成电路芯片,较常用的有 74LS373、74LS573 等,它们的引脚定义如图 7-14 所示,二者功能完全一样只是引脚分布不同,其真值表如表 7-3 所示。

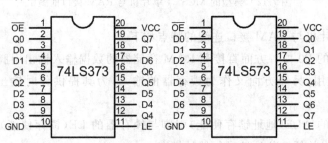

图 7-14　74LS373 和 74LS573 的引脚定义

通常只有在外扩的存储器芯片数量较多或是对存储地址有特殊要求时,才会使用译码器进行地址译码以选择程序要访问的存储器芯片。译码器可以采用普通门电路搭建,也可以使用专门的译码芯片,比较常用的译码芯片是 3-8 线译码器 74LS138,其引脚定义如图 7-15 所示,真值表如表 7-4 所示。

表 7-3　74LS373 和 74LS573 的真值表

LE	$\overline{OE}$	Dn	Qn
H	L	数据输入	数据输出
L	L	×	数据锁存
×	H	×	高阻

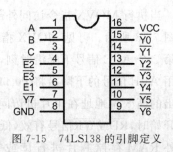

图 7-15　74LS138 的引脚定义

表 7-4　74LS138 的真值表

| 输　入 | | | | | | 输　出 | | | | | | | |
| 使能控制 | | | 选择输入 | | | | | | | | | | |
E1	$\overline{E2}$	$\overline{E3}$	C	B	A	$\overline{Y0}$	$\overline{Y1}$	$\overline{Y2}$	$\overline{Y3}$	$\overline{Y4}$	$\overline{Y5}$	$\overline{Y6}$	$\overline{Y7}$
1	0	0	0	0	0	0	1	1	1	1	1	1	1
1	0	0	0	0	1	1	0	1	1	1	1	1	1
1	0	0	0	1	0	1	1	0	1	1	1	1	1
1	0	0	0	1	1	1	1	1	0	1	1	1	1
1	0	0	1	0	0	1	1	1	1	0	1	1	1
1	0	0	1	0	1	1	1	1	1	1	0	1	1
1	0	0	1	1	0	1	1	1	1	1	1	0	1
1	0	0	1	1	1	1	1	1	1	1	1	1	0
0	×	×	×	×	×	1	1	1	1	1	1	1	1
×	1	×	×	×	×	1	1	1	1	1	1	1	1
×	×	1	×	×	×	1	1	1	1	1	1	1	1

　　地址译码器的设计可分不完全译码和完全译码两种方式。不完全译码即只对部分存储空间进行译码,直接使用高位地址线线选的方法就属于该方式。其特点是连线少,电路简单,缺点是存储空间利用率低,存储单元地址有重复。一般应用在不需使用全部寻址空间,或外扩存储芯片数量较少的应用中。

　　例如将 MCS-51 单片机的 A13 地址线直接和 6264 的 $\overline{CE1}$ 相连,而 6264 的 CE2 接高,则只要当 A13＝0 就可选中该 6264 芯片。满足 A13＝0 条件的逻辑地址空间有 0000H～1FFFH(二进制形式地址为:000X,XXXX,XXXX,XXXXB,其中的 X 可取值 0 或 1)、4000H～5FFFH、8000H～9FFFH、C000H～DFFFH 共 4 个 8K 段。这些逻辑地址空间都对应同一片 6264,对它们的访问实际上都是在访问同一个物理存储芯片,所以这种情况下该 6264 芯片中的每个存储单元实际有 4 个存储单元地址。

　　完全译码是对全部存储空间进行译码,其特点是存储空间利用率高,存储单元地址无重复,但连线较多,电路稍复杂。一般应用在需使用全部存储空间,或外扩存储器芯片数量较多,或对存储地址有特殊要求的应用中。

　　例如要将 6264 的 8KB 存储单元设置在 2000H～3FFFH(二进制地址形式为:001X,XXXX,XXXX,XXXXB)的逻辑地址空间内,若地址译码器选用 74LS138,这时可将 74LS138 的 A、B、C 选择输入分别和 A13、A14、A15 地址线相连,其他控制端全使能。并将 73LS138 的 $\overline{Y1}$ 和 6264 的 $\overline{CE1}$ 相连,而 6264 的 CE2 接高,则只有当地址线上出现 2000H～3FFFH 范围内的地址时,74LS138 的 $\overline{Y1}$ 输出才会有效(低有效),从而选中该 6264。

4. RAM 扩展举例

【例 7-5】 如图 7-16 所示,80C51 单片机使用 6264 外扩了 8KB 数据存储单元,地址为 0000H~1FFFH,现编程对其进行测试。测试方法为:先向所有存储单元写 0,然后读出并以写入的 0 进行比较,判断是否一致,一致则再用同样的手段分别写 FFH、AAH 和 55H 并比较。假如有写入和读出不一致的存储单元,则表示该存储器有问题,这时将 P1.0 引脚上连接的 LED 点亮。

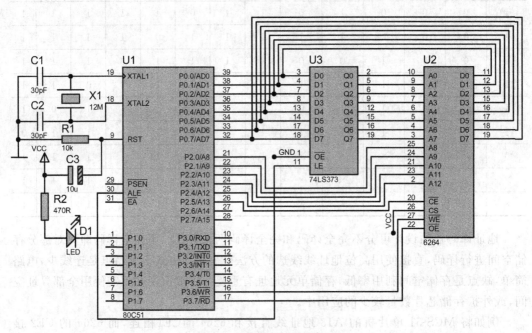

图 7-16 数据存储器的扩展

```
#include<REG51.H>
sbit   LED=P1^0;                          //定义 LED 输出为 P1.0
bit    TestRAM(unsigned char testdata)    //测试 6264 函数,正常返回 1,错误返回 0
{      int i;
unsigned char xdata * pmem;               //定义指向 xdata 区的存储器指针 pmem
pmem= (unsigned char xdata * )0;          //初始化 pmem 指向 xdata 区的首字节
for(i=0;i<=0x1fff;i++)                     //外扩 6264 的所有单元全置为测试数据
   * pmem++=testdata;
pmem= (unsigned char xdata * )0;          //重新初始化指针
for (i=0;i<=0x1fff;i++)                    //逐一比较所有外扩存储单
   if(* pmem++! =testdata)return 0;        //有存储单元不一致则返回 0
return 1;                                  //否则返回 1
}
main()
{   LED=1;                                 //熄灭 LED
   //调用函数进行测试,测试结果直接输出
```

```
    LED=TestRAM(0x00)&&TestRAM(0xff)&&TestRAM(0xaa)&&TestRAM(0x55);
    while(1);
}
```

程序中通过指针变量来访问片外扩展的数据存储器 6264,该指针变量的类型为指向 xdata 区的存储器指针,为将其初始为指向外扩 RAM 的第 1 个存储单元,使用了 C51 语言中的强制类型转换运算。除此之外,访问片外数据存储器也可使用 C51 语言提供的绝对地址访问宏,或是在定义变量或数组时采用绝对地址定位的方式将其定位在片外数据存储器中。

例如上面的程序可改为如下方式。程序中将数组 XRAM 定义在片外 RAM 0000H 起始的位置,它被分配到外扩的 6264 中,对数组的访问实际上就是对 6264 的访问。

```
#include<REG51.H>
sbit LED=P1^0;                             //定义 LED 输出为 P1.0
//定义片外 RAM 存储器
unsigned char xdata XRAM[0x2000] _at_ 0x0000;
bit  TestRAM(unsigned char testdata)       //测试 6264 函数,正常返回 1,错误返回 0
{    int i;
     for(i=0;i<=0x1fff;i++)                 //外扩 6264 的所有单元全置为测试数据
       XRAM[i]=testdata;
     for(i=0;i<=0x1fff;i++)                 //逐一比较所有外扩存储单
       if(XRAM[i]!=testdata) return 0;      //有存储单元不一致则返回 0
     return 1;                              //否则返回 1
}
main()
{    LED=1;                                 //熄灭 LED
     //调用函数进行测试,测试结果直接输出
     LED=TestRAM(0x00)&&TestRAM(0xff)&&TestRAM(0xaa)&&TestRAM(0x55);
     while(1);
}
```

7.3.2 ROM 存储器扩展

1. ROM 存储简介

基于 ROM 存储器非易失性的特点,它在单片机应用中除被用来存储程序外,也被用来存储一些常数表格或是断电后需要保存的重要数据。最初的 ROM 存储器只能读出而不能写入,随着设计和制造工艺的不断改进,ROM 存储器也逐渐衍生出能写的特性。不过其写入性能还达不到 RAM 存储器那样的水平,有的不是写操作耗时过长,就是写操作过于烦琐,且在写操作之前还要先擦除,所以通常还是将它们划入 ROM 存储器的范畴,以便和具有方便快捷读写特性的 RAM 存储器区分开。

就 ROM 存储器来说,按其是否能改写,以及改写手段的不同,被划分为以下几种主要类型。

（1）PROM(Programmable ROM)可编程只读存储器,这类 ROM 存储器提供给用户一次性的编程能力,一旦对其编程之后就不能再改变。其价格相对较低廉,主要应用在已设计定型,但产量又不是太高的产品中。

（2）EPROM(Erasable Programmable ROM)可擦除的可编程只读存储器,这类 ROM 存储器除允许用户自行编程外,还允许用户对其进行擦除操作,因此能反复使用。不过其擦除过程比较烦琐,需专门的紫外线设备进行擦除,加之使用寿命较短,编程耗时长,所以常被用于产品设计的过程中,当设计完成后再将其改用价格更低廉的其他类型 ROM 存储器。

（3）EEPROM(Electrically Erasable Programmable ROM)电可擦除的可编程只读存储器,也写作 E^2PROM。这类 ROM 存储器相比 EPROM 来说其擦除改用电的方式,因此擦除过程相对较简单。早期的 EEPROM 产品擦除时要求额外加上二十几伏的擦除电压,而现在的产品已降至和单片机系统工作电压一样的 5V,但这类 ROM 的擦除和改写时间仍较长,且价格相对较高。

（4）Flash ROM 闪速存储器,因其较为方便的擦除改写特性,以及较长的使用寿命和低廉的价格,而被广泛应用。但这类 ROM 不能像 RAM 一样可对字节单元进行改写,只能是整片或是以扇区的形式进行,其访问速度不及 RAM 存储器,所以不能被完全用来替代 RAM,而只能是用来弥补 RAM 的不足。

（5）Mask ROM 掩膜式只读存储器,这类 ROM 存储器是由厂家统一进行编程,用户不能改写,但其价格非常低廉,常被用于大批量生成的产品中,不过它不适用于开发设计。

此外,按照 ROM 存储器与单片机接口方式的不同又可分为并行 ROM 和串行 ROM 两大类。实际上除 8031 等少数片内无 ROM 存储器的 51 单片机外,多数单片机内部集成的 ROM 存储器容量都要比 RAM 存储器大很多,一些增强型产品其片内甚至集成了超过 64KB 的 ROM 存储器,能满足较高的应用需求。所以相对 RAM 存储器,ROM 存储器较少外部扩展。

2. EPROM 存储器的扩展

51 单片机应用中使用较多的 EPROM 存储器有 Intel 的 2716、2732、2764、27128、27256、27512 等,其存储容量从 2K×8(16Kbit)到 64K×8(512Kbit)不等,它们都采用单 5V 供电,与 51 单片机接口简单,其封装形式采用 24 脚或 28 脚双列直插式。以 2732(4K×8)为例,它的引脚有 GND(地)、VCC(电源)、A11～A0(地址输入)、D7～D0(数据输出)、$\overline{CE}$(片使能)、$\overline{OE}$/Vpp(输出使能和编程电压输入),控制其工作方式的真值表如表 7-5 所示。对 2732 编程时需专门的编程器,所以设计时主要关心其前 3 种工作方式。

外扩 ROM 存储器与 MCS-51 单片机的接口和外扩 RAM 基本类似,唯一的区别是外扩 ROM 用作程序存储器使用时,其输出使能 $\overline{OE}$ 要连接单片机的外部程序存储器读选通信号 $\overline{PSEN}$,而单片机的 P3.6($\overline{WR}$)和 P3.7($\overline{RD}$)两个引脚是用于访问片外数据存储器的,因此不用。

表 7-5　2732 的真值表

$\overline{CE}$	$\overline{OE}$/Vpp	工作方式	D7～D0
L	L	读	数据输出
×	H	未选中	高阻
H	×	未选中	高阻
编程脉冲	编程电压 Vpp	编程	编程数据输入
L	L	编程校验	编程数据输出
H	Vpp	编程禁止	高阻

当 MCS-51 单片机访问外部程序存储器时,有关各引脚的工作时序如图 7-17 所示,可见 ALE 在一个机器周期内两次有效,利用其下降沿可将 P0 口分时输出的 PCL(程序计数器 PC 的低字节)寄存器的值锁存到地址锁存器中(如 74LS373),而 P2 口固定输出 PCH(程序计数器 PC 的高字节)寄存器的值。当 $\overline{PSEN}$ 信号有效(低有效)时,使能外部程序存储器输出,单片机通过 P0 口读取指令代码。一个机器周期内可以最多读取两字节代码。

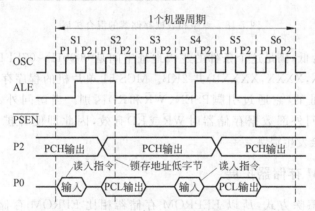

图 7-17　MCS-51 单片机访问外部程序存储器的时序

要注意的是,像 80C51 等单片机片内已集成有 4KB 的 ROM 存储器用于程序存储,若要直接从外部 ROM 存储器中执行程序,则需将其 $\overline{EA}$ 引脚接低电平。否则,它会先从内部 ROM 存储器中执行起,只有当执行范围超过内部 ROM 的地址范围(0000H～0FFFH)时,才会自动转到外部 ROM 存储器中取指令,这时 $\overline{PSEN}$ 才会有效。

图 7-18 所示为采用 EPROM 存储器 2732 和 SRAM 存储器 6116 混合扩展外部存储器的一个实例。由图可见,当 74LS138 的 $\overline{Y1}$ 输出有效时才会选中 2732。而 $\overline{Y1}$ 要有效,74LS138 的控制和输入引脚 $\overline{E2}$、C、B、A 必须取值为 0001,即对应连接的 A15、A14、A13、A12 地址线要为 0001,满足这个条件的逻辑地址空间是 1000H～1FFFH(二进制地址形式为:0001,XXXX,XXXX,XXXXB)共 4KB,当 MCS-51 单片机执行这个范围的程序时,就会从外扩的 2732 中取指令。

图中的 6116 为系统外扩了 2KB 的数据存储器,选中它的条件是 74LS138 的 $\overline{Y0}$ 和

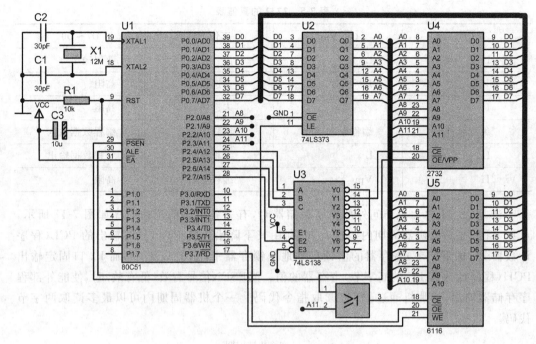

图 7-18　程序和数据存储器的混合扩展

A11 地址线同时为低,满足这个条件的逻辑地址空间是 0000H~07FFH(二进制地址形式为:0000,0XXX,XXXX,XXXXB)共 2KB。MCS-51 单片机的程序存储空间和数据存储空间是分开寻址的,它通过引脚 $\overline{PSEN}$、$\overline{WR}$ 和 $\overline{RD}$ 区别。当访问外部程序存储器时 $\overline{PSEN}$ 有效,而访问外部数据存储器时 $\overline{WR}$ 或 $\overline{RD}$ 有效,因此即使外扩 RAM 的地址和 ROM 重叠,也不会发生混乱。

3. EEPROM 存储器扩展

由于采用电擦除方式,所以 EEPROM 存储器相比 EPROM 存储器使用要灵活。EEPROM 存储器同时具有 ROM 存储器非易失性和 RAM 存储器可写的特性,因此在应用中既可以当作 ROM 使用,也可当作 RAM 使用,且不用当心存储其中的数据掉电后会丢失,被用于存放一些系统断电后仍需保存的重要数据,像控制参数等。只是 EEPROM 存储器的写入不如 RAM 存储器快捷,通常写入一片几 KB 的存储芯片需要几毫秒至几秒不等的时间。下面简单介绍一下 EEPROM 存储器与 51 单片机的接口。

Atmel 公司的 AT28C64 是 8KB 的 EEPROM 存储器,其工作电压和编程电源都采用 5V,易于和 51 单片机接口,此外 AT28C64 的引脚与 6264 完全兼容,可以直接替代 6264。只是其引脚除地址、数据、电源、读写外,还多一个漏极开路的状态查询引脚 RDY/$\overline{BUSY}$,用于检测数据写入是否完成。当该引脚为高时(开路)表示准备好可以写入数据,为低时(导通)表示正在写入数据,当写入完成后会变高,通过对该引脚的查询可以保证数据写入正确。

图 7-19 所示为使用 AT28C64 外扩程序和数据存储器的一个实例,图中 AT28C64 被

选中的条件是地址线 A13＝1,满足该条件的存储单元地址的二进制形式是 XX1X，
XXXX，XXXX，XXXXB，如 2000H～3FFFH 地址段。AT28C64 的写入使能$\overline{\text{WE}}$与 80C51
的写外部数据存储器控制信号$\overline{\text{WR}}$相连,因此当 80C51 对 2000H～3FFFH 地址范围内的
片外数据存储单元进行写操作时,就能将数据写入 AT28C64 中;而 80C51 的读外部数据
存储器控制信号$\overline{\text{RD}}$和外部程序存储器读选通信号$\overline{\text{PSEN}}$相与后与 AT28C64 的输出使能
$\overline{\text{OE}}$相连,因此只要其中一个为低 AT28C64 的$\overline{\text{OE}}$就会有效。因此这时无论是从 2000H～
3FFFH 地址范围内读外部数据还是读外部指令,实际上都将从 AT28C64 中读取。
AT28C64 的状态查询引脚 RDY/$\overline{\text{BUSY}}$与 80C51 的 P1.7 引脚相连的目的是可以通过查
询的方式了解 AT28C64 的状态,以便保证可靠地写入数据。

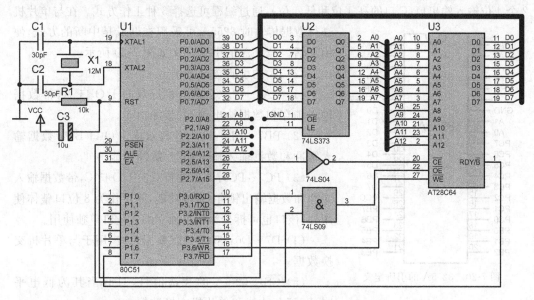

图 7-19　用 EEPROM 外扩程序和数据存储器

　　图中的设计使得 AT28C64 既可当做外扩的数据存储器使用,又可当作外扩的程序
存储器使用。这样它既可用来存放系统掉电后仍需保存的数据,又可用来存放单片机的
执行程序,且这部分程序可以进行升级更新。这样的设计可应用在数字机顶盒、智能仪器
仪表等广泛的应用当中。

7.4　输入输出口扩展

7.4.1　可编程并行接口芯片 8255A 概述

　　MCS-51 单片机虽然有 4 个 8 位双向并行输入输出口,但在外部扩展存储器,以及部
分 P3 口引脚被用于第二功能时,实际可用的就只有 P1 口和 P3 口的部分引脚。这对一
些需要使用较多并行输入输出口的应用来说是不够的,这时就需要外部扩展并行输入输

出口。当外扩功能简单的并行输入输出口时可采用外接并入串出或串入并出移位寄存器,或是数据锁存缓冲器的方式实现,但若应用需求的输入输出口数量较多,或是要求双向输入输出功能时,采用这些方法的硬件开销就比较大,使用上也不够灵活。因此在这些应用中常会采用可编程并行接口芯片来外扩并行输入输出口以满足需要,这当中 Intel 的 8255A 就是比较具有代表性的一款。

1. 8255A 简介

Intel 的 8255A 是一款可编程并行输入输出接口芯片,采用单 5V 电源,有 40 个引脚,与 MCS-51 单片机接口方便,无外围元件。8255A 有 2 个 8 位输入输出口(A 口和 B 口),以及 2 个 4 位输入输出口(C 口的高 4 位和低 4 位),通过编程可选择 3 种工作方式。在与单片机进行数据传输时 8255A 可采用查询或是中断的方式,使用灵活。8255A 的引脚定义如图 7-20 所示。

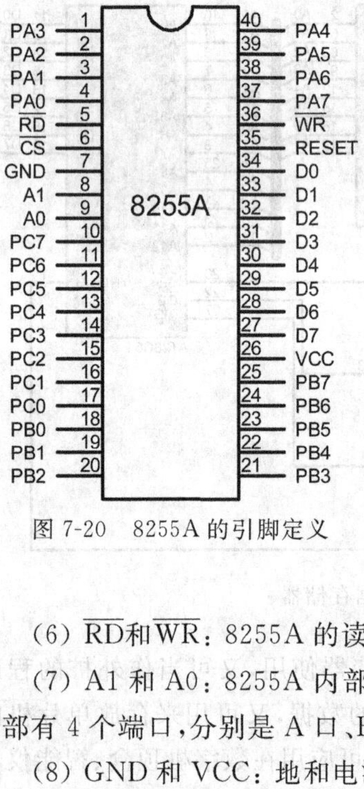

8255A 的引脚含义如下。

(1) PA7~PA0:8 位并行双向 I/O 口 A,带数据输入锁存和数据输出锁存/缓冲功能。

(2) PB7~PB0:8 位并行双向 I/O 口 B,带数据输入缓冲和数据输入输出锁存/缓冲功能。

(3) PC7~PC0:8 位并行双向 I/O 口 C,带数据输入缓冲和数据输出锁存/缓冲功能,除可作为 8 位口整体使用外,该口也可拆分为两个独立的 4 位口单独使用。

图 7-20 8255A 的引脚定义

(4) D7~D0:双向三态数据总线,用于与单片机交换数据。

(5) $\overline{CS}$:8255A 的片选信号,只有当其为低电平时,8255A 才能和单片机交换数据。

(6) $\overline{RD}$ 和 $\overline{WR}$:8255A 的读和写控制信号,低电平有效。

(7) A1 和 A0:8255A 内部端口的选择输入,用于选择要访问的内部端口。8255A 内部有 4 个端口,分别是 A 口、B 口、C 口和控制端口。

(8) GND 和 VCC:地和电源。

(9) RESET:复位信号,高电平有效,复位后清 0 所有 8255A 内部寄存器,并将各口置于方式 0 的输入状态。

8255A 的端口选择及操作如表 7-6 所示。

表 7-6 8255A 的端口选择及操作

$\overline{CS}$	A1	A0	$\overline{RD}$	$\overline{WR}$	操 作
0	0	0	0	1	读 A 口输入到数据总线
0	0	0	1	0	写数据总线到 A 口输出
0	0	1	0	1	读 B 口输入到数据总线

$\overline{CS}$	A1	A0	$\overline{RD}$	$\overline{WR}$	操　　作
0	0	1	1	0	写数据总线到 B 口输出
0	1	0	0	1	读 C 口输入到数据总线
0	1	0	1	0	写数据总线到 C 口输出
0	1	1	0	1	无效
0	1	1	1	0	写数据总线到 8255A 的控制寄存器
0	×	×	1	1	数据总线为高阻
1	×	×	×	×	数据总线为高阻

2. 8255A 的控制字和状态字

8255A 的工作方式有方式 0、方式 1 和方式 2 三种,通过向它内部的控制寄存器写入控制字可选择各口的工作方式。8255A 的控制寄存器为只写,访问时除需 $\overline{CS}=0$ 选中 8255A 外,还需引脚 A1A0=11。能写入控制寄存器的控制字有两种,一种是工作方式控制字,另一种是 C 口的按位置位/复位控制字。这两个控制字都写入 8255A 的控制寄存器中,它们通过最高位 D7 区别。

8255A 的工作方式控制字用于设定各口的工作方式,其含义如下。

D7	D6	D5	D4	D3	D2	D1	D0

(1) D7:控制字标志,D7=1 时表示工作方式控制字。

(2) D6 和 D5:A 口工作方式选择,当 D6D5=00 时 A 口工作于方式 0,D6D5=01 时 A 口工作于方式 1,D6D5=1× 时 A 口工作于方式 2。

(3) D4:A 口输入输出选择,当 D4=0 时 A 口输出,D4=1 时 A 口输入。

(4) D3:C 口高 4 位(PC7~PC4)输入输出选择,当 D3=0 时 C 口高 4 位输出,D3=1 时 C 口高 4 位输入。

(5) D2:B 口工作方式选择,当 D2=0 时 B 口工作于方式 0,D2=1 时 B 口工作于方式 1。

(6) D1:B 口输入输出选择,当 D1=0 时 B 口输出,D1=1 时 B 口输入。

(7) D0:C 口低 4 位(PC3~PC0)输入输出选择,当 D0=0 时 C 口低 4 位输出,D0=1 时 C 口低 4 位输入。

8255A 的 C 口的按位置位/复位控制字用于在 C 口输出时,指定其中的位输出 1 还是 0,指定某位的输出不会影响其他位。其含义如下。

D7	—	—	—	D3	D2	D1	D0

(1) D7:控制字标志,D7=0 时表示 C 口的按位置位/复位控制字。

（2）D6D5D4 不用。

（3）D3D2D1：C 口操作位选择，D3D2D1＝000 时选择 PC0，D3D2D1＝001 时选择 PC1，……，D3D2D1＝111 时选择 PC7。

（4）D0：操作选择，D0＝0 复位（清 0），D1＝1 置位（置 1）。

除控制字外，8255A 还有一个状态字，它通过读 C 口得到。该状态字只有在 A 口或 B 口工作在方式 1 或方式 2 时，相应的状态位才会有意义，否则表示的是 C 口相应引脚的输入。当 A 口或 B 口工作在方式 1 或方式 2 时，状态字中的状态位含义会不同，具体含义如图 7-21 所示。

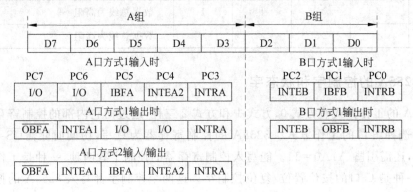

图 7-21　8255A 的状态字

从 C 口读到的状态字被分为高 5 位（D7～D3）的 A 组和低 3 位（D2～D0）的 B 组两部分。当 A 口工作在方式 1 时使用 A 组中的 3 位，需注意输入和输出使用并不同，另 2 位则可用于 C 口对应引脚的输入输出；工作在方式 2 时使用 A 组中的全部 5 位；工作在方式 0 时 A 组 5 位全部用于 C 口对应引脚的输入输出。当 B 口工作在方式 1 时使用 B 组中的全部 3 位；工作在方式 0 时 B 组 3 位全部用于 C 口对应引脚的输入输出。

状态字中的状态位含义如下。

（1）I/O：表示 C 口对应引脚被用于输入输出。

（2）IBF：输入缓冲区满，A 口的为 IBFA，B 口的为 IBFB。当外设将数据写入 8255A 的 A 口输入缓冲区后，IBFA 被置 1，通知处理器可从 8255A 读数，读数后 IBFA 被清 0。B 口的 IBFB 与其类似。

（3）$\overline{OBF}$：输出缓冲区满，A 口的为 $\overline{OBFA}$，B 口的为 $\overline{OBFB}$。当处理器将数据写入 8255A 的 A 口输出缓冲区后，$\overline{OBFA}$ 被清 0，通知外设可从 8255A 读数，读数后 $\overline{OBFA}$ 被置 1。B 口的 $\overline{OBFB}$ 与其类似。

（4）INTE：中断允许，为 1 允许，为 0 禁止。其中 PC6 对应的 INTEA1 为 A 口输出中断请求允许，PC4 对应的 INTEA2 为 A 口输入中断请求允许，PC2 对应的 INTEB 为 B 口输入或输出中断请求允许。它们的置 1 和清 0 是通过使用 C 口的按位置位/复位控制字对相应位的操作实现。

（5）INTR：中断请求，A 口的为 INTRA，B 口的为 INTRB。中断允许时，INTR 才会被置 1（高有效），当处理器读输入数据或是写输出数据后 INTR 被清 0。

3. 8255A 的工作方式

1）方式 0

方式 0 为基本输入输出方式，输入输出时无须联络信号线，A 口、B 口和 C 口都可工作于此方式。方式 0 输出时具有锁存功能，而输入时只具有缓冲功能，不具有锁存功能。该方式下 A 口、B 口和 C 口可以作为 8 位口整体输入或输出，而 C 口还可拆分为两个独立的 4 位口单独输入或输出，因此具体用法可有 16 种组合。在输入输出时，无论是 8 位口还是 4 位口它们中的所有引脚都只能整体进行一样的操作，即不能一个口中的部分引脚用于输入，而其他引脚用于输出，这与 MCS-51 单片机的并行输入输出口不一样。方式 0 常用于无须联络信号的输入输出应用中，如键盘输入、显示输出等。

2）方式 1

方式 1 为选通输入输出方式，输入和输出时都具有数据锁存功能，有联络信号，A 口和 B 口可工作于此方式。工作于此方式时，A 口和 B 口需要使用 C 口的部分引脚作联络信号线使用，未被使用的 C 口引脚还可作基本输入输出使用。A 口和 B 口工作在方式 1 输入时使用的联络信号如图 7-22 所示，工作时序如图 7-23 所示。

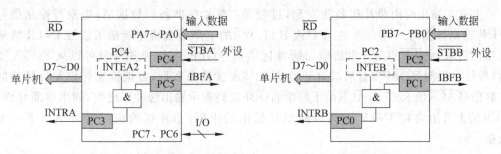

图 7-22　A 口和 B 口工作在方式 1 输入时使用的联络信号

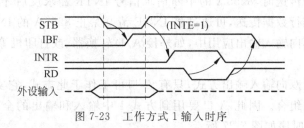

图 7-23　工作方式 1 输入时序

方式 1 输入时由外设负责发起，过程是：外设准备好数据后，先发负脉冲的选通信号 $\overline{STB}$ 将输入数据锁存到 8255A 的 A 口或 B 口，而 $\overline{STB}$ 的下降沿将输入缓冲区满信号 IBF 置高，IBF 为高表示单片机尚未从 8255A 中读数；如果中断允许，$\overline{STB}$ 的上升沿会将中断请求信号 INTR 置高以向单片机申请中断；单片机响应后从 8255A 读取输入数据时，其发出的读控制信号 $\overline{RD}$ 的下降沿将 INTR 置低以撤销请求，读完数据后 $\overline{RD}$ 的上升沿将 IBF 置低；当外设检测到 IBF 变低后，又可再输入下一个数据。

A 口和 B 口工作在方式 1 输出时使用的联络信号如图 7-24 所示，工作时序如图 7-25 所示。

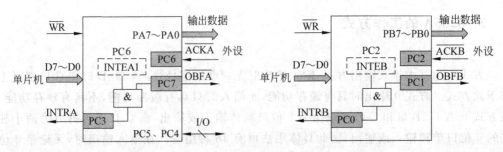

图 7-24 A 口和 B 口工作在方式 1 输出时使用的联络信号

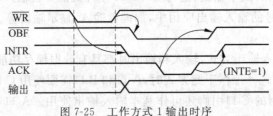

图 7-25 工作方式 1 输出时序

方式 1 输出时由单片机负责发起,过程是:单片机准备好数据后,先发写控制信号 $\overline{WR}$ 将输出数据写入 8255A 的 A 口或 B 口,$\overline{WR}$ 的下降沿会将中断请求信号 INTR 置低以撤销请求,而 $\overline{WR}$ 的上升沿将输出缓冲区满信号 $\overline{OBF}$ 置低,通知外设可以从 8255A 读数;外设在检测到 $\overline{OBF}$ 变低后就可开始从 8255A 读输出数据,数据读完外设发负脉冲的应答信号 $\overline{ACK}$ 给 8255A,$\overline{ACK}$ 的下降沿将 $\overline{OBF}$ 置高表示输出缓冲区已空;如果中断允许,$\overline{ACK}$ 的上升沿会将 INTR 置高以向单片机申请中断;单片机响应后又可输出下一个数据。

需要注意的是,由于 MCS-51 单片机的中断请求为下降沿或低电平有效,因此在采用中断方式进行数据传送时,8255A 的中断请求信号 INTR 需求反后才能用于请求中断。若采用查询方式进行数据传送,可通过将 INTE 清 0 禁止 8255A 的 INTR。方式 1 适用于需联络信号的单向输入输出应用中,如外接 A/D 转换器、或打印机等。

3) 方式 2

方式 2 为选通双向输入输出方式,只有 A 口可工作于此方式,它实际就是方式 1 中输入和输出功能的组合。因此 A 口要用到方式 1 中输入和输出的全部联络信号线,如图 7-26 所示,工作时序如图 7-27 所示。

在方式 2 中,数据输入和输出的先后顺序是任意的,由实际需要决定。数据输出由单片机负责发起,在单片机将输出数据写入 8255A 后,外设检测 $\overline{OBFA}$ 是否有效,若有效则将 8255A 中的输出数据读取,并发 $\overline{ACKA}$ 回应;而数据输入由外设负责发起,在外设发选通信号 $\overline{STBA}$ 将输入数据锁存到 8255A 后,单片机通过查询 IBFA 或响应中断的方式从 8255A 读取输入数据。只要单片机的 $\overline{WR}$ 在 $\overline{ACKA}$ 之前,$\overline{RD}$ 在 $\overline{STBA}$ 之后就可保证数据正确传输。

需注意的是,在方式 2 中采用中断方式传输数据时,输入和输出的中断请求可分别由 INTEA2(PC4)和 INTEA1(PC6)单独允许或禁止,若两者都允许,则要在中断函数中通

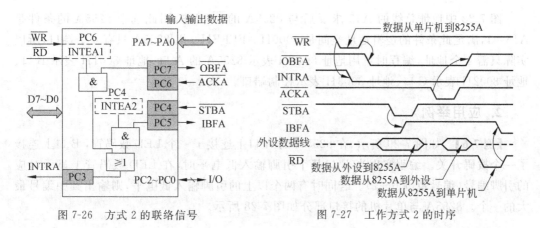

图 7-26　方式 2 的联络信号　　　　　　　　　图 7-27　工作方式 2 的时序

过查询 IBFA 和 $\overline{\text{OBFA}}$ 状态位来判断是输入还是输出引发的中断。方式 2 适用于需联络信号的双向输入输出应用中,例如借助两片 8255A 实现双机双向通信的应用。

7.4.2　使用 8255A 扩展并行输入输出口

1. 8255A 与 MCS-51 单片机的接口

使用 8255A 扩展并行输入输出口时,与 MCS-51 单片机可有多种接口方法,其中比较典型的是将 8255A 像外扩 RAM 一样和单片机接口。这种接口方式的特点是 8255A 被编址在片外 RAM 空间,对它的访问操作与片外 RAM 一样,即使在单片机外扩有存储器时,也不会额外占用单片机的其他并行口。图 7-28 所示为使用 8255A 外扩并行输入输出口的一个实例。图中将 8255A 的 D7～D0 与数据总线相连;$\overline{\text{RD}}$ 和 $\overline{\text{WR}}$ 分别与单片机的 P3.7 和 P3.6 相连;A1 和 A0 与地址总线同名端相连;$\overline{\text{CS}}$ 与地址译码器输出相连。

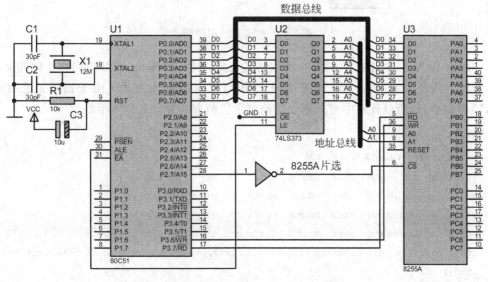

图 7-28　使用 8255A 扩展并行输入输出口

图 7-28 中地址总线的 A15 求反后与 8255A 的 $\overline{\text{CS}}$ 相连,因此选中 8255A 的条件是 A15＝1,满足此条件的逻辑地址空间是 8000H～FFFFH。因 8255A 只有 4 个端口,所以实际只需 4 个地址,编程时可用地址 8000H 表示 8255A 的 A 口、地址 8001H 表示 B 口、地址 8002H 表示 C 口、地址 8003H 表示控制端口。

2. 应用举例

【例 7-6】 如图 7-29 所示,在 8255A 的 A 口上连接了一个 LED 数码管,B 口上连接了一个拨码开关。编程实现当 B 口某个引脚输入低电平时,在 LED 数码管上显示对应的引脚编号(编号范围 0～7)。若同时有两个以上的引脚输入低电平,则输出其中编号最大的一个。8255A 与单片机的接口部分如图 7-28 所示。

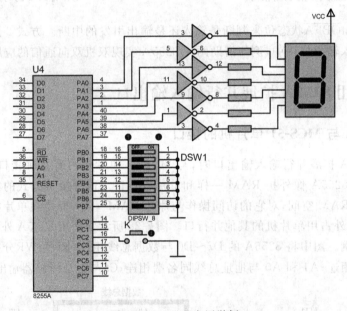

图 7-29　8255A 应用举例

分析:因为 A 口用作显示输出,所以将其设定为方式 0 输出,而 B 口用作拨码开关输入,所以将其设定为方式 0 输入,C 口未使用可设定为输入方式。由于被编址在片外 RAM 存储空间,所以程序中可采用变量绝对定位的方式来定义这 4 个口。

```
#include<REG51.H>
//定义分别表示 8255A 各口的变量
volatile unsigned char xdata Aport    _at_ 0x8000;
volatile unsigned char xdata Bport    _at_ 0x8001;
volatile unsigned char xdata Cport    _at_ 0x8002;
volatile unsigned char xdata Ctrlport _at_ 0x8003;
const unsigned char CharCode[10]={0xc0,0xf9,0xa4,0xb0,0x99,0x92,0x82,0xf8,0x80,
0x90};
main()
```

```
{   unsigned char testbit;
    char i;
    Ctrlport=0x8b;            //设定 8255A 工作方式,A 口方式 0 输出,B 口方式 0 输入,C 口输入
    while(1)
    {   testbit=0x80;                              //先测试最高位
        for (i=7;i> =0;i--,testbit>>=1)
        {   if((~Bport)&testbit)                   //B 口对应引脚为低则显示其编号
            {   Aport=~CharCode[i];
                break;
            }
        }
        if(i<0)Aport=0x00;                         //若没有输入为低的引脚则不显示
    }
}
```

【例 7-7】 将上例中的 B 口改为方式 1 输入,在设置好拨码开关后,按 PC2 上连接的
K 按钮输入选通信号将 B 口的输入锁存到 8255A 的输入缓冲区。

```
#include<REG51.H>
//定义分别表示 8255A 各口的变量
volatile  unsigned  char  xdata  Aport  _at_  0x8000;
volatile  unsigned  char  xdata  Bport  _at_  0x8001;
volatile  unsigned  char  xdata  Cport  _at_  0x8002;
volatile  unsigned  char  xdata  Ctrlport _at_  0x8003;
const unsigned char CharCode[10]= {0xc0,0xf9,0xa4,0xb0,0x99,0x92,0x82,0xf8,0x80,
0x90};
#define IBFB Cport&0x02                            //定义 IBFB 表示 C 口的 D1 位
main()
{   unsigned char testbit;
    char i;
    Ctrlport=0x8f;            //设定 8255A 工作方式,A 口方式 0 输出,B 口方式 1 输入,C 口输入
    while(1)
    {   if(IBFB)          //IBFB 为高表示数据已存入 8255A 的输入缓冲区中
        {   testbit=0x80;                          //先测试最高位
            for(i=7;i>=0;i--,testbit>>=1)
            {   if((~ Bport)&testbit)              //B 口对应引脚为低则显示其编号
                {   Aport=~CharCode[i];
                    break;
                }
            }
            if(i<0)Aport=0x00;                     //若没有输入为低的引脚则不显示
        }
    }
}
```

例 7-7 和例 7-6 的区别是：例 7-6 程序运行时，只要 B 口上连接的拨码开关被改变，则数码管就会改变显示；而例 7-7 程序运行时，除 B 口上连接的拨码开关改变外，还需按下按键 K，数码管的显示才会改变。

7.5 A/D 和 D/A 接口

7.5.1 A/D 和 D/A 简介

在单片机应用系统中有时需要处理外界输入的诸如电压、电流、温度、湿度、压力、流量、速度等模拟量，而执行结果有时也需要转换为相应的模拟量输出。由于单片机只能输入输出数字量，所以它们在与外部传感电路或是执行机构接口时，需要使用模拟/数字转换器 ADC 或数字/模拟转换器 DAC 来进行相应转换。

1. A/D 转换

A/D 转换即模拟/数字转换，是指将输入的模拟量转换为数字量输出的过程。实现该转换功能的 A/D 转换器依工作原理和结构的不同可分为双积分式、逐次比较式、并行比较式等类型，它们的主要差异是转换时间和转换精度等性能指标不同。在应用中选型 A/D 转换器时参考的主要性能指标有以下几个。

(1) 分辨率。它是指 A/D 转换器能分辨的最小模拟输入量，常用 A/D 转换器的转换位数表示，位数越多，分辨率越高，误差越小。例如 8 位 A/D 转换器的分辨率为 $1/2^8 \approx 0.39\%$，10 位 A/D 转换器的分辨率为 $1/2^{10} \approx 0.09\%$。当输入满度电压为 5V 时，8 位 A/D 转换器可分辨的最小输入电压变化为 $5V \times 0.39\% \approx 19.5mV$，而 10 位的为 $5V \times 0.09\% \approx 4.9mV$。

(2) 转换时间。它是指 A/D 转换从启动到结束输出稳定数字量时所需时间，转换时间越短 A/D 转换速率越高。通常双积分式的转换时间为毫秒级，逐次比较式的转换时间为微秒级，而并行比较式的转换时间可达纳秒级。除使用时间单位外，转换时间有时也用采样次数每秒 SPS(Sample Per Second)表示，例如一个转换时间为 $50\mu s$ 的 A/D 转换器其每秒采用次数为 20kSPS。

(3) 量程。它是指 A/D 转换器能转换的电压范围。

(4) 转换精度。它是指 A/D 转换器实际输出值和理想输出值之间的误差，实际上是各种误差的综合反映，它有绝对精度和相对精度两种表示。绝对精度常用输出数字量最低有效位的倍数表示，如 ±1LSB、±1/2LSB 等，表明实际输出与理想输出间误差不大于 1 个最低有效位或 1/2 个最低有效位。相对精度用最大误差与满度量程的百分比表示，例如一个 8 位 A/D 转换器，如果其绝对误差为 ±1LSB，则其相对误差为 ±0.39%。

除此之外，其他参考的性能指标还有 A/D 转换器的接口方式、接口电平、输出编码、工作电压、工作温度等。按接口方式的不同 A/D 转换器可分为并行和串行两类。并行 A/D 转换器的特点是数据传输快，程序操作简单，但连线复杂，占用的单片机硬件资源多;串行 A/D 转换器的特点是数据传输慢,程序操作复杂,但连线简单,占用的单片机硬件资源少。在数据传输方式上则可选程序查询或是中断的方式。

2. D/A 转换

D/A 转换即数字/模拟转换,是指将输入的数字量转换为模拟量输出的过程。实现该转换功能的 D/A 转换器依内部结构的不同可分为 T 型电阻网络、倒 T 型电阻网络、权电阻网络等类型。与 A/D 转换器一样,在应用中选型 D/A 转换器时主要参考其性能指标,这些指标有以下几个。

(1) 分辨率。它是指 D/A 转换器最小输出值(输入数字量为 1 时)与最大输出值(输入数字量为全 1 时)之比,一般用转换有效位数表示。

(2) 线性度。也就是非线性误差,是理想的输入输出特性的偏差与满刻度输出之比的百分数。如 ±0.01%FSR,其中 FSR 表示满刻度。

(3) 建立时间。它是指 D/A 转换器输入的数字量发生满刻度变化时,其模拟输出达到满刻度值的 1/2 所需的时间。

(4) 转换精度。它是指 D/A 转换后输出的实际值与理想值的最大偏差,常以最大静态误差的形式给出。

除此之外,其他参考的性能指标还有 D/A 转换器的温度系数、电源抑制比、输入电平、输入编码、工作温度等。按接口方式的不同 D/A 转换器也分为并行和串行两类。下面以常见的并行 A/D 转换器 ADC0809 和并行 D/A 转换器 DAC0832 为代表,介绍它们与 MCS-51 单片机的接口方法和应用。

7.5.2 A/D 转换器 ADC0809 简介

1. 主要特性和引脚定义

ADC0809 为 8 位逐次逼近式并行 A/D 转换器,主要特性如下。

(1) 8 位分辨率。

(2) 典型转换时间 $100\mu s$。

(3) 单 5V 工作电压,功耗 15mW。

(4) 模拟输入电压范围 0~5V,不需零点和满刻度校准。

(5) 具有开始转换控制输入和转换结束输出端。

(6) 8 通道模拟输入。

(7) 与 TTL 电平兼容,输出具有三态锁存缓冲功能,可直接和总线相连。

ADC0809 的引脚定义如图 7-30 所示,含义如下。

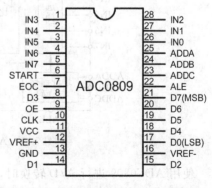

图 7-30 ADC0809 的引脚定义

(1) D7～D0：8 位数字量输出。

(2) IN7～IN0：8 路模拟输入通道。

(3) ADDC～ADDA：模拟输入通道地址输入，000 对应 IN0，001 对应 IN1，依次类推。

(4) ALE：地址锁存允许，用于锁存模拟输入通道地址。

(5) START：A/D 转换启动信号输入。

(6) EOC：A/D 转换结束信号输出。

(7) OE：转换输出允许，高电平有效。

(8) CLK：转换时钟输入，频率范围 10～1280kHz，典型值 640kHz。

(9) VREF＋和 VREF－：参考电压输入。

(10) VCC 和 GND：电源和地。

使用 ADC0809 进行 A/D 转换时，其输入模拟电压 V_{in} 与输出数字量 D_{out} 间可有如下函数关系

$$D_{out} = (V_{in} - V_{ref-})/(V_{ref+} - V_{ref-}) \times 2^8$$

若 V_{ref-} 接地，则函数变为：$D_{out} = V_{in}/V_{ref+} \times 2^8$。

2. 内部结构和转换时序

ADC0809 的内部结构框图如图 7-31 所示，其内部主要由 8 路模拟输入选择开关、地址锁存与译码电路、8 位 A/D 转换器以及三态输出锁存缓冲器等组成。其中 8 路模拟输入选择开关用于切换要转换的模拟输入通道；地址锁存与译码电路用于锁存要转换的模拟输入通道地址，并对其译码以控制选择开关；8 位 A/D 转换器负责对输入的模拟电压进行 A/D 转换；三态输出锁存缓冲器用于暂存 A/D 转换结果。

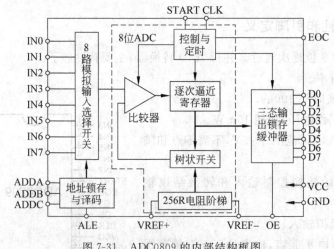

图 7-31　ADC0809 的内部结构框图

使用 ADC0809 进行 A/D 转换时，除硬件连线要正确外，还需按一定的步骤进行操作，这主要参照其工作时序并须满足一定的定时要求，如图 7-32 所示。其中：t_{WS} 启动脉冲宽度的典型值为 100ns，最大值为 200ns；t_{WE} 锁存脉冲宽度的典型值为 100ns，最大值为

200ns；在 640kHz 转换时钟下，t_C 转换时间的最小值为 $90\mu s$，典型值为 $100\mu s$，最大值为 $116\mu s$；t_{EOC} EOC 延时时间最大为 8 个转换时钟周期加上 $2\mu s$。

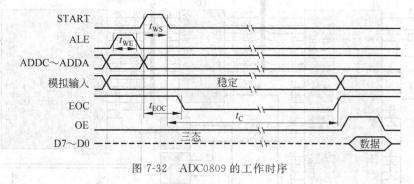

图 7-32　ADC0809 的工作时序

按照 ADC0809 的工作时序，正确进行 A/D 转换的步骤是：先通过 ADDC～ADDA 输入要转换的模拟输入通道地址，同时发 ALE 信号将其锁存到 ADC0809；接着发正脉冲表示的 START 信号给 ADC0809 以启动 A/D 转换，这时 ADC0809 的 EOC 输出变低，表明 A/D 转换开始；当 A/D 转换结束，EOC 输出变高后发一个正脉冲给 ADC0809 的 OE 允许其输出转换结果。由此程序中通过查询 ADC0809 的 EOC 输出可判断 A//D 转换是否完成，此外 EOC 输出也可被用来向单片机请求中断。

7.5.3　ADC0809 与单片机的接口

1．接口举例

在 51 单片机应用中扩展像 8255A、ADC0809 等并行外设时，常将它们当作片外 RAM 存储器与 51 单片机接口。这种接口方式的特点是外设被编址在片外 RAM 存储空间内，可以和外扩 RAM 存储器一道工作，单片机对它们的操作就如同操作片外 RAM 存储器一样，因此程序易于实现。但采用这种接口方式时，需要在地址空间的分配上明确划分哪部分属于 RAM 存储器，哪部分属于外设，编程时不能混淆。硬件上可通过地址译码器的输出来选择单片机要访问的对象。这种将外设当作存储器进行编址的方式称为统一编址，它与微机中采用的独立编址方式不一样。

图 7-33 所示就是采用统一编址方式将 ADC0809 与 MCS-51 单片机接口的一个典型实例。图中 ADC0809 的数字量输出 D7～D0 与数据总线相连；模拟输入通道地址输入 ADDC～ADDA 分别与地址线 A2～A0 相连；转换参考电压取至 VCC 的 +5V 电源；转换时钟使用的是四分频后的 ALE 引脚输出信号（此信号固定为单片机振荡时钟频率的 1/6，在 12MHz 时钟下为 2MHz）；由于 ADC0809 没有片选输入，所以例中使用求反后的 A15 地址线对其读写进行控制，当 A15＝1 时（逻辑地址空间为 8000H～FFFFH）才能读写 ADC0809；当程序向该逻辑地址空间执行写操作时将启动 A/D 转换，同时低 3 位地址线 A2～A0 输出的模拟输入通道地址会被锁存，而执行读操作时将从 ADC0809 读取 A/D 的转换结果；ADC0809 的 EOC 信号反相后与单片机的 P3.2（$\overline{INT0}$）引脚相连，这样

当 A/D 转换结束后,既可用查询的方式也可用中断的方式进行判断。

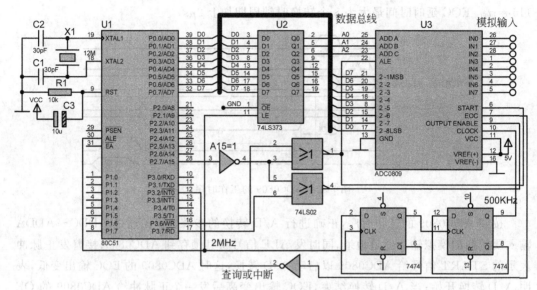

图 7-33　ADC0809 与 MCS-51 单片机的接口

按照图 7-33 电路接法,编程时可用片外 RAM 存储器地址 8000H 表示模拟输入通道 IN0、地址 8001H 表示 IN1、……、地址 8007H 表示 IN7。要启动对这些模拟输入通道的 A/D 转换,只要向它们对应的地址写任意数即可。当 A/D 转换结束后,可通过对 8000H~FFFFH 范围内的任意地址读得到 A/D 转换的结果。

2. 查询方式程序设计

查询方式判断 ADC0809 的转换状态,是在启动 A/D 转换并经一段时间的延时后(延时时间 $>t_{EOC}$),通过不断读 ADC0809 的 EOC 输出实现。当 EOC 为高时(图 7-33 中因非门的反相应为低)表明 A/D 转换结束,可以读取 A/D 转换结果,否则继续查询等待,直至为高。

【例 7-8】　采用查询方式编程实现,将图 7-33 所示电路中 ADC0809 的模拟输入通道 IN2 输入的模拟电压值读入并存放到变量中。

```
#include<REG51.H>
//定义代表 ADC0809 模拟输入通道 IN2 的变量 ADC0809_IN2
volatile unsigned char xdata ADC0809_IN2 _at_ 0x8002;
sbit ADC0809_EOC= P3^2;              //定义 P3.2 引脚表示 ADC0809 的 EOC
main()
{   unsigned char ADCResult,i;
    while(1)
    {   ADC0809_IN2=0;               //向变量 ADC0809_IN2 写任意值启动 A/D 转换
        for(i=0;i< 10;i++);          //启动后先延时,延时时间>  t_EOC
        ADC0809_EOC=1;               //读 EOC(P3.2)前先写 1
        while(ADC0809_EOC);          //查询 EOC,当其为高时继续查询等待
```

```
        ADCResult=ADC0809_IN2;          //EOC 为低则读 A/D 转换结果到指定变量
    }
}
```

3. 中断方式程序设计

采用中断方式时,单片机在启动 A/D 转换后就可以执行其他程序,而不需要反复查询 EOC。当 A/D 转换结束,反相后的 EOC 输入到单片机的 $\overline{INT0}$(P3.2)引脚会有一个下降沿,从而引发外中断 0 请求,单片机响应中断请求执行相应的中断函数,并在中断函数中读取 A/D 转换结果。

【例 7-9】 采用中断方式编程实现,将图 7-33 所示电路中 ADC0809 的各模拟输入通道输入的电压值依次读入并存放到数组中。

```
#include <REG51.H>
//定义符号"ADC0809"表示模拟输入通道 IN0 的地址
#define ADC0809(volatile unsigned char xdata * )0x8000
//定义指向 xdata 区的存储器指针变量 pADC,用于存放当前转换的模拟输入通道地址
volatile unsigned char xdata * pADC;
unsigned char ADCResult[8];              //定义存放转换结果的数组
unsigned char i;                         //定义变量 i 表示当前模拟输入通道号
void INT0_INTProc(void) interrupt 0      //外中断 0 的中断函数
{   ADCResult[i]= * pADC;                 //读当前模拟输入通道的转换结果
    i++;                                 //模拟输入通道号加 1
    pADC++;                              //模拟输入通道地址加 1
    if(i>=8)                             //当模拟输入通道号大于 8 时,重置
    {   i=0;
        pADC=ADC0809;
    }
    * pADC=0;                            //中断函数返回前启动对下一模拟输入通道的 A/D 转换
}
main()
{   i=0;                                 //设置起始模拟输入通道号为 0
    pADC=ADC0809;                        //设置起始模拟输入通道 IN0 的地址到 pADC
    * pADC=0;                            //启动对模拟输入通道 IN0 的 A/D 转换
    EA=1;                                //开总中断
    IT0=1;                               //设置外中断 0 为下降沿触发方式
    EX0=1;                               //允许外中断 0
    while(1);                            //循环等待中断发生
}
```

该程序执行时先在主函数中设置外中断 0 为下降沿触发方式,然后将起始模拟输入通道 IN0 的通道号 0 和其地址分别设置到变量 i 和 pADC 中,接着启动 A/D 转换,并允许外中断 0 请求,然后循环等待中断发生。当 ADC0809 转换完成当前模拟输入通道,

EOC 引发外中断 0 请求时,单片机会调用中断函数 INT0_INTProc()。在该中断函数中会先读取转换结果存到数组,然后修改变量 i 和 pADC 的值指向下个模拟输入通道,并在中断返回前重新启动 A/D 转换,使 A/D 转换能连续进行。

7.5.4　D/A 转换器 DAC0832 简介

1. 主要特性和引脚定义

DAC0832 为 8 位电流输出型 D/A 转换器,采用 CMOS 工艺,与单片机接口方便,价格低廉。其主要特性如下。

(1) 8 位分辨率。

(2) 电流建立时间 $1\mu s$。

(3) 5~15 V 单工作电压,功耗 20mW。

(4) 输入数据可采用双缓冲、单缓冲和直通 3 种方式。

(5) 增益温度补偿 0.02%FS/℃。

(6) 兼容 TTL 逻辑电平。

DAC0832 的引脚定义如图 7-34 所示,含义如下。

(1) DI7~DI0:转换数字量输入。

(2) $\overline{CS}$:片选输入,低电平有效。

(3) ILE:输入锁存允许,高电平有效。

(4) $\overline{WR1}$:输入锁存写允许,低电平有效。

(5) $\overline{WR2}$:DAC 寄存器写允许,低电平有效。

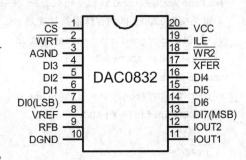

图 7-34　DAC0832 的引脚定义

(6) $\overline{XFER}$:数据传输控制信号,低电平有效。

(7) RFB:反馈电阻输入。

(8) VREF:参考电压输入−10~10V。

(9) IOUT1 和 IOUT2:电流输出 1 端和 2 端。

(10) AGND、DGND 和 VCC:模拟地、数字地和电源。

2. 内部结构和缓冲方式

DAC0832 的内部结构框图如图 7-35 所示,其内部主要由 8 位输入寄存器、8 位 DAC 寄存器、8 位 D/A 转换器和内部反馈电阻 R_{fb} 等组成。其中 8 位输入寄存器用于暂存被转换的数字量;8 位 DAC 寄存器用于为 8 位 D/A 转换器提供转换的数字量;8 位 D/A 转换器用于进行 D/A 转换,转换结果则以模拟电流的形式通过 IOUT1 和 IOUT2 输出。当 DAC0832 内部的 $\overline{LE1}$ 和 $\overline{LE2}$ 为 1 时,输入寄存器和 DAC 寄存器的输出随输入变化(直通),为 0 时输出被锁存。

输入到 DAC0832 进行 D/A 转换的数字量可以采用双缓冲、单缓冲和直通 3 种方式。

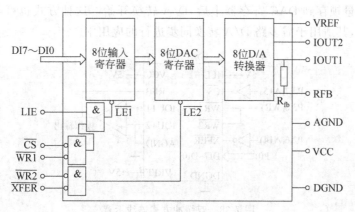

图 7-35　DAC0832 的内部结构框图

（1）直通方式。此方式连线示意如图 7-36 所示，DAC0832 的控制信号除 ILE 接高外，其余 $\overline{CS}$、$\overline{WR1}$、$\overline{WR2}$、$\overline{XFER}$ 都接低。此时 DAC0832 内部的输入寄存器和 DAC 寄存器都处于直通状态，DI7～DI0 上输入的数字量会立即送到 D/A 转换器进行 D/A 转换。这种方式处理最简单，但不能和单片机的系统总线直接接口，只能利用单片机的并线 I/O 口进行控制，适用于并线 I/O 口比较富余的应用中。

（2）单缓冲方式。此方式是对 DAC0832 内部的输入寄存器和 DAC 寄存器中的一个进行控制，而另一个直通，或是两个同时控制，其连线示意可如图 7-37 所示。这种方式中 DI7～DI0 上输入的数字量不会立即进行 D/A 转换，只有当控制信号有效后（以图 7-37 所示为例，向 A15＝1 的地址执行写片外 RAM 操作），将数字量锁存到 DAC0832 内部的输入寄存器中，数字量才会被送到 DAC0832 内部的 D/A 转换器进行 D/A 转换。这种方式可与单片机系统总线直接接口，适用于只有一路转换，或是虽有几路但不需同步的应用中。

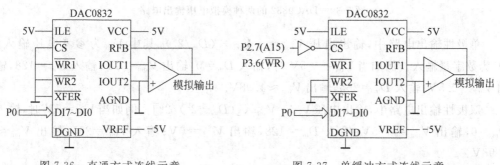

图 7-36　直通方式连线示意　　　　　图 7-37　单缓冲方式连线示意

（3）双缓冲方式。此方式是对 DAC0832 内部的输入寄存器和 DAC 寄存器单独进行控制，其连线示意可如图 7-38 所示。进行 D/A 转换时需执行两次锁存操作，第一次是先将 DI7～DI0 上输入的数字量存放到 DAC0832 内部的输入寄存器中（以图 7-38 所示为例，向 A15＝1 的地址执行写片外 RAM 操作），第二次则是将输入寄存器中锁存的数字量送到其后的 DAC 寄存器中（以图 7-38 所示为例，向 A14＝1 的地址执行写片外 RAM

操作），当数字量锁存到 DAC 寄存器中后，D/A 转换开始。这种方式也可与单片机系统总线直接接口，其适用于需多路 D/A 转换同步进行的应用中。

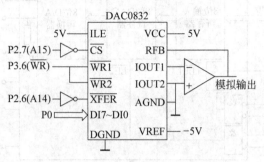

图 7-38 双缓冲方式连线示意

3. 模拟输出

DAC0832 是电流型 D/A 转换器，其输出的模拟量为电流，而多数应用中都需要模拟电压。在这些应用中需要把它的输出电流转换为电压，这可通过运算放大器实现。典型电路如图 7-39 所示，模拟电压输出有单极性输出和双极性输出两种方式。

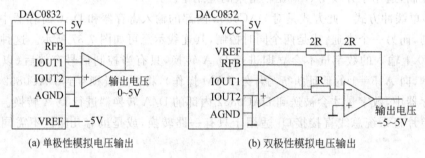

(a) 单极性模拟电压输出   (b) 双极性模拟电压输出

图 7-39 DAC0832 的两种模拟电压输出电路

单极性输出电路中，输出电压 $V_{out} = -V_{ref} \times (D_{in}/2^8)$，其中 V_{ref} 为参考电压输入，D_{in} 为数字量输入。例如当 $V_{ref} = -5V$ 时，输入 $D_{in} = 0$，输出 $V_{out} = 0V$；输入 $D_{in} = 128$，输出 $V_{out} = 2.5V$；输入 $D_{in} = 255$，输出 $V_{out} \approx 4.98V$。

双极性输出电路中，输出电压 $V_{out} = V_{ref} \times [(D_{in} - 2^7)/2^7]$。例如当 $V_{ref} = 5V$ 时，输入 $D_{in} = 0$，输出 $V_{out} = -5V$；输入 $D_{in} = 128$，输出 $V_{out} = 0V$；输入 $D_{in} = 255$，输出 $V_{out} \approx 4.98V$。

7.5.5 DAC 与单片机的接口

1. 接口举例

图 7-40 所示为采用单缓冲方式，将 DAC0832 与 MCS-51 单片机接口的一个实例。图中 DAC0832 的数字量输入 DI7～DI0 直接和系统数据总线相连，单片机的地址线

A15 反相后与 DAC0832 的 $\overline{\text{CS}}$ 相连,$\overline{\text{WR}}$ 与 DAC0832 的 $\overline{\text{WR1}}$ 相连,DAC0832 的其余控制信号接为有效。当程序向 A15＝1 的片外 RAM 地址(如 8000H)写数据时,数据就会通过数据总线(P0 口)输出锁存到 DAC0832 中并同时进行 D/A 转换,转换结果则以模拟单极性电压的形式输出。

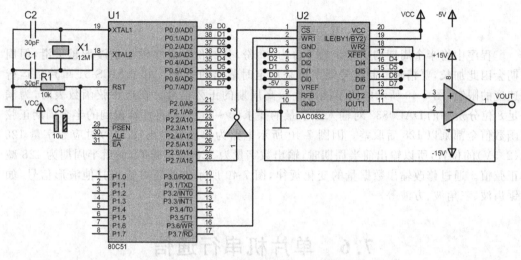

图 7-40　DAC0832 与 MCS-51 单片机的接口

2. 程序设计

【例 7-10】　以图 7-40 所示电路为基础,编程实现一个简易正弦信号发生器。

分析:要输出正弦信号,只要送给 D/A 转换器的数字量符合正弦函数关系即可。由于正弦函数具有对称性,因此不用计算整个正弦函数值,只需半个周期。将半个周期的正弦函数等分为 90 份,并事先计算好每份对应的正弦值,将其作为表格存放在 ROM 中,输出时采取查表方式查出当前的输出值送往 D/A 转换器转换输出。输出完前半周期后又接着输出后半周期,如此周而复始,这样输出电压 V_{out} 的变化即符合正弦规律。

```
#include<REG51.H>
//定义表示 DAC0832 的变量"DAC0832"
volatile unsigned char xdata DAC0832 _at_ 0x8000;
char code sinvalue [90]={
    0,4,8,13,17,22,26,30,35,39,
    43,47,52,56,60,63,67,71,75,78,
    82,85,88,92,95,98,100,103,106,108,
    110,113,115,116,118,120,121,123,124,125,
    126,126,127,127,127,127,127,127,126,
    126,125,124,123,121,120,118,116,115,113,
    110,108,106,103,100,98,95,92,88,85,
    82,78,75,71,67,64,60,56,52,47,
    43,39,35,30,26,22,17,13,8,4};    //半个周期的正弦函数表
```

```
main()
{  unsigned char i;
   while(1)
      {  for(i=0;i< 90;i++) DAC0832=128+ sinvalue[i];        //输出前半周期
         for(i=0;i< 90;i++) DAC0832=128- sinvalue[i];        //输出后半周期
      }
}
```

程序中将半个周期的正弦函数等分为 90 份,分的份数越多输出的波形越平滑,但周期会因此加长,要精确控制信号周期可采用定时输出的方式。由于 MCS-51 单片机运行速度的限制,图 7-40 所示电路不能产生较高周期的正弦信号。在造正弦函数表时,为满足 8 位分辨率的 DAC0832 对输入数字量的要求(0~255),特将计算得到的半个周期正弦函数值全都乘以 128 后取整。因图 7-40 所示电路为单极性输出,sin(0)对应数字量 128(2.5V)的位置,所以输出前半周期时,输出数字量为 128 加正弦值,而后半周期为 128 减正弦值。通过修改输出数据量的变化规律,图 7-40 所示电路还可输出其他波形信号,如锯齿波、三角波、方波等。

7.6 单片机串行通信

7.6.1 双机通信

1. 单片机间的通信

在应用中有时需要将两个以上的单机系统,甚至是与微机连接起来组成一个数据通信控制网络。由于串行方式相比并行方式更适于远距离数据通信,因此这些应用基本都采用串行通信方式。当需要通信的两个设备间距离较近,如不足 1m 时,可直接采用单片机的串行通信接口 SCI(Serial Communication Interface)实现,而当距离较远时则可采用 RS232C、RS422 等异步串行通信接口,或是使用调制解调甚至是无线的方式以实现更远距离的数据通信。

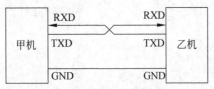

图 7-41 利用串行口的双机通信连线示意

以双机通信为例,要在两个 51 单片机间进行数据通信,最简单方便的方法便是直接利用其串行口,如图 7-41 所示。连线时将通信双方的地(GND)直接相连,而数据发送(TXD)和数据接收(RXD)互调,这种连线方式称为三线制,适于全双工通信。数据通信时,双方的数据收发既可采用程序查询方式,也可采用中断方式。通常情况下任务比较单一的单片机采用程序查询方式,任务比较繁重或是对实时性要求较高的单片机采用中断方式,但无论哪种情况都要求通信双方波特率必须一致,且串行工作方式一样。

【例 7-11】 编程实现甲机通过串行口对乙机的数据采集过程进行控制,启动乙机对外部8路模拟电压输入进行 A/D 转换,并接收乙机传来的转换结果。甲机在接收完全部

8 个通道的转换结果后,对结果求平均值。

乙机采用图 7-33 所示电路,它通过 ADC0809 对外部输入的 8 路模拟电压进行 A/D 转换。当甲机要采集数据时先发送采集命令给乙机,乙机在接收到甲机发来的采集命令后对指定通道进行 A/D 转换,结束后将转换结果回送给甲机。甲机发送给乙机的采集命令为要采集的通道号,取值范围 0~7。

分析:在采集过程中,甲机作为主机其任务相对繁重,因此甲机可采用查询方式发送采集命令,而采用中断方式接收采集数据。这样在甲机发出采集命令后,乙机采集的过程中,甲机可以处理其他事务,当收到乙机回送的采集数据后再响应。乙机主要负责 A/D 转换,任务比较单一,因此其采集命令的接收和采集数据的发送均采用查询方式。甲机和乙机的工作流程可用图 7-42 表示。

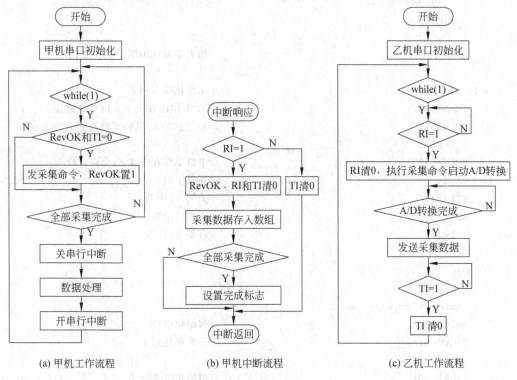

(a) 甲机工作流程   (b) 甲机中断流程   (c) 乙机工作流程

图 7-42 甲机和乙机的工作流程

流程图中的变量 RevOK 用作采集数据接收标志,RevOK=0 表示收到,RevOK=1 表示未收到。甲机在发出采集命令后,未收到采集数据之前不发出新的采集命令,这样能保证乙机在 A/D 转换过程中不会收到新的采集命令,保障了每路模拟输入都能得到采集。当全部采集完成甲机处理采集数据的过程中,为避免已采集数据被乙机传来的新数据所覆盖,于是在处理前先暂时关闭串行中断,当处理完后再打开。

甲机程序如下。

```
#include <REG51.H>
unsigned char RevBuff[8];              //定义接收缓冲区
/*定义标志变量 RevOK 和 RevAll,其中 RevOK=0 表示收到采集数据,RevOK=1 表示未收到;
```

```
RevAll=0 表示全部采集未完成,RevAll=1 全部采集完成 * /
bit RevOK,RevAll;
unsigned char ConvN;                        //定义采集命令 ConvN,其低 3 位表示采集通道号
void SCI_INTProc(void)interrupt 4           //串行中断函数
{   if (RI)                                 //如果是接收中断,则进行以下处理
    {   RI=0;                               //RI 清 0
        TI=0;                               //TI 清 0
        RevOK=0;                            // RevOK 清 0 表示收到采集数据
        RevBuff[ConvN++]=SBUF;              //读采集数据存入接收缓冲区,并修改采集通道号
        if(ConvN>=8)                        //采集通道号大于等于 8 则重置为 0,并置 1 RevAll
        {   ConvN=0;
            RevAll=1;
        }
    }
    else TI=0;                              //如果是发送中断,则将 TI 清 0
}
void InitSCI(void)                          //初始化串口函数
{   TMOD=0x20;                              //T1 工作在方式 2,8 位自动重装
    TH1=253;                                //11.0592MHz 时钟下波特率为 9600bps
    TL1=253;
    SCON=0x50;                              //串口工作在方式 1,允许接收
    EA=1;                                   //开总中断
    ET1=0;                                  //关闭 T1 中断
    ES=1;                                   //开串口中断
    TR1=1;                                  //启动 T1 计数
}
main()
{   unsigned char i;
    unsigned int sum=0,ave;
    InitSCI();                              //初始化串口
    ConvN=0;                                //先采集通道 0
    RevOK=0;
    RevAll=0;                               //初始化采集标志
    while(1)
    {   if(!RevOK&&!TI)                     //已采集到新数据且 TI=0,则发采集命令
        {   SBUF=ConvN;
            RevOK=1;
        }
        if(RevAll)                          //全部通道采集完成,处理采集数据
        {   RevAll=0;
            sum=0;
            ES=0;                           //关闭串口中断
            for(i=0;i<8;i++)sum+=RevBuff[i]; //计算采集数据的累加和
            ES=1;                           //开串口中断
```

```
                ave=sum/8;                              //求计算采集数据的平均值
            }
        }
    }
```

乙机程序如下。

```
#include <REG51.H>
//定义符号"ADC0809"表示模拟输入通道 IN0 的地址
#define ADC0809(volatile unsigned char xdata * )0x8000
sbit ADC0809_EOC=P3^2;                          //定义 P3.2 引脚表示 ADC0809 的 EOC 输入,低有效
void InitSCI(void)                              //初始化串口函数
{   TMOD=0x20;                                  //T1 工作在方式 2,8 位自动重装
    TH1=253;                                    //11.0592MHz 时钟下波特率为 9600bps
    TL1=253;
    SCON=0x50;                                  //串口工作在方式 1,允许接收
    TR1=1;                                      //启动 T1 计数
}
//A/D 转换函数,n 表示采集通道号,返回转换结果
unsigned char ADConvert(unsigned char n)
{   unsigned char i;
    * (ADC0809+n)=0;                            //启动对通道 n 的 A/D 转换
    for(i=0;i<10;i++);
    ADC0809_EOC=1;
    while (ADC0809_EOC);                        //等待 A/D 转换结束
    return * (ADC0809+n);                       //返回 A/D 转换结果
}
main()
{   unsigned char ConvN;
    InitSCI();                                  //初始化串口
    while(1)
    {   while(!RI);                             //未接收到甲机发来的采集命令则等待
        RI=0;                                   //RI 清 0
        ConvN=SBUF;                             //接收采集命令
        SBUF=ADConvert(ConvN&0x07);             //采集指定通道并回送 A/D 转换结果
        while(!TI);                             //发送未完则等待
        TI=0;                                   //TI 清 0
```

2. 单片机与微机间的通信

在许多分布式集散控制系统中,往往控制主机(上位机)是由运算处理能力较强的微机担当,而作为从机(下位机)的单片机受主机控制。单片机与微机间的通信,与单片机之间通信的接口方式、程序设计以及要求都基本类似。但由于 MCS-51 单片机的串行口采

用 TTL 电平,与微机的 RS232C 接口的 EIA 电平(逻辑"0":+3~+15V,逻辑"1": −3~−15V)不兼容,所以通信时在二者间需进行电平转换。实现 EIA 和 TTL 电平转换的电路既可以使用分立元件搭建,也可以使用现成的集成电路如 MXA232、MC1488、MC1489 等。因 MXA232 采用单 5V 供电,所需外围元件减少,连线简单,在实际应用中使用最广,其典型应用电路如图 7-43 所示。经过 MAX232 的电平转换后 MCS-51 单片机就可以直接和微机串口进行通信,其最高通信波特率可达 120Kbps,而 MAX232A 更可达 200 Kbps。

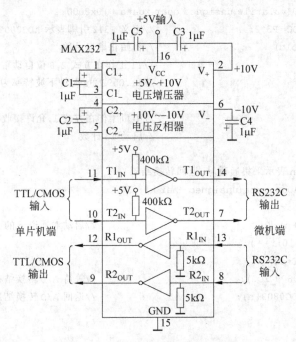

图 7-43　MAX232 的典型应用电路

MCS-51 单片机与微机通信时,无论是作为从机的单片机还是作为主机的微机,它们的通信程序流程都基本类似。在编写微机端的通信程序时,可选择的程序设计语言和实现手段都要比单片机丰富。若选择汇编语言则可通过系统功能调用的形式操作微机串口;若选择 C 语言则可通过 C 函数操作串口;若选择可视化的面向对象程序设计语言,如 C++、VB 等,则可通过使用微软提供的 ActiveX 控件 MSCOMM 对串口进行操作。限于篇幅所限,有关微机通信程序的设计请读者自行参考其他书籍。

在单片机程序初步完成之后,最好先借助微机上的各种串口调试工具软件,如串口调试助手、虚拟串口等对已初步完成的单片机程序进行仿真调试,以发现其中有可能存在的问题并加以解决。下面以一个简单实例介绍微机与单片机通信的接口方法和单片机程序的实现与仿真。

【例 7-12】 编程实现利用微机控制 MCS-51 单片机 P1 口连接的 8 个 LED 的亮灭。当按下微机键盘上的"0"键时 P1 口上对应的 LED0 点亮,再次按下熄灭,按"1"则控制 LED1,依次类推,其接口电路如图 7-44 所示。

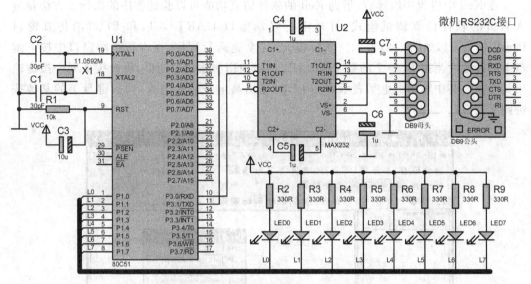

图 7-44   MSC-51 单片机与微机接口实例

以下为单片机上的程序实现。

```c
#include<REG51.H>
void InitSCI(void)                    //初始化串口函数
{   TMOD= 0x20;                       //T1工作在方式 2,8位自动重装
    TH1=253;                          //11.0592MHz时钟下波特率为 9600bps
    TL1=253;
    SCON= 0x50;                       //串口工作在方式 1,允许接收
    TR1=1;                            //启动 T1计数
}
main()
{   InitSCI();                        //初始化串口
    while(1)
    {   while (!RI);                  //未收到命令则等待,否则继续
        RI=0;                         //RI位清 0
        switch(SBUF)                  //依据接收命令开关对应 LED
        {   case '0': P1^=0x01;break;
            case '1': P1^=0x02;break;
            case '2': P1^=0x04;break;
            case '3': P1^=0x08;break;
            case '4': P1^=0x10;break;
            case '5': P1^=0x20;break;
            case '6': P1^=0x40;break;
            case '7': P1^=0x80;
        }
    }
}
```

在 Keil 中将程序编译后,借助 Keil 的软件仿真功能可以验证程序的执行。方法是进入 Keil 的软件仿真调试模式,打开串行终端窗口 UART ♯1,和 P1 口的仿真窗口 Parallel Port 1,如图 7-45 所示。然后按 F5 键全速运行程序,在串行终端窗口中按下键盘上的按键。当按下 0～7 的数字键时,P1 口对应引脚输出会变低,再次按下同一按键输出又变高。其中输出低电平表示点亮 LED,输出高电平表示熄灭,而按键盘上的其他按键则无反应。

图 7-45　在 Keil 中软件仿真例 7-12

如果使用单片机仿真器,或是目标硬件已经实现,在将程序下载到仿真器或目标硬件中后,通过串口将其与微机连接。然后在微机上运行串口调试助手,如图 7-46 所示,选择通信的串口和波特率,然后启动仿真器或是目标硬件执行其中程序。当在串口调试助手

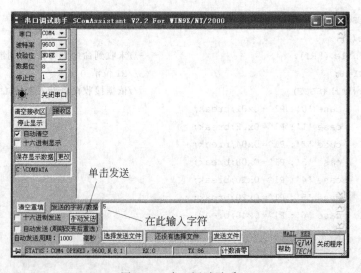

图 7-46　串口调试助手

中输入相应数字字符后,单击"手动发送"按钮即可更直观地在仿真器或目标硬件上查看执行结果。

7.6.2 多机通信

像公交站台的电子显示屏,或商场的 POS 终端等大型应用中,往往会采用多机系统的方案,将一个单机系统与其他系统互联组成一个多机通信网络。常见的多机通信网络有星型结构、串行总线结构、环型结构和串行总线主从结构等形式。其中较常用的是串行总线主从结构,如图 7-47 所示。这种结构的特点是各单机通过串行总线互联,当中包含一台负责控制整个通信过程的主机和其他若干从机。主机既可由单片机担任,也可由微机担任,从机一般就是被控制的单片机。主机与从机间可实现全双工通信,从机间的通信则必须借助主机中转。

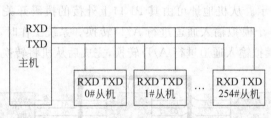

图 7-47　主从式多机通信结构

在多机通信中首先要解决的问题是主机如何呼叫从机,以及从机识别呼叫并与主机建立对话的过程。因为只有通信双方建立起对话后才能可靠进行数据传输。通常的做法是对每个挂在总线上的从机指定一个地址,如图 7-47 所示,从机地址从 0 到 254,而最后一个地址 255 一般被用于对所有从机进行呼叫。通信时,主机通过总线先发送被呼叫从机的地址给所有从机,各从机在收到呼叫地址后与自身地址比较,如果一致则响应主机,否则不予理会。

前面介绍 MCS-51 单片机的串行口有 4 种工作方式,其中方式 2 和方式 3 就用于多机通信当中。方式 2 和方式 3 的每帧数据都由 1 个起始位、8 个数据位、1 个可编程的第 9 位(发送时是 SCON 寄存器中的 TB8 位,接收时是 RB8 位)和 1 个停止位共 11 位组成。当 MCS-51 单片机的串口工作于这两个方式时,如果特殊功能寄存器 SCON 中的多机通信使能位 SM2 置 1,则 MCS-51 单片机只有在接收到的第 9 位是 1 的情况下 RI 才会被置 1;若 SM2 被清 0,则无论接收到的第 9 位是 1 还是 0,RI 都会被置 1。因此在多机通信中,主机和所有从机都设定工作在方式 2 或方式 3,并采用一样的波特率,所有从机中的 SM2 都置 1,同时规定主机发送给从机的地址帧的第 9 位为 1,数据帧的第 9 位为 0。这样当主机发地址帧呼叫从机时,各从机都能接收到呼叫地址并与自身地址进行比较,一致从机则将 SM2 清 0,和主机建立对话,以便进行其后的数据传输。其他地址不一致的从机则仍然保持它们的 SM2 为 1,它们对主机随后发送的数据帧不会理会。当数据传输完毕,主机发复位命令后,被呼叫的从机就恢复 SM2 为 1 重新进入等待状态。

除可利用多机通信使能位 SM2 进行地址识别建立对话外,在一些增强型 51 单片机中,如 Philips 的 80C51 系列、SST 的 89 系列等,它们的增强型通用异步串行口还具有专用于多机通信中的地址自动识别功能 AAR(Automatic Address Recognition)。借助该功能,在多机通信时从机进行地址识别是通过串口的硬件电路来完成的,与软件方式相比不仅可减少处理器为识别地址时服务的时间,简化单片机程序,同时还可降低整个通信网络的能耗。因为平时挂在总线上的从机可处于较低功耗的空闲模式中,当被主机呼叫时从机串口引发中断激活处于休眠状态的从机,从机因此转入正常模式与主机通信,而其他未被呼叫的从机则仍处于休眠状态,这样整个系统的平均消耗电流就处在一个很低的水平中。

要保障多机通信的可靠,通信双方都必须遵守事先约定好的通信协议。协议主要包括通信过程中的控制命令格式、数据包结构、数据校验方式、呼叫与应答的对话步骤等,其具体内容是根据实际需求来制定的。下面以一个简单实例为例介绍 MCS-51 单片机实现多机通信的基本方法和程序设计。

【例 7-13】 编程实现主机控制总线上的多台从机(不大于 255)的数据采集过程,从机的电路如图 7-48 所示。从机地址可由其 P1 口上外接的拨码开关 SW1 设定,从机电路中的 ADC0809 可对 8 个模拟输入通道进行 A/D 转换。系统工作时,主机发出命令选择总线上的从机对指定的模拟输入通道进行 A/D 转换,完成后从机将转换数据回送给主机。

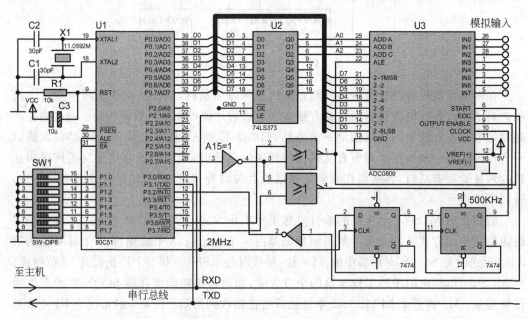

图 7-48 例 7-13 的从机电路

为保障多机通信顺利进行,制定通信双方的基本会话过程如下。

(1)主机和所有从机的串行口都工作在方式 3,波特率 9600bps,主机的 SM2 清 0,从机的 SM2 置 1。这样接收数据时,无论收到的第 9 位是 1 还是 0,主机都会将 RI 置 1,而从机只有在第 9 位是 1 的情况下才将 RI 置 1。

(2)为保证所有从机的 SM2=1,主机呼叫前先向所有从机发送复位命令"FFH"(TB8=1),然后再发送要呼叫的目标从机地址(TB8=1)。从机在收到地址后与自身地址比较,不一致则放弃,一致则将其 SM2 清 0,并向主机回复本机地址(TB8=1)作应答。

(3) 主机收到从机回复的地址后,与呼叫地址比较,一致则向从机发送要采集的通道号(TB8=0),不一致则发送复位命令"FFH"(TB8=1)。

(4) 被呼叫的从机若收到的是复位命令则重将其 SM2 置 1,否则对指定通道进行 A/D 转换,完成后将转换数据(TB8=0)发送给主机。

(5) 主机收到转换数据后,将数据(TB8=0)再回送给从机。从机在收到回送的数据后与发送的数据进行比较,一致回复主机正确标志"00H"(TB8=1),不一致则回复主机错误标志"FFH"(TB8=1),最后从机将 SM2 置 1。

(6) 主机收到从机回复的正确标志后将转换数据输入缓冲区,否则重新尝试。

该例的程序会话流程可用图 7-49 表示。考虑到由于通信线路可能断线等因素会造成从机无法回复,使得主机不断等待,为此主机在等待从机回复的过程中将启动定时器进行超时检查。一旦定时器溢出时都还未收到从机的回复,则主机就将有问题的从机地址显示在主机 P1 口连接的 8 只 LED 发光二极管上报告故障。若是因通信线路不可靠或干扰等因素造成回复不正确时,则主机采用在规定次数内重新尝试的办法。当重试超过规定次数时主机也点亮对应 LED 报错。

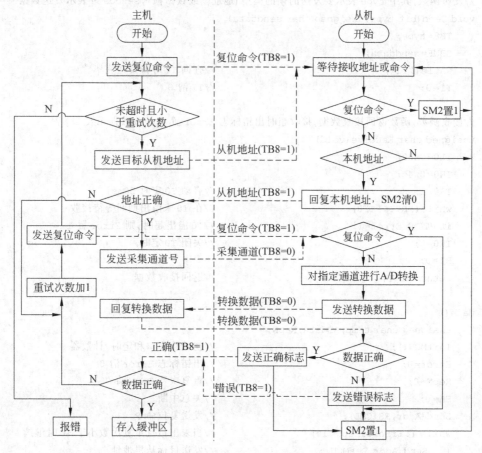

图 7-49　例 7-13 的程序会话流程

主机程序如下。

```c
#include <REG51.H>
#define RSTCMD 0xff                    //定义复位命令
#define DesMCU 0x05                    //定义目标从机地址
#define ConvN 0x02                     //定义目标从机采集通道号
#define Addr 1                         //定义地址帧标志
#define Dat 0                          //定义数据帧标志
#define OK 0x00                        //定义转换数据接收正确标志
unsigned char DataBuf[8];              //定义接收转换数据缓冲区
bit Error;                             //定义出错标志变量,0未出错,1出错
void InitMCU(void)                     //初始化串口和定时/计数器函数
{   TMOD=0x21;                         //T1工作在方式2,8位自动重装;T0工作在方式1,16位计数
    TH1=253;                           //11.0592MHz时钟下波特率为9600bps
    TL1=253;
    SCON=0xd0;                         //串口工作在方式3,SM2=0,允许接收
    TR1=1;                             //启动T1计数
}
//发送函数,其中type表示要发送的帧的类型(地址帧或数据帧),senddata表示发送数据
void Send(bit type,unsigned char senddata)
{   TB8=type;
    SBUF=senddata;
    while(!TI);                        //查询TI等待发送完毕
    TI=0;                              //TI清0
}
//接收函数,函数返回接收数据,接收超时出错标志Error置1,接收数据无效
unsigned char Receive(void)
{   TL0=0x00;
    TH0=0x4c;
    TR0=1;                             //启动T0定时50ms
    while(!RI&&!TF0);                  //在T0未溢出期间等待接收
    if (TF0) Error=1;                  //T0溢出超时,则Error置1
    TR0=0;                             //关闭T0定时
    RI=0;
    return SBUF;                       //返回接收数据
}
main()
{   unsigned char temp,ADdata,RepN;
    InitMCU();                         //初始化串口和定时/计数器
    Error=0;                           //出错标志Error清0
    RepN=0;                            //重复次数RepN清0
    EA=0;                              //关总中断
    Send(Addr,RSTCMD);                 //发送复位命令
    while (!Error&&RepN<10)            //当未出错且重复次数小于10时继续
    {   Send(Addr,DesMCU);             //发送目标从机地址
        temp=Receive();               //等待目标从机回复
```

```
        if(RB8&&(temp==DesMCU))            //回复地址正确且 RB8=1 则继续
        {   Send(Dat,ConvN);               //向目标从机发送采集通道号
            ADdata=Receive();              //等待接收转换数据
            Send(Dat,ADdata);              //向目标从机回复转换数据
            temp=Receive();                //等待目标从机回复
            if(RB8&&(temp==OK))            //采集数据接收正确且 RB8=1
            {   RepN=0;                    //重复次数清 0
                DataBuf[DesMCU]=ADdata;    //转换数据存入缓冲区
                break;                     //跳出循环
            }
        }
        RepN++;                            //否则重复次数加 1
        Send(Addr,RSTCMD);                 //发送复位从机命令
    }
    if(Error||RepN>=10)P1=~DesMCU;         //显示目标从机地址报错
    while(1);                              //循环等待
}
```

从机程序如下。

```
#include<REG51.H>
#define Myaddr P1                          //定义本机地址输入口
#define Addr 1                             //定义地址帧标志
#define Dat 0                              //定义数据帧标志
#define OK 0x00                            //定义数据正确标志
#define ERR 0xff                           //定义数据正确错误
#define RSTCMD 0xff                        //定义复位命令
//定义符号"ADC0809"表示模拟输入通道 IN0 的地址
#define ADC0809 (volatile unsigned char xdata * ) 0x8000
sbit ADC0809_EOC=P3^2;                     //定义 ADC0809 的 EOC 输入引脚
void InitSCI(void)                         //初始化串口函数
{   TMOD=0x20;                             //T1 工作在方式 2,8 位自动重装
    TH1=253;                               //11.0592MHz 时钟下波特率为 9600bps
    TL1=253;
    SCON=0xf0;                             //串口工作在方式 3,SM2=1,允许接收
    TR1=1;                                 //启动 T1 计数
}
unsigned char Receive(void)                //接收函数,函数返回接收数据
{   while (!RI);
    RI=0;
    return SBUF;                           //返回接收数据
}
//发送函数,其中 type 表示要发送的帧的类型(地址帧或数据帧),senddata 表示发送数据
void Send(bit type,unsigned char senddata)
{   TB8=type;
    SBUF=senddata;
```

```
        while(!TI);
        TI=0;
    }
//启动 A/D 转换函数,n 表示采集通道号,函数返回转换数据
unsigned char ADConvert(unsigned char n)
{   unsigned char i;
    * (ADC0809+n)=0;                        //启动指定通道的 A/D 转换
    for(i=0;i<10;i++);
    ADC0809_EOC=1;
    while(ADC0809_EOC);                      //等待 A/D 转换结束
    return * (ADC0809);                      //返回转换数据
}
main()
{   unsigned char ADdata,temp;
    InitSCI();                               //初始化串口
    Myaddr=0xff;                             //读本机地址前先输出 0xff
    while (1)
    {   temp=Receive();                      //等待接收
        if(temp==RSTCMD) SM2=1;              //接收到复位命令则 SM2 置 1
        else if (temp==Myaddr)               //否则是否本机地址,是继续,否放弃
        {   SM2=0;                           //SM2 清 0
            Send(Addr,Myaddr);               //回复本机地址
            temp=Receive();                  //等待接收
            if(temp!=RSTCMD)                 //接收到的不是复位命令则继续
            {   ADdata=ADConvert(temp&0x07); //启动 A/D 转换,采集指定通道
                Send(Dat,ADdata);            //发送转换数据
                temp=Receive();
                if(temp==ADdata) Send(Addr,OK );   //数据正确,发送正确标志
                else Send(Addr,ERR);         //否则发送错误信息
            }
            SM2=1;                           //从机将 SM2 置 1
        }
    }
}
```

7.7 I²C 总线接口

7.7.1 I²C 总线

1. I²C 总线简介

　　新一代单片机技术发展的一个显著特征之一就是新型串行总线扩展技术的不断涌现。早期单片机外围扩展器件大多采用并行方式,这在占用较多 I/O 口的同时还增加了

系统硬件的复杂程度,而串行总线因其连线少,所以越来越受到单片机和器件厂商的青睐。现今许多单片机除支持基本的 SCI 外,还支持其他如 SPI、I^2C、CAN、1-Wire 等新型串行总线,同时众多器件厂商也纷纷推出了采用这些总线的单片机外围器件,使得它们的应用得到进一步推广。下面以 I^2C 总线为例介绍新型串行总线在 MCS-51 单片机中的应用。

I^2C 总线有时也写作 IIC 总线,它是由 Philips 公司主导推出的应用于芯片级数据传输的两线式串行总线标准,它在嵌入式领域中应用较广。I^2C 总线实际上是串行同步通信的一种特殊形式,具有连线少、控制简单、数据传输速率高等特点。I^2C 总线支持多主多从结构,即在同一个总线上可同时挂接多个主器件和从器件,如图 7-50 所示。在标准模式下它的数据传输速率可达 100Kbps,快速模式下可达 400Kbps,高速模式可达 3.4Mbps。I^2C 总线依靠节点上的器件或模块地址来识别通信对象,自身扩展能力较强,允许同时挂接多个器件或模块,只受单根连接线上最大电容不超过 400pF 的限制。由于 I^2C 器件或模块采用开漏结构输出,所以 I^2C 总线需连接两个 5~10K 的上拉电阻 R_P。

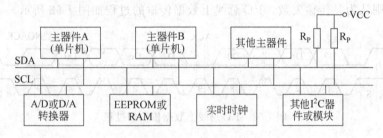

图 7-50　I^2C 总线典型结构

I^2C 总线采用分时通信的方式,通信由主器件负责发起。在多主应用中可能会出现竞争使用总线的复杂情况,而对具有 I^2C 总线接口的主器件来说,可利用 I^2C 总线完善的软硬件协议对此进行总裁以保障正常通信。但对像 80C51 等 MCS-51 单片机来说,由于内部没有 I^2C 总线接口,只能使用其 I/O 口引脚和软件来模拟,所以一般只使用在单主应用中。I^2C 总线只有两根通信连线,串行数据线 SDA 和串行时钟线 SCL。SDA 用于串行传输数据,SCL 用于传输同步时钟。SDA 上的数据可在主器件和从器件之间分时双向传输,但 SCL 上的同步时钟只能由主器件负责发送。

2. I^2C 总线基本通信协议

为保障正常通信,I^2C 总线标准中有比较完善的通信协议。协议规定总线空闲时 SCL 和 SDA 都必须保持为高电平状态,当某个设备使用总线时需钳住 SCL 在低电平上。通信时,每次数据传输以主器件发出的起始信号 S 为标志,起始信号定义为在 SCL 处于高电平期间,SDA 上有一个从高到低的下降沿出现。起始信号之后可以传输数据,数据传输要求当 SCL 为高电平时,SDA 上的电平必须保持稳定状态,这时接收方去读 SDA 上的电平,高电平代表 1,低电平代表 0。当 SCL 为低电平时,SDA 上的电平才允许变化。每次数据传输完毕,主器件要发出结束信号 P,结束信号定义为在 SCL 处于高电平期间,SDA 上有一个从低到高的上升沿出现。I^2C 总线上数据传输的要求如图 7-51 所示。

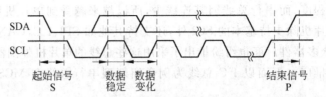

图 7-51 I²C 总线上数据传输的要求

　　I²C 总线上传输的数据以每字节 8 位为基本单位,发送是以高位在前,低位在后的顺序进行。对每次数据传输时的总字节数没有限制,只是要求发送方在发送 1 字节之后,要将 SDA 置为高电平以释放数据线,在之后的第 9 个时钟脉冲接收方要回复一个低电平表示的应答信号 ACK,而后发送方再继续发送下 1 字节,直至结束信号出现。因此在 I²C 总线上传输 1 字节数据需 9 个时钟脉冲。假如接收方由于某种原因如正在执行内部操作无法应答时,则要将 SDA 保持为高电平(非应答信号 NOACK),这时主器件可发出结束信号终止本次数据传输。无应答时如果接收方是主器件则可认为是传输结束,而如果是从器件则认为是传输失败。I²C 总线上数据传输的过程如图 7-52 所示。

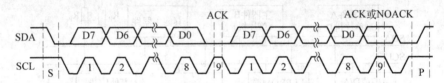

图 7-52 I²C 总线上数据传输的过程

　　由于 I²C 总线上可以挂接多个设备节点,为区分不同节点上的通信对象,规定主器件在与从器件通信时,在其发出起始信号之后,要紧接着发送通信对象的器件地址,之后才能进行数据传输。挂在同一总线上的设备不能有相同的器件地址,它由 1 个或多个字节构成,其第 1 字节的高 7 位 D7～D1 表示从器件地址,最后 1 位 D0 表示数据传输方向,1 表示主器件读,0 表示主器件写,第 2 个及之后的地址字节则由实际器件决定是否需要。7 位从器件地址当中的高 4 位 D7～D4 为固定的器件类型编码地址,它是出厂时固定的,不可更改;低 3 位 D3～D1 为可编程的软件地址,用于对系统中多个相同类型的器件进行寻址。器件地址含义可由图 7-53 所示。此外一些特定的器件地址被 I²C 总线标准规定用于一些特殊目的。

D7	D6	D5	D4	D3	D2	D1	D0
A6	A5	A4	A3	A2	A1	A0	R/$\overline{W}$
器件类型编码地址				软件地址			读写方式

图 7-53 I²C 总线器件地址含义

7.7.2 应用举例

　　支持 I²C 总线的单片机外围器件类型较多,有 A/D 转换器、D/A 转换器、存储器、实时时钟、LCD/LED 显示器等。这里以 Atmel 公司的串行 EEPROM 存储器 AT24CXX

系列为例,介绍其在 MCS-51 单片机中的应用。

1. 串行 EEPROM 存储器 AT24CXX

1) AT24CXX 的简介

EEPROM 存储器相比 EPROM 存储器擦除改写更方便,与其他 ROM 存储器一样也具有非易失性的特点,因此在单片机应用中常被用作系统断电后重要数据的存储,或作为 RAM 存储器使用,其中串行 EEPROM 存储器与 MCS-51 单片机的接口要比并行的简单得多。常用的串行 EEPROM 存储器主要有 Atmel 公司的 AT24CXX 系列,该系列封装和引脚定义都差不多,主要区别是存储容量不同,如 AT24C01 为 1Kbit(128B)、AT24C02 为 2Kbit(256B)、AT24C04 为 4Kbit(512B)、AT24C08 为 8Kbit(1KB)、AT24C16 为 16Kbit(2KB),它们均为 8 引脚封装,具体引脚定义如下。

(1) A0(1)、A1(2)、A2(3):地址输入。这 3 个引脚通过外接高或低电平(悬空为低)形成不同的芯片地址,用于软件对芯片进行片选。但不同容量的存储芯片对它们的规定不同,如 AT24C16 不用这 3 个引脚,因此在单个 I^2C 总线中只能扩展 1 片 AT24C16,而 AT24C02 全使用,因此在单个 I^2C 总线中最多可扩展 8 片 AT24C02。

(2) GND(4):地。

(3) SDA(5):串行数据。用于 I^2C 总线通信中的串行数据输入输出,为漏极开路,在 100kHz 时钟时需外接 10K 的上拉电阻。

(4) SCL(6):串行时钟。用于 I^2C 总线通信中的串行时钟输入,为漏极开路,在 100kHz 时钟时需外接 10K 的上拉电阻。

(5) WP(7):写保护。该引脚接高电平时,存储器写保护,接低电平(或悬空)时可读写。

(6) VCC(8):电源。AT24CXX 系列有两种不同的工作电压,后缀"-2.7"的工作电压为 2.7~5.5V,后缀"-1.8"的工作电压为 1.8~5.5V。

AT24CXX 系列串行 EEPROM 存储器固定的器件类型编码地址是 1010,它是 Philips 公司的 I^2C 总线协议中规定的,表示从器件为 EEPROM 存储器。当 I^2C 总线上紧跟起始信号之后出现的器件地址的高 4 位为 1010 时,总线上的其他非 EEPROM 从器件则不会响应。以 AT24C02 为例,其器件地址字节格式如图 7-54 所示,其中的软件地址要和芯片地址输入引脚 A2、A1、A0 的接入电平相同才能使能该芯片。例如将 AT24C02 的 3 个地址输入引脚全接低电平或悬空时,对其读时的器件地址为 A1H,写时的器件地址为 A0H。

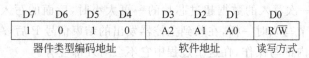

D7	D6	D5	D4	D3	D2	D1	D0
1	0	1	0	A2	A1	A0	R/$\overline{W}$
器件类型编码地址				软件地址			读写方式

图 7-54　AT24C02 的器件地址

2) AT24CXX 的写入

写 AT24CXX 有字节写入和页写入两种操作方式,这两种方式的写入时序如图 7-55 所示。字节写入是对指定地址的存储单元写入,页写入是对指定页内的存储单元连续写入。以 AT24C02 为例,其 256 字节存储单元被分为 32 个 8 字节的页,页写入时可以一次连续向其写入不超过 8 字节的 1 页数据。图中的"＊"表示对于只有 128 字节的 AT24C01 来说,寻址内部存储单元只要 7 位地址,所以单元地址的最高位不用关心。对于 256 字节的 AT24C02 来说寻址内部存储单元需 8 位单元地址,而对于其他容量较高的 AT24CXX 存储器,寻址内部存储单元的单元地址有时要两个字节。

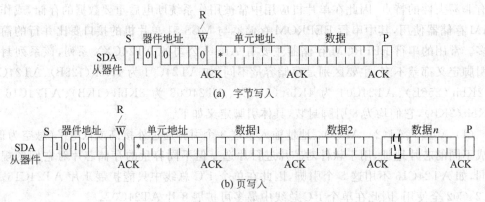

图 7-55　AT24C02XX 的写入时序

字节写入时序如图 7-55(a)所示。主器件发出起始信号 S 后,接着发送写器件地址(其中最低位为 0,表示写操作)。当收到 AT24CXX 从器件的应答信号 ACK 后,再发送要写的存储单元地址,又收到应答信号 ACK 后,表明这个地址已写入 AT24CXX 的内部地址指针。然后主器件发送要写入的数据,收到应答信号 ACK 后表明数据已经写入 AT24CXX 内部的缓冲区,最后主器件发出结束信号 P 结束本次操作。当 AT24CXX 收到结束信号 P 后就开始启动内部写周期,将数据写入指定存储单元。由于 AT24CXX 在执行内部写操作的过程中不会对外部应答,因此当主器件未收到应答信号 ACK 时,则表明 AT24CXX 正在执行内部写操作(内部写操作时间一般不超过 5ms),这时主器件可以等待应答信号 ACK 重新出现或是终止操作。

页写入时序如图 7-55(b)所示,其写入过程与字节写入类似,区别是发送给 AT24CXX 的写入数据不止一个。在页写入操作中,每当发送给 AT24CXX 一个写入数据,其应答后表明写入数据已存入内部缓冲区,同时它内部的地址指针会自动加 1 指向下一个存储单元,因此下一个写入数据则会存放在内部缓冲区中的下一个存储单元中。但当地址指针指向一页中的最后一个单元后,若再收到写入数据则指针会反转指向本页第 1 个单元。因此如一次写入的数据超过芯片的一页大小时,后面的写入数据会覆盖最初的写入数据。与字节写入时一样,在收到主控器发出的结束信号 P 后,AT24CXX 开始启动内部写时序进行内部写操作,在这个过程中它不会对外部应答。

3)AT24CXX 的读出

读 AT24CXX 有当前地址读、随机读和顺序读 3 种操作方式,这三种方式的读时序如图 7-56 所示。

当前地址读时序如图 7-56(a)所示。主器件发出起始信号 S 后,接着发送读器件地址(其中最低位为 1,表示读操作)。当收到 AT24CXX 的应答信号 ACK 后,主器件就可从

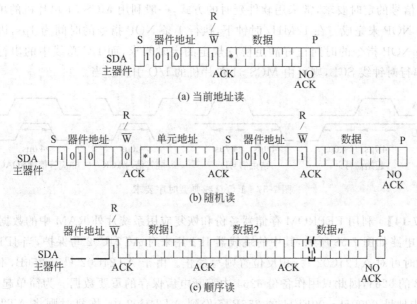

图 7-56 AT24C02XX 的读时序

SDA 数据线上读取 AT24CXX 发送的数据,最后主器件发送非应答信号 NOACK 和结束信号 P 结束本次操作。当前地址读是读取 AT24CXX 内部地址指针指向的存储单元,它是上一次执行读或写操作的存储单元的下一个单元,只要芯片不断电,这个内部地址指针值将一直保存。当内部地址指针指向存储器的最后一个存储单元后,若再执行读操作,则指针会反转指向存储器的第 1 个存储单元。

随机读时序如图 7-56(b)所示。主器件发出起始信号 S 后,接着发送写器件地址(最低位为 0),收到应答后再发送要读的存储单元地址,又收到应答后主器件重新发出起始信号 S 和读器件地址(最低位为 1),在收到应答之后主器件就可从 SDA 数据线上读取 AT24CXX 发送的数据,最后主器件发送非应答信号 NOACK 和结束信号 P 结束本次操作。与当前地址读一样,随机读也存在地址指针反转的现象。

顺序读时序如图 7-56(c)所示。顺序读可由当前地址读或随机读来初始化,在这种方式中当主器件收到一个数据后,不发送非应答信号 NOACK,而是发送应答信号 ACK,AT24CXX 在收到主器件发来的应答信号 ACK 后,就会接着输出下一个存储单元中的数据,直到最后主器件发送非应答信号 NOACK 和结束信号 P 结束本次操作。这种发送同样存在地址指针反转的现象。

2. AT24C02 在 MCS-51 单片机中的应用

具有 I^{2}C 总线接口的单片机可以很方便地使用这种串行总线扩展 I^{2}C 外围器件,但 MCS-51 单片机像 80C51 中没有 I^{2}C 总线接口,因此只能借助软件模拟的方法来模拟 I^{2}C 总线的通信协议。模拟 I^{2}C 总线通信协议关键是要产生协议中规定的起始信号 S、结束信号 P、应答信号 ACK 和非应答信号 NOACK 等 4 个关键的通信联络信号。在标准的 100kHz 时钟下,这些联络信号的定时要求如图 7-57 所示。MCS-51 单片机要实现这些通信联络信号的定时要求,常采用软件延时的方式,一般利用 MCS-51 单片机的单机器周期指令如 NOP 来完成。在 12MHz 时钟下,执行 1 条 NOP 指令的时间为 $1\mu s$,因此连续执行 5 条 NOP 指令的时间正好满足协议规定的定时要求,而 I^2C 总线中的串行数据线 SDA 和串行时钟线 SCL,则可由 MCS-51 单片机的 I/O 引脚担当。

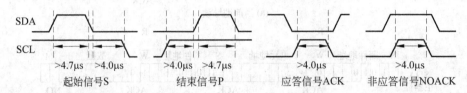

图 7-57 I^2C 总线典型时序要求

【例 7-14】 利用 EEPROM 存储器备份和恢复应用系统片外 RAM 中的数据。

系统电路如图 7-58 所示,其中的跳线器 JP1 用来对 AT24C02 写保护,当 JP1 在图中所处位置时可对 AT24C02 写,相反位置则写禁止。由于 AT24C02 只有 256B,不能备份整个 8KB 的 6264,因此只用作备份 6264 中需断电后保存的重要数据。为简单起见,这里把 6264 中地址 0000H～00FFH 的 256B 备份到 AT24C02 中,恢复时则将 AT24C02 中的数据恢复到 6264 中地址 0100H～01FFH 的 256B 存储单元中。电路中单片机的 P1.6 引脚用作 I^2C 通信中的串行数据线 SDA,P1.7 引脚用作串行时钟线 SCL。当系统中有不止一片 AT24C02 时,可在其地址输入引脚(A2、A1、A0)上外接拨码开关以设定每片的芯片地址,这样在程序中通过软件地址就可选择要访问哪一片。图中只有一片 AT24C02,其地址输入引脚全接在 GND 上,因此该芯片的软件地址为 000B。

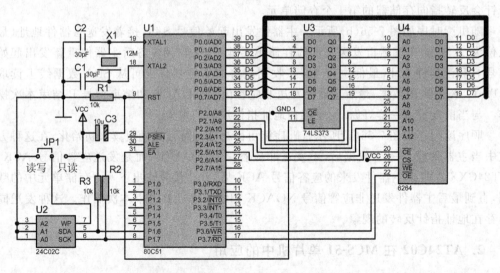

图 7-58 AT24C02 与 MCS-51 单片机的接口

程序中使用的 C51 内部函数"_nop_()"类似于单片机的 NOP 指令,其头文件为"intrins.h",程序实现如下。

```
#include<REG51.H>
```

```
#include<intrins.h>
#define Delay5us {_nop_();_nop_();_nop_();_nop_();_nop_();}      //延时 5μs
#define Delay1us {_nop_();}                                      //延时 1μs
#define WriteDeviceAddr 0xa0                                     //定义写器件地址
#define ReadDeviceAddr 0xa1                                      //定义读器件地址
volatile unsigned char xdata SBuff[256] _at_ 0x0000;            //要保存的源缓冲区
volatile unsigned char xdata DBuff[256] _at_ 0x0100;            //要恢复的目的缓冲区
sbit SDA=P1^6;                                                  //定义用作 SDA 的引脚
sbit SCL=P1^7;                                                  //定义用作 SCL 的引脚
void I2CStart(void)                                             //发起始信号函数
{   SDA=1;                                                       //SDA 输出 1
    SCL=1;                                                       //SCL 输出 1
    Delay5us;                                                    //延时 5μs
    SDA=0;                                                       //SDA 输出 0
    Delay5us;                                                    //延时 5μs
    SCL=0;                                                       //SCL 输出 0,钳住总线
}
void I2CStop(void)                                              //发结束信号函数
{   SDA=0;                                                       //SDA 输出 0
    SCL=1;                                                       //SCL 输出 1
    Delay5us;                                                    //延时 5μs
    SDA=1;                                                       //SDA 输出 1
    Delay5us;                                                    //延时 5μs,释放总线
}
void SendACK(bit ack)                   //发应答信号函数,参数 ack 为 0 发 ACK,为 1 发 NOACK
{   if(ack)SDA=1;                       //ack 为 1 将 SDA 置高
    else SDA=0;                         //否则将 SDA 置低
    SCL=1;                              //SCL 置高
    Delay5us;                           //延时 5μs,满足定时要求
    SCL=0;                              //SCL 置低
}
bit ReciveACK(void)                     //接收应答信号函数,返回 0 表示 ACK,1 表示 NOACK
{   bit ack;
    SDA=1;                              //SDA 输出 1,拉高串行数据线
    Delay1us;
    SCL=1;                              //SCL 置高
    if (SDA) ack=1;                     //读串行数据线输入
    else ack=0;
    Delay1us;
    SCL=0;                              //SCL 置低
    return ack;                         //返回结果
}
//写字节函数,参数 wB 为要写入 AT24C02 的 8 位数据,发送顺序为先高位后低位
void WriteB(unsigned char wbyte)
{   unsigned char n=8;
    while(n--)
```

```
{   if(wbyte&0x80) SDA=1;              //数据位输出到 SDA
    else SDA=0;
    wbyte<<=1;                         //数据左移
    SCL=1;                             //SCL 置高
    Delay5us;                          //在 SCL 为高的 5μs 时间内 SDA 稳定输出
    SCL=0;                             //SCL 置低
    Delay1us;
}
}
unsigned char ReadB(void)              //读字节函数,返回值为 AT24C02 输出的 8 位数据
{   unsigned char n=8,rbyte=0;
    SDA=1;                             //SDA 输出 1,拉高串行数据线
    while(n--)
    {   rbyte<<=1;
        SCL=0;
        Delay5us;                      //SCL 为低的 5μs 定时要求
        SCL=1;
        if(SDA) rbyte|=1;              //读 SDA 输入
    }
    SCL=0;
    return rbyte;                      //返回结果
}
/* AT24C02 的页写入函数,参数 addr 为写入地址,pSBuff 为写入数据的存放缓冲区首址,
length 为写入的字节数,至少 1 字节 */
void WriteEEPROM(unsigned char addr,unsigned char * pSBuff,unsigned int length)
{   unsigned int i;
    unsigned char n;
    if (length<1) return;
    I2CStart();                        //发起始信号
    WriteB(WriteDeviceAddr);           //发送写器件地址
    while(ReciveACK());                //等待 AT24C02 应答
    WriteB(addr);                      //发送写入地址
    while(ReciveACK());
    for(n=0;n<length;n++)              //将指定的数据依次发送给 AT24C02
    {   WriteB(*pSBuff++);
        while(ReciveACK());
    }
    I2CStop();                         //发结束信号
    for(i=0;i<1000;i++);               //等待 AT24C02 完成内部写周期
}
//AT24C02 的整片写入函数,参数 pSBuff 为写入数据的存放缓冲区首址,缓冲区大小为 256 字节
void WriteAllEEPROM(unsigned char * pSBbuff)
{   unsigned char PageAddr;
    for(PageAddr=0;PageAddr<32;PageAddr++,pSBbuff+=8)  //分 32 个 8 字节页依次写入
    WriteEEPROM(PageAddr<<3,pSBbuff,8);    //调用页写入函数写入 8 字节页数据
}
```

```
/*AT24C02 的顺序读函数,参数 addr 为读入地址,pDBuff 为读入数据的存放缓冲区首址,
length 为读入的字节数,至少 1 字节 */
void ReadEEPROM(unsigned char addr,unsigned char * pDBuff,unsigned int length)
{   unsigned char n;
    if (length<1) return;
    I2CStart();                             //发起始信号
    WriteB(WriteDeviceAddr);                //发送写器件地址
    while(ReciveACK());
    WriteB(addr);                           //发送读入地址
    while(ReciveACK());
    I2CStart();                             //重发起始信号
    WriteB(ReadDeviceAddr);                 //发送读器件地址
    while(ReciveACK());
    for(n=0;n<length- 1;n++)                //读入前面 n- 1 个数据到缓冲区
    {   * pDBuff++=ReadB();
        SendACK(0);                         //发 ACK 给 AT24C02
    }
    * pDBuff++=ReadB();                     //读入最后一个数据到缓冲区
    SendACK(1);                             //发 NOACK 给 AT24C02
    I2CStop();                              //发结束信号
}
//AT24C02 的整片读入函数,参数 pDBuff 为读入数据的存放缓冲区首址,缓冲区大小为 256 字节
void ReadAllEEPROM(unsigned char * pDBuff)
{   ReadEEPROM(0x00,pDBuff,256);            //从地址 00H 开始读入 256 字节数据
}
main()                                      //main 函数
{   unsigned int i;
    for(i=0;i<256;i++)
        SBuff[i]=(unsigned char)i;          //在源缓冲区存入测试数据
    WriteAllEEPROM(SBuff);                  //将缓冲区中的数据备份到 AT24C02
    ReadAllEEPROM(DBuff);                   //将 AT24C02 中的数据恢复到目的缓冲区
    while(1);
}
```

利用 Keil 的软件仿真功能可以仿真该程序的 SDA(P1.6)和 SCL(P1.7)的输出时序。方法是先将程序中等待 AT24C02 应答的语句"while(ReciveACK());"注释掉,再在 Keil 中将程序编译好,进入软件仿真调试模式,然后打开逻辑分析窗口 Logic Analyzer WIndow,在其中添加要监视的单片机引脚 P1.6 和 P1.7。接着在要观察信号时序的语句下方设置断点,运行程序到断点处,这时在逻辑分析窗口中即可查看引脚的输出时序,如图 7-59 所示为 I^{2}C 总线通信的起始信号时序。

在进行仿真前之所以要将语句"while(ReciveACK());"注释掉,原因是 Keil 不能对 AT24C02 等外围器件进行仿真,否则因未收到 AT24C02 发来的应答信号 ACK,程序会无休止地等待下去使仿真无法继续。若使用像 Proteus 那样的能仿真 MCS-51 单片机及其常用外围器件的 EDA 软件工具,则不仅能仿真 AT24C02 的工作过程,还可有许多功

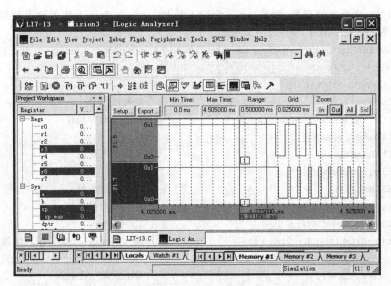

图 7-59　在 Keil 中仿真 I^2C 起始信号的时序

能完善且易用的虚拟调试工具来对 I^2C 总线通信进行仿真调试。如图 7-60 所示为该软件调试 I^2C 总线通信时的工作时序、传输数据和操作完成后存储在 AT24C02 中数据的窗口界面截图。有关 Proteus 的使用将在下章介绍。

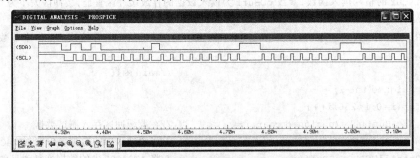

(a) 虚拟 I^2C 总线通信时序

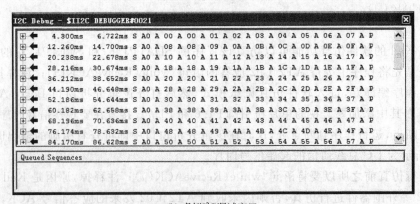

(b) 虚拟 I^2C 调试窗口

图 7-60　在 Proteus 中仿真调试 I^2C 总线

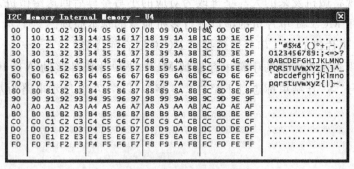

(c) 虚拟AT24C02存储的数据

图 7-60 （续）

习　题

7-1 程序中识别按键是否被按下时为什么要去抖动？有哪些方法可以实现去抖动？

7-2 常见的单片机键盘接口方式有哪两种,各有何特点？

7-3 请将例 7-1 中的按键识别函数 PressKey() 改为采用行扫描的方式实现。

7-4 7 段共阴型和共阳型 LED 数码管在使用上有什么区别？尝试确定共阳型 LED 数码
管显示字符"C"、"E"、"F"、"H"、"L"、"P"时的编码。

7-5 LED 数码管的静态显示和动态显示方式各有何特点？

7-6 编程实现将 P1 口输入低电平的引脚的编号(0～7)显示在 P2 口连接的 LED 数码管
上。数码管的输入 a～g 分别和 P2.0～P2.6 连接。若同时有两个以上的引脚输入
低电平,则输出其中编号最小的一个。

7-7 外部扩展存储器时地址锁存器和译码器各有何用途？

7-8 为 MCS-51 单片机外扩存储器,其中 ROM 采用两片 2732 共 8K,第 1 片的地址为
1000H～1FFFH,第 2 片的地址为 2000H～2FFFH；RAM 采用 1 片 6264,其地址为
4000H～5FFFH。画出设计的连线示意图,并简要说明。

7-9 以图 7-29 所示电路为基础,编程实现从 8255A 的 B 口输入 LED 数码管的字符显示
编码,并在与 A 口连接的 LED 数码管上显示。

7-10 在单片机应用中 A/D 和 D/A 转换器有何用途？选择这些器件的主要依据
什么？

7-11 以图 7-33 所示电路为基础,编程实现对 ADC0809 的 8 个模拟输入通道进行 A/D
转换,并将输入模拟电压最高的通道显示在 P1 口上连接的 8 只 LED 发光二极管
上(低电平点亮)。

7-12 以图 7-40 所示电路为基础,编程实现输出方波、三角波和锯齿波 3 种波形。

7-13 请将例 7-11 中的乙机程序改为中断方式收发数据。

7-14　编程实现将微机发来的大写字母改为对应的小写字母后回送给微机。

7-15　简述利用 MCS-51 单片机的串口进行多机通信的基本原理。

7-16　相比 51 单片机的 SCI 串行通信接口 I^2C 总线有何优势？

7-17　编程实现将微机发来的字符串存储到 MCS-51 单片机外接的 AT24C02 中。字符串以符号"＄"作结束标志且不超过 256 字节，以图 7-58 所示电路为基础。

第8章

单片机 EDA 仿真软件 Proteus

由于微机具有标准化的系统硬件体系,所以在开发微机应用时不用过多关注硬件,而只把注意力集中在软件的实现上。但在单片机应用中情况则不同,软件和硬件都需要自行设计,且硬件与软件相辅相成,又互为牵制,设计时需综合各种因素全盘考虑哪些功能由软件负责,哪些由硬件负责。与软件开发相比,硬件开发对实验设备和工具的要求要高。受实际条件限制,初学者往往很难去验证自己的硬件设计是否可行,软件运行是否能达到预期,这为学习单片机设置了不小的障碍。

虽然利用 Keil 能对 51 单片机进行一些软件仿真,以分析程序的执行和单片机内部的工作状况,但在涉及单片机外围器件和电路的调试时,像 I²C 接口的串行 EEPROM 存储器、A/D 和 D/A 转换器等,Keil 就无能为力,因为它无法对这些器件和电路进行仿真。因此在没有相关实验设备和工具的条件下,要想学好并会使用单片机,除需熟悉单片机的基本工作原理以及 Keil 等开发工具的使用外,还有必要熟悉和掌握一些 EDA 软件工具的使用。这样即使没有物理硬件电路或是其搭建之前,利用这些 EDA 软件工具提供的仿真功能也能对单片机应用中的软硬件设计进行验证和调试。对初学者来说有利于提高学习效率,增加学习趣味,让学习过程不再枯燥乏味。而对开发人员来说则有利于提高开发效率,缩短产品的开发周期,提高产品的竞争力。

在众多的 EDA 软件中,Proteus 是非常适合于单片机学习和开发的一款 EDA 软件工具,其最大的特色在于除能用作绘制电气原理图和设计 PCB 板外,还能仿真普通的模拟和数字电路,以及像单片机这样的可编程器件。因此非常适合初学者学习,以及开发人员设计时使用。本章主要介绍了 Proteus 的基本使用方法和在 MCS-51 单片机中的应用。

本章主要内容如下。

(1) Proteus 简介;

(2) Proteus 的基本使用方法;

(3) Proteus 的仿真和虚拟仪器简介;

(4) 在 Proteus 中仿真调试 MCS-51 单片机的基本方法;

(5) Proteus 和 Keil 联合调试 51 单片机应用。

8.1 Proteus 简介

8.1.1 简介

Proteus 是英国 Labcenter Electronics 公司推出的 EDA 软件工具,它集电气原理图绘制、PCB 板设计、自动布线、混合模式电路仿真、代码调试等众多功能为一体。最大的特色是其 VSM(Virtual System Modeling)虚拟系统模型仿真技术实现了混合模式的 SPICE(Simulation Program with Integrated Circuit Emphasis)电路仿真,它将微处理器仿真、第三方编译器和调试器、虚拟仪器以及高级图表仿真等有机结合在一起。使得实际物理硬件电路还没有搭建之前,用户就能直接在电气原理图基础上对单片机应用中的硬件和软件设计进行仿真调试,以验证设计和找出其中存在的主要问题,使得"从概念到产品"的理念变为可能。为方便仿真过程中的调试,Proteus 还提供了像探针、示波器、逻辑分析仪、频率计、I²C 调试器等众多的虚拟仪器。除 51 单片机外,Proteus 还支持 PIC、AVR、HC11、ARM、8086 等主流单片机或微处理器,因而被广泛应用于各种嵌入式应用系统设计当中。

Proteus 主要是由 ISIS 和 ARES 两个软件组成,其中 ISIS 用于电气原理图布图和系统仿真,而 ARES 用于印刷电路板(PCB)设计。本章主要介绍 ISIS 的基本用法,有关ARES 的使用可参见其他书籍。

8.1.2 主界面

启动 Proteus 的 ISIS 软件后即进入其主界面,如图 8-1 所示,其中主要包括编辑窗口、预览窗口和对象选择器 3 个子窗口和文件、显示、编辑、设计、模式选择、方向定位、仿真按钮 7 个工具栏。

(1) Editing Window(编辑窗口)是 ISIS 中主要的绘图和仿真工作区,在这个窗口中可以放置元件,进行布线绘制原理图,而仿真时则用于观察电路的执行情况。该窗口中没有滚动条,要改变其中的显示区域是通过预览窗口实现的。

(2) Overview Window(预览窗口)用于预览整个原理图,其中的蓝框表示当前原理图的边界,而绿框表示编辑窗口中当前显示的原理图区域,拖动绿框在该窗口中移动,可以改变编辑窗口中显示的原理图区域。当在对象选择器中选择一个对象时,预览窗口也被用于预览选择的对象。

(3) Object Selector(对象选择器)用于选择器件、符号、仿真工具和仪器、其他库的对象等,在该窗口中选择的对象有时会显示在预览窗口中。

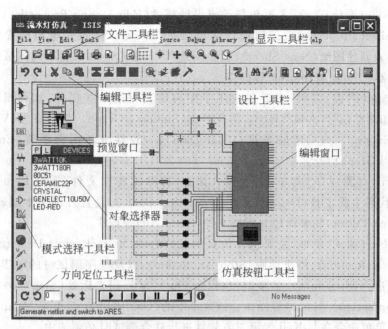

图 8-1 Proteus 的 ISIS 主界面

8.1.3 主菜单

ISIS 主界面中的菜单共有 12 个,初学时不必全部一次掌握,可在逐步使用中慢慢了解,下面简单介绍这些菜单的基本功能。

(1) File(文件)菜单,主要包含设计文件的新建(New Design)、打开(Open Design)、保存(Save Design)、另存为(Save Design As)等操作,以及设计的导入(Import)、导出(Export)和文件的打印(Print)、历史操作记录等。在 Proteus 中设计文件的扩展名是".DSN"、部分文件的扩展名是".SEC"、备份文件的扩展名是".DBK"、模块文件的扩展名是".MOD"、库文件的扩展名是".LIB"、网络表文件的扩展名是".SDF"。

(2) View(显示)菜单,主要包含重绘原理图(Redraw)、显示/隐藏栅格(Grid)、设置原点(Origin)、改变光标类型(X Cursor)、设置捕捉间距(Snap)、图纸缩放(Zoom)和工具栏的显示/隐藏(Toolbars)等操作。其中 ISIS 的最小捕捉间距为 10th(1th=0.001 英寸,约为 25.4×10^{-3} mm)。

(3) Edit(编辑)菜单,主要包含撤销(Undo)、重做(Redo)、查找编辑元件(Find and Edit Component)、剪切(Cut to clipboard)、复制(Copy to clipboard)、粘贴(Paste from clipboard),以及改变原理图中器件的层次等操作。

(4) Tools(工具)菜单,主要包括实时标注(Real Time Annotation)、自动布线(Wire Auto Router)、查找标记(Search and Tag)、属性分配工具(Property Assignment Tool)、全局标注器(Global Annotator)、电气规则检查(Electrical Rule Check)、编译网络表(Netlist Compiler)、编译模型(Model Compiler)等操作。

(5) Design(设计)菜单,主要包括编辑设计属性(Edit Design Properties)、编辑图纸属性(Edit Sheet Properties)、编辑设计注释(Edit Design Notes)、电源配置(Configure Power Rails)、新建图纸(New Sheet)、删除图纸(Remove Sheet)、在不同图纸间移动,以及设计浏览器(Design Explorer)等操作。

(6) Graph(图表)菜单,主要包含用于图表仿真时的一些操作,如编辑图表(Edit Graph)、添加跟踪信号(Add Trace)、仿真图表(Simulate Graph)、显示日志(View Log)、导出数据(Export Data)、清除数据(Clear Data)、一致性分析所有图表(Conformance Analysis(All Graph))等。

(7) Source(源程序)菜单,主要包含添加/移除源程序文件(Add/Remove Source files)、指定代码生成工具(Define Code Generation Tools)、设置外部文本编辑器(Setup External Text Editor)和编译建立所有文件(Build All)等操作。

(8) Debug(调试)菜单,主要包含仿真调试的启动(Start/Restart Debugging)、暂停动画(Pause Animation)、停止动画(Stop Animation),以及程序调试时的单步执行(Step Over)、单步进入(Step Into)、单步跳出(Step Out)、运行到光标处(Step To)、限时执行(Execute for Specified Time)等操作。该菜单中的(Use Remote Debug Monitor)使用远程调试监视菜单命令在与 Keil 等第三方软件进行联合调试时必须选中。

(9) Library(库)菜单,主要包含从库中选择器件和符号(Pick Device/Symbol)、制作器件(Make Device)、制作符号(Make Symbol)、分解(Decompose)、编译到库中(Compile to Library)、自动放置到库中(Autoplace Library)、封装验证(Verify Packaging)、库管理(Library Manager)等操作。

(10) Template(模板)菜单,主要包含设置设计默认值(Set Design Defaults)、设置图表颜色(Set Graph Colours)、设置图形风格(Set Graphics Styles)、设置文本风格(Set Text Styles)、设置图形文本(Set Graphics Text)、设置连线结点形状(Set Junction Dots)等操作。

(11) System(系统)菜单,主要包含设置元件清单描述(Set BOM Scripts)、设置环境(Set Environment)、设置路径(Set Paths)、设置属性定义(Set Property Definitions)、设置图纸尺寸(Set Sheet Size)、设置文字编辑器样式(Set Text Editor)、设置键盘映射(Set Keyboard Mapping)、设置动画选项(Set Animation Options)、设置仿真器选项(Set Simulator Options)等操作。

(12) Help(帮助)菜单,主要包含版权信息、设计样例(Sample Design)、打开 Proteus 帮助等操作。

8.1.4　工具栏

ISIS 主界面中主要有文件、显示、编辑、设计 4 个命令工具栏,它们都有对应的菜单命令,可以显示或隐藏。另外还有不能隐藏的模式选择、仿真按钮、方向定位 3 个工具栏,这些不能隐藏的工具栏大都没有对应的菜单命令。在使用 ISIS 进行原理图布图和仿真时,许多时候使用这些工具栏上的按钮就能满足基本的操作需要。

1．File Toolbar——文件工具栏

文件工具栏上的按钮说明如图 8-2 所示，主要包含与设计文件有关的常用操作。

2．View Toolbar——显示工具栏

显示工具栏上的按钮说明如图 8-3 所示，主要包含与显示有关的常用操作。

图 8-2　File Toolbar　　　　　　　　　图 8-3　View Toolbar

3．Edit Toolbar——编辑工具栏

编辑工具栏上的按钮说明如图 8-4 所示，主要包含与原理图编辑有关的常用操作。

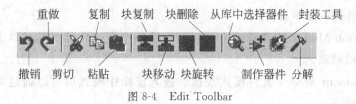

图 8-4　Edit Toolbar

4．Design Toolbar——设计工具栏

设计工具栏上的按钮说明如图 8-5 所示，主要包含与设计有关的常用操作。

图 8-5　Design Toolbar

5．Orientation Toolbar——方向定位工具栏

方向定位工具栏上的按钮说明如图 8-6 所示，主要用于所选择对象的旋转与镜像。

6．Mode Selector Toolbar——模式选择工具栏

模式选择工具栏上的按钮说明如图 8-7 所示，主要用于改变绘制原理图时的操作模式，它是使用得最多的一个工具栏，需要熟悉。

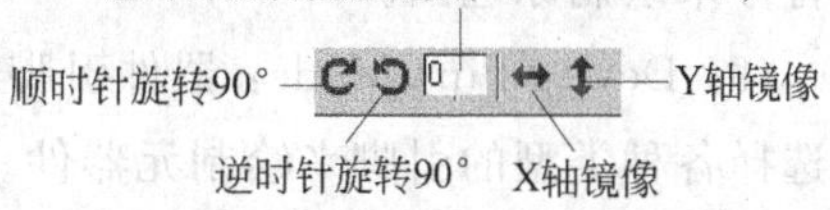

在 ISIS 中执行不同的操作，如选择器件或

逆时针旋转指定度数(90°、180°、270°)

顺时针旋转90°　　　　　　　　　Y轴镜像

逆时针旋转90°　　X轴镜像

图 8-6　Orientation Toolbar

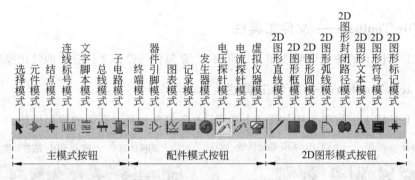

图 8-7　Mode Selector Toolbar

符号、放置器件和连线结点、绘制总线等，需选择不同的操作模式，它通过模式选择工具栏上的按钮来选择。该工具栏上的按钮可分为主模式按钮、配件模式按钮和 2D 图形模式按钮三组。主模式按钮用于原理图的绘制；配件模式按钮用于仿真时添加激励信号源、虚拟仪器、探针，以及制作器件时添加管脚；2D 图形模式按钮用于绘制 2D 图形块以及制作器件时绘制器件。当处于不同操作模式中时，ISIS 的光标样式会发生变化。下面对部分常用模式按钮作进一步解释。

（1）Selection Mode：选择模式按钮。进入该操作模式后可以通过单击操作选择原理图中要编辑的对象。

（2）Component Mode：元件模式按钮。进入该操作模式后可以通过对象选择器选择元件绘制原理图。

（3）Junction Dot Mode：结点模式按钮。进入该操作模式后可以在连线上放置结点。通过结点的交叉连线在电气上是连接在一起的。

（4）Wire Label Mode：连线标号模式按钮。进入该操作模式后可以在连线上放置标号。原理图中凡是标号一样的连线在电气上都是连接在一起的。

（5）Text Script Mode：文字描述模式按钮。进入该操作模式后可以在原理图上放置文本，用于对原理图进行说明。

（6）Buses Mode：总线模式按钮。进入该操作模式后可以在原理图上绘制总线。总线其实就是一组平行的导线，在 ISIS 的原理图中用蓝色粗线表示，在原理图中使用总线可以使布线简洁。

（7）Subcircuit Mode：子电路模式按钮。进入该操作模式后可以在原理图上放置子电路。

（8）Terminals Mode：终端模式按钮。进入该操作模式后可以通过对象选择器选择如电源 POWER、地 GROUND、输入 INPUT、输出 OUTPUT、双向输入输出 BIDIR 等终端符号来绘制原理图。

（9）Device Pins Mode：器件引脚模式按钮。进入该操作模式后可以通过对象选择器选择各种类型的引脚来绘制元器件。

（10）Graph Mode：图表模式按钮。进入该操作模式后可以通过对象选择器选择各种类型的仿真图表来实现基于图表的仿真。

（11）Generator Mode：发生器模式按钮，进入该操作模式后可以通过对象选择器选择各种类型的激励信号源，如直流电压、正弦信号、脉冲信号、音频信号等来仿真调试电路。

（12）Voltage Probe Mode：电压探针模式按钮。进入该操作模式后可以在原理图上放置电压探针，测量连线上的电压值。

（13）Current Probe Mode：电流探针模式按钮。进入该操作模式后可以在原理图上放置电流探针，测量连线上的电流值。

（14）Virtual Instruments Mode：虚拟仪器模式按钮。进入该操作模式后可以通过对象选择器选择各种虚拟仪器，如示波器、信号发生器、电压表、电流表、I²C 调试器等来调试测量电路。

8.1.5　光标样式

在 ISIS 中当鼠标指向编辑窗口中的不同对象时，其光标样式会自动发生变化，如图 8-8 所示为主要光标样式。不同的样式表明可执行不同的操作，其含义从左到右依次如下。

图 8-8　ISIS 中光标样式

（1）标准光标。用于选择模式中，当该光标出现时，指向并单击菜单、按钮等可以执行相应的操作；右击则会打开相应的快捷菜单。

（2）放置光标。当该光标出现时单击可以放置在对象选择器中选择的对象。

（3）"热"画线光标（绿色）。当该光标出现时单击可以在原理图中画线。

（4）"热"画总线光标（蓝色）。当该光标出现时单击可以在原理图中画总线。

（5）手形光标，当鼠标指向某个对象时出现该光标，此时单击可以选择该对象，对象被选中后显示为红色；双击则打开相应的编辑对话框；右击则打开相应的快捷菜单；双击右键则删除该对象。

（6）带十字的手形光标。当鼠标指向已选中的对象时出现该光标，此时利用拖动操作可以移动该对象。

（7）箭头光标。当鼠标指向已选中的一条线段时出现该光标，此时利用拖动操作可以移动该线段。

（8）带绿色方框的手形光标。当该光标出现时指向并单击对象可以为其分配属性。

一般情况下，在 ISIS 的编辑窗口中单击执行选中操作、放置对象或画线；双击则打开相应的编辑对话框；右击则打开相应的快捷菜单或取消操作；双击右键则删除对象；拖动操作可选择块；前后滚动鼠标滚轮可以缩放图纸。

8.2 绘制原理图

8.2.1 绘制原理图的基本步骤

在进行电路仿真之前首先要绘制原理图,使用 ISIS 绘制原理图的基本步骤可用图 8-9 所示。

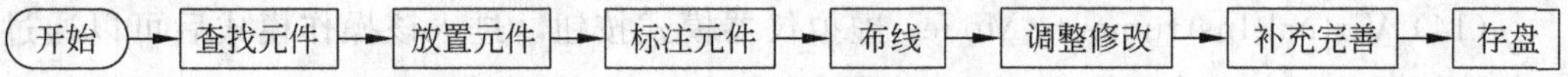

开始 → 查找元件 → 放置元件 → 标注元件 → 布线 → 调整修改 → 补充完善 → 存盘

图 8-9 在 ISIS 中绘制原理图的基本步骤

下面以一个基于 MCS-51 单片机的流水灯控制电路为例,介绍使用 ISIS 绘制原理图的基本步骤和方法,该电路所需元件如表 8-1 所示。

表 8-1 流水灯控制电路所需元件

元　件	ISIS 中的名称	元件库/子库
51 单片机	80C51	Microprocessor ICs
电阻	MINRE330R、MINRE10K	Resistor/0.6W Metal Film
LED	LED-BLUE、LED-RED	Optoelectronics
电容	CERAMIC27P、HITEMP10U50V	Capacitors
晶体振荡器	CRYSTAL	Miscellaneous
开关	SWITCH	Switches & Relays

8.2.2 查找和放置元件

启动 ISIS 新建一个空白的设计文件,然后单击模式选择工具栏上的 Component Mode 按钮选择元件模式,再单击对象选择器中的 P 命令按钮,打开 Pick Devices 选择器件对话框,如图 8-10 所示,然后在其中查找元件并将其选到对象选择器中。

在 Pick Devices 对话框中查找元件时可按元件所属类别、子类、生产厂家进行查找。也可以在 Keywords 文本框中输入要查找的元件名称或是元件值,甚至是部分的名称或值,这时 ISIS 会进行模糊查找,其结果将会显示在中间的 Results 列表框中,其中的数值 N 表示匹配的数量。然后在列表框中单击左键选择元件进行预览,如符合要求则双击左键将其加入对象选择器中,接着继续查找并加入其他元件,最后单击 OK 按钮关闭 Pick Devices 对话框。

需要说明的是,如果只是绘制原理图及仿真,则只要元件的参数符合要求即可,不用关心元件的其他性能参数和封装。Proteus 能仿真的元器件虽有几千种,但不是所有元

图 8-10　选择器件对话框

器件都能仿真,这可通过对象的编辑对话框或其他形式了解。

查找元件可在编辑过程中随时进行,在将主要元件加入对象选择器中后就可以开始放置元件了。放置元件前要先在对象选择器中单击选择元件,然后将光标移到编辑窗口中。当光标进入编辑窗口时会变为放置光标样式,这时单击会出现一个粉色的元件符号,如图 8-11 所示,它会随鼠标的移动而移动。将鼠标移动到要放置元件的位置,再单击将

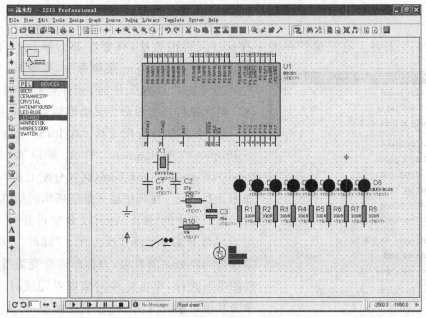

图 8-11　在编辑窗口中放置元件

其放下,如果位置不满意可以随时选中元件后拖动调整。

元件的放置方向可以在对象选择器中选择元件后通过方向定位工具栏改变,也可以在放置后右击元件,再在弹出的快捷菜单中执行相应命令调整。放置相同的元件只要选择一次就可连续放置。用鼠标指向并双击右键可以删除原理图中的元件。

8.2.3 标注元件

元件基本放置完毕后,就可以对元件进行标注。在 ISIS 中标注元件常用有 4 种方法:

(1) 使用元件编辑对话框。方法是指向并双击要标注的元件,打开 Edit Component (编辑元件)对话框,如图 8-12 所示,再在其中输入元件的标号和值等信息。借助该对话框还可控制这些信息是否显示在原理图中。

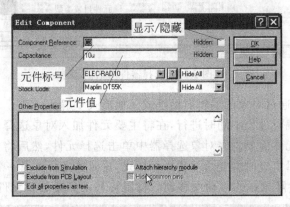

图 8-12 Edit Component 对话框

(2) 实时标注。这是最简单的一种标注元件的方法,只要在 ISIS 中执行 Tools→Real Time Annotation 菜单命令,如图 8-13 所示,则向编辑窗口放置元件时,元件会被实时自动标注。再次执行该菜单命令又会取消实时标注。

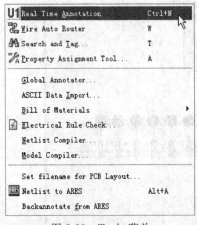

图 8-13 Tools 菜单

(3) 使用属性分配工具。在 ISIS 中执行 Tools→Property Assignment Tool 菜单命令打开 Property Assignment Tool(属性分配工具)对话框,如图 8-14 所示,在其中输入如图所示的信息后关闭对话框。其中的"R♯"表示以 R 字母开头,若要使用 C 字母开头只要将其改为"C♯"即可。这时只要鼠标指向要标注的对象,光标形式会变为带绿色方框的手形光标,单击标注对象即可完成标注,再次单击其他对象时标注序号会自动加 1。

（4）使用全局标注器。在 ISIS 中执行 Tools→Global Annotator 菜单命令打开 Annotator 标注对话框，如图 8-15 所示。在其中设定范围、方式和初始计数值后，单击 OK 按钮即可对原理图中的所有元件进行自动标注。

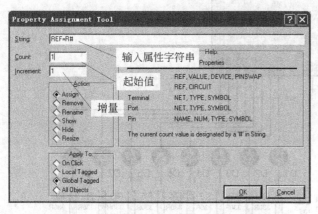

图 8-14　Property Assignment Tool 对话框

图 8-15　Annotator 对话框

元件的标注可以在仿真之前的编辑过程中随时进行，标注不正确将不能仿真。

8.2.4　布线

在元件放置之后就可以进行布线，ISIS 中布线主要有自动布线和手动布线两种方式。自动布线要执行 Tools→Wire Auto Router 菜单命令以打开该功能，再次执行则可关闭该功能以手动方式进行布线。

自动布线时，只要用鼠标指向要布线的元件引脚，光标就会变为绿色的"热"画线光标形式。此时单击设置起点，移动鼠标时就会出现一根连线，布线路径由 ISIS 自动计算，当移动到布线终点时再次单击完成布线。而在不能布线或连接的地方 ISIS 会有相应提示。

手动布线与自动布线的主要差异是布线路径由人工决定。布线时在需要转角的地方单击设置一个"锚"点以将连线固定在"锚"点，然后继续，直到终点为止。自动布线虽然方便但有时布线过于复杂，为此可将自动布线和手动布线方式结合使用。布线过程中随时可以右击取消，布线效果不好时可以指向并双击右键以删除所布的连线。

布线完成后可对原理图进一步修改完善，对不满意的局部地方可以删除后重新绘制或是选定后将其移动到期望的位置，在 ISIS 的编辑窗口中所有的对象包括元件标注符号都能移动。布线完成将设计文件保存，如图 8-16 所示是布线完成后的流水灯控制电路。在原理图绘制完成后就可借助 Proteus 的仿真功能对电路进行仿真，以验证电路功能和进行程序调试。

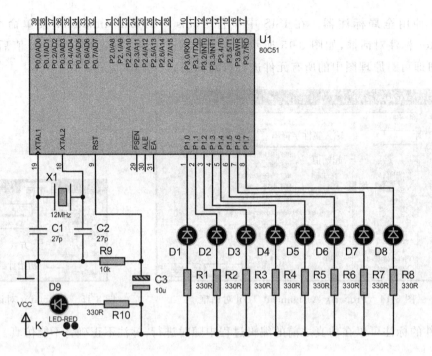

图 8-16　流水灯控制电路

8.3　Proteus 仿真和仿真工具

8.3.1　Proteus 仿真

能在电路中进行仿真是 Proteus 软件最大的特点,它不仅能对模拟、数字电路进行仿真,还能仿真处理器及其外围电路。Proteus 的仿真可分为交互式仿真和基于图表的高级仿真两种不同方式。交互式仿真方式在仿真过程中允许人工进行干预,可与仿真电路进行交互式操作,如拨动开关、改变可变电阻器的阻值,或使用各种虚拟仪器对电路进行测量等。它主要应用在需实时直观查看电路工作的情况和对电路的某些电气参数进行实时测量的实时仿真过程中。而基于图表的仿真能将电路工作过程中一些瞬间出现的细节进行放大和记录,便于对电路的工作状况做进一步的后续分析,如分析数字电路的工作时序、模拟电路中的晶体管伏安特性、滤波器的频谱特性等。图表仿真要借助 Proteus 软件提供的各种仿真图表实现。由于单片机应用电路基本上就是一个数字电路,所以本章主要介绍的是 Proteus 在基于微处理器的数字电路仿真中的基本应用。

在 Proteus 中进行交互式仿真常使用 ISIS 主界面中的仿真按钮工具栏控制仿真过程,如图 8-17 所示。该工具栏的使用非常简单,只有 4 个按钮,其功

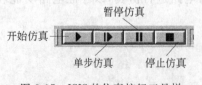

图 8-17　ISIS 的仿真按钮工具栏

能如下。

(1) Play(开始仿真)按钮,该按钮用于启动仿真。仿真过程中不能对原理图进行编辑,只有停止仿真后才行。

(2) Step(单步仿真)按钮,该按钮用于按预先设定的时间步长单步执行仿真操作。仿真过程中如果按下该按钮不放则仿真连续进行,直到松开为止。要改变时间步长,可通过执行 System→Set Animation Options 菜单命令打开 Animated Circuits Configuration 对话框后,然后修改其中的 Single Step Time 文本框中的时间数值实现,如图 8-18 所示。

(3) Pause(暂停仿真)按钮,暂时停止仿真过程,但仿真器仍占用微机内存。

(4) Stop(停止仿真)按钮,该按钮用于停止仿真,此时仿真器不占用微机内存。

在前面介绍的流水灯控制电路绘制完成后,就可以单击 Play 按钮启动对该电路的仿真。但由于其中的 MCS-51 单片机未加载任何程序,所以在微机屏幕上还不能观察到运行结果。仿真过程中,通过单击如图 8-19 所示的操作符可以闭合与释放开关 K,当开关 K 闭合时可观察到红色的 LED 发光二极管 D9 被点亮,释放后熄灭。另外在仿真运行时,可观察到一些元件引脚旁会出现红色、蓝色或灰色的矩形。其中红色矩形表示该引脚为高电平、蓝色为低电平、灰色为三态,通过它们可以直观地了解电路中逻辑电平的变化。

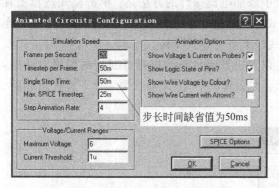

图 8-18　修改单步仿真的时间步长

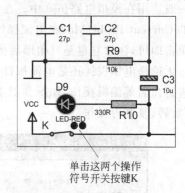

图 8-19　开关的交互式操作

在使用 Proteus 进行数字电路仿真时,光有逻辑状态的显示远远不够,为此它提供了众多的仿真工具来满足用户仿真调试时的需要。这些仿真工具大致可分为基本仿真工具、虚拟仪器和仿真图表三类。下面介绍在仿真单片机应用电路中较常用的一些仿真工具和其基本使用。

8.3.2　基本仿真工具

1. 探针

探针主要用于仿真时记录它所连接的电路网络状态,如电压或电流的大小。它既可以在交互式仿真中使用,也可以在图表仿真中使用,且使用非常简单。Proteus 中的探针主要分为电压探针和电流探针两种,如图 8-20 所示。

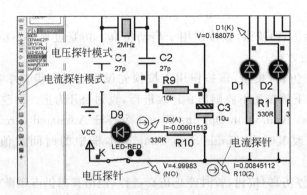

图 8-20　探针在电路中的使用

　　(1) 电压探针。用于记录测量所连接网络相对于地 GND 的电压值,它可以使用在模拟和数字电路仿真中。在电路中添加电压探针的方法是:单击模式选择工具栏上的 Voltage Probe Mode(电压探针模式)按钮,然后将光标移到要放置电压探针的连线上单击即可,注意是三角形后面的线段下方与连线相接。

　　(2) 电流探针。用于记录测量所连接网络的电流值,其边上的箭头表示电流方向。它一般使用在模拟电路仿真中。在电路中添加电流探针的方法是:单击模式选择工具栏上的 Current Probe Mode(电流探针模式)按钮,然后将光标移到要放置电流探针的连线上单击即可,注意它也是三角形后面的线段下方与连线相接。

　　无论是电压探针还是电流探针都可以双击其元件符号以打开对应的编辑对话框,对其进行命名等编辑操作,如图 8-21 所示。在原理图中,探针可以像元件一样进行删除、移动、旋转、复制等操作。

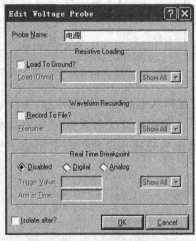

(a) Edit Voltage Probe 对话框

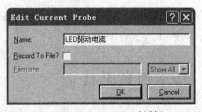

(b) Edit Current Probe 对话框

图 8-21　电压探针和电流探针的编辑对话框

2. 调试工具和简单仿真器件

除探针外,Proteus 中还有一些其他调试工具常用于数字和模拟电路调试中。这些调试工具的查找和放置操作与普通元件一样。方法是:先单击模式选择工具栏上的 Component Mode 按钮选择元件模式,再单击对象选择器中的 P 命令按钮,打开 Pick Devices 选择器件对话框,如图 8-22 所示。在其中的 Category 列表框中选择 Debugging Tools 库,这时在中间的 Results 列表框中会列出这些调试工具,选择需要的调试工具双击将其加入对象选择器中,之后关闭 Pick Devices 对话框。这样在编辑窗口中的原理图上就可像使用普通元件一样使用它们。

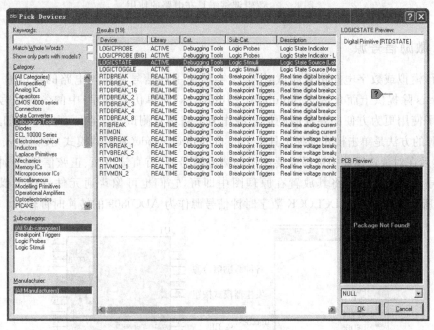

图 8-22　调试工具的选择

这些调试工具主要有逻辑指示器、逻辑信号源、各种实时断点触发器等。如在数字电路调试中逻辑指示器 LOGICPROBE 可用来查看电路的逻辑输出状态,逻辑信号源 LOGICSTATE 则可用于输入逻辑电平,如图 8-23 所示。使用逻辑信号源输入逻辑电平的操作很简单,只要直接单击其符号或边上的操作符就可在逻辑 0 或 1 之间来回改变。

在 Proteus 的元件库中还有一个 Simulator Primitives(简单仿真器库),其中包含有常用的一些仿真器件,主要有 D 触发器、JK 触发器、基本逻辑门电路、电池、各种信号源等。设计过程中在还不能确定具体元件型号时可用这些器件替代,待仿真通过后再换成具体元件。这些仿真器件可以像普通元件一样操作,其中的信号源可用作电路的信号输入,像单片机电路或数字电路的时钟信号、脉冲信号输入等。

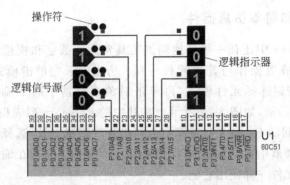

图 8-23 逻辑调试工具在电路的使用

3. 激励信号源

进行模拟或数字电路仿真测试时,经常会使用一些信号源作为电路的测试输入。为此 Proteus 除提供上面介绍的 Simulator Primitives(简单仿真器库)中的各种信号源外,还提供了使用更为方便的各种激励信号源作为电路仿真测试用。在原理图中添加这些激励信号源的方法是单击模式选择工具栏上的 Generator Mode(发生器模式)按钮进入发生器模式,然后在对象选择器中选择需要使用的激励信号源,有直流电压、正弦信号、脉冲信号、音频信号等。选择好后将其放置在原理图中即可,它们也可像普通元件一样的操作,如图 8-24 所示为选择一个 DCLOCK 数字时钟信号源作为 ADC0809 的转换时钟输入。

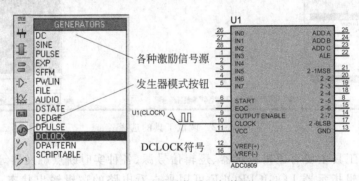

图 8-24 激励信号源与使用

使用这些激励信号源时,通常需要对其进行一些设置,可通过双击其元件符号打开相应的属性对话框完成,如图 8-25 所示为正弦信号发生器的属性对话框。对话框中的 Generator Name 文本框用于设置信号源名称,Analogue Types 选项区域用于选择模拟信号源类型,Digital Types 选项区域用于选择数字信号源类型。依所选信号源的类型不同,在右边显示的设置内容会有差异。图中所示设置的正弦信号幅值为 5V,频率为 100kHz。除普通模拟和数字信号外,在激励信号属性对话框中还可选则和设置其他一些较为复杂的信号类型,如指数脉冲、单频调频波、分段线性信号等,甚至可从文件中直接读取信号数据或 wav 格式的音频文件。

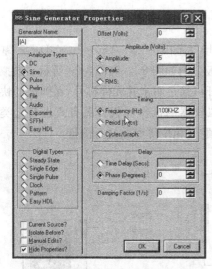

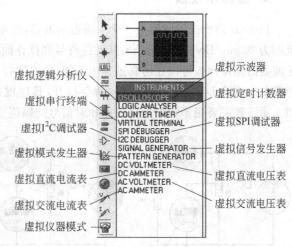

图 8-25 激励信号源的属性对话框   图 8-26 虚拟仪器的选择

8.3.3 虚拟仪器

上面介绍的基本仿真工具只能进行一些简单的电气测试,有时需要对其他电路参数进行测量和调试,例如逻辑信号时序、信号波形、信号幅值、信号周期、串行收发的数据等,以便对电路的工作状况作详细分析。为此 Proteus 专门提供了各种虚拟仪器以满足这些需要,它们的操作与传统仪器非常相似,对于使用过类似传统仪器的用户来说非常容易掌握。

这些虚拟仪器主要使用在交互式仿真中,使用前需将它们放置在原理图上,并进行必要连线。方法是在模式选择工具栏上单击 Virtual Instruments Mode(虚拟仪器模式)按钮,进入虚拟仪器模式,然后在对象选择器中选择所需要的虚拟仪器,此时预览窗口中会显示出所选虚拟仪器的元件符号,如图 8-26 所示。然后像放置普通元件一样将其放置在原理图上,接着按要求进行必要连线,最后运行仿真,在仿真过程中即可使用它们对电路进行各种测量和调试。在原理图中这些虚拟仪器可以像普通元件一样进行复制、删除、移动等操作。

1. 虚拟电压表和电流表

虚拟电压表分为直流电压和交流电压两种,分别用于相应电压类型的测量。电压表显示的单位可以通过其编辑对话框设置为 V、mV、μV 三种,与普通万用表一样在电路中需并联使用。虚拟电流表分为直流电流和交流电流两种,分别用于相应电流类型的测量。电流表显示的单位可以通过其编辑对话框设置为 A、mA、μA 三种,与普通万用表一样在电路中需串联使用。如图 8-27 所示为虚拟电压表和电流表的基本使用方法。

2. 虚拟示波器

Proteus 的虚拟示波器是一个 4 通道示波器,通道增益范围为 20V/Div～2mV/Div,时基范围为 200ms/Div～0.5μs/Div,其元件符号和操作面板分别如图 8-28 和图 8-29 所示。虚拟示波器的操作面板可以在仿真过程中关闭,要再次打开可通过右击其元件符号,在弹出的快捷菜单中执行 Digital Oscilloscope 命令打开,其他虚拟仪器的操作面板开关方式也与之类似。示波器主要用于观测信号波形和对信号的幅值、频率、相位等参数进行测量。

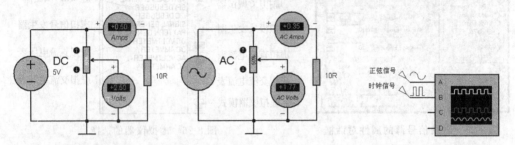

图 8-27　虚拟电压表和电流表　　　　　　　图 8-28　虚拟示波器元件符号

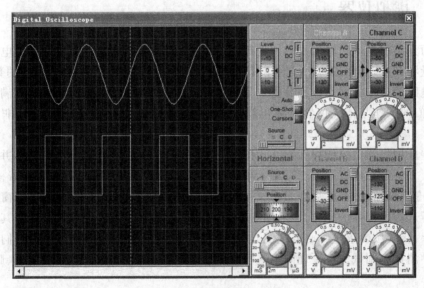

图 8-29　虚拟示波器操作面板

3. 虚拟信号发生器

Proteus 的虚拟信号发生器可以输出方波、正弦波、三角波、锯齿波等基本信号波形,输出频率范围 0～12MHz 被分为 8 个波段,输出幅值范围 0～12V 被分为 4 个波段。虚拟信号发生器的元件符号和操作面板分别如图 8-30 和图 8-31 所示。虚拟信号发生器与激励信号源一样都为电路提供测试用的输

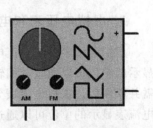

图 8-30　虚拟信号发生器
元件符号

入信号,但它在仿真过程中通过操作面板可以随时改变输出信号的频率、幅值、波形等参数,而激励信号源只有在停止仿真后才能改变。

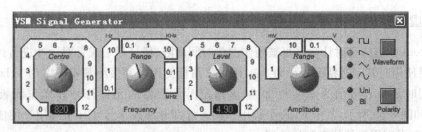

图 8-31　虚拟信号发生器操作面板

4. 虚拟逻辑分析仪

Proteus 的虚拟逻辑分析仪能对数字电路的逻辑状态进行记录和显示,便于对数字电路的工作时序进行分析。它提供了 16 路 1 位(A0～A15)的跟踪输入和 4 路 8 位(B0[0…7]～B3[0…7])的总线跟踪输入,其信号采样周期可在 200μs 到 0.5ns 之间选择。虚拟逻辑分析仪的元件符号和操作面板分别如图 8-32 和图 8-33 所示。在数字电路仿真测试过程中,虽然使用示波器也能观察电路的逻辑状态和工作时序,但如果要观察的逻辑信号较多(特别是总线)

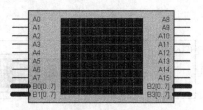

图 8-32　虚拟逻辑分析仪元件符号

或是信号间的周期差异较大或是无特定周期规律或是只在某个特定时间内有效的信号时,

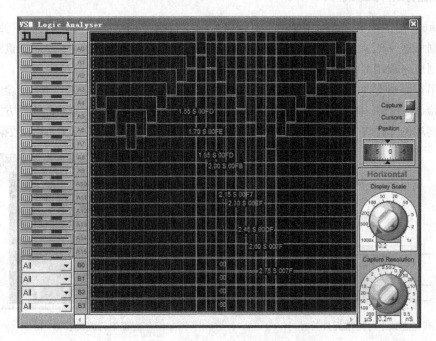

图 8-33　虚拟逻辑分析仪操作面板

示波器就无能为力。此外虚拟逻辑分析仪还提供了游标(Cursors)这个非常有用的小工具,借助游标用户可以较精确的测量各种时序信号变化的时刻。

5. 虚拟定时计数器

Proteus 的虚拟定时计数器可被用作测量时间间隔、信号频率或是对脉冲进行计数。当作定时器使用时其定时精度最小为 $1\mu s$,作频率测量使用时其最小测量频率为 1Hz,作脉冲计数使用时最大计数值为 99 999 999。虚拟定时计数器的元件符号和操作面板分别如图 8-34 和图 8-35 所示,其中 CLK 引脚用于输入外部脉冲或信号,CE 引脚用于使能定时计数器,RST 引脚用于复位定时计数器。

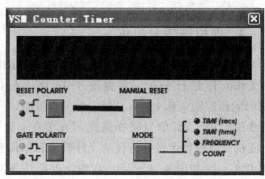

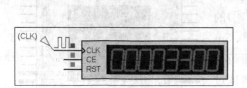

图 8-34　虚拟定时计数器元件符号　　　　图 8-35　虚拟定时计数器操作面板

6. 虚拟串行终端

Proteus 的虚拟串行终端主要用于对电路中的串口进行调试。调试时虚拟串行终端接收的数据可选 ASCII 字符或十六进制数的形式显示,而通过在终端窗口中按下微机键盘上的按键则可向被调试串口发送对应 ASCII 字符,并可选择是否在终端窗口中回显。Proteus 的虚拟串行终端支持的波特率范围是 300~57.6Kbps,数据可以选择 7 或 8 位,校验方式可选无检验、奇校验、偶检验,停止位可选 1 位或 2 位,握手可选 XON/XOFF 软件方式。虚拟串行终端的元件符号和终端窗口分别如图 8-36 和图 8-37 所示,其中 RXD 表示数据接收、

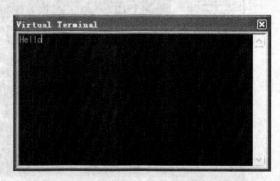

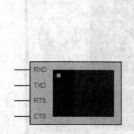

图 8-36　虚拟串行终端元件符号　　　　图 8-37　虚拟串行终端窗口

TXD表示数据发送、RTS 表示请求发送、CTS 表示清除发送。要对虚拟串行终端进行配置，可通过在原理图中双击其元件符号，再在打开的 Edit Component(编辑元件)对话框中进行，如图 8-38 所示。

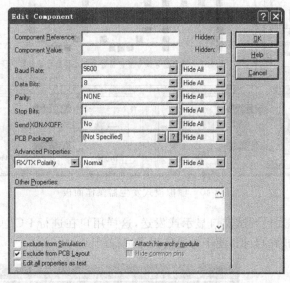

图 8-38　虚拟串行终端编辑对话框

7. 虚拟模式发生器

Proteus 的虚拟模式发生器是与模拟的信号发生器类似的调试工具，但其输出的逻辑信号不一定是周期性或有规律的，而是由用户自行设置，主要使用在数字电路的仿真调试中。使用模式发生器前，需要对输出的逻辑信号以数据序列的形式进行设定，使用过程中模式发生器会在内部或外部时钟的触发下将这些设定的逻辑信号逐一输出，从而达到调试其他电路的目的。例如在作数码点阵显示仿真调试时，可将显示字符的点阵数据设置在模式发生器中，仿真时在内部或外部时钟的触发下，模式发生器会将这些字符点阵数据逐一输出给外部的动态显示扫描电路，这样就可实现对动态显示扫描电路进行调试的目的。Proteus 的虚拟模式发生器提供了从 8 位到 1K 字节的数据序列存储能力，其元件符号和操作面板分别如图 8-39 和图 8-40 所示，元件符号中

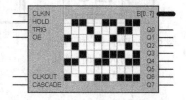

图 8-39　虚拟模式发生器元件符号

的 Q7～Q0 表示位形式的输出，而 B[0..7]则表示总线形式输出，其他的为控制或时钟信号的输入。

8. 虚拟 I²C 和虚拟 SPI 调试器

Proteus 的虚拟 I²C 和虚拟 SPI 调试器主要用于调试 I²C 和 SPI 总线通信，二者除元件符号有一定区别外，调试窗口基本一样，它们的元件符号和调试窗口分别如图 8-41 和图 8-42 所示。以 I²C 总线通信为例，虚拟 I²C 调试器既可作为主器件，又可作为从器件使

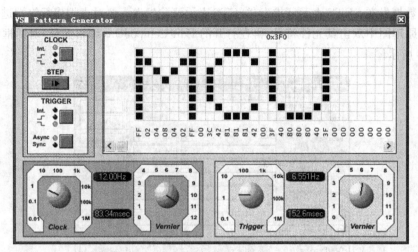

图 8-40　虚拟模式发生器操作面板

用。其收发的数据可通过调试窗口显示或发送,这样用户在进行 I^2C 总线通信调试时能直观地了解到总线上传输的数据,便于对通信程序进行调试。

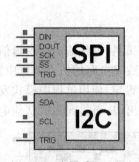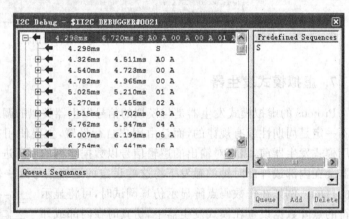

图 8-41　虚拟 I^2C 和 SPI
　　　　调试器元件符号

图 8-42　虚拟 I^2C 和 SPI 调试器窗口

8.3.4　仿真图表

　　交互式仿真可以直观地查看电路实时运行的情况,仿真过程中可以进行人工干预,像改变可变电阻的阻值、开关按键、使用虚拟信号发生器改变信号源,或以单步、暂停等方式进行仿真等。但这种方式不便于观察电路工作瞬间的一些细节,无法跟踪记录这些细节以用于后续分析。如 I^2C 总线通信时的工作时序、单片机访问外部存储器时的操作时序等,使用交互式的实时仿真方式就很难观察,为解决这些问题 Proteus 提供了另外一种仿真方式——图表仿真。图表仿真方式与交互式仿真方式最显著的不同的是在仿真过程中不能进行人工干预,仿真过程由软件全程自动模拟完成,在此过程中它会将用户设置的观察信号跟踪记录下来，以供仿真完成后作进一步结果分析。图表仿真弥补了交互式仿真的不足，可作为交互式仿真的补充。图表仿真功能主要依靠 Proteus 提供的仿真图表实现，这些仿真图表有模拟图表、数字图表、混合图表、频率图表等 13 种类型。下面以数字图表为例，介绍通过它观察和分析第 7 章例 7-14 中的 I²C 总线通信工作时序的基本用法。

使用图表仿真功能前需先在电路中画上仿真图表，并为仿真图表添加要跟踪的信号。方法是在模式选择工具栏上单击 Graph Mode(图表模式)按钮进入图表模式，然后在对象选择器中单击选择所需要的仿真图表，这里选择的是 DIGITAL（数字图表），再在原理图上空白的位置拖动画出一个大小合适的图表框，如图 8-43 所示。

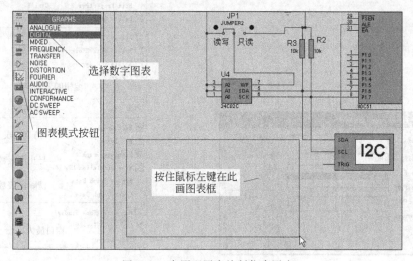

图 8-43 在原理图中绘制仿真图表

松开鼠标左键后会出现一个 DIGITAL ANALYSIS(数字分析图表)。接着单击模式选择工具栏上的 Voltage Probe Mode 按钮进入电压探针模式，并在 SDA 和 SCL 连线上放置两个电压探针作为数字分析图表的跟踪输入。然后将这两个电压探针拖动到数字分析图表中，这时数字分析图表中会出现两个要跟踪的信号"(SDA)"和"(SCL)"，如图 8-44 所示。此

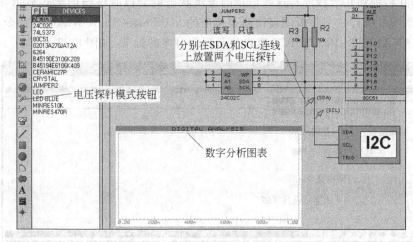

图 8-44 在原理图中添加电压探针

外,跟踪信号的添加也可以右击原理图中的数字分析图表,再在弹出的快捷菜单中执行 Add Traces 命令打开 Add Transient Trace 对话框,在其 Probe P1 下拉列表框中选择要跟踪的信号,如图 8-45 所示。

上述操作完成后,在启动图表仿真之前还得为电路中的 80C51 单片机加载执行程序(编译后生成的.HEX 文件,有关加载的方法请参见下节)。加载之后就可以启动图表仿真,方法是右击数字分析图表,在弹出的快捷菜单中执行 Simulate Graph 命令即可,如图 8-46 所示。

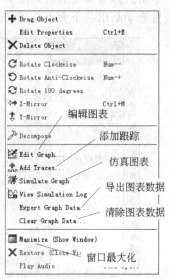

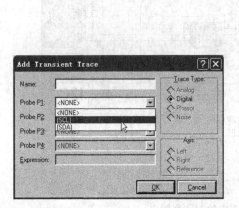

图 8-45　Add Transient Trace 对话框　　　　图 8-46　数字图表的快捷菜单

需要注意的是,启动图表仿真不能使用 ISIS 的仿真按钮工具栏,该工具栏只能用于交互式仿真。启动图表仿真后 Proteus 会自动模拟整个系统的工作运行,在此过程中它会跟踪记录在 I^2C 总线通信时 SDA 数据线和 SCL 时钟线上的逻辑状态。当软件仿真完毕(一般需几秒钟到几十秒钟),这些记录的逻辑状态就会以时序图的形式显示在数字分析图表中。通过执行数字分析图表快捷菜单中的 Maximize(Show Window)命令,可打开 DIGTAL ANALYSIS-PROSPICE 窗口显示通信时序的细节,如图 8-47 所示。

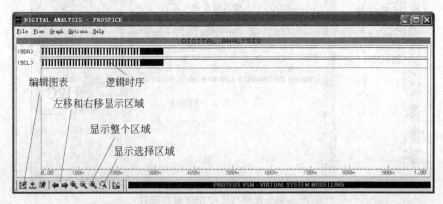

图 8-47　DIGTAL ANALYSIS-PROSPICE 窗口

图表仿真的默认电路工作时间为 1 秒钟,要修改仿真时间可通过其快捷菜单中的 Edit Graph 命令,或 DIGTAL ANALYSIS-PROSPICE 窗口中的相应按钮打开 Edit Transient Graph 对话框,然后在其中进行设置,如图 8-48 所示。

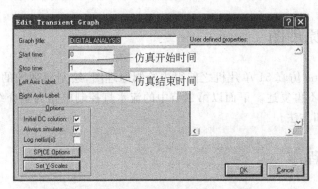

图 8-48　Edit Transient Graph 对话框

要分析 I²C 总线上传输的数据,可在图表仿真后再进行交互式仿真。在交互式仿真中通过使用虚拟 I²C 调试器窗口可观察到 I²C 总线上传输的数据,如图 8-49 所示为 I²C 总线上传输的数据与通信时序的对照关系。

图 8-49　I²C 总线上传输的数据与通信时序的对照关系

8.4 在 Proteus 中仿真 51 单片机的基本步骤

8.4.1 绘制原理图

在使用 Proteus 仿真 51 单片机之前得先绘制原理图,绘制原理图的具体方法请参见本章第二节,在此不再复述。下面以第二节中的流水灯控制电路为例介绍进行 51 单片机仿真的基本步骤和方法。

8.4.2 编辑程序

原理图绘制完静态检查无错误之后就可以开始编写单片机程序。Proteus 为用户提供了一个集成开发环境,在不用转换软件环境的情况下就能完成系统软硬件的开发和调试。但其集成开发环境只支持汇编语言,若要使用其他语言则需要借助像 Keil 等第三方软件。下面先介绍在 Proteus 中编写和编译单片机程序的基本方法。

在 Proteus 的 ISIS 主界面中执行菜单命令 Source→Add/Remove Source files 打开 Add/Remove Source Code Files(添加/删除源代码文件)对话框,如图 8-50 所示。在其中的 Code Generation Tool 下拉列表框中选择 ASEM51 选项,然后单击命令按钮 New 新建一个名为"流水灯. ASM"的文件,最后单击 OK 按钮回到 ISIS 主界面。当再次打开 Source 菜单时,其中会出现一个名为"1. 流水灯. ASM"的菜单命令,执行该命令后会弹出一个 Source Editor 文本编辑器窗口,在其中可用汇编语言编辑程序,如图 8-51 所示。下面给出流水灯的汇编源程序代码。

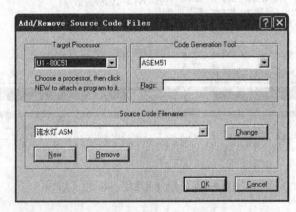

图 8-50   Add/Remove Source Code Files 对话框

```
;*******************************
;流水灯控制程序                  *
;将 P1 口外接 LED,像钟摆一样来回点亮  *
;*******************************
        LED   EQU   P1              ;定义 LED 表示 P1 口
```

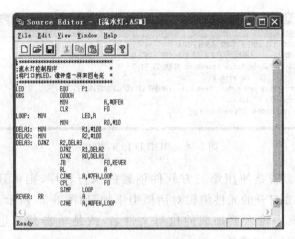

图 8-51　源程序编辑器

```
ORG     0000H
        MOV     A,#0FEH                 ;设置显示数据最低位为 0
        CLR     F0                      ;F0 作方向标志：0 从低到高,1 从高到低
LOOP:   MOV     LED, A                  ;输出显示数据
        MOV     R0, #5
DELA1:  MOV     R1, #100
DELA2:  MOV     R2, #100
DELA3:  DJNZ    R2, DELA3
        DJNZ    R1, DELA2
        DJNZ    R0, DELA1               ;软件延时
        JB      F0, REVER               ;方向标志为 1 则转移到标号 REVER 处
        RL      A                       ;显示数据左移
        CJNE    A, #7FH, LOOP           ;已移到最高位则将方向标志求反,否则继续
        CPL     F0
        SJMP    LOOP
REVER:  RR      A                       ;显示数据右移
        CJNE    A, #0FEH, LOOP          ;已移到最低位则将方向标志求反,否则继续
        CPL     F0
        SJMP    LOOP
        END
```

8.4.3　编译及加载程序

　　编辑好源程序后将其保存,接着执行菜单命令 Source→Build All 编译源程序创建应用。创建完成后 Proteus 会弹出 BUILD LOG 创建日志窗口显示相关信息,如图 8-52 所示。

　　如果程序有错误,错误信息会显示在该窗口中,按提示返回 Source Editor 窗口中修改,直至编译通过。Proteus 创建完成后会自动加载生成的单片机执行程序(.HEX 程序)

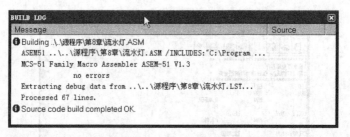

图 8-52　BUILD LOG 窗口

到 80C51 单片机中。若是使用第三方软件创建的执行程序，则可通过双击原理图中 80C51 元件符号，再在打开的元件编辑对话框中添加，如图 8-53 所示。在该对话框中的 Program File 文本框中输入要加载的执行文件名，或是单击其右边的浏览按钮打开 Select File Name 窗口从中选择。

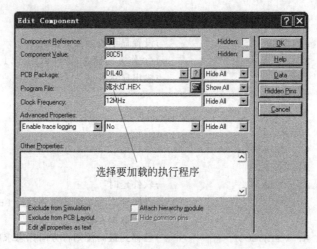

图 8-53　80C51 的编辑元件对话框

8.4.4　系统仿真调试

　　执行程序加载到单片机后就可以开始仿真调试。与 Keil 不同，Proteus 不仅能对系统的软件进行仿真调试，还能对硬件进行仿真调试。这样用户不用更换软件环境，在一个软件中就能完成对整个系统软硬件的仿真调试。在 Proteus 中要调试系统硬件可使用前面介绍的各种仿真工具和虚拟仪器，调试软件则主要使用 ISIS 主界面中的 Debug 菜单，其中主要命令的含义如图 8-54 所示，它提供的调试手段与其他集成开发环境基本一样。

　　调试时需先执行 Debug 菜单中的 Start/Restart Debugging 命令启动调试。为便于程序调试，可先执行 Debug 菜单中的 8051 CPU Source Code 命令打开 8051 CPU Source Code 窗口，在该窗口中会显示出被调试的源程序，在其右上角有几个命令按钮可实现全速运行、单步执行、断点、运行到光标处等常用程序调试手段。要监视程序执行时单片机内部寄存器和存储单元的变化情况，可打开 CPU 寄存器、内部存储器、特殊功能寄存器、

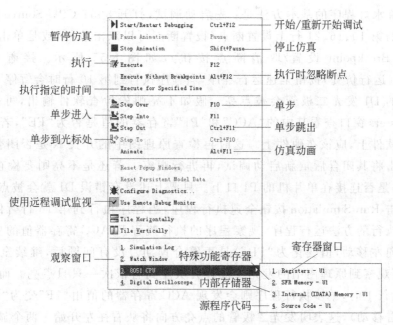

图 8-54 Keil 的 Debug(调试)菜单

观察等调试窗口,如图 8-55 所示。这些调试窗口是通过 Debug 菜单中的相应命令打开的,每个调试窗口都有各自的快捷菜单,可实现诸如复制窗口显示信息、改变窗口信息显示格式、改变字体和颜色、增加/删除观察项等操作。

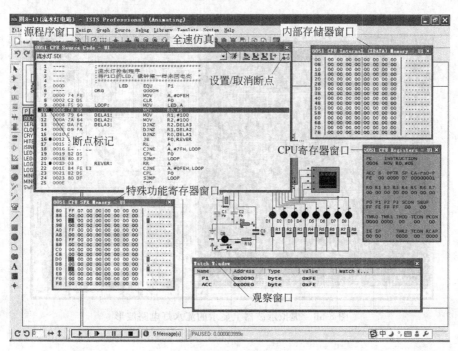

图 8-55 源程序和主要调试窗口

调试流水灯程序的基本方法是：先启动调试，打开 8051 CPU Source Code 窗口并在其中的第 10、16、21 行上设置断点（设置断点可以双击该行，或是单击选中后使用 Toggle Breakpoint 设置/取消断点按钮），如图 8-55 所示。接着单击 Run Simulation（运行仿真）按钮全速运行程序，当程序执行到第 10 行时会暂停下来，这时原理图中的 D1 发光二极管会被点亮。假如不亮则先检查软件输出，可打开 8051 CPU Registers 窗口查看其中的"ACC"和"P1"寄存器的值是否为"FE"，若是则证明问题不在软件上，应该在硬件上。这时再检查原理图中的开关 K 是否闭合，若没有闭合则单击将其闭合后重新启动调试，再进行观察。若还是不亮则要检查 D1 是否接反，或其是否连接在单片机的 P1 口上。只要上述没有错误 D1 就会被点亮。接下来继续单击 Run Simulation 按钮全速执行程序，当程序执行到第 16 行暂停下来时，采用单步执行的方法运行程序，观察程序的执行流程及 ACC 寄存器值的变化（其最低位的 0 向左移动，值变化为"FD"）是否符合预期。没有问题后，继续全速运行程序，这时可观察到原理图中的发光二极管会从左到右依次一只只点亮。而当程序暂停在第 21 行上时，单步执行程序则会发现 ACC 寄存器的值由"7F"变为"BF"（最低位的 0 向右移动），这表明发光二极管的点亮方向将从右往左开始。两个显示方向都没问题后，取消程序中的所有断点全速执行程序，最后可观察到原理图中的 8 只发光二极管会像钟摆一样来回点亮。

要对电路中的电气参数、逻辑时序等进行测量可以使用 Proteus 提供的虚拟仪器和仿真工具，如图 8-56 所示为通过虚拟示波器观察到的 P1 口高 4 位引脚的输出波形。

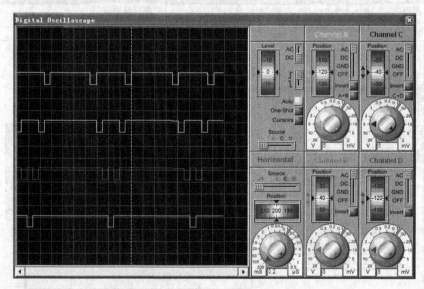

图 8-56　虚拟示波器上显示的流水灯电路波形

8.5 Proteus 与 Keil 联合调试

8.5.1 仿真平台搭建

在 Proteus 中可以使用汇编语言开发单片机程序,但对习惯使用 C51 语言的用户来说很不方便。集成开发环境 Keil 可以作为 Proteus 的第三方编译和调试器使用,这样用户就可以借助 Keil 功能完善的调试手段对运行在 Proteus VSM 中的虚拟硬件上的 C51 程序进行调试。即使是在没有任何物理硬件的情况下,通过 Keil 与 Proteus 这两个软件,也能很方便地在微机上搭建实验平台对单片机系统进行仿真,如图 8-57 所示。该平台能实现在电路中仿真 ICE(In Circuit Emulator)和在电路中调试 ICD(In Circuit Debugger)的功能。

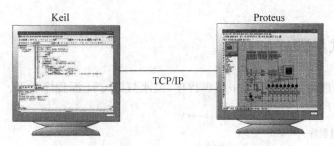

图 8-57　Keil 与 Proteus 搭建的仿真平台示意

由于 Keil 与 Proteus 通信使用的是 TCP/IP 协议,因此允许用户既可将 Keil 和 Proteus 安装在局域网中不同的机器上,也可以安装在同一台机器上。要注意的是,要实现 Keil 与 Proteus 之间的通信,需在 Keil 中安装一个插件,该插件的安装程序名为 vdmagdi.exe,可从 Proteus 官方网站上免费下载。安装时根据其提示一步一步进行操作即可,该插件必须安装在 Keil 的安装文件夹中。

插件安装完成后,还需要在 Keil 和 Proteus 软件中做一些简单设置二者才能建立通信。Keil 端设置的方法是启动 Keil 后,执行菜单命令 Project→Options for Target 打开 Options for Target 对话框,然后单击对话框中的 Debug 标签打开 Debug 选项卡,再选中选项卡右边的 Use 单选按钮,并在其右边下拉列表框中选择 Proteus VSM Simulator 选项(若在列表框中没有该选项则表明 vdmagdi 插件没有安装,或安装路径不正确)。接着单击右边的 Settings 命令按钮打开 VDM51 Target Setup 对话框,如图 8-58 所示。如果 Keil 与 Proteus 都安装在同一台机器上,则其中的 Host 文本框填本地回环地址 127.0.0.1,如果 Proteus 安装在另一台机器上,则 Host 文本框填相应的 IP 地址,而通信默认的端口一般都是 8000,设置完成关闭所有对话框。

Proteus 端设置相对简单,只要将其 Debug 菜单中的 Use Remote Debug Monitor 菜单项选中和将单片机设置为不加载任何执行程序即可。

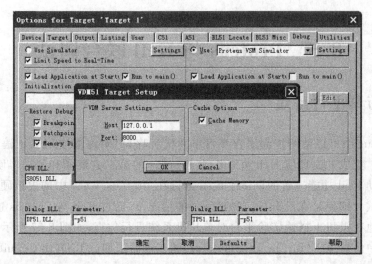

图 8-58 Keil 端的设置示意

8.5.2 调试步骤

画好仿真原理图后,在 Keil 中编辑程序,流水灯的 C51 源程序如下。

```c
//****************************************
//流水灯控制程序                          *
//将 P1 口外接 LED,像钟摆一样来回点亮 *
//****************************************
#include"reg51.h"
#define LED P1
void main()
{   unsigned int i;
    unsigned char LEDOut;
    bit Shift=0;                                    //定义移位标志,为 0 左移,为 1 右移
    LEDOut=0x01;                                    //显示数据中的相应位为 1 表示点亮
    while(1)
    {   LED=~LEDOut;                                //输出显示
        for(i=0;i<20000;i++);                       //软件延时
        if(!Shift)LEDOut<<=1;                       //移位标志为 0 显示数据左移
        else LEDOut>>=1;                            //否则右移
        if(LEDOut==0x80||LEDOut==0x1)Shift^=1;      //当到左右边界时,修改移位方向
    }
}
```

程序编辑好后接着将其编译,编译通过后执行 Keil 中的菜单命令 Debug→Start/Stop Debug Session 启动并进入 Keil 的调试模式。实际上上述过程对于 Keil 来说与使用外部物理硬件仿真器进行在线仿真是一样的。需注意在 Keil 启动调试之前要先运行 Proteus 并打开仿真原理图,Keil 启动调试后,Proteus 会自动进入仿真状态,这时即可借

助 Keil 提供的各种程序调试手段对运行在 Proteus 虚拟硬件电路中的程序进行调试。

例如先在程序中"for(i＝0;i＜20000;i＋＋);"语句处设置一个断点,然后全速运行程序,当程序运行到该断点处时会暂停下来,如图 8-59 所示,这时可观察到 Proteus 窗口中的发光二极管 D1 会被点亮。继续全速运行程序当第二次在断点处暂停时,可观察到 D1 熄灭而 D2 点亮。不断全速运行程序,Proteus 窗口中的发光二极管会从左到右依次点亮,当最右边的 D8 点亮后发光二极管点亮方向会改为从右到左。一轮显示完毕没有问题后,可取消程序中的断点,让程序全速运行,这时 Proteus 窗口中的发光二极管就会像钟摆一样来回点亮。要改变流水灯电路显示的花样,可通过修改程序中输出给 P1 口的数据和控制软件延时时间长短共同实现。

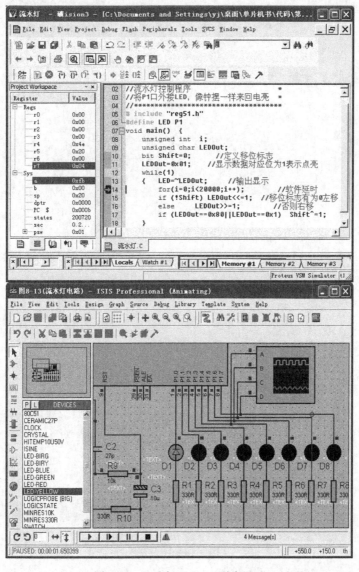

图 8-59　Keil 与 Proteus 联合调试

习　题

8-1　在单片机应用开发中，Proteus 软件有何主要用途？

8-2　如何在 Proteus 的 ISIS 中绘制原理图？

8-3　Proteus 的仿真主要有哪两种方式，各有何特点？

8-4　Proteus 的仿真工具主要有哪些？

8-5　Proteus 和 Keil 联合仿真调试需要进行哪些设置？

第**9**章

单片机应用实例仿真

借助 Keil 和 Proteus 两个软件,用户可以很方便地在自己的微机上搭建一个单片机仿真实验平台。在进行单片机应用开发时,可先借助该平台对系统的软硬件进行各种仿真调试,待仿真调试基本通过后再进行物理硬件的制作和调试。这样不仅减少了对设备器材的损耗,而且缩短了开发周期,提高了开发效率。本章以几个典型应用为例介绍开发过程中的一般步骤和仿真方法。这些实例虽然不复杂,但它们却涉及 MCS-51 单片机所有资源的应用,能熟练地使用这些资源才能充分发挥单片机在控制方面的特长。

本章主要内容如下。

(1) 具有闹铃功能的电子时钟实例仿真;

(2) 电子温度计实例仿真;

(3) 分布式环境温度监测实例仿真。

9.1 具有闹钟功能的电子时钟

9.1.1 实例分析

1. 结构框图

作为一个电子时钟最基本的功能是要能以较高的精度进行计时和显示,同时还要能对时间进行调整,而闹钟则是在时钟的基础上增加了一个定时的功能。用 51 单片机实现电子时钟可以有多种方案,其结构框图都较相似,如图 9-1 所示,除 51 单片机外就是一个显示电路和一组按键,实质上就是一个包含了基本输入和输出人机交互接口的单片机典型应用。

2. 计时的实现

MCS-51 单片机内部有两个定时/计数器,利用其定时功能可实现电子时钟的计时。要想获得较高的计时精度,需要将其设置工作在具有 8 位自动重装功能的方式 2 中，以避免因在其他工作方式中软件重装计数值时所耽误的时间。当设定的定时时间到后，需采用中断的方式来处理，这样才能保证处理器在很短的时间内对其响应。此外如果系统中存在两个以上的中断源的话，则应将用于计时功能的定时/计数器设置为高优先级，这样它就不会受到其他中断源的影响。当外部振荡时钟选 11.0592MHz 时，MCS-51 单片机定时/计数器的工作方式 2 只能实现最大 1/3600s 的定时时间（此时的计数初值为 00H），要想得到电子时钟所用的 1s 计时时间，需在定时器的中断函数中对中断的次数进行计数。这样只要计数值比之前增加了 3600，就意味着时间刚好过去 1s。有了秒计时后，要实现分计时和时计时就变得很简单。

要特别注意的是，用于计时的定时/计数器，其相邻两次定时中断之间的时间间隔只有 $1/3600s \approx 277.8\mu s$，这就要求处理计时的定时中断函数不能太过于复杂，它的最大执行时间必须控制在 $277.8\mu s$ 内。否则上次定时中断还未处理完，新的定时中断又到来，这样就会丢失对新定时中断的计数，造成计时时间比实际要慢。

3. 时间显示的实现

为充分利用单片机的内部资源减少外围元件的使用，时间显示部分采用 6 位 LED 数码管动态显示的方式。动态显示方式所需的外围元件和占用的单片机资源都较少，但关键是要能在设定的刷新周期内对所有数码管刷新点亮一遍，且刷新频率不能小于 20Hz，否则显示会闪烁。实例中取刷新频率为 60Hz，即在 1/60 秒钟内要将所有 6 只数码管全都顺序点亮一遍，这样平均到每只数码管的点亮时间为 1/360s。与秒计时一样，要想获得这个 1/360s 的定时时间可以通过单片机的定时/计数器来完成。鉴于 MCS-51 单片机内部有两个定时/计数器，因此可将一个用作时钟的计时，而另一个用作动态显示的刷新控制，且用作时钟计时的被设为高中断优先级。

要让时间能及时显示，同时又不妨碍其他程序的执行，可采用显示缓冲的方法，如图 9-2 所示。其做法是先在数据存储器中设定一块区域作为显示缓冲区，当程序中有数据要显示时则将显示数据存放到缓冲区中，而不直接操作硬件。每当动态显示的刷新定时中断发生时，其中断函数会将显示缓冲区中的一个数据输出显示，下次中断则继续输出显示下一个，直到将缓冲区中的数据全部输出显示完后又从头开始。这样程序对显示的操作就比较规范统一，结构清晰，处理简单，易于移植。

图 9-2　显示缓冲过程示意

4. 时间调整的实现

能对时间进行调整是时钟必不可少的功能之一，在调整时间时需要有明确的操作指示。调时一般通过按键来完成，通常无须太多按键，实例中只设置了 3 个按键用于调时操作，功能如下。

（1）SET 键，用于选择要调整时间的类型。第 1 次按下调整计时时间，第 2 次按下调整闹钟时间,第 3 次按下则恢复正常计时显示。

(2) SHIFT 键,调时过程中按下用于选择要调整的时间位,调时过程外按下用于显示/关闭闹钟时间。

(3) UP 键,调时过程中按下则以递增方式修改所选择的时间位,调时过程外按下用于开关闹钟功能。

由于只有 3 个按键,所以采用连线简单的独立式按键结构。又因对检测按键操作的实时性要求不高,所以程序中采用查询的方式来判断按键操作。

5. 闹钟功能的实现

实现了时钟的基本功能后,要实现闹钟功能就比较简单。闹钟功能无非就是预先设定一个闹钟时间,在每次计时后都和这个设定的闹钟时间进行比较,如果一致则表示闹钟时间到,这时可通过改变单片机引脚的输出电平向外界表示,否则不进行任何操作。一般闹钟定时精度到分就可满足需要。对基于单片机的电子时钟来说,可很容易地通过软件方式实现多个闹钟定时功能。

9.1.2　仿真电路

该实例仿真电路如图 9-3 所示。图中 74LS47 为 BCD 输入的 7 段显示译码驱动器,用于输出 LED 数码管的 7 段字符显示编码。74LS04 为六重反相器用于分时使能要显示的数码管位。80C51 单片机 P0 口的低 4 位输出显示数据的 BCD 码,P2 口的高 6 位输出相应的数码管位使能信号(低电平有效),P1 口的 P1.0、P1.1 和 P1.2 引脚用于按键输入,P1.7 引脚用于闹钟定时信号输出和闹钟功能开关指示,当其输出高电平时(D1 灭)表示闹钟功能关闭,输出低电平时(D1 亮)表示闹钟功能开启,输出方波信号时(D1 间断亮灭)表示设定的闹钟时间到。电子时钟仿真电路所需元件如表 9-1 所示。

表 9-1　电子时钟仿真电路所需元件列表

元 件	ISIS 中的名称	元件库/子库
51 单片机	80C51	Microprocessor ICs
电阻	MINRE200R、MINRE10K	Resistor/0.6W Metal Film
LED	LED-YELLOW	Optoelectronics
电容	CERAMIC27P、HITEMP10U50V	Capacitors
晶体振荡器	CRYSTAL	Miscellaneous
按钮开关	BUTTON	Switches & Relays
6 位共阳 LED 数码管	7SEG-MPX6-CA	Optoelectronics
74LS47、74LS04	74LS47、74LS04	TTL 74LS series

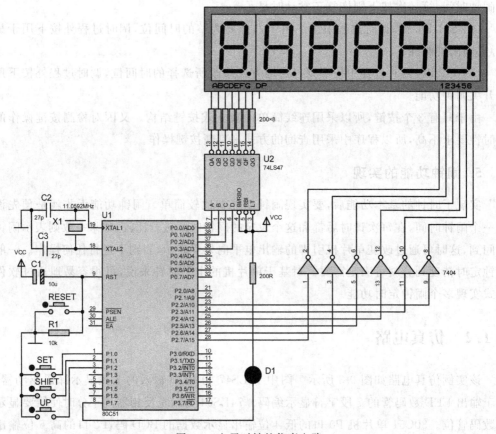

图 9-3　电子时钟的仿真电路

9.1.3　软件流程

电子时钟程序由几个主要函数实现。其主函数流程如图 9-4 所示,它主要负责初始化并启动 MCS-51 单片机的定时/计数器,然后不断查询按键是否被按下,若按键被按下则延时去抖动后,调用按键处理函数对按键进行处理。

定时/计数器 1 中断函数流程如图 9-5 所示,其中断频率为 3600Hz。该函数主要负责对定时/计数器 1 的定时中断次数进行计数,以实现对时间的计时,计时时间被保存在变量 NowTime 中,当未调时时(调时标志为 0)当前显示时间为计时时间。该中断函数还负责判断闹钟定时是否到。

定时/计数器 0 中断函数流程如图 9-6 所示,其中断频率为 3600Hz。该函数主要负责对定时/计数器 0 的定时中断次数进行计数,以实现动态显示刷新。此外它还负责以每秒 8 次的频率将当前显示时间(当前显示时间保存在变量 TempTime 中)送到显示缓冲区中,以及调整时间时将所选择的时间位进行闪烁处理。

动态显示函数流程如图 9-7 所示,该函数是由定时/计数器 0 的中断函数以 360Hz 的频率周期性调用。它负责将显示缓冲区中的数据依次输出显示在对应的 LED 数码管上。

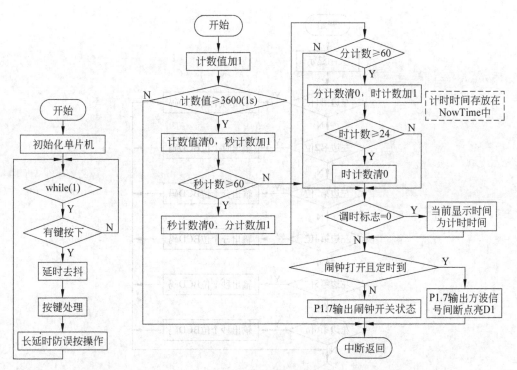

图 9-4 主函数流程

图 9-5 定时/计数器 1 中断函数流程

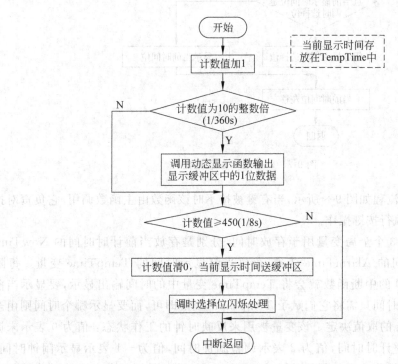

图 9-6 定时/计数器 0 中断函数流程

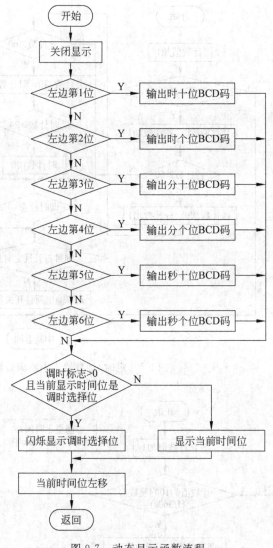

图 9-7　动态显示函数流程

　　按键处理函数流程如图 9-8 所示,当有键被按下时该函数由主函数调用,它负责对按键进行识别,以及执行按键操作。

　　实例程序中有 3 个全局变量用于存放时间,分别是存放当前计时时间的 NowTime 变量、存放闹钟时间的 AlarmTime 变量,存放当前显示时间的 TempTime 变量。每隔 1/8s定时/计数器 0 的中断函数就会将 TempTime 变量中的时间输出显示,要显示当前计时时间或是闹钟时间只需将它们赋予 TempTime 变量即可,而要显示哪个时间则由全局变量 KeySetFlag 的取值决定。该变量被用来反映时钟的工作状态:值为 0 表示未调时,值为 1 表示调整计时时间,值为 2 表示调整闹钟时间,值为 -1 表示显示闹钟时间。它的值可通过按键操作改变。调整时间时,闪烁显示被调整的时间位的方法是将其位置(二进制 1 对应位置)存放到全局变量 OutSelectSeg 中,该变量的值每隔 1/8s 就会被定

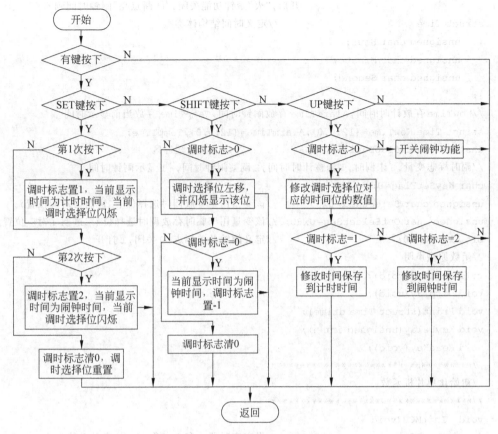

图 9-8　按键处理函数流程

时/计数器 0 的中断函数以异或的方式改变一次,当用该变量去使能对应数码管的显示时,数码管就会以 4Hz 的频率闪烁显示。

9.1.4　电子时钟源程序

```
//********************************
//具有闹钟功能的电子时钟          *
//********************************
#include <reg51.H>
#define LEDOut  P0              //定义 BCD 码输出口,BCD 码由 P0 口低 4 位输出
#define LEDSeg P2               /*定义 LED 数码位使能输出口,6 位数码管的位使能从
                                 左至右分别对应 P2 口的高 6 位,低电平有效*/
#define Key P1                  //定义按键输入口
sbit KeySet= P1^0;              //定义 SET 按键输入引脚
sbit KeyShift= P1^1;            //定义 SHIFT 按键输入引脚
sbit KeyUp= P1^2;               //定义 UP 按键输入引脚
sbit AlarmOut= P1^7;            /*定义闹钟输出引脚,其外接发光二极管 D1,D1"亮"闹钟功能
```

开启,"灭"闹钟功能关闭,"间断点亮"闹钟时间到 * /
```
struct Time                        //定义时间结构体类型
{   unsigned char Hour;
    unsigned char Minute;
    unsigned char Second;
};
//NowTime 存放计时时间,AlarmTime 存放闹钟时间,TempTime 存放当前显示时间
struct Time NowTime={12,0,0},AlarmTime={12,0,0},TempTime;
unsigned char DispBuff[6],          //定义显示缓冲区
//调时标志变量,0 未调时,1 调整计时时间,2 调整闹钟时间,-1 显示闹钟时间
char KeySetFlag=0;
unsigned char SelectSeg=0x80;      //该变量用于存放调时选择位(二进制 1 对应位置)
unsigned char OutSelectSeg=0x80;   //该变量用于临时存放调时选择位(二进制 1 对应位置)
bit AlarmON=0;                      //定义闹钟开关标志,0 关闭,1 打开
//函数原型声明
void InitMCU(void);
void Display(void);
void Print(struct Time dtime);
void KeyDelay(unsigned int n);
void ReadKey(void);
//**********************************
//初始化单片机函数                   *
//**********************************
void   InitMCU(void)
{    TMOD=0x22;                     //设定定时器 0 和 1 工作在 8 位自动重装方式 2
     TH1=0;      //装载计数值到定时器 1,定时时间:(12 * 256)/11059200Hz=1/3600s
     TL1=0;
     TH0=0;                         //装载计数值到定时器 0
     TL0=0;
     PT1=1;                         //为保障计时精度,设定定时器 1 高优先级中断
     ET1=1;                         //开定时器 1 中断
     ET0=1;                         //开定时器 0 中断
     EA=1;                          //开总中断
     TR1=1;                         //启动定时器 1
     TR0=1;                         //启动定时器 0
}
//*************************************************************************
//定时器 1 中断函数                                                       *
//中断周期 1/3600s,用于计时和闹钟定时比较,计时时间存放在 NowTime 变量中      *
//未调时时每隔 1s 显示一次计时时间                                          *
//*************************************************************************
void   TMR1_INT(void)  interrupt 3
{   static  unsigned  int  T1Counter=0;       //T1 的中断计数变量
    T1Counter++ ;                             //定时中断计数
```

```
    if(T1Counter>=3600)                            //定时中断计数值到达 3600,1s 计
                                                    //时时间到
    {   T1Counter=0;                               //清除中断计数值
        NowTime.Second++ ;                         //秒计数值加 1
        if(NowTime.Second>=60)
        {   NowTime.Minute++ ;
            NowTime.Second=0;                       //每 60 秒,分加一
        }
        if(NowTime.Minute>=60)
        {   NowTime.Hour++ ;
            NowTime.Minute=0;                       //每 60 分,时加一
        }
        if(NowTime.Hour>=24) NowTime.Hour=0;        //24 小时后,自动回 0
        if(KeySetFlag==0) TempTime=NowTime;         //未调时时当前显示时间为计时时间
    //闹钟功能开启时,比较设定的闹钟时间是否到
    if (AlarmON&&NowTime.Hour==AlarmTime.Hour&&NowTime.Minute==AlarmTime.
Minute)
            AlarmOut^=1;                            //若是则 P1.7 引脚输出周期性方波信号间断点亮 D1
        else AlarmOut=~AlarmON;                     //否则 D1 显示闹钟功能的开关状态
    }
}
//***************************************************************************
//定时器 0 中断函数                                                          *
//中断周期 1/3600s,用于动态显示、将当前显示时间送到显示缓冲区和闪烁显示当前调时选择位*
//当前显示时间存放在 TempTime 变量中                                          *
//***************************************************************************
void TMR0_INT(void) interrupt 1
{   static unsigned int T0Counter=0;    //T0 中断计数变量
    T0Counter++ ;
    if(T0Counter% 10==0)                            //1/360s 定时时间到则显示输出 1 位时间
        Display( );
    if(T0Counter>=450)                              //1/8s 定时时间到
    {   T0Counter=0;
        Print(TempTime);                            //将当前显示时间 BCD 码送到显示缓冲区
        OutSelectSeg^=SelectSeg;                    //以 8Hz 频率异或改变临时调时选择位
    }
}
//***************************************************************************
//动态显示函数                                                               *
//每次调用按从左到右的顺序将显示缓冲区中的 1 位数据输出,当全部输出完毕又从头开始   *
//***************************************************************************
void Display(void)
{   static unsigned char CurrentSeg=0x80;  //该变量用于存放要显示的当前时间位
    LEDSeg=0xff;                                    //显示下一位之前先关闭所有显示(消隐)
```

```
        switch(CurrentSeg)
        {    case 0x80:LEDOut=DispBuff[0];break;           //输出左边第 1 位 (时十位) BCD 码
             case 0x40:LEDOut=DispBuff[1];break;           //输出左边第 2 位 (时个位) BCD 码
             case 0x20:LEDOut=DispBuff[2];break;           //输出左边第 3 位 (分十位) BCD 码
             case 0x10:LEDOut=DispBuff[3];break;           //输出左边第 4 位 (分个位) BCD 码
             case 0x08:LEDOut=DispBuff[4];break;           //输出左边第 5 位 (秒十位) BCD 码
             case 0x04:LEDOut=DispBuff[5];              //输出左边第 6 位 (秒个位) BCD 码
        }
        //调时标志有效且当前时间位正是调时选择位时闪烁显示该位
        if(KeySetFlag>0&&SelectSeg==CurrentSeg)LEDSeg=~OutSelectSeg;
        else   LEDSeg=~CurrentSeg;                     //否则显示的是当前时间位
        CurrentSeg>>=1;                                 //当前时间位左移
        //当前时间位左移超过最右边,又重新回到左边第 1 位
        if(CurrentSeg==0x02)CurrentSeg=0x80;
}
//*********************************************
//显示时间送缓冲区函数                          *
//将要显示时间的 BCD 码传送显示缓冲区            *
//*********************************************
void  Print(struct  Time  dtime)
{    DispBuff[0]=dtime.Hour/10;                     //时十位 BCD 码
     DispBuff[1]=dtime.Hour%10;                     //时个位 BCD 码
     DispBuff[2]=dtime.Minute/10;                   //分十位 BCD 码
     DispBuff[3]=dtime.Minute%10;                   //分个位 BCD 码
     DispBuff[4]=dtime.Second/10;                   //秒十位 BCD 码
     DispBuff[5]=dtime.Second%10;                   //秒个位 BCD 码
}
//*********************************************
//软件延时函数                                  *
//延时时间长短由 n 决定                         *
//*********************************************
void  KeyDelay(unsigned int n)
{    int i;
     for(i=0;i<n;i++ );
}
//***************************
//按键处理函数              *
//***************************
void  ReadKey(void)
{    Key|=0x07;                                      //低 3 位写 1 准备输入
     if((Key&0x07)<0x07)                             //有键按下
     {    if(!KeySet)                                 //按下 SET 键
          {    if(KeySetFlag==0)                      //第 1 次按下设置计时时间
               {    KeySetFlag=1;                     //设置调整计时时间标志
```

```
            TempTime=NowTime;              //当前显示时间为计时时间
            OutSelectSeg=SelectSeg;        //当前调时选择位闪烁
        }
        else  if(KeySetFlag==1)            //第 2 次按下设置闹钟时间
        {   KeySetFlag=2;                  //设置调整闹钟时间标志
            TempTime=AlarmTime;            //当前显示时间为闹钟时间
            OutSelectSeg=SelectSeg;        //当前调时选择位闪烁
        }
        else
        {   KeySetFlag=0;                  //第 3 次按下清除标志
            SelectSeg=0x80;                //调时选择位重置
            OutSelectSeg=0x80;
        }
    }
    else  if(!KeyShift)                    //按下 SHIFT 键
    {   if (KeySetFlag>0)                  //调时标志有效
        {   SelectSeg>>=1;                 //调时选择位左移
            if(SelectSeg==0x02)  SelectSeg=0x80;
            OutSelectSeg=SelectSeg;        //当前调时选择位闪烁
        }
        else  if(KeySetFlag==0)            //未调时
        {   KeySetFlag=-1;                 //设置显示闹钟时间标志
            TempTime=AlarmTime;            //当前显示时间为闹钟时间
        }
        else  KeySetFlag=0;                //关闭闹钟时间显示
    }
    else  if(!KeyUp)                       //按下 UP 键
    {   if(KeySetFlag>0)                   //调时标志有效
        {   switch (SelectSeg)
            {   case  0x80:               //调整当前显示时间的时十位
                {   if(TempTime.Hour%10<4)
                        if(TempTime.Hour>=20)  TempTime.Hour%=10;
                        else  TempTime.Hour+=10;
                    else  if(TempTime.Hour>=10)  TempTime.Hour%=10;
                        else  TempTime.Hour+=10;
                    break;
                }
                case  0x40:               //调整当前显示时间的时个位
                {   if(TempTime.Hour>=20)
                        if(TempTime.Hour%10==4)  TempTime.Hour-=4;
                        else  TempTime.Hour+=1;
                    else  if(TempTime.Hour%10==9)  TempTime.Hour-=9;
                        else  TempTime.Hour+=1;
                    break;
```

```
                    }
            case  0x20:                              //调整当前显示时间的分十位
               {  if (TempTime.Minute>=50)  TempTime.Minute%=10;
                  else  TempTime.Minute+=10;
                  break;
               }
            case  0x10:                              //调整当前显示时间的分个位
               {  if(TempTime.Minute%10==9)  TempTime.Minute-=9;
                  else  TempTime.Minute+=1;
                  break;
               }
            case  0x08:                              //调整当前显示时间的秒十位
               {  if(TempTime.Second>=50)  TempTime.Second%=10;
                  else  TempTime.Second+=10;
                  break;
               }
            case  0x04:                              //调整当前显示时间的秒个位
               {  if(TempTime.Second%10==9)  TempTime.Second-=9;
                  else  TempTime.Second+=1;
                  break;
               }
         }
//调整计时时间标志有效则将调整后的当前显示时间保存为计时时间
         if(KeySetFlag==1)NowTime=TempTime;
         //否则保存为闹钟时间
         else  if(KeySetFlag==2) AlarmTime=TempTime;
      }
      else  AlarmON^=1;                              //调时标志无效则异或开关闹钟功能
   }
}
//*******************
//主函数            *
//*******************
void  main(void)
{   LEDSeg=0xff;                                     //关闭所有显示
    InitMCU();                                       //初始化单片机
    AlarmOut=1;                                      //闹钟输出置1,D1 灭
    while(1)
    {   Key|=0x07;                                   //低 3 位写 1 准备输入
        if((Key&0x07)<0x07)                          //有键按下
        {   KeyDelay(1000);                          //延时去抖动
            ReadKey(),                               //按键处理
            KeyDelay(5000),                          //每次按键处理后,长延时以防误按
```

```
            }
        }
    }
```

9.1.5 仿真调试要点

仿真调试前,先在 Proteus 中将电路原理图画好,然后在 Keil 中创建应用,接着进入 Keil 的在线仿真调试模式并与 Proteus 联机,接下来就可以开始进行仿真调试。仿真调试该实例时需注意以下几个关键之处。

(1) 在 Proteus 中打开 80C51 的 Edit Component(编辑元件)对话框,将时钟频率改为 11.0592MHz,其默认值为 12MHz,若使用默认值则会造成电子时钟的计时时间比实际要快。

(2) 定时/计时器 1。它的中断函数主要负责对时间的计时,调试重点是其能否实现计时。调试时可先在对中断次数进行计数的语句上设置断点,然后执行 Run 命令或按 F5 键全速运行程序,程序应该立即就暂停在断点处。此时通过 Locals 窗口可观察到计数变量 T1Counter 的变化,每按一次 F5 键计数值就加 1。若程序不能在断点处暂停则表明该中断没有发生,可在 Keil 中打开 Interrupt System 窗口观察定时/计时器 1 的中断及总中断是否允许("ET1"和"EAL"复选框被选中),如图 9-9 所示,也可打开 Timer/Counter 1 窗口查看定时/计数器 1 的工作方式是否正确。只要上述设置没有问题则其中断函数就会固定被以 3600Hz 的频率被调用。接着取消该断点并分别在对秒计数和分计数的语句上设置断点,然后在 Watch 窗口中添加 NowTime 变量,全速运行程序观察它们值的变化是否符合计时规律。

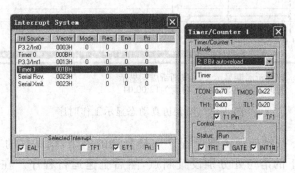

图 9-9 定时/计数器的调试

(3) 定时/计时器 0。其中断函数主要负责动态显示刷新,调试重点是其能否按刷新规律驱动相应的数码管。先在其中断函数中调用 Display( )函数的语句处设置断点,每当程序暂停在该断点处时,通过 Keil 中的 Parallel Port 0 和 Parallel Port 2 调试窗口可观察到 P0 口(需在原理图中外接上拉电阻才能观察到 P0 口引脚输出状态)和 P2 口的输出,此时在 Proteus 窗口中应观察到对应数码管上有相应的数字显示,如图 9-10 所示。若不正确则先从软件入手,可在动态显示函数 Display( )的最后一条语句处设置断点,执行程序暂停在断点处,然后观察 P0 口和 P2 口的输出。P2 口输出为低的引脚对应显示缓冲区中当前要显示的时间位的位置,而 P0 口的低 4 位输出为显示时间位的 BCD 码。排除软件上的问题后再检查硬件,重点是元件之间的连线是否正确,连线上的电平应和 P0口、P2 口输出的一致。若要观察电路的工作时序可借助 Proteus 的仿真工具,如图 9-11所示为使用数字分析图表观察到的 P0 口和 P2 口输出的动态显示的工作时序。

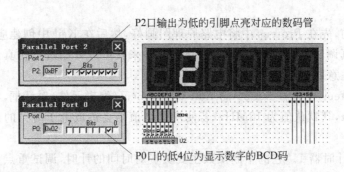

图 9-10　动态显示的调试

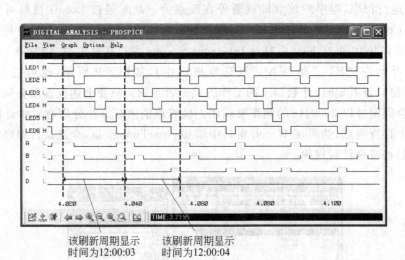

该刷新周期显示　　　该刷新周期显示
时间为12:00:03　　　时间为12:00:04

图 9-11　图表仿真动态显示工作时序

　　(4) 按键处理。按键处理函数是程序中最复杂的一个,调试它的基本方法是先在判断各按键是否被按下的语句处分别设置断点,然后全速运行程序。在 Proteus 中单击某个按键模拟人工操作时,程序应在相应的断点处暂停下来。接下来利用 Keil 的单步执行手段跟踪程序执行,观察程序的执行流程及对有关变量的操作,变量的值可通过 Watch窗口查看。若程序执行流程或有关变量变化不符合预期则问题一般就出现在软件上。

　　在基本调试通过后,取消程序中的所有断点全速运行程序,然后在 Proteus 中模仿人工操作对电子时钟的功能逐一进行测试。这个过程主要是验证所有功能是否都能实现并符合预期,以及寻找设计期间没有考虑到的细节,并加以改进,逐步完善。

　　实际上该实例电路就是一个动态显示电路,只要赋予不同的软件它就可实现各种不同的功能和用途,像多闹钟功能、跑表功能、数字频率计、计数器等。感兴趣的读者可自行编程去尝试。

9.2 电子温度计

9.2.1 实例分析

电子温度计的主要功能就是对外界温度进行测量并显示,其组成除单片机外主要包括一个用于显示温度的显示器和对温度进行采集的传感器。依据输出量类型的不同,温度传感器可分为模拟和数字两类。模拟温度传感器输出的是模拟量,它和单片机接口时需进行 A/D 转换,这样会增加硬件电路的复杂性和成本。数字温度传感器输出的是数字量,可以很方便地和单片机接口。所以在使用单片机做温度测量时一般都首选数字温度传感器,下面就以美国 Dallas Semiconductor 公司生产的单总线式(1-Wire)数字温度传感器 DS18B20 为例介绍其在 MCS-51 单片机中的应用。

9.2.2 1-Wire 式数字温度传感器 DS18B20

1. 简介

DS18B20 内含寄生电源,工作电压为 3.0～5.5V,可测温度范围−55～125℃,测温精度为±0.5℃,分辨率为 9～12 位,最大转换时间 750ms。TO-92 封装的 DS18B20 只有 3 个引脚,如图 9-12(a)所示,其中 DQ 为开漏极输出的用于双向通信的数据引脚。DS18B20 有两种典型供电方式:外部电源供电和寄生电源供电。外部电源供电时 DS18B20 的 GND 接地,VDD 接外部电源(3.0～5.5V),如图 9-12(b)所示;寄生电源供电时 DS18B20 的 GND 和 VDD 都接地,如图 9-12(c)所示,此时 DS18B20 靠从被场效应管强上拉到电源的 I/O 线上汲取能量工作,当 I/O 线处于低电平期间时则靠存储在内部电容里的电量维持。与寄生电源方式相比外部电源方式工作稳定可靠,对操作没有什么特殊要求,使用较简单。DS18B20 是单总线式温度传感器,一根 I/O 线上可以同时挂接多个 DS18B20,这种情况下单片机是依靠它们内部唯一的 64 位 ROM 序列号进行识别。

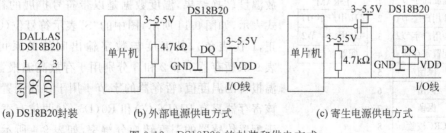

(a) DS18B20封装　　　(b) 外部电源供电方式　　　(c) 寄生电源供电方式

图 9-12　DS18B20 的封装和供电方式

2. 操作步骤和命令

DS18B20 只使用一根 I/O 线进行双向数据传输,与其进行通信需按照一定的步骤和时序进行。操作 DS18B20 的一般步骤为:初始化→发 ROM 操作命令→发存储器操作命令→执行操作或进行数据传输。

1) 初始化

和 DS18B20 进行任何通信都要从一个初始化时序开始,初始化时序由主器件(单片机)发出的复位脉冲和跟随其后由从器件(DS18B20)发出的存在脉冲共同组成。

2) ROM 操作命令

一旦主器件探测到从器件的存在,就可向其发出 5 个 ROM 操作命令中的一个,这些命令都是 1 字节长度,它们的命令代码和含义如表 9-2 所示。

表 9-2 DS18B20 ROM 操作命令

命 令	代码	含 义
读 ROM	33H	该命令用于读出 DS18B20 内部唯一的 64 位 ROM 序列号,其只适用于总线上只有一个 DS18B20 的情形,否则会发生数据冲突
匹配 ROM	55H	该命令之后主器件要接着发出一个 64 位的 ROM 序列号以寻址总线上特定的 DS18B20,与之匹配的 DS18B20 会响应接下来的存储器操作命令
跳过 ROM	CCH	在总线上只有一个 DS18B20 时,使用该命令可以节约时间,它允许主器件不用提供 64 位 ROM 序列号就可以发存储器操作命令,但当总线上有多个 DS18B20 时会发生数据冲突
搜索 ROM	F0H	系统初次启动时主器件可能不知道总线上有多少个从器件或它们的 64 位 ROM 序列号,该命令允许主器件使用排除法识别总线上的所有从器件的 64 位 ROM 序列号
报警搜索	ECH	只有当最近一次测温符合报警条件时 DS18B20 才会响应该命令。报警条件定义为温度高于 TH 或低于 TL 寄存器的值

3) 存储器操作命令

在 ROM 操作命令之后,就可以向 DS18B20 发出存储器操作命令对其进行操作,在介绍这些命令之前需先要了解一下 DS18B20 内部的存储器映射。如图 9-13 所示,在

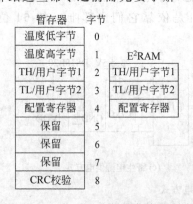

图 9-13 DS18B20 内部的存储器映射

DS18B20 内部有一个 9 字节的暂存器和 3 字节的非易失性 E^2RAM 存储器。暂存器的字节 0 和 1 用于存放温度转换结果,温度数据是以带符号扩展的补码形式表示,如图 9-14 所示,图中的"S"表示符号位(0 代表正,1 代表负),其温度与数字输出间的关系可参见表 9-3;暂存器字节 2 和 3 分别用于存放高温报警和低温报警的温度值;暂存器的字节 4 用于存放配置参数,该寄存器只有 R1(D6 位)和 R0(D5 位)两位有意义,用于配置传感器的温度转换分辨率,如表 9-4 所示;暂存器的字节 5、6、7 保留;暂存器的字节 8 为 CRC 校验码。

DS18B20 的存储器操作命令共有 6 条,它们的命令代码和含义如表 9-5 所示。

<table>
<tr><td colspan="8" align="center">温度高字节</td><td colspan="8" align="center">温度低字节</td></tr>
<tr><td>MSB</td><td></td><td></td><td></td><td></td><td></td><td>LSB</td><td></td><td>MSB</td><td></td><td></td><td></td><td></td><td></td><td></td><td>LSB</td></tr>
<tr><td>S</td><td>S</td><td>S</td><td>S</td><td>S</td><td>2^6</td><td>2^5</td><td>2^4</td><td>2^3</td><td>2^2</td><td>2^1</td><td>2^0</td><td>2^{-1}</td><td>2^{-2}</td><td>2^{-3}</td><td>2^{-4}</td></tr>
</table>

图 9-14　DS18B20 的温度数据格式

表 9-3　DS18B20 的温度与数字输出关系

温　　度	二进制数字输出	十六进制数字输出
$+125℃$	0000,0111,1101,0000	07D0H
$+85 ℃$	0000,0101,0101,0000	0550H
$+25.0625℃$	0000,0001,1001,0001	0191H
$+10.125℃$	0000,0000,1010,0010	00A2H
$+0.5℃$	0000,0000,0000,1000	0008H
0℃	0000,0000,0000,0000	0000H
$-0.5℃$	1111,1111,1111,1000	FFF8H
$-10.125℃$	1111,1111,0101,1110	FF5EH
$-25.0625℃$	1111,1110,0110,1111	FE6FH
$-55℃$	1111,1100,1001,0000	FC90H

表 9-4　DS18B20 的分辨率配置

R1	R0	分辨率	最大转换时间
0	0	9 位	93.75ms
0	1	10 位	187.5ms
1	0	11 位	375ms
1	1	12 位(出厂设定)	750ms

表 9-5　DS18B20 存储器操作命令

命　　令	代码	含　　义
写暂存器	4EH	该命令用于将 3 字节数据写到暂存器的字节 2~4 中
读暂存器	BEH	该命令用于读出暂存器中的全部 9 字节内容,若不想读完全部内容,主控器可在任何时刻发出复位脉冲终止
拷贝暂存器	48H	该命令用于将暂存器中的内容复制到对应的非易失性 E^2RAM 存储单元中
转换温度	44H	该命令用于启动 DS18B20 进行温度转换
重新调用 E2	B8H	该命令用于将 E^2RAM 存储单元中的内容恢复到对应的暂存器中,该操作在上电时会被自动执行
读供电方式	B4H	该命令用于读取 DS18B20 的供电方式

4）执行操作或进行数据传输

在存储器操作命令发出后，DS18B20 就会按照要求执行相应的操作，或进行数据传输。与 DS18B20 通信时，无论是数据还是命令都是按低位在先、高位在后的顺序收发。

3. 通信时序

因不像 I^2C 总线那样有同步时钟信号，DS18B20 在与主器件进行通信时，为保障数据传输其通信协议规定了几种特定操作信号的时序和定时要求。这些操作信号包括复位脉冲、存在脉冲、读 0、读 1、写 0 和写 1 共 6 种，除存在脉冲外其余的都由主器件负责发出。与此有关的时序则有 3 种，分别是初始化时序、读时间片和写时间片。

1）初始化时序

初始化时序主要由复位脉冲和存在脉冲组成，如图 9-15 所示。通信时主器件先发出一个低电平表示的复位脉冲（480～960μs），然后释放数据线并切换到输入方式。在检测到总线上的上升沿后，DS18B20 会等待 15～60μs，然后向主器件发出一个低电平表示的存在脉冲（60～240μs）作应答。主器件接收存在脉冲的时间应不少于 480μs。

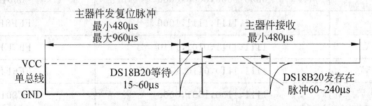

图 9-15　DS18B20 的初始化时序

2）写时间片

写时间片分为写 0 和写 1 两种，如图 9-16 所示。当主器件将数据线从高电平拉到低电平时写时间片开始，无论是写 0 还是写 1 都要求至少持续 60μs，且两个独立的写时间片间最小要有 1μs 的恢复时间。DS18B20 是在一个 15～60μs 的时间窗口中对数据线进行采样。写 1 时，主器件在将数据线拉低 1μs 后，在 15μs 内就得释放数据线；写 0 时则一直将数据线拉低并维持至少 60μs。

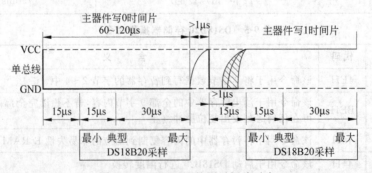

图 9-16　DS18B20 的写时间片时序

3）读时间片

读时间片分为读 0 和读 1 两种，如图 9-17 所示。当主器件将数据线从高电平拉到低电平时读时间片开始,此时数据线维持至少 $1\mu s$ 后就得释放。由于 DS18B20 的输出数据是在读时间片下降沿之后的 $15\mu s$ 内有效,因此在此期间主器件必须释放数据线以读取数据。和写时间片一样,每个读时间片要求至少持续 $60\mu s$,且两个读时间片间最小要有 $1\mu s$ 的恢复时间。

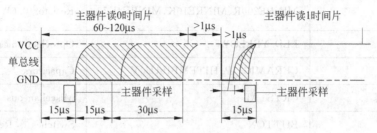

图 9-17　DS18B20 的读时间片时序

9.2.3　仿真电路

该实例的仿真电路如图 9-18 所示,所需元件如表 9-6 所示。电路中温度传感器 DS18B20 的 DQ 引脚经 $4.7k\Omega$ 电阻上拉后和 80C51 单片机的 P1.7 引脚连接。发光二极管 D1 连接在单片机的 P1.0 引脚上,用作 DS18B20 进行温度转换时的状态指示。温度显示部分使用 4 位共阳型 LED 数码管,其左边第 1 位用于显示"-"号表示零下温度,其余 3 位显示温度数值。数码管的驱动由 74LS04 反相器承担,7 段字符显示编码由单片机的 P0 口输出,而 P2 口的低 4 位用于输出相应的数码管位的使能信号。

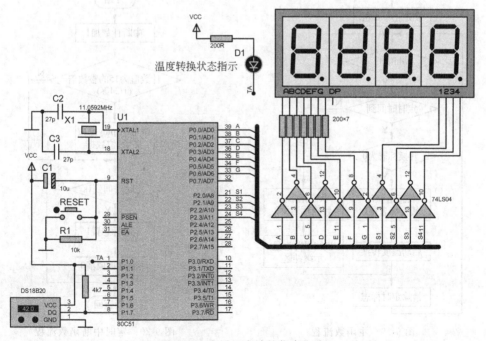

图 9-18　电子温度计的仿真电路

表 9-6　电子温度计仿真电路所需元件列表

元　件	ISIS 中的名称	元件库/子库
51 单片机	80C51	Microprocessor ICs
电阻	MINRE200R、MINRE10K、MINRE4K7	Resistor/0.6W Metal Film
LED	LED-YELLOW	Optoelectronics
电容	CERAMIC27P、HITEMP10U50V	Capacitors
晶体振荡器	CRYSTAL	Miscellaneous
按钮开关	BUTTON	Switches & Relays
4 位共阳 LED 数码管	7SEG-MPX4-CA	Optoelectronics
74LS04	74LS04	TTL 74LS series
DS18B20	DS18B20	Data Converters

9.2.4　软件流程

该实例主函数流程如图 9-19 所示,定时中断函数流程如图 9-20 所示,读温度转换结

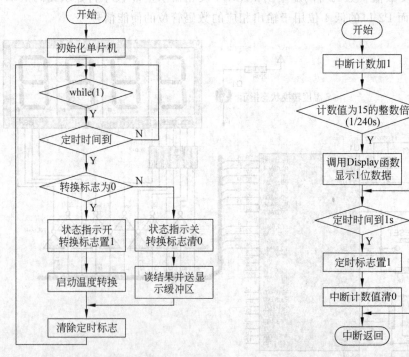

图 9-19　主函数流程　　　　　图 9-20　定时中断函数流程

果函数流程如图 9-21 所示,启动温度转换函数流程如图 9-22 所示。其中的温度采集定时时间是通过对定时中断次数的计数实现,该定时中断函数同时还负责动态显示刷新控制。当定时时间到时依据转换标志的取值决定是进行温度转换还是读温度数据。转换标志为 0 则启动转换然后将该标志置 1;转换标志为 1 则读取数据然后将该标志清 0。实例中设定定时时间为 1s,这样采集温度的基本过程就是:第一秒启动温度转换,下一秒读温度数据,再下一秒启动温度转换,接着再下一秒读温度数据,如此不断反复,即平均每 2 秒采集一次温度。

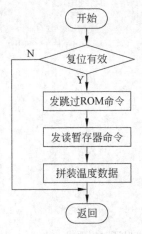

图 9-21　读温度转换结果函数流程

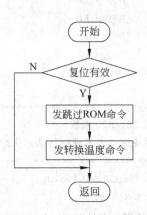

图 9-22　启动温度转换函数流程

　　为提高程序代码的复用率,特将操作 DS18B20 的有关函数单独定义在文件"Temperature. c"中。

9.2.5　电子温度计源程序

1. "Temperature. c"文件

```
#include <intrins.h>
#define CmSkipRom 0xcc                    //定义跳过 ROM 命令
#define CmConvertTempr 0x44               //定义转换温度命令
#define CmReadTempr 0xbe                  //定义读暂存器命令
sbit OneWireBus=P1^7;                     //定义数据线
void Delay(unsigned char n);             //函数原型声明
bit ResetDS18B20(void);
bit ReadBit(void);
char ReadB(void);
void WriteBit(bit tBi);
void WriteB(unsigned char tB);
void StartConv(void);
char ReadConvResult(void);
```

```
//*********************************************
//延时函数                                      *
//当 n=1 时,在 11.0592MHz 时钟下延时约 15μs *
//*********************************************
void Delay(unsigned char n)
{   do
    {   _nop_();
        _nop_();
        _nop_();
        _nop_();
        _nop_();
        _nop_();
        _nop_();
    }while(-- n);
}
//*********************************************
//复位 DS18B20 函数                             *
//函数返回 0 表示成功,1 表示失败                  *
//*********************************************
bit ResetDS18B20(void)
{   bit Ready;
    EA=0;                          //关中断以保证时序要求
    OneWireBus=0;                  //拉低数据线
    Delay(70);                     //延时约 690μs
    OneWireBus=1;                  //释放数据线
    Delay(3);                      //延时约 35μs
    Ready=OneWireBus;              //采样数据线
    Delay(70);                     //延时约 690μs
    EA=1;                          //开中断
    return(Ready);                 //返回采样结果
}
//*********************************************
//读位函数                                      *
//函数返回从数据线上读到的数据位                  *
//*********************************************
bit ReadBit(void)
{   bit tBit;
    EA=0;                          //关中断
    OneWireBus=1;                  //先释放数据线
    _nop_();                       //延时 1μs
    OneWireBus=0;                  //拉低数据线
    _nop_();                       //延时 1μs
    OneWireBus=1;                  //释放数据线
    _nop_();
```

```
        _nop_();
        _nop_();
        _nop_();
        _nop_();                           //延时 5μs
        tBit=OneWireBus;                   //采样数据线
        Delay(8);                          //延时约 83μs
        EA=1;                              //开中断
        return(tBit);                      //返回数据位
}
//*******************************************
//读字节函数                          *
//函数返回从数据线上读到的数据字节        *
//*******************************************
char ReadB(void)
{   unsigned char i,t,tB;
    tB=0;
    for(i=0;i<8;i++)                       //连续从数据线上读取 8 位数据并拼装为一个数据字节
    {   t=ReadBit();
        tB|=(t<<i);
    }
    return(tB);                            //返回数据字节
}
//*******************************************
//写位函数                            *
//函数向数据线上写数据位(tBit)          *
//*******************************************
void WriteBit(bit tBit)
{   EA=0;                                  //关中断
    if (tBit)                              //tBit 为 1 则向数据线写 1,否则写 0
    {   OneWireBus=0;                      //拉低数据线
        _nop_();                           //延时 1μs
        OneWireBus=1;                      //释放数据线(写 1)
        Delay(8);                          //延时约 83μs
    }
    else
    {   OneWireBus=0;                      //拉低数据线
        Delay(8);                          //延时约 83μs
        OneWireBus=1;                      //释放数据线
        _nop_();
    }
    EA=1;                                  //开中断
}
//*******************************************
//写字节函数                          *
```

```
//函数向数据线上写数据字节(tB)                    *
//**********************************************
void WriteB(unsigned char tB)
{   unsigned char i;
    for(i=0;i<8;i++)                         //将数据字节按从低位到高位的顺序依次写到数据线上
    {   WriteBit(tB&0x1);
        tB>>=1;
    }
}
//**********************************************
//启动温度转换函数                              *
//**********************************************
void StartConv(void)
{   if(!ResetDS18B20())                       //复位DS18B20
    {   WriteB(CmSkipRom);                     //发ROM命令(跳过ROM)
        WriteB(CmConvertTempr);                //发存储器命令(转换温度)
    }
}
//**********************************************
//读温度转换结果函数                            *
//函数将结果以8位带符号整数形式返回               *
//**********************************************
char ReadConvResult(void)
{   char TempeL,TempeH;
    if(!ResetDS18B20())                       //复位DS18B20
    {   WriteB(CmSkipRom);                     //发ROM命令(跳过ROM)
        WriteB(CmReadTempr);                   //发存储器命令(读暂存器)
        TempeL=ReadB();                        //读温度低字节
        TempeH=ReadB();                        //读温度高字节
        //将温度高字节的低4位和温度低字节的高4位拼装为一个字节并返回,舍弃小数
        return ((TempeH<<4)|((TempeL>>4)&0xf));
    }
}
```

2. "电子温度计.c"文件

```
#include <REG51.H>
#include <Temperature.c>                      //包含"Temperature.c"文件
#define LEDOut P0                              //定义LED数码管字符显示码输出口
#define LEDSeg P2                              //定义数码位的使能输出口
sbit StateLED=P1^0;                            //定义温度转换指示输出
bit TimeOK=0;                                  //温度采集定时标志,0定时未到,1定时到
//共阴型7段字符显示编码表
const char LEDCode[10]={0x3f,0x06,0x5b,0x4f,0x66,0x6d,0x7d,0x07,0x7f,0x6f};
```

```
//显示缓冲区,开机显示 4 个"-"符号
unsigned char DispBuff[4]={0x40,0x40,0x40,0x40};
//函数原型声明
void InitMCU(void);
void Display(void);
void Print(char T);
//*******************
// 定时器初始化函数 *
//*******************
void InitMCU(void)
{   TMOD=0x02;                                  //设定定时器 0,工作方式 8 位自动重装
    TH0=0;                                      //装载计数值 0(256)到定时器 0
    TL0=0;
    ET0=1;                                      //开定时器 0 中断
    EA=1;                                       //开总中断
    TR0=1;                                      //启动定时器 0
}

//*******************
// 定时器 0 中断函数 *
//*******************
void TM0_INT(void) interrupt 1
{   static unsigned int Timer0Counter=0;  //T0 中断计数变量
    Timer0Counter++ ;
    if(Timer0Counter%15==0)    //是否间隔 1/240s(刷新频率 60Hz),是则显示输出 1 位数据
        Display();
    if(Timer0Counter>=3600)                     //是否到 1s
    {   TimeOK=1;                               //定时标志置 1
        Timer0Counter=0;                        //清除中断计数值
    }
}

//*********************************
//动态显示函数                     *
//每执行一次输出缓冲区中的 1 位数据 *
//*********************************
void Display(void)
{   static unsigned char CurrentSeg=0x01;
    LEDSeg=0xff;                                            //消隐
    if(CurrentSeg==0x01) LEDOut=DispBuff[0];               //输出第 1 位
    else if(CurrentSeg==0x02) LEDOut=DispBuff[1];         //输出第 2 位
    else if(CurrentSeg==0x04) LEDOut=DispBuff[2];         //输出第 3 位
    else if(CurrentSeg==0x08) LEDOut=DispBuff[3];         //输出第 4 位
    LEDSeg=~CurrentSeg;                                    //使能对应数码位
    CurrentSeg<<=1;                                        //使能位右移
    if (CurrentSeg==0x10) CurrentSeg=0x01;
```

第 9 章 单片机应用实例仿真 ③339

```
}
//*********************************************
//温度数据送显示缓冲区函数                        *
//*********************************************
void Print(char T)
{   if (T<0) {DispBuff[0]=0x40;T=-T;}          //温度小于 0 显示"-",否则不显示
    else DispBuff[0]=0x00;
    DispBuff[1]=LEDCode[T/100];                //温度数据百位的 7 段字符显示码
    DispBuff[2]=LEDCode[T%100/10];             //温度数据十位的 7 段字符显示码
    DispBuff[3]=LEDCode[T%100%10];             //温度数据个位的 7 段字符显示码
}
//*************
//主函数         *
//*************
void main(void)
{   bit TFlag=0;                               //温度转换标志,0 转换,1 转换完成
    InitMCU();                                 //初始化单片机
    while(1)
    {   if(TimeOK)                             //定时标志有效
        {   if (!TFlag)                        //转换标志为 0 则启动温度转换
            {   StateLED=TFlag;               //状态指示开
                TFlag=1;                       //转换标志置 1
                StartConv();                   //启动温度转换
            }
            else
            {   StateLED=TFlag;               //状态指示关
                TFlag=0;                       //转换标志清 0
                Print(ReadConvResult());       //读温度转换结果并送显示缓冲区
            }
            TimeOK=0;                          //清除定时标志
        }
    }
}
```

由于访问 DS18B20 的时序信号有较特殊的定时要求,所以程序中的复位函数、读位函数和写位函数在执行时都会先关闭中断,以防定时器 0 的中断造成软件延时过长,不能满足访问 DS18B20 的定时要求。在这些函数执行完毕返回之前必须开中断,否则动态显示不能正常工作。

9.2.6 仿真调试要点

仿真调试该实例时需注意以下几个关键之处。

(1) 显示部分。先在动态显示函数中的"LEDSeg=0xff;"语句处设置断点,然后每当在 Keil 中按下 F5 键全速运行程序执行到断点处时,Proteus 窗口中的 LED 数码管会从左到右

一位一位依次显示,当最右边 1 位显示后又会返回到左边。如果观察不到上述现象(注意第 1 次不会显示)则表明程序或是硬件原理图中有错误。查找程序中的错误可借助 Keil 提供的断点、单步等手段控制程序的执行,然后通过相应调试窗口观察其输出;而查找原理图中的错误则主要借助 Proteus 提供的仿真工具,重点是器件引脚连线是否正确。

(2) 与 DS18B20 的通信,此时调试的重点是软件延时时间。单片机与 DS18B20 通信有规定的操作步骤,但要保证正常通信就需要满足其对时序信号定时的要求。程序中时序信号的定时时间通过软件延时的方式实现,要了解延时函数的执行时间,可在 Keil 的软件仿真方式中实现。方法是先将调用延时函数的语句复制到主函数中的初始化定时/计数器的语句前作测试用(可多复制几条并给予不同的延时参数),然后在 Keil 中设置单片机的振荡时钟频率为 11.059 2MHz。接着进入 Keil 的软件仿真调试模式(注意不是在线仿真),在这些测试语句前分别设置断点,然后按 F5 键全速运行程序。每当程序暂停在这些断点处时,可通过 Keil 窗口中的状态栏上显示的执行时间较准确地分析计算出每条测试语句的实际执行时间,如图 9-23 所示。

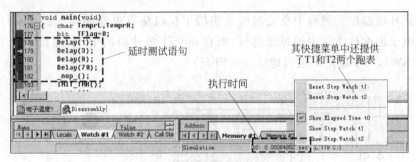

图 9-23　Keil 中程序执行时间的分析计算

(3) 主函数。调试要点是观察程序是否按预先设置的流程执行。另外通过 Proteus 窗口中的发光二极管 D1 的亮灭,可了解是在进行温度转换(亮)还是没有进行(灭)。

要想观察单片机与 DS18B20 的通信时序,可在图表仿真方式中借助 Proteus 提供的 DIGITAL(数字仿真图表)完成,如图 9-24 所示为启动 DS18B20 进行温度转换的通信时序仿真。仿真图表的具体使用方法请参见第 8 章第 3 节中的有关内容。

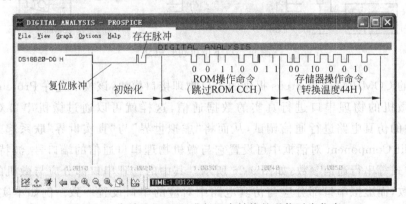

图 9-24　启动 DS18B20 进行温度转换的通信时序仿真

9.3 分布式环境温度监测

9.3.1 实例分析

将上面单机方式的电子温度计实例稍加改动,将其作为采集温度的下位机,在温度采集完成后以串行通信的方式将温度数据发送给其他单片机或是微机,就可组成一个简易的分布式环境温度监测网。这在火情监测、智能家居、温室以及工业生产控制中有着非常广泛的用途。

9.3.2 仿真电路

分布式环境温度监测网中负责温度采集的下位机仿真电路如图 9-25 所示。电路图中取消了电子温度计实例中的显示部分,而在 80C51 单片机的 P2 口连接了一个 8 位的拨码开关 SW1,用于设定下位机地址(0~FFH)。

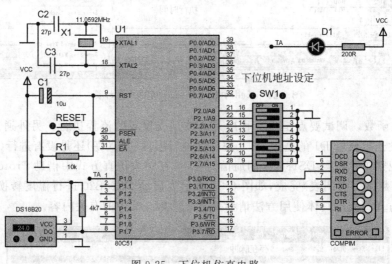

图 9-25 下位机仿真电路

图中的 COMPIM 是 Proteus 提供的串口物理接口模块,该模块允许 Proteus 中的仿真电路和微机的物理串口进行真实的数据通信,这样就可以通过微机串口对运行在 Proteus 中的仿真电路进行通信调试,从而将"虚拟世界"与"真实世界"联系起来。在该模块的 Edit Component 对话框中可设置它与微机物理串口通信的端口号、波特率、数据位、校验方式等串行通信参数,如图 9-26 所示。其中的物理串口部分应与微机的真实串口设置一致,而虚拟串口部分应与仿真电路中对应的串口设置一致。例如本实例中,51单片机的串口工作在方式 1,波特率为 9600bps。

该实例仿真所需元件如表 9-7 所示。

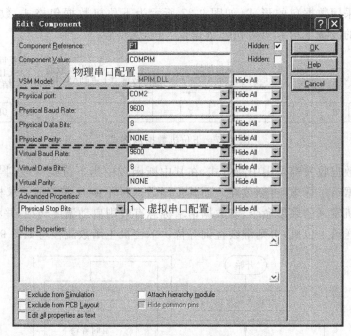

图 9-26　COMPIM 的元件编辑对话框

表 9-7　下位机仿真电路所需元件列表

元 件	ISIS 中的名称	元件库/子库
51 单片机	80C51	Microprocessor ICs
电阻	MINRE10K、MINRE4K7	Resistor/0.6W Metal Film
LED	LED-YELLOW	Optoelectronics
电容	CERAMIC27P、HITEMP10U50V	Capacitors
晶体振荡器	CRYSTAL	Miscellaneous
按钮开关	BUTTON	Switches & Relays
8 位拨码开关	DIPSW_8	Switches & Relays
串口模块	COMPIM	Miscellaneous
DS18B20	DS18B20	Data Converters

9.3.3　通信协议和软件流程

为保障通信可靠,通信双方都必须遵守规定的通信协议。为避免将问题复杂化,本实例规定当上位机要采集温度时,通过串行总线发送采集点的下位机地址给下位机,当总线上的下位机收到地址后便与自身设定的地址进行比较,若地址一致则进行温度采集并上传给上位机,否则等待。上位机发送给下位机的地址为 1 个字节,而下位机上传给上位机的温度数据则采用数据包的形式,如图 9-27 所示为下位机数据包格式,数据包共 14 字节。通信双方的波特率均为 9600bps,数据位 8 位,无检验。

图 9-27　下位机数据包格式

下位机的数据收发都采用中断方式,在其中断函数中当下位机接收到与本机一致的地址后置位数据请求标志,否则放弃。而其主函数通过不断查询数据请求标志来判断是否接收到上位机发来的采集命令,若数据请求标志有效则启动温度转换,并将转换结果以数据包形式回送给上位机,否则继续查询等待。下位机主函数流程可如图 9-28 所示。

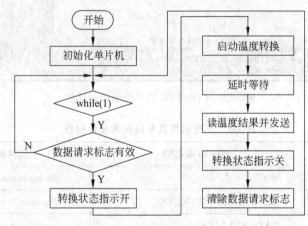

图 9-28　下位机主函数流程

9.3.4　下位机源程序

```c
#include <REG51.H>
#include <Temperature.c>              //包含文件"Temperature.c"
bit AskFlag=0;                        //数据请求标志,1 有请求,0 无请求
sbit StateLED=P1^0;                   //定义温度转换指示输出
#define LocalAddr P2                  //定义下位机地址设定输入口
unsigned char SendBuf[14]="Addr:";    //定义发送缓冲区并初始化包头
//*************************
//初始化单片机函数             *
//*************************
void InitMCU(void)
{   TMOD=0x020;                       //设定定时器 1,工作方式 8 位自动重装
    TH1=253;                          //设定波特率 9600bps(11.0592MHz 时钟)
```

```
        TL1=253;
        SCON=0x50;                          //串口工作在方式 1,允许接收
        ES=1;                               //开串口中断
        EA=1;                               //开总中断
        TR1=1;                              //启动定时器 1
}
//*******************
//串口中断函数      *
//*******************
void SCI_INT(void) interrupt 4
{   static unsigned char n=0;
    unsigned char ch;
    if(RI)                                  //接收标志有效
    {   RI=0;                               //RI 清 0
        ch=SBUF;
        if(LocalAddr==ch) AskFlag=1;        //是否本机地址,是则置位数据请求标志
    }
    else
    {   TI=0;                               //TI 清 0
        if(n<14) SBUF=SendBuf[n++];         //连续发送缓冲字符
        else n=0;
    }
}

//********************************************
//温度数据串行发送函数                        *
//将温度值 T 以数据包形式发送                 *
//********************************************
void SendData(char T)
{   unsigned char a1,a2;
    a1=a2=LocalAddr;                        //读下位机地址到变量 a1 和 a2
    a1=(a1>>4)&0x0f;                        //a1←下位机地址高 4 位
    a2=a2&0x0f;                             //a2←下位机地址低 4 位
    //将下位机地址高 4 位转换为十六进制 ASCII 码并存入发送缓冲区
    SendBuf[5]=(a1>9)?(a1+0x37):(a1+0x30);
    //将下位机地址低 4 为转换位十六进制 ASCII 码并存入发送缓冲区
    SendBuf[6]=(a2>9)?(a2+0x37):(a2+0x30);
    SendBuf[7]='=';                         //字符"="存入发送缓冲区
    if(T>=0) SendBuf[8]='+';                //温度大于 0,字符"+"存入发送缓冲区
    else {SendBuf[8]='—';T=—T;}             //否则字符"—"存入发送缓冲区,并取温度绝对值
    SendBuf[9]=T/100+0x30;                  //温度百位数字的 ASCII 码存入发送缓冲区
    SendBuf[10]=T%100/10+0x30;              //温度十位数字的 ASCII 码存入发送缓冲区
    SendBuf[11]=T%100%10+0x30;              //温度个位数字的 ASCII 码存入发送缓冲区
    SendBuf[12]=0x0d;
    SendBuf[13]=0x0a;                       //换行回车 ASCII 码存入发送缓冲区
```

```
        TI=1;                                        //TI 置 1 启动串行发送
    }
    //**************
    //主函数        *
    //**************
    void main(void)
    {   unsigned int i;
        InitMCU();                                   //初始化单片机
        while(1)
        {   if(AskFlag)                              //数据请求标志有效
            {   StateLED=0;                          //转换状态指示开
                StartConv();                         //启动温度转换
                for(i=0;i<200;i++)Delay(200);        //延时约 0.9s 等待 DS18B20 进行转换温度
                SendData(ReadConvResult());          //读温度转换结果并发送
                StateLED=1;                          //转换状态指示关
                AskFlag=0;                           //清除数据请求标志
            }
        }
    }
```

9.3.5　仿真调试要点

　　该实例仿真调试的重点是串行通信,调试时先将 Proteus 原理图中的 COMPIM 模块与 80C51 单片机引脚的连线删掉,这是因为 COMPIM 模块用于微机串口对仿真电路的调试,这里先用 Proteus 的虚拟终端来调试仿真电路。然后在图中添加"VIRTUAL TERMINAL"虚拟终端,将虚拟终端的 RXD 与单片机的 TXD 相连,虚拟终端的 TXD 与单片机的 RXD 相连,接着启动仿真。回到 Keil 中,在串口中断函数的语句"if(LocalAddr==ch) AskFlag=1;"处设置一个断点,按 F5 键全速运行程序。这时程序并不会在断点处暂停,因为它未接收到数据,串行中断未发生。要产生串行中断,可借助在 Proteus 的虚拟终端窗口中输入字符实现。

　　切换到 Proteus 中,单击打开 Virtual Terminal(虚拟终端)窗口(该窗口可在仿真调试时,通过右击 VIRTUAL TERMINAL 虚拟终端符号,在弹出的快捷菜单中执行 Virtual Terminal 命令打开)。然后在终端窗口中按下微机键盘上的按键,模拟上位机发送一个字符给仿真电路(注意键盘发送的是字符的 ASCII 码)。这时再切换到 Keil 中,可观察到程序暂停在断点处,如图 9-29 所示。它接收的字符 ASCII 码(ch 变量的值,图 9-29 中显示为 30H)只要和单片机的 P2 口读到的地址一致,就会置位数据请求标志。最后取消断点让程序连续运行,这时在 Proteus 的虚拟终端窗口中会观察到下位机上传的温度采集结果,如图 9-30 所示。

　　如果程序不能在断点处暂停则有可能是虚拟终端的波特率与程序中的不一致,可通过在 Proteus 中双击虚拟终端符号,在打开的 Edit Component 对话框中修改。如果程序

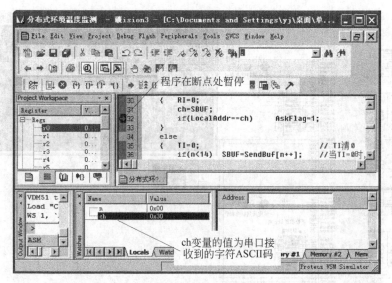

图 9-29　串行中断调试

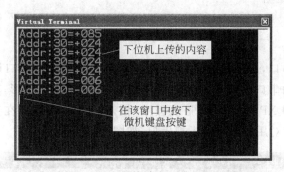

图 9-30　虚拟终端窗口中的显示

能在断点处暂停,但取消断点连续运行程序后不能在虚拟终端窗口中观察到结果,则可能是按下的键盘字符 ASCII 码与下位机地址不一致,可在原理图中单击拨码开关修改。如上面图 9-25 所示下位机的地址被设置为 30H,对应要按下键盘上的"0"键。

当上述调试通过后,可再在原理图中复制一个下位机电路,并将它们的 RXD 都并连在虚拟终端的 TXD 上,而它们的 TXD 都并连在虚拟终端的 RXD 上,然后为它们设定不同的下位机地址,例如增加的下位机地址为 33H,如图 9-31 所示。接着将增加的下位机的网络标号"TA"改为其他标号,譬如"TA1",再分别给两个单片机 U1 和 U2 加载 Kiel 创建的下位机的.HEX 执行程序。最后单击 Proteus 中的仿真按钮启动仿真,这时就可通过在虚拟终端窗口中按下不同的按键来采集各下位机对应采集点的温度值了。

在 Proteus 中对仿真电路的串口进行调试时,除可使用虚拟终端外,还可使用其他调试工具,如串口调试助手、超级终端等,或是自行使用程序设计语言编写调试程序,甚至可以是来自实际微机物理串口的数据,但此时需要恢复图 9-25 中 COMPIM 模块的连线,借助该模块和微机串口通信,同时还需设置正确的串口参数。

假如微机没有物理串口,像大多数笔记本,则可在微机上安装如 VSPD XP 的虚拟串

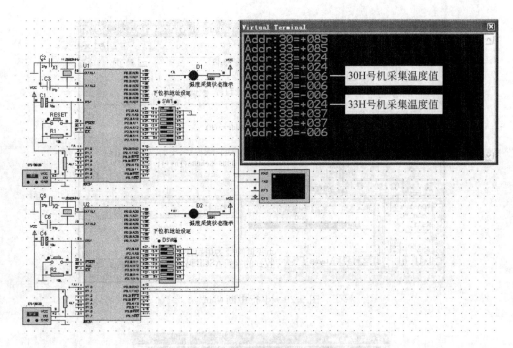

图 9-31　双机温度监测仿真

口驱动程序来模拟串口,这样 Proteus 中的仿真电路就可和其他串口调试软件进行通信,以便对仿真电路中的串口进行调试。这种调试方式更接近真实情形,其基本步骤如下。

首先安装 VSPD XP 虚拟串口驱动程序,接着启动该程序。在其窗口中单击 Add pair 命令按钮添加一对用于通信的虚拟串口,如图 9-32 所示。

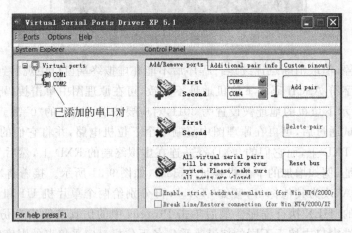

图 9-32　在 VSPD 中添加虚拟串口

其次在 Proteus 中,打开 COMPIM 模块的元件编辑对话框对其进行设置,如图 9-26 所示,这里选择仿真电路的物理串口号为 COM2,波特率为 9600bps,8 位数据,无校验。而虚拟串口配置应与单片机程序中的一致。

然后回到 Proteus 中,为仿真电路中的单片机加载已生成的 .HEX 执行程序,并启动仿真。

最后在 Windows 中启动串口调试工具软件,如串口调试助手、超级终端等。对这些工具的串口参数进行设置,主要有:串口 COM1,波特率为 9600bps,8 位数据,无校验。设置好后就可以通过它们对仿真电路进行调试了,如图 9-33 所示为使用串口调试助手对图 9-31 的双机温度监测仿真电路进行调试时的窗口界面截图。

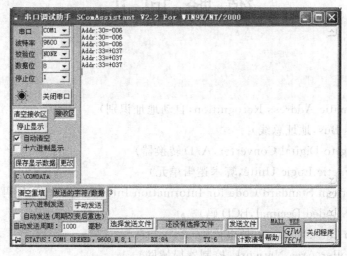

图 9-33 串口调试助手调试界面截图

附录 **A**

缩 略 词 汇

AAR（Automatic Address Recognition，自动地址识别）

AB（Address Bus，地址总线）

ADC（Analog-to-Digital Converter，A/D 转换器）

ALU（Arithmetic Logic Unite，算术逻辑单元）

ASCII（American Standard Code for Information Interchange，ASCII 码）

BCD（Binary-Coded Decimal，BCD 码）

BOD（Brown Out Detection，掉电检测）

CAN（Controller Area Network，控制器局域网）

CB（Control Bus，控制总线）

DAC（Digital-to-Analog Converter，D/A 转换器）

DB（Data Bus，数据总线）

EDA（Electronic Design Automation，电子设计自动化）

EEPROM（Electrically Erasable Programmable ROM，电可擦除的可编程只读存储器）

EPROM（Erasable Programmable ROM，可擦除的可编程只读存储器）

IAP（In-Application Programming，在应用中编程）

ICE（In Circuit Emulator，在电路中仿真）

ICD（In Circuit Debugger，在电路中调试）

IDE（Integrated Development Environment，集成开发环境）

IIC（Inter-Integrated Circuit，内部集成电路 I^2C）

ISP（In-System Programming，在系统中编程）

JTAG（Joint Test Action Group，联合测试行动组）

LCD（Liquid Crystal Display，液晶显示器）

LED（Light Emitting Diode，发光二极管）

MCU（Micro Controller Unit，微控制器）

MIPS（Million Instructions Per Second，每秒百万条指令）

NVM（Non-Volatile Memory，非易失性存储器）

PCA（Programmable Counter Array，可编程计数器阵列）

PROM（Programmable ROM，可编程只读存储器）

PWM（Pulse-Width Modulation，脉冲宽度调制）

RAM（Random Access Memory，随机存取存储器）

ROM（Read-Only Memory，只读存储器）

SCI（Serial Communication Interface，串行通信接口）

SCM（Single Chip Microcomputer，单片机）

SFR（Special Function Register，特殊功能寄存器）

SPI（Serial Peripheral Interface，串行设备接口）

SPICE（Simulation Program with Integrated Circuit Emphasis，电路级仿真程序）

SPS（Sample Per Second，每秒采样次数）

SRAM（Static RAM，静态随机存取存储器）

UART（Universal Asynchronous Receiver Transmitter，通用异步接收发送器）

VSM（Virtual System Modeling，虚拟系统模型）

WDT（Watch Dog Timer，看门狗定时器）

参 考 文 献

[1]　www. keil. com.

[2]　www. sst. com.

[3]　www. atmel. com.

[4]　www. labcenter. com.

[5]　蔡美琴,等. MCS-51 系列单片机系统及其应用[M]. 2 版. 北京：高等教育出版社,1996.

[6]　李学海. 经典 80C51 单片机轻松入门与上手[M]. 北京：清华大学出版社,2009.

[7]　李学礼. 基于 Proteus 的 8051 单片机实例教程[M]. 北京：电子工业出版社,2008.

[8]　刘坤,等. 51 单片机 C 语言应用开发技术大全[M]. 北京：人民邮电出版社,2008.